普通高等教育"十一五"国家级规划教材

 面向21世纪课程教材

 21世纪高等学校机械设计制造及其自动化专业系列教材

材料成形与机械制造技术基础

——机械制造分册

主　编　赵敖生　沈其文
副主编　陈本德　周世权
参　编　宜沈平　王海巧
　　　　徐　伟　刘　凯

华中科技大学出版社

中国·武汉

内 容 简 介

本教材《材料成形与机械制造技术基础——机械制造分册》是普通高等教育"十一五"国家级规划教材,是在总结教育部"工程制图与机械基础系列课程教学内容与课程体系改革"的教改项目中所取得的经验的基础上,参考《金属工艺学》《机械制造基础》等教材,以扩大知识面、提高起点、满足宽口径教学要求为原则重新编写而成的。

本教材对传统的金属工艺学内容进行了精选,并以零件机械加工方法和机械加工工艺为主要内容,编入了新材料、新工艺、新技术的内容,包括对新型工程材料的切削加工以及高速、超高速机械加工等反映当今机械加工最新科技成果的内容,还编入了现代制造技术、表面工程技术和机械制造过程自动化等章节。

本教材内容丰富,语言生动、流畅,通俗易懂;插图新颖、规范,图文并茂;思考题与习题量大且难度不一,可供不同层次的读者选做。

本教材可作为高等学校机电类本、专科学生的教材,也可供有关工程技术及新闻、经济管理人员参考。

图书在版编目(CIP)数据

材料成形与机械制造技术基础.机械制造分册/赵敖生,沈其文主编.—武汉:华中科技大学出版社,2015.6(2024.7重印)

21世纪高等学校机械设计制造及其自动化系列教材

ISBN 978-7-5680-0964-5

Ⅰ.①材… Ⅱ.①赵… ②沈… Ⅲ.①工程材料-成型-高等学校-教材 ②机械制造工艺-高等学校-教材 Ⅳ.①TB3 ②TH16

中国版本图书馆 CIP 数据核字(2015)第 133833 号

材料成形与机械制造技术基础——机械制造分册   赵敖生   沈其文   主编

策划编辑:徐正达
责任编辑:徐正达
封面设计:陈 静
责任校对:马燕红
责任监印:周治超
出版发行:华中科技大学出版社(中国·武汉)   电话:(027)81321913
           武汉市东湖新技术开发区华工科技园   邮编:430223
录   排:华中科技大学惠友文印中心
印   刷:武汉邮科印务有限公司
开   本:710mm×1000mm   1/16
印   张:26
字   数:550 千字
版   次:2024 年 7 月第 1 版第 11 次印刷
定   价:68.00 元

21世纪高等学校
机械设计制造及其自动化专业系列教材

总　序

"中心藏之,何日忘之",在新中国成立60周年之际,时隔"21世纪高等学校机械设计制造及其自动化专业系列教材"出版9年之后,再次为此系列教材写序时,《诗经》中的这两句诗又一次涌上心头,衷心感谢作者们的辛勤写作,感谢多年来读者对这套系列教材的支持与信任,感谢为这套系列教材出版与完善作过努力的所有朋友们。

追思世纪交替之际,华中科技大学出版社在众多院士和专家的支持与指导下,根据1998年教育部颁布的新的普通高等学校专业目录,紧密结合"机械类专业人才培养方案体系改革的研究与实践"和"工程制图与机械基础系列课程教学内容和课程体系改革研究与实践"两个重大教学改革成果,约请全国20多所院校数十位长期从事教学和教学改革工作的教师,经多年辛勤劳动编写了"21世纪高等学校机械设计制造及其自动化专业系列教材"。这套系列教材共出版了20多本,涵盖了"机械设计制造及其自动化"专业的所有主要专业基础课程和部分专业方向选修课程,是一套改革力度比较大的教材,集中反映了华中科技大学和国内众多兄弟院校在改革机械工程类人才培养模式和课程内容体系方面所取得的成果。

抚今这套系列教材出版发行9年来,已被全国数百所院校采用,受到了教师和学生的广泛欢迎。目前,已有13本列入普通高等教育"十一五"国家级规划教材,多本获国家级、省部级奖励。其中的一些教材(如《机械工程控制基础》《机电传动控制》《机械制造技术基础》等)已成为同类教材的佼佼者。更难得的是,"21世纪高等学校机械设计制造及其自动化专业系列教材"也已成为一个著名的丛书品牌。9年前为这套教材作序的时候,我希望这套教材能"加强各兄弟院校在教学改革方面的交流与合作,对机械工程类专业人才培养质量的提高起到积极的促进作用",现在看来,这一目标很好地达到了,让人倍感欣慰。

李白讲得十分正确:"人非尧舜,谁能尽善?"我始终认为,金无足赤,人无完人,文无完文,书无完书。尽管这套系列教材取得了可喜的成绩,但毫无疑问,这套书中,某本书中,这样或那样的错误、不妥、疏漏与不足,必然会存在。何况形势总在不断的发展,更需要进一步来完善,与时俱进,奋发前进。较之9年前,机械工程学科有了很大的变化和发展,为了满足当前机械工程类专业人才培养的需要,华中科技大学出版社在教育部高等学校机械学科教学指导委员会的指导下,对这套系列教材进行了全面修订,并在原基础上进一步拓展,在全国范围内约请了一大批知名专家,力争组织最好的作者队伍,有计划地更新和丰富"21世纪机械设计制造及其自动化专业系列教材"。此次修订可谓非常必要、十分及时,修订工作也极为认真。

"得时后代超前代,识路前贤励后贤。"这套系列教材能取得今天的成绩,是几代机械工程教育工作者和出版工作者共同努力的结果。我深信,对于这次计划进行修订的教材,编写者一定能在继承已出版教材优点的基础上,结合高等教育的深入推进与本门课程的教学发展形势,广泛听取使用者的意见与建议,将教材凝练为精品;对于这次新拓展的教材,编写者也一定能吸收和发展原教材的优点,结合自身的特色,写成高质量的教材,以适应"提高教育质量"这一要求。是的,我一贯认为我们的事业是集体的,我们深信由前贤、后贤一定能一起将我们的事业推向新的高度!

尽管这套系列教材正开始全面的修订,但真理不会穷尽,认识决无终结,进步没有止境。"嘤其鸣矣,求其友声",我们衷心希望同行专家和读者继续不吝赐教,及时批评指正。

是为之序。

中国科学院院士

2009. 9. 9

前　言

　　本教材《材料成形与机械制造技术基础——机械制造分册》是普通高等教育"十一五"国家级规划教材,是在普通高等教育国家级"十五"规划教材《材料成形工艺基础》(第三版)的基础上,为拓宽口径、加强知识的融会贯通、作为《材料成形与机械制造技术基础——材料成形分册》的姊妹篇而专门编写的。

　　为了便于读者使用本教材,特作如下几点说明:

　　(1) 本教材是以机械零件加工为主要内容的技术基础课教材,弥补了《材料成形分册》缺少机械制造技术内容的不足。两分册互相衔接,使其涵盖了机器制造技术的主要内容,不仅体现了知识的完整性,而且增加了与其他相关课程教材的关联性。

　　(2) 考虑到金属切削加工仍为制造业主要的零件加工应用技术,本教材以零件机械加工方法和机械加工工艺为主要内容,全面、系统地阐述了机床、刀具、夹具、机械加工质量、典型零件加工方法、机械加工工艺过程、机器装配工艺等主干内容,以适应机械制造基础、机械制造工程学和机械制造工艺等相关课程的教学需要。在内容的选择上,既保留了传统金属工艺学内容的精华,又强调机械制造知识的全面性、系统性和创新性;既阐述技术基础理论,又介绍专业基本操作技能;既适应金属切削加工单件、小批生产类型,也符合机械零件现代化大生产的需要。

　　(3) 本教材坚持与《材料成形分册》一致的编写精神,适应宽口径、新专业的教学需要,提高起点,加强基础,淡化专业界限,深化教学改革,拓宽学生视野。为使学生能多方面适应科学技术日新月异的发展和社会高度文明进步的趋势,其内容既涵盖整个金属切削加工的基本内容,又充分体现科技最新发展水平,较大篇幅地编入了新材料、新工艺、新技术的内容,包括对高硬度、高强度、高韧度新型工程材料的切削加工,高速、超高速机械加工以及仿生制造等反映当今机械加工最新科技成果的内容,还编入了特种加工技术、细微加工技术、现代制造技术、表面工程技术和机械制造过程自动化等章节。

（4）本教材文字叙述部分内容丰富，语言生动、流畅，通俗易懂；插图新颖、规范，特别将说明文字直接注于图上，图文并茂，便于阅读和理解。每章结尾处均编入了较多的复习思考题，且内容广泛，难度不一，可供不同层次的读者选做。

（5）本教材内容涉及领域广泛，叙述尽量通俗易懂，使之适合于机械类、材料工程类等专业师生的教学，也适合于非机械类，包括新闻、经济管理等类型的本科、专科及职业技术院校师生的教学，还适合于各类技术及管理人员自学阅读。

本教材的主编为赵敖生、沈其文，副主编为陈本德、周世权。参加编写的有：赵敖生（编写第 1、6 章），宜沈平（编写第 2 章），王海巧（编写第 3、4、5 章），徐伟（编写第 9、10 章），刘凯（编写第 11、12、13、14、15 章），陈本德（编写第 7、8 章）。全书由赵敖生、沈其文统稿。

由于编者水平有限，在教学改革和科学研究中的经验有待进一步积累，因此，本教材难免存在错误或疏漏之处，恳请读者予以指正。

编　者

2015 年 1 月

目 录

第1章

机械制造概论

1.1 机械制造及其生产结构

1.1.1 机械制造业在国民经济中的地位与任务

在国民经济的各个领域(如工业、农业、交通运输等)和国防建设中,广泛使用着大量的机械设备、仪器仪表和工具等装备。机械制造业就是生产这些装备的行业,它不仅为国民经济和国防建设提供装备,也为人民物质、文化生活提供丰富的产品。机械制造技术就是研究用于制造机械产品的加工原理、工艺过程和方法及相应设备的一门工程技术。

机械制造业是国民经济的基础和支柱,是向其他各部门提供工具、仪器和各种机械设备的技术装备部。

机械制造业的水平体现了国家的综合实力和国际竞争力。发达国家无不具有强大的制造业。全球最大的100家跨国公司中,80%都集中在制造领域,当今世界上经济最发达的国家,其机械制造业也是最先进的,竞争力也是最强的。美国约1/4人口直接从事制造业,其余人口中又有约半数人员所做的工作与制造业有关。日本由于重视制造业,第二次世界大战后仅用了30年时间,就一跃成为世界经济大国。日本出口的产品中,机械产品占70%以上。美国自20世纪50年代以后,由于在一段相当长时间内忽视了制造技术的发展,结果导致经济衰退,竞争力下降,出现在家用电器、汽车等行业不敌日本的局面。直至80年代初,美国才开始清醒,重新关注制造业的发展,至1994年美国汽车产量重新超过日本。

机械制造业是国民经济的支柱产业和持续发展的基础,是工业化、现代化建设的发动机和动力源,是富民强国之本,是提高人均收入的财源,是在国际竞争中取胜的法宝,是国家安全的保障。在国民经济中,机械制造业在国内生产总值(GDP)所占的比重达到60%以上,机械制造业产品(含机电产品)约占社会物质总产品的50%左右,而且它对其他产业的感应系数都很大。

在我国的工业化进程中,机械制造业始终是推动经济建设、实现跨越发展战略的中坚力量,是科学技术的载体和实现科技进步的主要舞台。没有机械制造业,所谓科学技术的创新就无处体现。

机械制造业的主要任务是为国民经济各个部门的发展提供所需的各类先进、高效、节能的新型机电装备,并努力提高质量,保证交货时间,积极降低成本,将我国机械加工工业提高到新的水平。

1.1.2　机械制造生产的组成

从企业的整体结构和系统论的观点出发,典型的机械制造生产可看成是由不同大小、不同规模、不同复杂程度的三个层次的系统组成,这三个系统是机械加工工艺系统、机械制造系统和企业生产系统。任何产品的制造过程和企业的各项生产活动都是在这三类系统支持下进行工作的。

1. 机械加工工艺系统

在机械加工中,工件安装于夹具中,夹具又安装在机床上,刀具则通过刀杆和夹头等与机床连接或直接装在机床上,机床提供刀具与工件的相对运动。因此在机械加工时,机床、刀具、夹具和工件四要素组成一个系统,这个系统称为机械加工工艺系统。机械加工工艺系统包含制造企业中处于最底层的一个个加工单元。

机械加工工艺系统是各个生产车间生产过程中的一个主要组成部分,其整体目标是要求在不同的生产条件下,通过自身的定位装夹机构、运动机构、控制装置以及能量供给等机构,按不同的工艺要求直接将毛坯或原材料加工成形,并保证质量、满足产量和低成本地完成机械加工任务。

现代加工工艺系统一般是由计算机控制的先进自动化加工系统。计算机已成为现代加工工艺系统中不可缺少的组成部分。

2. 机械制造系统

机械制造系统是指将毛坯、刀具、夹具、量具和其他辅助物料作为原材料输入,经过存储、运输、加工、检验等环节,最后输出机械加工的成品或半成品的系统。

机械制造系统既可以是一台单独的加工设备,如普通机床、焊接机、数控机床,也可以是包括多台加工设备、工具和辅助系统(如搬运设备、工业机器人、自动检测机等)的工段或制造单元。一个传统的制造系统通常可以概括成三个组成部分,即机床、工具、制造过程。机械加工工艺系统是机械制造系统的一部分。

3. 企业生产系统

如果以整个机械制造企业为分析研究对象,要实现企业最有效地生产和经营,不仅要考虑原材料、毛坯制造、机械加工、试车、油漆、装配、包装、运输和保管等各种要素,而且还必须考虑技术情报、经营管理、劳动力调配、资源和能源的利用、环境保护、市场动态、经济政策、社会问题等要素,这就构成了一个企业的生产系统。生产系统是物质流、能量流和信息流的集合,它可分为三个阶段,即决策控制阶段、研究开发阶段以及产品制造阶段。

1.2　机械制造技术的发展

1. 机械制造技术的发展概况

机械制造业是一个历史悠久的产业,它自 18 世纪初工业革命形成以来,经历了一个漫长的发展过程。17 世纪 60 年代,瓦特改进蒸汽机,标志着第一次工业革命兴起,工业化大生产从此开始。18 世纪中期,麦克斯韦尔建立电磁场理论,标志着电气化时代开始。20 世纪初,福特汽车生产线、泰勒科学管理方法,标志着以大量生产(mass production)为特征的自动化时代的到来。

第二次世界大战后,计算机、微电子技术、信息技术及软科学的发展,以及市场竞争的加剧和市场需求多样性的趋势,使中小批量生产自动化成为可能,并产生了综合自动化。

机械制造技术的发展主要表现在两个方面:一是精密工程技术,以超精密加工的前沿部分、微细加工、纳米技术为代表,将进入微型机械电子技术和微型机器人的时代;二是机械制造的高度自动化,以计算机集成制造系统(CIMS)和敏捷制造等的进一步发展为代表。

来自于国防工业的需求大大推进了超精密加工技术的发展。武器装备的先进性能在很大程度上取决于超精密加工。飞机、导弹、舰艇等武器系统的核心部件如惯性仪表、精密雷达、超高速小型计算机等,其中许多零件的制造精度要求达到微米级以上。如静电陀螺球支承的真球度为 $0.05\sim0.5$ μm,尺寸精度为 0.6 μm,表面粗糙度 Ra 为 $12\sim50$ nm;导弹红外探测器内表面精度要求为 5 μm,表面粗糙度 Ra 为 $20\sim10$ nm。这样高的加工精度只有采用高水平的超精密加工技术才能实现。超精密加工技术一直是国防尖端技术,但在所有产业都有巨大的应用价值。发达国家把超精密加工技术视为国防和经济的命脉,严格限制向其他国家转让这类技术。超精密加工的加工精度在 2000 年已达到纳米级,在 21 世纪初开发的分子束生产技术、离子注入技术和材料合成、扫描隧道工程(STE)可使加工精度达到 $3\sim1$ nm。现在精密工程正向其终极目标——原子级精度的加工逼近,也就是说,可以实现移动原子级别的加工。

目前,机械加工设备正向着高精、高速、多能、复合、控制智能化、安全环保等方向发展,在结构布局上也已突破了传统机床原有的格式。日本 Mazak 公司在产品综合样本中展示出一种未来机床,其外形犹如太空飞行器,加工过程中噪声、油污、粉尘等将不再给环境带来危害。

2. 我国制造技术的发展历程

我国的机械制造技术的发展经历了漫长而又艰辛的过程。

早在春秋时期(公元前 770—前 476),我国已用铸铁制作农具,比欧洲国家早一千多年。至于青铜的应用,历史更加久远,1939 年在河南安阳武官村出土的司母戊大方鼎,是商代的大型铜铸件之一,鼎重 832.84 kg,其造型、纹饰、工艺均达到极高水平。战国时期(公元前475—前221),中国发明了"自然钢"的冶炼法,有了更高的制剑技术,制剑长度达1 m以上,说明那时已有了冶铁、锻造、锻焊和热处理等技术。锡焊和银焊在唐朝已经得到应用,而欧洲则直到17世纪才出现这种技术。到了8世纪,有了手工操作的车床。在明朝有了很多简单的切削加工设备,如铣床、刨床、钻床和磨床等。清初(1688年),曾用马作动力,使用直径近两丈的嵌片铣刀铣削天文仪的大铜环。

从商周、春秋战国到唐、宋、元、明时期,几千年来,我国的冶炼技术和机械制造工艺均走在世界前列。但在鸦片战争以后,帝国主义列强的侵略,使中国变成一个半殖民地半封建的社会,经济命脉为帝国主义所操纵,加上国内反动统治阶级的腐败,科学技术水平和机械制造技术越来越落后。

新中国成立后,机械制造业从无到有迅速发展,建立了拖拉机、汽车、船舶、航空航天、重型机械、精密机床、精密仪器仪表、特种加工等许多现代工业,促进了国民经济的发展。特别是改革开放以来,中国的制造业得到了迅猛发展。目前,我国制造业增加值已超过美国、日本和德国,位居世界第一位,我国装备制造业的年均增速约为17.6%,几十种产品产量居世界第一位,并研制造出了激光照排、数字程控交换机、卫星及运载工具、正负电子对撞机等为代表的一系列先进装备。中国歼10战斗机升空、神舟十号飞船壮美飞天等事实,都不仅证明了中国的科技和经济实力,也在一定程度上反映了较强的机械制造技术水平。

3. 我国制造技术存在的差距

与工业发达国家相比,我国的制造技术水平仍然存在一个阶段性的、整体上的差距。主要表现在以下几方面:

(1) 管理方面　工业发达国家广泛采用计算机管理,重视组织和管理体制、生产模式的更新发展,推出了准时生产(JIT)、敏捷制造(AM)、精益生产(LP)、并行工程(CE)等新的管理思想和技术,而我国只有少数大型企业局部采用了计算机辅助管理,多数小型企业仍处于经验管理阶段。

(2) 设计方面　工业发达国家不断更新设计数据和准则,采用新的设计方法,广泛采用计算机辅助设计和制造技术(CAD/CAM),大型企业开始进行无图纸的设计和生产,而我国采用CAD/CAM技术的比例较低。

(3) 制造工艺方面　工业发达国家较广泛地采用高精密加工、精细加工、微细加工、微型机械和微米/纳米技术、激光加工技术、电磁加工技术、超塑加工技术以及复合加工技术等新型加工方法,而我国普及率不高,尚在开发、掌握之中。

(4) 自动化技术方面　工业发达国家普遍采用数控机床、加工中心及柔性制造单元(FMC)、柔性制造系统(FMS)、计算机集成制造系统(CIMS),实现了柔性自动化、知识智能化、集成化,而我国尚处在单机自动化、刚性自动化阶段,柔性制造单元和系统仅在少数企业使用。

4. 机械制造技术的发展趋势

随着技术、经济、信息、营销的全球化,纵观 21 世纪的制造业的发展趋势,可用 "三化",即全球化、虚拟化和绿色化来概括。

(1)全球化　网络通信技术的迅速发展和普及,给企业的生产和经营活动带来了革命性的变革。产品设计、物料选择、零件制造、市场开拓与产品销售都可以异地或跨越国界进行,实现制造的全球化。其次是集成化与标准化。异地制造实际上是实现产品信息集成、功能集成、过程集成和企业集成。实现集成的基础与关键是标准化,可以说没有标准化就没有全球化。

(2)虚拟化　虚拟化是指设计过程中的虚拟技术和制造过程中的虚拟技术。虚拟化可以加快产品的开发速度和减少开发的风险。虚拟化的核心是计算机仿真。通过仿真软件来模拟真实系统,以保证产品设计和产品工艺的合理性,保证产品制造的成功和生产周期,发现设计、生产中不可避免的缺陷和错误。虚拟化软件有可能形成 21 世纪强大的软件产业。

(3)绿色化　已经颁布实施的 ISO 9000 系列国际质量标准和 ISO 14000 国际环保标准为制造业提出了一个新的课题,就是快速实现制造的绿色化。绿色制造则通过绿色生产过程(绿色设计、绿色材料、绿色设备、绿色工艺、绿色包装、绿色管理)生产出绿色产品,产品使用完以后再通过绿色处理加以回收利用。采用绿色制造能最大限度地减少制造对环境的负面影响,同时原材料和能源的利用效率能达到最高。如何最合理、最有效地利用资源和最大限度地控制环境污染,降低碳的排放,是摆在制造企业面前的一个重大课题。绿色制造实质上是人类社会可持续发展战略在现代制造业中的体现,也是未来制造业自动化系统必须考虑的重要问题。

1.3　机械制造技术的特点

现代科学技术的进步,特别是微电子技术和计算机技术的发展,使机械制造这个传统工业焕发出新的活力,增加了新的内涵,机械制造业无论在加工自动化方面,还是在生产组织、制造精度、制造工艺方法方面,都发生了令人瞩目的变化。这就是现代制造技术。

近几年来,数控机床和自动换刀各种加工中心机床已成为当今机床的发展趋势。在机床数控化过程中,机械部件的成本在机床系统中所占的比重不断下降,模块化、通用化和标准化的数控软件,用户可以很方便地达到加工目的。同时,机床结构也发生了根本变化。随着加工设备的不断完善,机械加工工艺也在不断地变革,从而导致机械制造精度不断提高。

近年来新材料不断出现,材料的品种猛增,其强度、硬度、耐热性等不断提高。新材料的迅猛发展对机械加工提出新的挑战。一方面迫使普通机械加工方法要改变刀具材料,改进所用设备,另一方面对于高强度材料、特硬、特脆和其他特殊性能材料的加工,要求应用更多的物理、化学、材料科学的现代知识来开发新的制造技术。由此出现了很多特种加工方法,如电火花加工、电解加工、超声波加工、电子束加工、离子束加工以及激光加工等。这些加工方法,突破了传统的金属切削方法,使机械制造工业出现了新的面貌。

机械制造技术的特点如下:①机械制造是一个系统工程;②设计与工艺一体化;③精密加工是机械制造的前沿和关键。精密加工和超精密加工技术是衡量现代制造技术水平的重要指标之一,代表了当前机械制造技术在精度方面的极限。

思考题与习题

1.1　简述机械制造业在国民经济中的地位。为什么说机械制造业是国民经济建设中各行各业的装备部?

1.2　何谓机械加工工艺系统? 何谓机械制造系统?

1.3　与世界上的发达国家相比,我国在机械制造技术方面还存在哪些差距?

1.4　当前世界上的机械制造业有哪些发展趋势?

第2章

金属切削加工基础

2.1 金属切削加工基本知识

2.1.1 切削运动与切削要素

1. 切削运动

在切削加工时,按工件与刀具相对运动所起的作用来分,切削运动可分为主运动和进给运动。

(1)主运动 主运动是指切削加工中,刀具与工件之间最主要的相对运动。它消耗功率最多,速度最高。主运动只有且必须有一个。主运动可以是旋转运动(如车削、镗削中主轴的运动),如图2.1所示,也可以是直线运动(如刨削、拉削中的刀具运动),如图2.2所示。

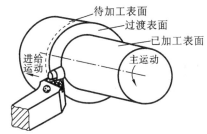

图2.1 车削加工时的运动和工件上的表面

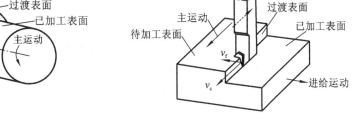

图2.2 刨削加工时的运动和工件上的表面

(2)进给运动 进给运动是指刀具与工件之间产生的附加相对运动。它配合主运动,不断将多余的金属投入切削以保持切削连续进行或反复进行。一般而言,进给运动速度较低,消耗功率较少。进给运动可以由刀具完成(如车削、钻削),也可以由工件完成(如铣削);进给运动不限于一个(如滚齿),个别情况也可以没有进给运动(如拉削)。

(3)工件上的表面 如图2.1和图2.2所示,切削时工件上形成三个不断变化着的表面,分别为:①已加工表面,即工件上经刀具切削后产生的表面;②待加工表面,即工件上将被切去一层金属的表面;③过渡表面,即工件上正在被切削的表面。

2. 切削用量

切削用量是指切削加工过程中切削速度、进给量和背吃刀量(切削深度)的总称。它是用来调整机床、计算切削力、切削功率、核算工序成本等所必需的参数。

(1) 切削速度 v_c　在切削加工时,切削刃选定点相对于工件主运动的瞬时速度称为切削速度,它表示在单位时间内工件和刀具沿主运动方向相对移动的距离,单位为 m/s 或 m/min。

主运动为旋转运动时,切削速度 v_c 的计算公式为

$$v_c = \frac{\pi d n}{1000} \quad \text{(m/min 或 m/s)}$$

式中　d——工件待加工表面直径(mm);

　　　n——工件或刀具的转速(r/min 或 r/s)。

主运动为往复运动时,平均切削速度为

$$v_c = \frac{2 L n_r}{1000} \quad \text{(m/min 或 m/s)}$$

式中　L——往复运动行程长度(mm/次);

　　　n_r——主运动每分钟的往复次数(次/min 或次/s)。

(2) 进给量 f　进给量是指刀具在进给运动方向上相对工件的位移量,可用刀具或工件每转或每行程的位移量来表述或度量。车削时进给量的单位是 mm/r,即工件每转一圈,刀具沿进给运动方向移动的距离。刨削等主运动为往复直线运动,其间歇进给的进给量为 mm/双行程,即每个往复行程刀具与工件之间的相对横向移动距离。

单位时间的进给量称为进给速度,车削时的进给速度 v_f 的计算公式为

$$v_f = n f \quad \text{(mm/min 或 mm/s)}$$

式中　n——当主运动为旋转运动时,主运动的转速。

铣削时,由于铣刀是多齿刀具,进给量单位除 mm/r 外,还规定了每齿进给量,用 a_f 表示,单位是 mm/z,v_f、f、a_f 三者之间的关系为

$$v_f = n f = n a_f z$$

式中　z——为多齿刀具的齿数。

(3) 背吃刀量(切削深度) a_p　背吃刀量 a_p 是指主刀刃工作长度(在基面上的投影)沿垂直于进给运动方向上的投影值。对于外圆车削,背吃刀量 a_p 等于工件已加工表面和待加工表面之间的垂直距离(见图 2.3),即

$$a_p = \frac{d_w - d_m}{2} \quad \text{(mm)}$$

式中　d_w——待加工表面直径(mm);

　　　d_m——已加工表面直径(mm)。

3. 切削层参数

切削层是由切削部分以一个单一动作所切除的工件材料层。

　　如图 2.3 所示,车削外圆加工时,工件旋转一圈后,车刀由位置 I 行进到位置 II,其切削表面之间的一层金属就是切削层。通常都是在垂直于切削速度 v_c 的平面内度量。由图 2.3 可见,当主切削刃为直线时,切削层的剖面形状为一平行四边形。度量切削层的大小有下列三个要素:

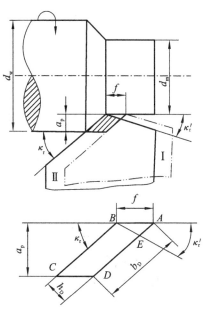

　　① 切削层公称厚度 h_D,是指刀具或工件每移动一个进给量 f,刀具主切削刃相邻两个位置之间的距离。

　　② 切削层公称宽度 b_D,是指车刀主切削刃与工件的接触长度。

　　③ 切削层公称横截面面积 A_D,是指在给定瞬间,切削层在切削尺寸平面里的实际横截面面积。

　　切削层各有关参数间的关系为

图 2.3　车削时的切削要素

$$h_D = f\sin\kappa_r, \quad b_D = a_p/\sin\kappa_r, \quad A_D = h_D b_D = a_p f$$

式中　κ_r——车刀主切削刃与工件轴线之间的夹角。

2.1.2　刀具切削部分基本定义

　　金属切削刀具的种类很多,结构、性能各不相同,但就其单个刀齿而言,可以看成是由外圆车刀的切削部分演变而来的。不同刀具切削部分的形状如图 2.4 所示。下面以外圆车刀为例介绍刀具切削部分的基本定义。

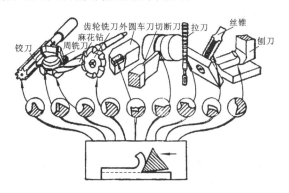

图 2.4　不同刀具切削部分的形状

1. 刀具切削部分的组成

　　车刀由切削部分、刀柄两部分组成。切削部分承担切削加工任务,刀柄装夹在机床刀架上。切削部分由一些面、切削刃组成。常用的外圆车刀是由三(个刀)面、两

（条切削）刃、一（个）刀尖组成的，如图 2.5 所示。

① 前刀面（前面）A_γ，是指刀具上切屑流过的表面。

② 后刀面（后面）A_α，是指切削时与工件上过渡表面相对的表面。

③ 副后刀面（副后面）A_α'，是指切削时与工件上已加工表面相对的表面。

④ 主切削刃 S，是指前刀面与后刀面的交线，它承担主要切削任务。

⑤ 副切削刃 S'，是指切削刃上除主切削刃以外的刀刃，它承担部分切削任务。

⑥ 刀尖，是指主、副切削刃汇交的一小段切削刃。由于刀尖不可能磨得很尖，所以刀尖不是一个点，而是由一段折线或微小圆弧组成的，微小圆弧的半径称为刀尖圆弧半径，用 r_ε 表示，如图 2.6 所示。

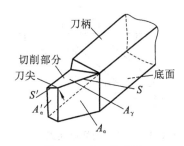

图 2.5　车刀的结构

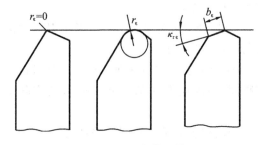

图 2.6　刀尖的形状

2. 刀具的标注角度参考系

标注角度参考系或静止参考系：在刀具设计、制造、刃磨、测量时用于定义刀具几何参数的参考系称为标注角度参考系，或称为静止参考系。

在该参考系中定义的角度称为刀具的标注角度。

1）假设条件

为了使参考系中的坐标平面与刃磨、测量基准面一致，建立刀具标注角度参考系时特别规定了如下假设条件：

① 假设运动条件。不考虑进给运动的影响，即假设 $v_f = 0$。

② 假设安装条件。假定车刀刀尖与工件中心等高，且车刀刀柄中心线垂直于工件轴线。

2）刀具标注角度正交平面参考系种类

根据 ISO 3002/1—1997 标准推荐，刀具标注角度参考系有正交平面参考系、法平面参考系和假定工作平面参考系三种，在不同的参考系中可以定义刀具不同的角度。本书仅介绍刀具角度标注、刃磨、测量最常用的正交平面参考系，如图 2.7 所示，它由基面、主切削平面和正交平面组成。

① 基面 P_r，是指过切削刃上某选定点并垂直于该点切削速度方向的平面。车刀的基面可理解为平行于刀具底面的平面。

② 主切削平面 P_s，是指过主切削刃上某选定点与切削刃相切并垂直于基面的平面。

③ 正交平面 P_o，是指过切削刃上某选定点同时垂直于主切削平面与基面的平面。显然，基面 P_r、主切削平面 P_s、正交平面 P_o 三个平面在空间相互垂直。

3. 正交平面参考系内刀具的标注角度

车刀的几何角度如图 2.8 所示。

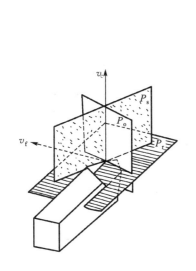

图 2.7　刀具标注角度的正交平面参考系

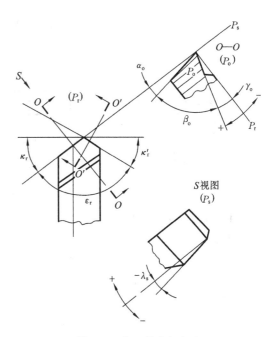

图 2.8　车刀的几何角度

1）在基面 P_r 内测量的角度

① 主偏角 κ_r，是指主切削刃与进给运动方向之间的夹角，只有正值。

② 副偏角 κ_r'，是指副切削刃与进给运动反方向之间的夹角，只有正值。

③ 刀尖角 ε_r，是指主切削平面与副切削平面（过副切削刃上某选定点与切削刃相切并垂直于基面的平面）间的夹角。刀尖角的大小会影响刀具切削部分的强度和传热性能。它与主偏角和副偏角的关系如下：

$$\varepsilon_r = 180° - (\kappa_r + \kappa_r')$$

2）在正交平面（$O-O$）内测量的角度

① 前角 γ_o，是指前刀面与基面间的夹角。当前刀面与基面平行时，前角为零。当基面在前刀面以外时前角为正，反之前角为负。根据需要，前角可取正值、零或负值。

② 后角 α_o，是指后刀面与切削平面间的夹角。当后刀面与主切削平面平行时，后角为零。当主切削平面在后刀面以外时后角为正，反之后角为负。后角通常取正值。

③ 楔角 β_o，是指前刀面与后刀面间的夹角。楔角的大小将影响切削部分截面的

大小,决定着切削部分的强度,它与前角 γ_o 和后角 α_o 的关系如下:

$$\beta_o = 90° - (\gamma_o + \alpha_o)$$

3) 在切削平面内(S 向)测量的角度

刃倾角 λ_s 是指主切削刃与基面间的夹角。刃倾角正负的规定如图 2.9 所示。刀尖处于最高点时,刃倾角为正;刀尖处于最低点时,刃倾角为负;切削刃平行于底面时,刃倾角为零。

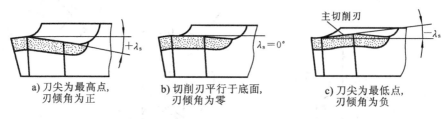

a) 刀尖为最高点,　　　b) 切削刃平行于底面,　　　c) 刀尖为最低点,
刃倾角为正　　　　　　刃倾角为零　　　　　　　刃倾角为负

图 2.9　刃倾角的正负

4. 刀具的工作角度

刀具标注角度都是在假定运动条件和假定安装条件下定义的,如果考虑合成运动和实际安装情况,刀具的参考系将发生变化,刀具角度也将发生变化。

按照刀具工作中的实际情况,在刀具工作角度参考系中确定的角度称为刀具工作角度。

多数情况下不必进行工作角度的计算,只有在进给运动和刀具安装对工作角度产生较大影响时,才考虑工作角度。

1) 进给运动对工作角度的影响

在车削端面或切断时,车刀是横向进给。以切断刀为例(见图 2.10),在不考虑进给运动时,车刀主切削刃上选定点相对于工件的运动轨迹是一个圆,主切削平面

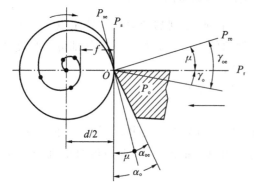

图 2.10　横向进给运动对工作角度的影响

P_s 为通过主切削刃上选定点切于圆周的平面,基面 P_r 为通过主切削刃上选定点的水平面。γ_o、α_o 分别为车刀标注角度的前角和后角。

如果考虑到进给运动,则主切削刃上选定点相对于工件运动的轨迹为一条阿基米德螺线,主切削平面变为通过主切削刃上选定点,并切于螺旋面的平面 P_{se}。因此,车刀的工作角度 γ_{oe} 和 α_{oe} 分别为

$$\gamma_{oe} = \gamma_o + \mu$$
$$\alpha_{oe} = \alpha_o - \mu$$

车外圆及车螺纹是纵向切削,此时过渡表面是一个螺旋面,工作切削平面和工作

基面都要偏转同一个角度 μ。车外圆时,其角度一般小于 $10°$,可以忽略不计,但在车削大导程螺纹时必须考虑工作角度的变化。

　　2) 刀具安装高低对工作角度的影响

　　车外圆时,若车刀安装位置偏高,刀尖高于工件轴线或低于工件轴线,主切削平面 P_s 和基面 P_r 都要偏转,如图 2.11 所示。当刀尖高于工件轴线时,工作前角增大,工作后角减小,即

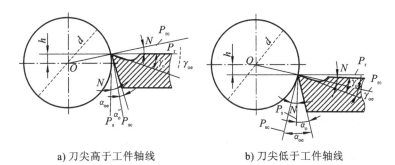

a) 刀尖高于工件轴线　　　　　　b) 刀尖低于工件轴线

图 2.11　车刀安装高度对工作角度的影响

$$\gamma_{oe} = \gamma_o + N$$
$$\alpha_{oe} = \alpha_o - N$$

当刀尖低于工件轴线时,工作前角减小,工作后角增大,即

$$\gamma_{oe} = \gamma_o - N$$
$$\alpha_{oe} = \alpha_o + N$$

　　3) 刀柄偏移对工作角度的影响

　　车刀刀柄中心线与进给运动方向不垂直时,主偏角和副偏角将发生变化,如图 2.12 所示。刀柄右偏时,工作主偏角增大,工作副偏角减小;刀柄左偏时,工作主偏角减小,工作副偏角增大;刀柄中心线与进给运动方向垂直时,主偏角和副偏角没有变化。

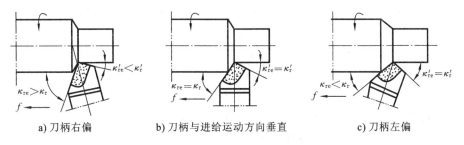

a) 刀柄右偏　　　　　b) 刀柄与进给运动方向垂直　　　　　c) 刀柄左偏

图 2.12　车刀刀柄偏移对主偏角和副偏角的影响

2.1.3　刀具材料

　　刀具材料一般是指刀具切削部分的材料。它的性能是影响加工表面质量、切削

效果、刀具寿命和加工成本的重要因素。

1. 刀具应具备的性能

金属切削过程中,刀具切削部分承受很大的切削力和剧烈摩擦,并产生很高的切削温度;在断续切削工作时,刀具将受到冲击和产生振动,引起切削温度的波动。为此,刀具材料应具备下列基本性能:

① 硬度和耐磨性。刀具材料的硬度必须高于工件材料的硬度,并具有较高的耐磨损的能力。

② 强度和韧度。刀具材料应具有承受冲击和振动而不破碎的能力。

③ 热硬性。刀具材料在高温下应能保持较高的硬度和耐磨性。

④ 工艺性与经济性。为了使刀具便于制造,刀具材料应具有良好的铸造性能、锻造性能、焊接性能和切削加工性能。

2. 常用刀具材料

常用刀具材料分为工具钢(包括碳素工具钢、低合金工具钢、高速钢)、硬质合金、超硬刀具材料(包括陶瓷,金刚石及立方氮化硼)等。

1) 优质碳素工具钢

优质碳素工具钢经淬火后具有较高的硬度,刃磨后较锋利,但热硬性差,在 200~250 ℃时硬度就开始显著下降,常用来制造低速、不受冲击载荷的手工工具,如锉刀、手用锯条、刮刀等,常用的优质碳素工具钢牌号有 T10A、T12A 等。

2) 低合金工具钢

低合金工具钢含有 Cr、W、Mn 等合金元素,耐磨性比优质碳素工具钢有所提高,耐热温度为 350~400 ℃,而且热处理变形小,淬透性较好,切削速度比碳素工具钢高 10%~40%。低合金工具钢一般用来制造低速复杂刀具,如铰刀、丝锥、板牙或齿轮铣刀等。常用的低合金工具钢牌号有 CrWMn、9SiCr 等。

3) 高速钢

高速钢是指以 W、Cr、V、Mo 为主要合金元素的高合金工具钢。经热处理后是具有较高的硬度,特别是具有较高的热硬性,在 550~600 ℃时仍能保持较高的硬度和耐磨性,并有一定的切削加工和热处理的工艺性能,易于磨出锋利的刀刃。高速钢特别适合用来制造结构复杂的成形刀具和孔加工刀具,例如各类铣刀、拉刀、齿轮刀具、螺纹刀具、成形车刀等。高速钢的硬度、耐磨性、耐热性不及硬质合金,因此只适合制造中、低速(v_c <60 m/min)切削的各种刀具。

高速钢按其性能分成普通高速钢和高性能高速钢两大类,常用的牌号为 W18Cr4V、W6Mo5Cr4V2、W9Mo3Cr4V 等。W9Mo3Cr4V 是我国近几年开发的新钢种,具有前两种钢的共同优点,比 W18Cr4V 有更高的热塑性,强度及热塑性也略高于 W6Mo5Cr4V2,硬度为 63~64HRC。强度与韧度相配合,使得高速钢容易轧制、锻造,热处理工艺范围宽,脱碳敏感性小,成本更低。

近几年国际上开发的粉末冶金高速钢具有更好的性能,它将成为一种新型高速钢材料。

4) 硬质合金

硬质合金主要是由硬度和熔点都很高的碳化物（WC 或 TiC）和黏结剂（Co）经粉末冶金方法制成。其热硬温度高达 $800\sim1000$ ℃，允许的切削速度比普通高速钢高 $4\sim7$ 倍。但其韧度较低，抗弯强度比高速钢低。所以硬质合金大量应用在刚度高、刀刃形状简单的高速切削刀具上。随着技术的进步，复杂刀具也在逐步扩大其应用。常用硬质合金牌号和应用范围如表 2.1 所示。

表 2.1　硬质合金常用的代号、性能特点和应用范围

代号	性 能 特 点	应 用 范 围
YG3X	硬度、耐磨性、切削速度↑，抗弯强度、韧度、进给量↓	铸铁、有色金属及其合金的精加工和半精加工，不能承受冲击载荷
YG3		
YG6X		普通铸铁、冷硬铸铁、高温合金的精加工和半精加工
YG6		铸铁、有色金属及其合金的半精加工和粗加工
YG8		铸铁、有色金属及其合金、非金属材料的粗加工，也可用于断续切削
YG6A		冷硬铸铁、有色金属及其合金的半精加工，亦可用于高锰钢、淬硬钢的半精加工和精加工
YT30	硬度、耐磨性、切削速度↑，抗弯强度、韧度、进给量↓	碳素钢、合金钢的精加工
YT15		碳素钢、合金钢在连续切削时的粗加工和半精加工，也可用于断续切削时精加工
YT14		
YT5		碳素钢、合金钢的粗加工，也可用于断续切削
YW1	硬度、耐磨性、切削速度↑，抗弯强度、韧度、进给量↓	高温合金、高锰钢、不锈钢等难加工材料及普通钢料、铸铁、有色金属及其合金的半精加工和精加工
YW2		高温合金、不锈钢、高锰钢等难加工材料，普通钢料、铸铁、有色金属的粗加工和半精加工

钨钴类硬质合金由 WC 和 Co 烧结而成，代号为 YG，一般适用于加工铸铁和青铜等脆性材料。

钨钛钴类硬质合金是以 WC 为基体，添加 TiC，用 Co 作黏结剂烧结而成，代号为 YT。由于 TiC 的加入，其硬度和耐热性比 YG 类高，并且在切削塑性材料时较耐磨，但其韧度较低，一般适合高速加工低碳钢等塑性材料。

在以上两种硬度合金中添加少量其他碳化物（如 TaC 或 NbC）而派生出的一类硬质合金，代号为 YW，不仅提高了耐磨性和抗弯强度，而且提高了韧度，具有较好的综合性能，既适合加工脆性材料，又适合加工塑性材料。常用代号为 YW1、YW2。

5) 涂层刀具材料

硬质合金或高速钢刀具通过化学或物理方法在其表面涂覆一层耐磨性好的难熔金属化合物,既能提高刀具材料的耐磨性,而又不降低其韧度,主要用于半精加工和精加工。对刀具表面涂覆的方法有两种:①化学气相沉积法(CVD 法),适用于硬质合金刀具;②物理气相沉积法(PVD 法),适用于高速钢刀具。

涂层材料可分为 TiC 涂层、TiN 涂层、TiC 与 TiN 涂层、Al_2O_3 涂层等。

6) 其他刀具材料

(1) 陶瓷刀具　陶瓷是以氧化铝(Al_2O_3)或以氮化硅(Si_3N_4)为基体,再加入高温碳化物(如 TiC、WC)和少量金属添加剂(如镍、铁、钨、钼等),在高温下烧结而成的一种刀具材料。陶瓷刀具硬度高、耐高温,但抗弯强度和冲击韧度低,容易崩刃,一般适合高速下精细加工高硬度、高强度钢或冷硬铸铁材料。一些新型复合陶瓷刀也可用于半精加工或粗加工难加工的材料或间断切削。陶瓷材料被认为是提高生产效率的最有希望的刀具材料之一。

(2) 人造金刚石　人造金刚石是碳的同素异形体,是目前最硬的刀具材料,显微硬度达 10000HV。它还有极好的耐磨性,与金属摩擦系数很小,切削刃极锋利,能切下极薄切屑,有很好的导热性,较低的膨胀系数,但它的耐热温度较低,在 700~800 ℃时易脱碳而失去硬度,抗弯强度低,对振动敏感,与铁有很强的化学亲和力,不宜加工钢材,主要用于有色金属、非金属的精加工和超精加工,也可作磨具、磨料用。

(3) 立方氮化硼　立方氮化硼是继人造金刚石后出现的第二种人造无机超硬材料,由六方氮化硼(白石墨)在高温高压下转化而成的,其硬度仅次于金刚石,耐热温度可达 1400 ℃,有很高的化学稳定性、较好的耐磨性,抗弯强度与韧度略低于硬质合金,一般用于高硬度、难加工材料的半精加工和精加工。

2.2　金属切削原理及其应用

金属的切削过程是一个复杂的过程,在这一过程中形成切屑,产生切削力、切削热与切削温度、刀具磨损等许多现象,研究这些现象及变化规律,对于合理使用与设计刀具,夹具和机床,保证加工质量,减少能量消耗,提高生产效率和促进生产技术发展都有很重要的意义。

2.2.1　切削变形

1. 切削变形特点

图 2.13 所示为金属的挤压和切削机理。当金属试件受挤压时,在其内部产生主应力的同时,还将在与作用力大致成 45°方向的斜截面产生最大切应力,在切应力达到屈服强度时将在此方向产生剪切滑移。

金属刀具切削时相当于局部压缩金属的压块,使金属沿一个最大切应力方向产生滑移。

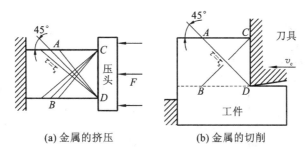

(a) 金属的挤压　　　　　(b) 金属的切削

图 2.13　金属的挤压与切削机理

如图 2.14 所示当切屑层达到切削刃 OA(OA 代表始滑移面)处时,切应力达到材料屈服极限,产生剪切滑移,切削层移到 OM 面上,剪切滑移终止,并离开切削刃后形成了切屑,然后沿前刀面流出。

始滑移面 OA 与终滑移面 OM 之间的变形区称为第一变形区(见图 2.14 中的 Ⅰ),宽度很窄(0.02~0.2 mm),故常用 OM 剪切面(也称为滑移面)来表示,它与切削速度的夹角称为剪切角 φ,如图 2.15 所示。

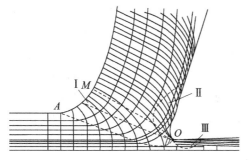

图 2.14　金属切削过程中的滑移线好流线与三个变形区

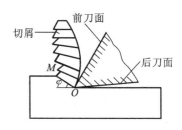

图 2.15　剪切角

切屑沿刀具的前刀面流出时,受到前刀面的挤压和摩擦作用。在前刀面摩擦阻力的作用下,靠近前刀面的切屑底层金属再次产生剪切变形,使切屑底层薄薄的一层金属流动滞缓。流动滞缓的一层金属称为滞流层,又称为第二变形区(见图 2.14 中的Ⅱ)。

工件已加工表面受到钝圆弧切削刃的挤压和后刀面的摩擦,使已加工表面内产生严重变形,已加工表面与后刀面的接触区称为第三变形区(见图 2.14 中的Ⅲ)。

这三个变形区不是独立的,而是有着紧密的联系和相互影响的。

2. 切屑的种类

由于工件材料和切削条件的不同,切削过程中的变形情况也不同,因而产生的切屑形状也不同。从变形的观点来看,可将切屑的形状分为四种类型,如图 2.16 所示。

(1) 带状切屑　在切削过程中,切削层变形终了时,如金属的内应力还没有达到强度极限,就会形成连绵不断的切屑,在切屑靠近前刀面的一面很光滑,另一面略呈

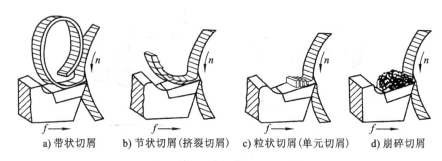

a) 带状切屑　　b) 节状切屑(挤裂切屑)　　c) 粒状切屑(单元切屑)　　d) 崩碎切屑

图 2.16　切屑的种类

毛茸状,这就是带状切屑。当切削塑性较大的金属材料(如碳素钢、合金钢、铜和铝合金)或刀具前角较大、切削速度较高时,经常出现这类切屑。

(2) 节状切屑(挤裂切屑)　在切屑形成过程中,如变形较大,其剪切面上局部所受到的切应力达到材料的强度极限时,剪切面上的局部材料就会破裂成节状,但与前刀面接触的一面常互相连接而未被折断,这就是节状切屑。工件材料塑性越差或用较大进给量低速切削钢材时,较容易得到这类切屑。

(3) 粒状切屑(单元切屑)　在切屑形成过程中,如果其整个剪切面上所受到的切应力均超过材料的断裂强度时,则切屑就成为粒状切屑,形状似梯形。

(4) 崩碎切屑　切削铸铁、黄铜等脆性材料时,切削层几乎不经过塑性变形阶段就产生崩裂,得到的切屑呈现不规则的粒状,工件加工后的表面也极为粗糙。

前三种切屑是切削塑性金属时得到的,形成带状切屑时切削过程最平稳,切削力波动较小,已加工表面粗糙度较小。带状切屑不易折断,常缠在工件上,损坏已加工表面,影响生产,甚至伤人,因此要采取断屑措施,例如在前刀面上磨出卷屑槽(断屑槽)等。形成粒状切屑时,切削力波动最大。

在生产中一般常见的是带状切屑,当进给量增大、切削速度降低的时候,带状切屑可以转化为节状切屑。在形成节状切屑的情况下,如果进一步减小前角,或加大进给量,降低切削速度,就可以得到粒状切屑;反之,如果加大前角,减小进给量,提高切削速度,使变形较小,就可以得到带状切屑。这说明切屑的形态随切削条件的不同可互相转化。

3. 积屑瘤

在切削速度不高而又能形成连续性切屑的情况下,加工塑性材料时,常常在刀具前刀面上靠近切削刃处黏附着一块剖面呈三角状的硬块,这块冷焊在前刀面上的金属就称为积屑瘤,如图 2.17 所示。其组织和性质既不同于加工材料,也不同于刀具材料。积屑瘤并不稳固,常被工件或切屑带走,时生时灭。

积屑瘤的硬度很高,通常是工件材料的 2～3 倍。当它处于比较稳定的状态时可代替刀刃切削,并对切削刃有一定的保护作用,同时增大了实际工作前角,减小了切削变形。但由它堆积的钝圆弧刃口造成挤压和过切现象,使加工精度降低,积屑瘤脱落后黏附在已加工表面上恶化了表面粗糙度,所以,在精加工时应避免积屑瘤产生。

影响积屑瘤的主要因素有工件材料、切削层、刀具前角及切削液等,工件材料塑性越大,刀具与切屑间的摩擦系数和接触长度越大,越容易生成积屑瘤。

切削速度与积屑瘤高度的关系如图 2.18 所示,可见切削速度对积屑瘤影响很大。切削速度很低时,由于摩擦系数较小,很少产生积屑瘤。在切削速度为 20 m/min左右、切削温度约为 300 ℃时,最易产生积屑瘤,且高度最大。切削速度是通过平均温度和平均摩擦系数影响积屑瘤的。

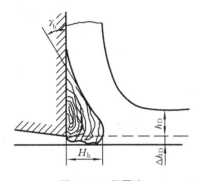

图 2.17　积屑瘤

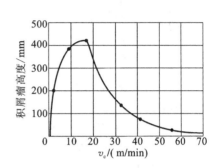

图 2.18　切削速度与积屑瘤高度的关系

减小进给量,增大刀具前角,提高刃磨质量,合理选用切削液,使摩擦和黏结现象减轻,均可起到抑制积屑瘤的作用。

4. 已加工表面变形和加工硬化

任何刀具的切削刃都很难磨得绝对锋利。当在钝圆弧切削刃和其邻近的狭小后面的切削挤压摩擦下,切屑晶体向下滑动绕过刃口形成已加工表面,使已加工表面层的金属晶粒发生扭曲挤紧、破碎等,构成已加工表面上的变形区。

在金属切削加工时,已加工表面经过严重塑性变形而使表面原硬度增高,这种现象称为加工硬化(冷硬)。

金属材料经硬化后在表面上会出现细微裂纹和残余应力,从而降低了加工质量和材料的疲劳强度,增加了下道工序的困难程度,加速了刀具磨损,所以在切削时应设法避免或减轻加工硬化现象。

2.2.2　切削力

切削过程中,刀具作用于工件使工件材料产生变形,并使多余材料变为切屑所需的力,称为切削力,而工件抵抗变形反作用于刀具的力称为切削抗力。在分析切削力以及切削机理时,切削力与切削抗力意义相同。研究切削力对刀具、机床、夹具的设计和使用都具有很重要的意义。

1. 切削力的来源和分解

刀具切削工件时,由于切屑与工件内部产生弹性、塑性变形抗力,切屑与工件对刀具产生摩擦阻力,形成刀具对工件作用的一个合力 F。由于其大小、方向不易确定,因此,为了便于测量、计算及研究,通常将 F 分解为垂直切削分力 F_c、轴向切削分力 F_f 和径向切削分力 F_p,如图 2.19 所示。

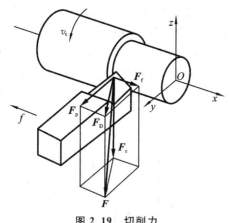

（1）垂直切削分力 F_c　垂直切削分力又称为主切削力,它与切削速度 v_c 方向一致,切于加工表面,并与基面垂直,也是在主运动方向上的分力。它比其他两个分力要大得多,约消耗 95% 以上的功率,是计算刀具强度、设计机床零件、确定机床功率、主传动系统零件(如主轴箱内的轴和齿轮等)强度和刚度的主要依据。

图 2.19　切削力

（2）轴向切削分力 F_f　轴向切削分力又称为进给力,它是在进给运动方向上的分力,处于基面内与进给方向相反。它是设计机床进给机构和确定进给功率、进给系统零件强度和刚度的主要依据。

（3）径向切削分力 F_p　径向切削分力又称为背向力,它是在垂直于工作平面上分力,处于基面内并垂直于进给方向。其反作用力作用在工件上,容易使工件变形,特别是对于刚度较小的工件,变形尤为明显。它用来计算工艺系统刚度等,也是使工件在切削过程中产生振动的力。

由图 2.19 可知,总切削力 F 的大小与 F_c、F_f、F_p 三个切削分力的大小之间的关系为

$$F = \sqrt{F_c^2 + F_f^2 + F_p^2}$$

2. 影响切削力的主要因素

1）工件材料的影响

工件材料的硬度和强度增高时,切削变形减小,但由于剪切屈服强度增高,因此切削力会增大。工件材料强度相同时,塑性和韧性越好,切削变形越大,刀具间摩擦力越大,因此切削力会越大。切削铸铁时变形小,摩擦力小,故产生的切削力小。

2）切削用量的影响

进给量、背吃刀量增大,都会使切削力增大,而实际上背吃刀量要比进给量对切削力的影响大。其主要原因在于,a_p 增大一倍时,切削厚度 h_D 不变,而切削宽度 b_D 则增大一倍,切削刃上的切削负荷也随之增大一倍,即变形力和摩擦力成倍增加,最终导致了切削力成倍增加;f 增大一倍时,切削宽度 b_D 不变,只是切削厚度 h_D 增大一倍,平均变形减小,故切削力增加不到一倍。

切削速度对切削力的影响如图 2.20 所示。切削塑性金属时,若 $v_c = 40$ m/min,由于积屑瘤的产生与消失,刀具前角会增大或减小,由此引起变形系数的变化,导致切削力的变化;若 $v_c > 40$ m/min 切削温度会升高,平均摩擦系数会下降,切削力也

会随之下降。切削灰铸铁等脆性材料时,塑性变形很小,且刀屑间的摩擦力也很小,因此,v_c 对切削力的影响不大。

　　3) 刀具几何参数的影响

　　前角对主切削力影响较大,前角增大,切削变形减小,故主切削力减小。主偏角对进给力和背向力影响较大,当 κ_r 增大时进给力增大而背向力减小,如图 2.21 所示。刀倾角对背向力影响较大,因为 λ_s 由正值向负值变化时,顶向工件轴线的背向力会增大。

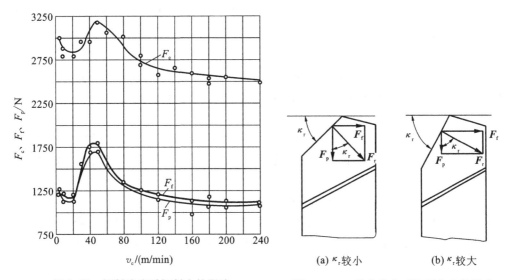

图 2.20　切削速度对切削力的影响　　　图 2.21　刀具主偏角对切削分力的影响

　　此外,刀尖圆弧半径、刀具磨损程度等因素对切削力也有一定的影响。

3. 工作功率

　　在切削加工过程中,所需的切削功率 P_c 可以按下式计算:

$$P_c = \left(F_c v_c + \frac{F_f v_f}{1000} \right) \times 10^{-3} \quad (\text{kW})$$

式中　F_c、F_f——主切削力和进给力(N);

　　　　v_c——切削速度(m/s);

　　　　v_f——进给速度(mm/s)。

　　一般情况下,F_f 小于 F_c,且 F_f 方向的速度很小,因此 F_f 所消耗的功率远小于 F_c,可以忽略不计。切削功率计算式可简化为

$$P_c = F_c v_c \times 10^{-3} \quad (\text{kW})$$

　　根据上式求出切削功率,可按下式计算机床电动机功率 P_E:

$$P_E = P_c / \eta_c$$

式中　η_c——机床传动效率,一般取 $\eta_c = 0.75 \sim 0.85$。

2.2.3 切削温度与切削液

切削热的产生是切削过程的重要物理现象之一。切削温度影响工件材料的性能、前刀面上的摩擦系数和切削力的大小,影响刀具磨损和刀具寿命,影响积屑瘤的产生和加工表面质量,也影响工艺系统的热变形,降低零件的加工精度和表面质量。因此,研究切削热和切削温度具有重要的实际意义。

1. 切削热的产生和传散

切削过程中所消耗的能量有 98%～99% 转换为热能,因此可以近似地认为单位时间内产生的切削热为

$$Q = F_c v_c \quad (\text{J/s})$$

切削区域产生的切削热,在切削过程中分别由切屑、工件、刀具和周围介质向外传导,例如,在空气冷却条件下车削时,切削热的 50%～86% 由切屑带走,40%～10% 传入工件,9%～3% 传入刀具,1% 左右通过辐射传入空气。

切削温度是指前刀面与切屑接触区内的平均温度,它是由切削热的产生与传出的平衡条件所决定的。产生的切削热越多,传出得越慢,切削温度就越高;反之切削温度就越低。

2. 切削区温度分布和切削温度的测量

切削区温度一般是指切屑、工件和刀具接触表面上的平均温度。切削温度的测量方法很多,目前以利用物体的热电效应来进行温度测量的热电偶法应用较多,其测量简单方便。

3. 影响切削温度的因素

切削温度的高低取决于产生热量的多少和热量传递的快慢两方面因素。切削时影响产生热量和传递热量的因素有切削用量、工件材料的性能、刀具几何参数和冷却条件等。

(1) 切削用量对切削温度的影响 当 v_c、a_p 和 f 增加时,由于切削变形功和摩擦功增大,所以切削温度升高。其中:切削速度影响最大,当 v_c 增加一倍时,由于摩擦热增多,切削温度约增加 32%。进给量 f 的影响次之,当 f 增加一倍时,切削温度约增加 18%,这是因为 f 增加,切削变形增加有限,并且改善了散热条件,故热量增加不多。背吃刀量 a_p 影响最小,a_p 增加一倍时,切削温度约增加 7%,这是因为 a_p 的增加使切削宽度增加,增大了传热面积。

(2) 工件材料对切削温度的影响 工件材料主要是通过硬度、强度和热导率来影响切削温度的。工件材料的强度、硬度越高,切削时消耗的能量就越多,产生的切削热越多,切削温度就越高。工件材料的热导率越大,则通过切屑和工件传出的热量越多,切削温度下降越快。

(3) 刀具几何参数对切削温度的影响 刀具几何参数中影响切削温度最明显的因素是前角 γ_o 和主偏角 κ_r,其次是刀尖圆弧半径 r_ε。前角 γ_o 较大,切削变形和摩擦

产生的热较少,故切削温度较低。但 γ_r 过大会减小散热体积,使散热条件变差,切削温度升高。当前角大于 20°时,前角对切削温度的影响减少。主偏角 κ_r 减小,切削变形摩擦增大,但 κ_r 减小使切削宽度增大,散热条件改善,由于散热起主要作用,故切削温度下降。增大刀尖圆弧半径能增大散热面积,降低切削温度。

刀具磨损后,刀具后面与已加工表面摩擦加大,切削刃变钝,使刃区前方对切屑的挤压作用增大,切屑变形增大,继而使切削温度升高。

在加工时,使用切削液是降低切削温度的重要措施。

4. 切削液的选用

在切削过程中,合理使用切削液能有效减少切削热,降低切削温度,从而能延长刀具寿命,改善已加工表面的质量和精度。切削液有冷却作用、润滑作用、清洗作用、防锈作用等。切削液分为:①水溶液,一般常用于粗加工和普通磨削加工中;②乳化液,一般材料的粗加工常用乳化液,难加工材料的切削常使用极压乳化液;③切削油,一般材料的精加工,如普通精车、螺纹精加工等常使用切削油。

2.2.4　刀具磨损与耐用度

1. 刀具磨损的形式

切削过程中,刀具一方面将切屑切离工件,另一方面自身也要发生磨损或破损。磨损是连续的、逐渐的发展过程,而破损一般是随机的、突发的破坏(包括脆性破损和塑性破损)。这里仅分析刀具的磨损。刀具磨损的主要形式有前刀面磨损、后刀面磨损、前后刀面同时磨损,如图 2.22 所示。

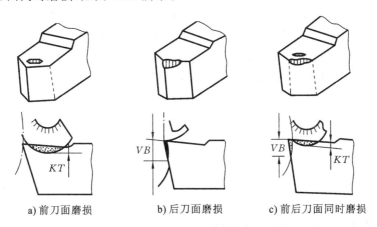

| a) 前刀面磨损 | b) 后刀面磨损 | c) 前后刀面同时磨损 |

图 2.22　刀具磨损的形式

(1) 前刀面磨损　切削塑性材料时,如果切削速度和切削厚度较大,刀具前刀面上会形成月牙洼磨损。这种磨损以切削温度最高点的位置为中心开始发生,然后逐渐向前、向后扩展,深度不断增加。当月牙洼发展到其前缘与切削刃之间的棱边变得很窄时,切削刃强度降低,容易导致切削刃破损。前刀面月牙洼磨损值以其最大深度

KT表示。

（2）后刀面磨损　后刀面与工件表面实际的接触面积很小，所以接触压力很大，存在着弹性和塑性变形，因此，磨损就发生在这个接触面上。在切削铸铁和以较小的切削厚度切削塑性材料时，主要发生这种磨损。

（3）前后刀面同时磨损　在常规条件下，加工塑性金属常常出现图 2.22c 所示的前后刀面同时的磨损情况。

2. 刀具磨损的原因

刀具磨损不同于一般机械零件的磨损，因为与刀具表面接触的切屑底面是活性很高的新鲜表面，刀面上的接触压力很大（可达 2000～3000 MPa），接触温度很高（如用硬质合金加工钢时可达 800～1000 ℃），所以刀具磨损存在着机械的、热的和化学的作用，既有工件材料硬质点的刻划作用而引起的磨损，也有黏结、扩散、腐蚀等引起的磨损。

不同的刀具材料在不同的使用条件下造成磨损的主要原因不同。

（1）磨料磨损　磨料磨损是由于工件材料中的杂质、材料基体组织中的碳化物、氮化物、氧化物等硬质点对刀具表面的刻划作用而引起的机械磨损。

（2）黏结磨损　在切削过程中，当刀具与工件材料的摩擦面上具备高温、高压和新鲜表面的条件，接触面达到原子间距时，就会产生吸附黏结现象（又称为冷焊）。各种刀具材料都会发生黏结磨损，磨损的程度主要取决于工件材料与刀具材料的亲和力和硬度比，切削温度、压力及润滑条件等。黏结磨损是硬质合金刀具在切削速度中等偏低时磨损的主要原因。

（3）扩散磨损　当切削温度很高时，刀具与工件材料中的某些化学元素能在固体下互相扩散，使两者的化学成分发生变化，从而削弱刀具材料的性能，加速磨损进程。扩散磨损是硬质合金刀具在高温（800～1000 ℃）下切削产生磨损的主要原因之一。一般从 800 ℃开始，硬质合金中的钴、碳、钨等元素会扩散到切屑中而被带走，同时切屑中的铁也会扩散到硬质合金中，使刀面的硬度和强度下降，脆性增加，磨损加剧。不同元素的扩散速度不同，例如钛的扩散速度比碳、钴、钨等元素低得多，故 YT 类比 YG 类硬质合金抗扩散能力强。

（4）氧化磨损　当切削温度为 700～800 ℃时，空气中的氧与硬质合金中的钴、碳化钨、碳化钛等发生氧化作用，生成疏松脆弱的氧化物。这些氧化物容易被切屑和工件携带走，加速了刀具磨损。

3. 刀具磨损过程和刀具磨钝标准

1）刀具磨损过程

刀具磨损过程可分为三个阶段：初期磨损阶段、正常磨损阶段、急剧磨损阶段，如图 2.23 所示。

（1）初期磨损阶段（OA 段）　由于刃磨后的刀具表面有微观高低不平，并存在裂纹，且后刀面与加工表面的实际接触面积很小，压应力较大，因此磨损较快。

（2）正常磨损阶段（AB 段）　由于刀具上微观不平的表面层已被磨去,表面光洁,从而摩擦力减小,且接触面积增大,压应力减小,因此磨损较慢。

（3）急剧磨损阶段（BC 段）　经过正常磨损阶段后,刀具与工件之间接触状况恶化,切削力、摩擦力及切削温度急剧上升,从而使磨损速度急剧增加。

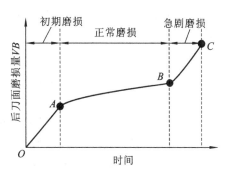

图 2.23　刀具的磨损过程

2）刀具磨钝标准

刀具磨损到一定限度后就不能继续使用。这个磨损限度称为磨钝标准。由于多数切削情况下均可能出现后刀面的均匀磨损量,此外,后刀面平均磨损宽度 VB 值比较容易测量和控制,因此常用 VB 值来研究磨损过程,作为衡量刀具的磨钝标准。ISO 标准统一规定以 1/2 背吃刀量处的后刀面上测定的磨损宽度 VB 作为刀具的磨钝标准。自动化生产中的精加工刀具,常以沿工件径向的刀具磨损尺寸作为刀具的磨钝标准,称为径向磨损量 NB。

在国家标准 GB/T 16461—1996 中规定了高速钢刀具、硬质合金刀具的磨钝标准（见表 2.2）。

表 2.2　高速钢刀具、硬质合金刀具的磨钝标准

工 件 材 料	加 工 性 质	磨损宽度 VB/mm	
		高速钢	硬质合金
碳钢、合金钢	粗车	1.5～2.0	1.0～1.4
	精车	1.0	0.4～0.6
灰铸铁、可锻铸铁	粗车	2.0～3.0	0.8～1.0
	半精车	1.5～2.0	0.6～0.8
耐热钢、不锈钢	粗车、精车	1.0	1.0

4. 刀具耐用度定义

刀具耐用度是指刀具刃磨后开始切削至磨损量达到磨钝标准的总切削时间,以 T 表示。刀具的耐用度高,说明切削性能好。

所谓刀具的寿命是指一把新刀具用到报废之前的总切削时间,其中包括多次刃磨,即刀具的寿命等于其耐用度与重磨次数的乘积。

5. 影响刀具耐用度的因素

（1）切削用量的影响　切削用量增加时,刀具磨损加剧,刀具耐用度降低。

对耐用度的影响,切削速度最大,进给量次之,背吃刀量最小。这与三者对切削

温度的影响规律是相同的。实质上,切削用量对刀具磨损和刀具耐用度的影响是通过切削温度起作用的。

(2)工件材料的影响　工件材料的强度、硬度、塑性等指标数值越高,导热性越低,加工时切削温度就越高,刀具耐用度也就越低。

(3)刀具材料的影响　刀具材料是影响刀具寿命的重要因素,合理选择刀具材料,采用涂层刀具材料和使用新型刀具材料,是提高刀具寿命的有效途径。

(4)刀具几何参数　对刀具耐用度影响较大的是前角和主偏角。增大前角,切削温度降低,刀具耐用度提高,但前角太小,刀具强度降低且散热不好,导致刀具耐用度降低。因此必须选择与最高刀具耐用度对应的前角。减小主偏角、副偏角和增大刀尖圆弧半径,可改善散热条件,提高刀具强度和降低切削温度,从而提高刀具的耐用度。

6. 刀具耐用度的合理确定

刀具耐用度对切削加工的生产效率和成本都有直接的影响,不能定得太高或太低。如果定得太高,势必要选择较小的切削用量,从而增加切削加工的时间,导致生产效率下降;如果定得太低,虽然可以采用较大的切削用量,但会使换刀、磨刀或调整机床所用时间增加过多,也会导致生产效率下降。

确定各种刀具耐用度时,可以按下列准则考虑:①简单刀具的制造成本低,故它比复杂刀具的耐用度低;②可转位刀具切削刃转位迅速,更换简单,刀具耐用度可定得低一些;③精加工刀具切削负荷小,耐用度可定得高一些;④自动加工数控刀具应选较高的耐用度。

2.2.5　刀具几何参数与切削用量的合理选择

1. 刀具几何参数的合理选择

刀具的几何参数包括刀具角度、刀面结构和形状、切削刃的形式等。

1)前角的选择

前角是刀具上最重要的角度之一。若前角大,则切削刃锋利,切削变形小,切削力小,切削轻快,切削温度低,刀具磨损小和加工表面质量高,但是,前角过大则刀头强度低,切削温度高,刀具磨损大,刀具耐用度低。从正反两方面考虑,前角有一个最佳数值。

选择前角的原则是,在保证加工质量和足够的刀具耐用度的前提,应尽量选取大的前角。具体选择时要考虑的因素如下:

(1)根据工件材料选择　加工塑性金属材料前角较大,加工脆性材料时前角较小。材料的强度、硬度越高,前角越小;材料的塑性越大,前角越大。

(2)根据刀具材料选择　高速钢刀具抗弯强度和冲击韧度高,可选较大前角。硬质合金材料抗弯强度较高速钢低,故前角较小。陶瓷刀具材料前角应更小。

(3)根据加工要求选择　粗加工时选择较小前角,甚至负前角,精加工时前角应大些。加工成形表面的刀具,前角应小些,以减少刀具的刃形误差。

表 2.3 所示为硬质合金车刀合理前角的参考值,高速钢车刀的前角一般比表中大 5°~10°。

表 2.3　硬质合金车刀合理前角参考值

工 件 材 料	粗　　车	精　　车
低碳钢	20°~25°	25°~30°
中碳钢	10°~15°	15°~20°
合金钢	10°~15°	15°~20°
淬火钢	−15°~−5°	
不锈钢	15°~20°	20°~25°
灰铸铁	10°~15°	5°~10°
铜或铜合金	10°~15°	5°~10°
铝或铝合金	30°~35°	35°~40°
钛合金	5°~10°	

2) 后角的选择

增大后角,可减弱后面与切削表面间摩擦;减小切削刃钝圆弧半径,可提高表面质量。但是,这同时使刀具强度降低,散热条件变差。选择后角的原则是在不产生较大摩擦的条件下,应适当减小后角。

(1) 根据加工精度选择　精加工时为保证加工质量,后角取较大值 8°~12°,粗加工时,要提高刀具强度,后角应取较小值 6°~8°。

(2) 根据加工材料选择　加工塑性材料,已加工表面的弹性恢复大,后角应取大值;加工脆性材料后角应取小值。为了制造、刃磨的方便,一般刀具的副后角等于后角。但切断刀、车槽刀、锯片铣刀的副后角受刀头强度的限制,只能取很小的值,通常为 1°30′左右。表 2.4 所示为硬质合金车刀合理后角的参考值。

3) 主、副偏角的选择

减小主、副偏角,则刀头强度增高,散热条件改善,加工表面粗糙度减小,但背向力增大,工件或刀柄易发生变形,从而引起工艺系统振动。减小主偏角使得切屑厚度减小而导致断屑效果差。因此,在满足加工工艺系统刚度的条件下,应选较小的主偏角;加工高强度、高硬度材料时,为提高刀具强度,应选较小的主偏角,在出现带状切屑时,应考虑加大主偏角。

副偏角大小主要影响已加工表面粗糙度,选择的原则是,在不影响摩擦和振动的条件下应选择较小副偏角。

表 2.4　硬质合金车刀合理后角参考值

工件材料	粗　　车	精　　车
低碳钢	8°~10°	10°~12°
中碳钢	5°~7°	6°~8°
合金钢	5°~7°	6°~8°
淬火钢	8°~10°	
不锈钢	6°~8°	8°~10°
灰铸铁	4°~6°	6°~8°
铜或铜合金	6°~8°	6°~8°
铝或铝合金	8°~10°	10°~12°
钛合金	10°~15°	

（1）主偏角的选择原则和参考值　工艺系统的刚度较好时,主偏角可取小值,如 $\kappa_r=30°~45°$,在加工高强度、高硬度的工件材料时,可取 $\kappa_r=10°~30°$,以增加刀头的强度。当工艺系统的刚度较小或强力切削时,一般取 $\kappa_r=60°~75°$。车削细长轴时,为减小背向力,取 $\kappa_r=90°~93°$。主偏角的选择还要视工件形状及加工条件而定,如车削阶梯轴时,可取 $\kappa_r=90°$,用同一把车刀车削外圆、端面和倒角时,可取 $\kappa_r=45°~60°$。

（2）副偏角的选择原则和参考值　主要根据工件已加工表面的粗糙度要求和刀具强度来选择,在不引起振动的情况下尽量取小值。精加工时取 $\kappa_r'=5°~10°$,粗加工时取 $\kappa_r'=10°~15°$。当工艺系统刚度较差或从工件中间切入时,可取 $\kappa_r'=30°~45°$。在精车时,可在副切削刃上磨出一段 $\kappa_r'=0°$、长度为 $(1.2~1.5)f$ 的修光刃,以减小已加工表面的粗糙度。

为了保持刀具强度和重磨后宽度变化较小,切断刀、锯片铣刀和槽铣刀等的副偏角宜取 $1°30'$。

4）刃倾角的选择

刃倾角的正负要影响切屑的排出方向（见图 2.24）。精车和半精车时刃倾角宜选用正值,以使切屑流向待加工表面,防止划伤已加工表面。粗车钢和铸铁时宜取负的刃倾角 $0°~-5°$。车削淬硬钢时刃倾角取 $-5°~-15°$,以使刀头强固,避免刀尖切削时受到冲击,改善散热条件好,提高刀具寿命。

增大刃倾角的绝对值,使切削刃变得锋利,可以切下很薄的金属层。如微量精车、精刨时刃倾角可取 $45°~75°$。大刃倾角的刀具使切削刃加长,切削平稳,排屑顺利,生产效率高,加工表面质量好,但工艺系统刚度小,切削时不宜选用负刃倾角。

2. 切削用量的合理选择

在确定了刀具几何参数后,还需选定切削用量参数才能进行切削加工。

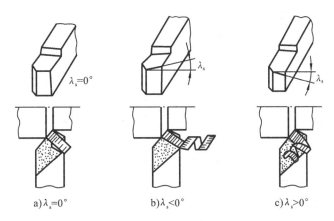

a)λ$_s$=0°　　　　b)λ$_s$<0°　　　　c)λ$_s$>0°

图 2.24　刀倾角的正负对切削排出方向的影响

目前许多工厂是通过查阅切削用量手册、实践总结或工艺实验来选择切削用量的。制定切削用量时应考虑加工余量、刀具耐用度、机床功率、表面粗糙度、刀具刀片的刚度和强度等因素。

（1）粗车切削用量的选择　对于粗加工,在保证刀具一定耐用度的前提下,要尽可能提高在单位时间内的金属切除量。提高切削用量都能提高金属切削量,但是考虑到切削用量对刀具耐用度的影响程度,在选择粗加工切削用量时应优先选用大的背吃刀量,其次选较大的进给量,最后根据刀具耐用度选定一个合理的切削速度。这样选择可减少切削时间,提高生产效率。背吃刀量应根据加工余量和加工系统的刚度确定。

（2）精加工切削用量的选择　选择精加工或半精加工切削用量的原则是,在保证加工质量的前提下,兼顾必要的生产效率。进给量根据工件表面粗糙度的要求来确定。精加工时的切削速度应避开积屑瘤区,一般硬质合车刀采用高速切削。

思考题与习题

2.1　切削加工由哪些运动组成? 它们各有什么作用?

2.2　切削用量三要素是什么? 它们的单位是什么?

2.3　车外圆时工件加工前直径为 62 mm,加工后直径为 56 mm,工件转速为 4 r/s,刀具每秒钟沿工件轴向移动 2 mm,求 v_c、f、a_p。

2.4　刀具正交平面参考系由哪些平面组成? 它们是如何定义的?

2.5　所选择的外圆车刀角度为 $\gamma_o = 10°$、$\alpha_o = \alpha_o' = 8°$、$\lambda_s = -10°$、$\kappa_r = 70°$、$\kappa_r' = 10°$,请绘出刀具图。

2.6　外圆车刀的工作角度与标注角度有何区别? 进给运动、刀具的安装分别是如何影响外圆车刀的工作角度的?

2.7　对刀具材料有哪些性能要求?

2.8　常用刀具的材料有哪几类？各适合制造哪些刀具？

2.9　为什么优质碳素工具钢和低合金工具钢只适合制作切削速度低的刀具？

2.10　常用的硬质合金刀具牌号分为哪三类？各适合加工哪些材料？

2.11　为什么整体刀具一般不用硬质合金制作，而用高速钢制作？为什么机夹车刀、可转位车刀的刀片多用硬质合金材料制成？

2.12　金属切削过程中的三个变形区是怎样划分的？各有哪些特点？

2.13　切屑类型有哪四类？它们各有哪些特点？

2.14　什么是积屑瘤？它对加工过程有什么影响？如何控制积屑瘤的产生？

2.15　各切削分力对加工过程有何影响？试述背吃刀量 a_p 和进给量 f 对主切削力 F_c 的影响规律。

2.16　切削热是如何产生的？它对切削过程有什么影响？

2.17　试述背吃刀量 a_p 和进给量 f 对切削温度的影响规律。

2.18　简述刀具磨损的原因。高速钢刀具、硬质合金刀具在中速、高速时产生磨损的主要原因是什么？

2.19　切削变形、切削力、切削温度、刀具磨损和刀具寿命之间存在着什么关系？

2.20　何谓工件材料的切削加工性？它与哪些因素有关？

2.21　说明前角和后角的大小对切削过程的影响。

2.22　车削细长轴时，应如何选择车刀的主偏角？为什么？

2.23　说明刃倾角的作用以及应如何合理选择刃倾角的大小。

2.24　简述半精车切削用量的选择方法。

2.25　常用切削液有哪几种？各适用于什么场合？

第3章

金属切削常用刀具

3.1 车刀

3.1.1 车刀种类和用途

车刀是应用最广的一种单刃刀具,也是学习、分析各类刀具的基础。车刀用于各种车床上,加工外圆、内孔、端面、螺纹、槽等。车刀按结构可分为整体车刀、焊接车刀、机夹车刀、可转位车刀和成形车刀。其中可转位车刀的应用日益广泛,在车刀中所占比例逐渐增加。

1. 硬质合金焊接车刀

所谓焊接车刀,就是在碳钢刀柄上按刀具几何角度的要求开出刀槽,采用钎焊方法,用焊料将硬质合金刀片焊接在刀槽内,并按所选择的几何参数刃磨后的车刀。

2. 机夹车刀

机夹车刀是采用普通刀片,用机械夹固的方法将刀片夹持在刀柄上使用的车刀,如图 3.1 所示。此类刀具有如下特点:

① 刀片不经过高温焊接,避免了因焊接而引起的刀片硬度下降、裂纹等缺陷,提高了刀具的耐用度。

② 由于刀具耐用度提高,因此使用时间延长,换刀时间缩短,生产效率提高。

③ 刀柄可重复使用,既节省了钢材又提高了刀片的利用率,刀片由制造厂家回收再制,提高了经济效益,降低了刀具成本。

④ 刀片重磨后,尺寸会逐渐变小,为了恢复刀片的工作位置,往往在车刀结构上设有刀片的调整机构,以增加刀片的重磨次数。

⑤ 压紧刀片所用的压板端部,可以起断屑器作用。

3. 可转位车刀

可转位车刀是使用可转位刀片的机夹车刀,如图 3.2 所示。一条切削刃用钝后可迅速

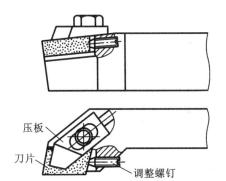

压板

刀片

调整螺钉

图 3.1 机夹车刀

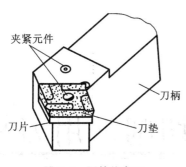

夹紧元件

刀柄

刀片　　　　刀垫

图 3.2　可转位车刀

转位换成相邻的新切削刃,继续工作,直到刀片上所有的切削刃均已用钝,刀片才报废回收。更换新刀片后,车刀又可继续工作。

1)可转位车刀的优点

与焊接车刀相比,可转位车刀有以下优点:

(1)刀具寿命长　刀片避免了由焊接和刃磨高温引起的缺陷,刀具几何参数完全由刀片和刀柄保证,切削性能稳定,从而延长了刀具的使用寿命。

(2)生产效率高　机床操作工人不再磨刀,可大大减少停机换刀等辅助时间。

(3)有利于推广新技术、新工艺　可转位车刀有利于推广使用涂层、陶瓷等新型刀具材料。

(4)有利于降低刀具成本　由于刀柄使用寿命长,因此大大减少了刀柄的消耗和库存量,简化了刀具的管理工作,降低了刀具成本。

2)可转位车刀刀片的夹紧特点与要求

(1)定位精度高　刀片转位或更换新刀片后,刀尖位置的变化应在工件精度允许的范围内。

(2)刀片夹紧可靠　应保证刀片、刀垫、刀柄接触面紧密贴合,经得起冲击和振动,但夹紧力也不宜过大,应力分布应均匀,以免压碎刀片。

(3)排屑流畅　刀片前刀面上最好无障碍,保证切屑排出流畅,并容易观察。

(4)使用方便　转换刀刃和更换新刀片方便、迅速。对小尺寸刀具结构要紧凑。在满足以上要求时,尽可能使结构简单,制造和使用方便。

4. 成形车刀

成形车刀是加工回转体成形表面的专用刀具,其刃形是根据工件廓形设计的,可用在各类车床上加工内外回转体的成形表面,主要用于批量较大的中、小尺寸带成形表面零件的加工。

用成形车刀加工零件时可一次形成零件表面,操作简便、生产效率高,加工后零件的尺寸公差等级可达 IT8～IT10,表面粗糙度 Ra 可达 $10\sim 5\ \mu m$,并能保证较高的互换性。但成形车刀制造较复杂、成本较高,刀刃工作长度较宽,故易引起振动。

3.1.2　孔加工刀具

孔加工刀具按其用途可分为两大类:一类是钻头,它主要用于在实心材料上钻孔(有时也用于扩孔),根据钻头构造及用途不同,又可分为麻花钻、扁钻、中心钻及深孔钻等;另一类是对已有孔进行再加工的刀具,如扩孔钻、铰刀及镗刀等。

1. 麻花钻

麻花钻是一种形状复杂的孔加工刀具,结构如图 3.3 所示。它的应用较为广泛,常用来钻精度较低和表面较粗糙的孔。用高速钢钻头加工的孔,尺寸公差等级可达 IT11~IT13,表面粗糙度 Ra 可达 $6.3~25~\mu m$;用硬质合金钻头加工的孔,尺寸公差等级可达 IT10~IT11,表面粗糙度 Ra 可达 $3.2~12.5~\mu m$。

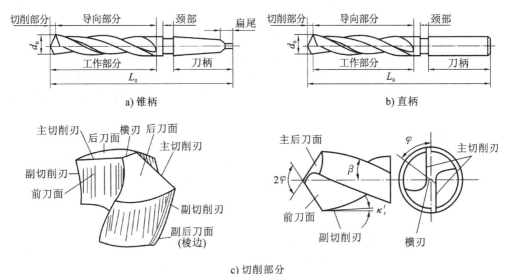

a) 锥柄　　　　　　　　　　　　　　b) 直柄

c) 切削部分

图 3.3　麻花钻的结构

1) 麻花钻的组成

麻花钻由工具厂专业生产,其常备规格为 $\phi(0.1~80)$ mm。麻花钻的结构主要由柄部、颈部及工作部分组成,如图 3.3 所示。

(1) 装夹部分　柄部是钻头的夹持部分,用以传递扭矩和轴向力。柄部有直柄和锥柄两种形式:钻头直径大于 12 mm 时制成有莫氏锥度的圆锥柄(见图 3.3a),钻头直径小于 12 mm 时制成直柄(见图 3.3b)。锥柄后端的扁尾可插入钻床主轴的长方孔中,以传递较大的扭矩。

(2) 工作部分　钻头的工作部分包括切削部分和导向部分。颈部是柄部和工作部分的连接部分,是磨削柄部时砂轮的退刀槽,也是打印商标和钻头规格的地方。直柄钻头一般没有颈部。

(3) 切削部分　切削部分(见图 3.3c)担负主要切削工作,其形状类似沿其轴线对称布置的两把车刀,由两个前刀面、两个后刀面及连接两条主切削刃的横刃和两条副切削刃组成。横刃上有很大的负前角,在钻削中增大了轴向切削力,在刃磨麻花钻时应尽量使横刃短小。

2) 麻花钻的几何角度

麻花钻的几何角度有顶角 2φ(两条主切削刃的夹角,通常为 $116°~118°$)、前角

γ_o、后角 α_o、横刃斜角 ψ 和螺旋角 β 等。这些几何角度对钻削加工的性能、切削力、排屑情况等都有直接的影响,使用时要根据不同的加工材料和切削要求来选取。

3)麻花钻的缺陷

麻花钻虽然是孔加工的主要刀具,长期以来一直被广泛使用,但是,麻花钻在结构上存在着比较严重的缺陷,致使钻孔的质量和生产效率受到很大影响。其缺陷主要表现在:

① 钻头主切削刃上各点的前角变化很大,钻孔时,外缘处的切削速度最大,而该处的前角最大,刀刃强度最薄弱,因此钻头在外缘处的磨损特别严重。

② 钻头横刃较长,横刃及其附近的前角为负值,达 $-55°\sim-60°$。钻孔时,横刃处于挤刮状态,轴向抗力较大。同时,横刃过长不利于钻头定心,易产生引偏,致使加工孔的孔径增大,孔不圆或孔的轴线歪斜等。

③ 钻削加工过程是半封闭加工。钻孔时,主切削刃全长同时参加切削,切削刃长,切屑宽,而各点切屑的流出方向和速度各异,切屑呈螺卷状,而容屑槽又受钻头本身尺寸的限制,因而排屑困难,切削液也不易注入切削区域,冷却和散热不良,大大降低了钻头的使用寿命。

4)群钻

针对标准高速钢麻花钻存在的缺陷,在实际生产中采取多种措施修磨麻花钻的结构,例如:修磨横刃,减少横刃长度,增大横刃前角,减小轴向受力状况;修磨前刀面,增大钻芯处前角;修磨主切削刃,改善散热条件;在主切削刃后面磨出分屑槽,利于排屑和切削液注入,改善切削条件;等等。用麻花钻综合修磨而成的新型钻头就是群钻。

图 3.4　标准的群钻结构

标准的群钻结构如图 3.4 所示,适合于钻削碳素钢和低合金钢。其修磨主要特征为:①将横刃磨短、磨低,改善横刃处的切削条件。②将靠近钻心附近的主刃修磨成一段顶角较大的内直刃和一段圆弧刃,以增大该段切削刃前角,同时,对称的圆弧刃在钻削过程中起到定心及分屑作用。③在外直刃上磨出分屑槽,改善断屑、排屑情况。

经过综合修磨而成的群钻,其切削性能得到显著改善,切削过程轻松省力。与标准麻花钻相比,钻削轴向力下降 35%～50%,转矩降低 10%～30%;散热、断屑及冷却润滑条件得到改善,耐用度提高了 3～5 倍;生产效率、零件加工精度、表面质量都有所提高。

2. 中心钻

中心钻用来加工中心孔,有两种形式:无护锥 60°复合中心钻(A 型)和带护锥 60°复合中心钻(B 型)。中心钻在结构上与麻花钻类似。为节约刀具材料,复合中心钻常制成双端的,钻沟一般制成直的。复合中心钻工作部分由钻孔部分和锪孔部分组成。钻孔部分与麻花钻一样,有倒锥度及钻尖几何参数;锪孔部分制成 60° 锥度,保护锥制成 120° 锥度。

复合中心钻工作部分的外圆必须经斜向铲磨,才能保证锪孔部分、锪孔部分与钻孔部分的过渡部分具有后角。

3. 扩孔钻

扩孔钻用于已有孔的扩大,通常作为孔的半精加工刀具,一般尺寸公差等级可达 IT10～IT11,表面粗糙度 Ra 可达 3.2～12.5 μm。

扩孔钻的类型主要有整体锥柄扩孔钻、套式扩孔钻、可转式扩孔钻,如图 3.5 所示。

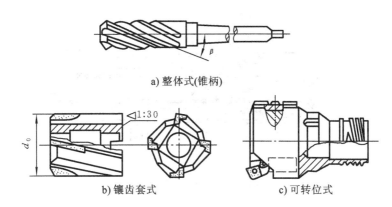

a) 整体式(锥柄)

b) 镶齿套式　　　　　　　　c) 可转位式

图 3.5　扩孔钻类型

4. 深孔钻

一般深径比(孔深与孔径之比)为 5～10 的孔即为深孔。加工深径比较大的深孔可用深孔钻。深孔钻的结构有多种形式,常用的主要有单刃外排屑深孔钻(见图 3.6)、错齿内排屑深孔钻(见图 3.7)、喷吸钻(见图 3.8)等。

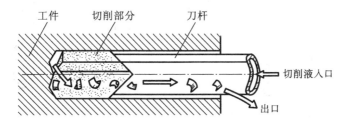

图 3.6　单刃外排屑深孔钻工作原理

5. 镗刀

镗刀用来扩孔及用于孔的粗、精加工。镗刀能修正钻孔、扩孔等上一工序所造成的孔轴线歪曲、偏斜等缺陷,故特别适用于要求孔距很准的孔系加工。镗刀可加工不同直径的孔,镗孔可在车床、铣床、钻床、镗床上进行。

根据结构特点及使用方式,镗刀可分为单刃镗刀(见图 3.9a、b)、多刃镗刀(见图

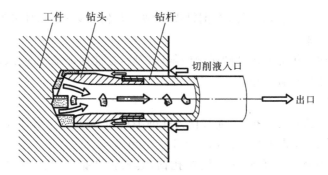

图 3.7　错齿内排屑深孔钻工作原理

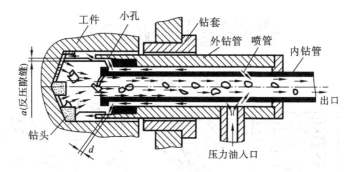

图 3.8　喷吸钻工作原理

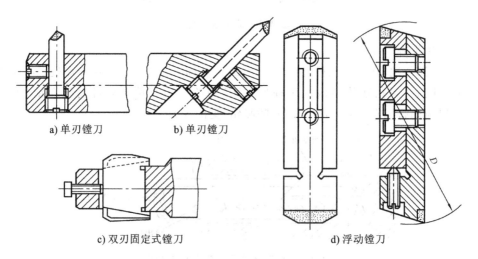

a) 单刃镗刀　　　　b) 单刃镗刀

c) 双刃固定式镗刀　　　　　　d) 浮动镗刀

图 3.9　镗刀的结构

3.9c)和浮动镗刀(见图3.9d)等。为了保证镗孔时的加工质量,镗刀应满足下列要求:①镗刀和镗刀杆要有足够的刚度;②镗刀在镗刀杆上既要夹持牢固,又要装卸方便,便于调整;③要有可靠的断屑和排屑措施。

6. 铰刀

铰刀用于中小孔的半精加工和精加工,也常用于磨孔或研孔的预加工。铰刀的齿数多、导向性好、刚度小、加工余量小、工作平稳,一般尺寸公差等级可达 IT6～IT8,表面粗糙度 Ra 可达 1.6～0.4 μm。

1) 铰刀的基本结构

铰刀分为手用铰刀和机用铰刀两类,其基本结构如图 3.10 所示,它由工作部分、颈部和柄部组成。工作部分包括切削部分和修光部分(标准部分)。切削部分为锥形,担负主要切削工作;修光部分起校正孔径、修光孔壁和导向作用。为减少修光部分刀齿与已加工孔壁的摩擦,并防止孔径扩大,修光部分的后端为倒锥形状。

铰刀可分为手用铰刀和机用铰刀两种。手用铰刀为直柄(见图 3.10a),其工作部分较长,导向性好,可防止铰孔时铰刀歪斜。机用铰刀又分为直柄、锥柄和套式三种(见图 3.10b、c)。

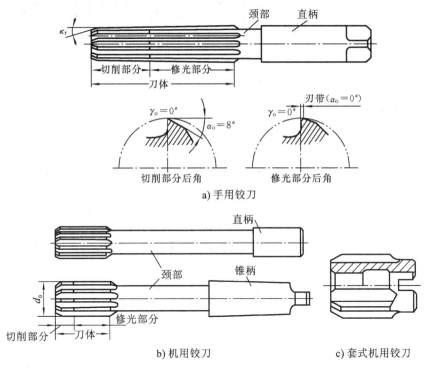

图 3.10　铰刀结构

2) 铰刀的选用

选用铰刀时,应该根据被加工孔的特点及铰刀的特点正确选用。一般手用铰刀用于小批生产或修配工作中,对未淬硬孔进行手工操作的精加工。手用铰刀适合加工 $d=1～71$ mm 的孔。机用铰刀适合在车床、钻床、数控机床等机床上使用,主要对碳钢、合金钢、铸铁、铜、铝等工件的孔进行半精加工和精加工。机用铰刀一般适合加工 $d=1～50$ mm 的孔,套式机用铰刀适合加工 $d=23.6～100$ mm 的孔。

另外,铰刀分为三个精度等级,分别用于不同精度孔的加工(H7、H8、H9)。在选用时,应根据被加工孔的直径、精度和机床夹持部分的形式来选用相应的铰刀。

铰孔生产效率高,容易保证孔的精度和表面粗糙度,但铰刀是定值刀具,一种规格的铰刀只能加工一种尺寸和精度的孔,且不宜铰削非标准孔、台阶孔和盲孔。对于中小尺寸的较精密的孔,钻—扩—铰是生产中经常采用的典型工艺方案。

7. 拉刀

在拉床上用拉刀加工工件的工艺过程称为拉削加工。拉削工艺范围广,不但可以加工各种形状的通孔,还可以拉削平面及各种组合成形表面。

根据工件加工面及截面形状的不同,拉刀有多种形式。常用的圆孔拉刀结构如图 3.11 所示,其组成部分包括:

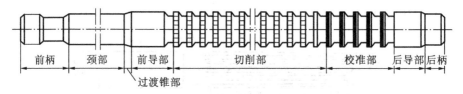

图 3.11　圆孔拉刀的结构

① 前柄,由拉床夹头夹持,带动拉刀进行拉削。

② 颈部,是前柄与过渡锥的连接部分,可在此处打标记。

③ 过渡锥,起对准中心的作用,可使拉刀顺利进入工件预制孔中。

④ 前导部,起导向和定心作用,防止拉孔歪斜,并可检查拉削前的孔径尺寸是否过小,以免拉刀第一个切削齿负荷太大而损坏。

⑤ 切削部,承担全部余量的切除工作,由粗切齿、过渡齿和精切齿组成。

⑥ 校准部,用来校正孔径,修光孔壁,并作为精切齿的后备齿。

⑦ 后导部,用以保持拉刀最后正确位置,防止拉刀在即将离开工件时下垂而损坏已加工表面或刀齿。

⑧ 后柄,用作直径大于 60 mm 的既长又重的拉刀的后支承,防止拉刀下垂。直径较小的拉刀可不设后柄。

3.2　铣刀

铣刀是多刃回转刀具,它的每一个刀齿相当于一把车刀,固定在铣刀的回转面上。铣削与车削的基本规律相似,不同的是,铣削是断续切削,切削厚度和切削面积随时在变化,因此,铣削具有一些特殊性。铣刀在旋转表面上或端面上具有刀齿,铣削时,铣刀的旋转运动是主运动,工件的直线运动是进给运动。

通用规格的铣刀已标准化,一般均由专业工具厂制造。以下介绍几种常用铣刀的特点及适用范围。

3.2.1　铣刀的类型和用途

铣刀是金属切削刀具中种类最多的刀具之一,其类型很多,结构不一,应用范围很广。铣刀按其用途可分为加工平面用铣刀、加工沟槽用铣刀、加工成形面用铣刀等类型。以下介绍几种常用铣刀的特点及适用范围。

1. 圆柱铣刀

如图 3.12a 所示,圆柱铣刀一般都是用高速钢整体制造的,直线或螺旋线切削刃分布在圆周表面上,没有副切削刃。螺旋形的刀齿切削时是逐渐切入和脱离工件的,所以切削过程较平稳。它主要用于卧式铣床铣削宽度小于铣刀长度的狭长平面。

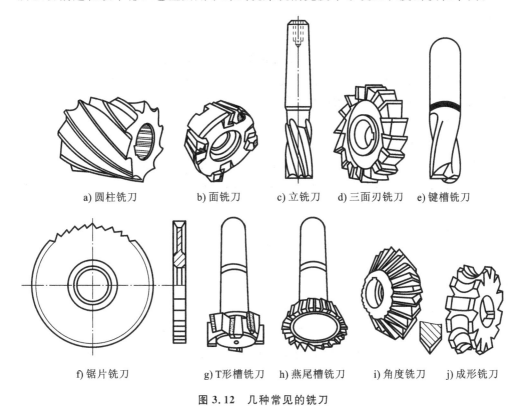

a) 圆柱铣刀　　　　b) 面铣刀　　　　c) 立铣刀　　　d) 三面刃铣刀　　e) 键槽铣刀

f) 锯片铣刀　　　g) T形槽铣刀　　h) 燕尾槽铣刀　　　i) 角度铣刀　　j) 成形铣刀

图 3.12　几种常见的铣刀

2. 面铣刀(端铣刀)

如图 3.12b 所示,面铣刀多制成套式镶齿结构,主切削刃分布在圆柱或圆锥面上,端面切削刃为副切削刃,刀齿材料有高速钢和硬质合金两大类。镶齿面铣刀主要用在立式或卧式铣床上铣削台阶面和平面,特别适合较大平面的铣削加工,其刀盘直径一般为 75～300 mm,最大可达 600 mm。用面铣刀加工平面,同时参加切削的刀齿较多,又有副切削刃的修光作用,故加工零件的表面粗糙度小。硬质合金镶齿面铣刀可实现高速(100～150 m/min)切削,生产效率高,应用广泛。

3. 立铣刀

如图 3.12c 所示,立铣刀一般由 3 个或 4 个刀齿组成,圆柱面上的切削刃是主切削刃,端面上分布着副切削刃。它工作时只能沿刀具的径向进给,不能沿铣刀轴线方向进给,主要用来铣削凹槽、台阶面和小平面,还可以利用靠模铣削成形表面。

4. 三面刃铣刀

三面刃铣刀可分为直齿三面刃和错齿三面刃,主要用在卧式铣床上,铣削台阶面和凹槽,如图 3.12d 所示。三面刃铣刀圆周有主切削刃,两侧面有副切削刃,从而改善了两端面的切削条件,提高了切削效率,减小了表面粗糙度。错齿三面刃铣刀圆周上刀齿呈左右交错分布,与直齿三面刃铣刀相比,它切削较平稳,切削力小,排屑容易,故应用较广。

5. 键槽铣刀

如图 3.12e 所示,它的外形与立铣刀相似,不同的是它在圆周上只有两个螺旋刀齿,其端面刀齿的刀刃延伸至中心,因此在铣两端不通的键槽时,可作适量的轴向进给。它主要用来加工圆头封闭键槽。铣削加工时,先轴向进给达到槽深,然后沿键槽方向铣出键槽全长。

6. 锯片铣刀

如图 3.12f 所示,锯片铣刀很薄,只有圆周上有刀齿,侧面无切削刃,用来铣削窄槽和切断工件。为了减小摩擦和避免夹刀,其厚度由边缘向中心减薄,使两侧面形成副偏角。

其他形式的铣刀还有 T 形槽铣刀(见图 3.12g)、燕尾槽铣刀(见图 3.12h)、角度铣刀(见图 3.12i)、成形铣刀(见图 3.12j)等。

3.2.2　铣削特点

1. 铣削用量要素

铣削时调整机床用的参量称为铣削要素,也称为铣削用量要素。

(1)铣削速度 v_c　v_c 是指铣刀最大直径处切削刃的线速度,单位为 m/min,可用下式计算:

$$v_c = \frac{\pi d n}{1000}$$

式中　d——铣刀直径(mm);

　　　n——铣刀转速(r/min)。

(2)进给量　铣削进给量有三种表示方法:①每齿进给量 f_z,即铣刀每转过一个刀齿时,工件与铣刀沿进给方向的相对位移量,单位为 mm/齿。②每转进给量 f,即铣刀每转一转时工件与铣刀沿进给方向的相对位移量,单位为 mm/r。③进给速度 v_f,即单位时间(每分钟)内工件与铣刀沿进给方向的相对位移量,单位为 mm/min。

f_z、f、v_f 三者的关系是

$$v_f = f n = f_z z n$$

式中　z——为铣刀刀齿数。

铣削加工规定三种进给量是由于生产的需要,其中 v_f 用来机床调整及计算加工

工时；每齿进给量 f_z 则用来计算切削力、验算刀齿强度。一般铣床铭牌上的进给量是用进给速度 v_f 标注的。

（3）背吃刀量 a_p　a_p 是指平行于铣刀轴线测量的切削层尺寸，单位为 mm。周铣时 a_p 是已加工表面的宽度，端铣时 a_p 是切削层的深度。

（4）侧吃刀量 a_e　a_e 是指垂直于铣刀轴线测量的切削层尺寸，单位为 mm。周铣时 a_e 是切削层的深度，端铣时 a_e 是已加工表面的宽度。

2. 铣削用量的选择

铣削用量应根据工件材料、加工精度、铣刀耐用度及机床刚度等因素进行选择。首先选定铣削深度（背吃刀量 a_p），其次是每齿进给量 f_z，最后确定铣削速度。表 3.1 和表 3.2 所示为铣削用量的推荐值。

表 3.1　粗铣每齿进给量 f_z 的推荐值

刀　　具		工 件 材 料	推荐进给量/(mm/齿)
高速钢	圆柱铣刀	钢	0.1～0.15
		铸铁	0.12～0.20
	面铣刀	钢	0.04～0.06
		铸铁	0.15～0.20
	三面刃铣刀	钢	0.04～0.06
		铸铁	0.15～0.25
硬质合金铣刀		钢	0.1～0.20
		铸铁	0.15～0.30

表 3.2　铣削速度 v_c 的推荐值　　　　　　　　　　　　　　（m/min）

工 件 材 料	高速钢铣刀	硬质合金铣刀	说　　明
20 钢	20～40	150～190	粗铣时取小值，精铣时取大值； 工件材料强度和硬度高取小值，反之取大值； 刀具材料耐热性好取大值，反之取小值
45 钢	20～35	120～150	
40Cr 钢	15～25	60～90	
HT150 灰铸铁	14～22	70～100	
黄铜	30～60	120～200	
铝合金	112～300	400～600	
不锈钢	16～25	50～100	

3.3　其他刀具

3.3.1　螺纹刀具

各种传动机构、紧固件和测量工具等都广泛应用螺纹。螺纹的形状、表面粗糙度、公差等级和生产批量的不同,其加工方法及所采用的刀具也各不相同。按加工螺纹的方法,螺纹刀具可分为以下几类:

(1)螺纹车刀　螺纹车刀结构简单,通用性好,可以用来加工各种尺寸、形状的内、外螺纹。螺纹车削(见图 3.13)加工生产效率低,加工质量主要取决于工人技术水平、机床精度和刀具本身的制造精度,适合单件小批生产。

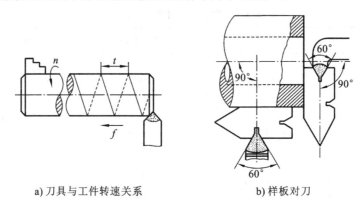

a) 刀具与工件转速关系　　　　　　b) 样板对刀

图 3.13　车螺纹

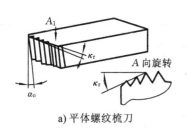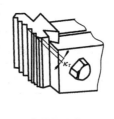

a) 平体螺纹梳刀　　　　　b) 棱体螺纹梳刀　　　　　c) 圆体螺纹梳刀

图 3.14　螺纹梳刀

(2)螺纹梳刀　用螺纹梳刀(见图 3.14)加工多线螺纹时,一次走刀便能成形,生产效率高,但车刀的制造难度较大。螺纹梳刀实质上是多齿的螺纹车刀,一般有 6~8 个齿,分为切削与校准两部分。

(3)丝锥和板牙　丝锥(见图 3.15)和板牙(见图 3.16)主要用来加工直径 1~52 mm 的圆柱形及圆锥形内、外螺纹,可以手工操作或在车床和钻床上使用。手用丝锥分为头锥、二锥。丝锥用于加工内螺纹,板牙只能用来加工低精度的外螺纹。丝锥和板牙结构简单、制造使用方便,故在中小批生产中应用甚广。

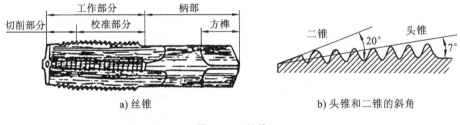

a) 丝锥　　　　　　　　　　b) 头锥和二锥的斜角

图 3.15　丝锥

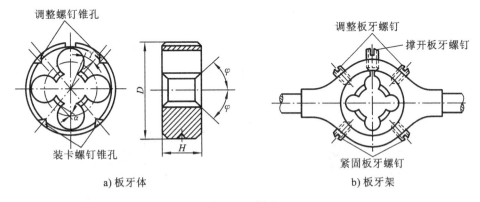

a) 板牙体　　　　　　　　　　b) 板牙架

图 3.16　板牙

（4）螺纹铣刀　螺纹铣刀用来加工圆柱形及圆锥形内、外螺纹,生产效率高,特别适合直径较大的螺纹的粗加工。常见的螺纹铣刀有盘形铣刀(见图 3.17a)和梳形铣刀(见图 3.17b)。

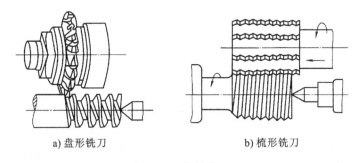

a) 盘形铣刀　　　　　　　　　　b) 梳形铣刀

图 3.17　螺纹铣刀

（5）螺纹砂轮　用砂轮磨削外螺纹(见图 3.18),尺寸公差等级可达 IT5～IT6,表面粗糙度 Ra 可达 $6.3～0.8\ \mu m$。

（6）螺纹滚压工具　利用金属塑性变形来加工螺纹的方法称为滚压螺纹(见图 3.19),这种方法的生产效率极高,尺寸公差等级可达 IT5～IT6,表面粗糙度 Ra 可达 $1.6～0.25\ \mu m$。

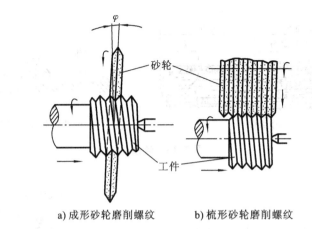

a) 成形砂轮磨削螺纹　　　　b) 梳形砂轮磨削螺纹

图 3.18　磨削外螺纹

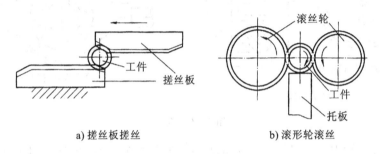

a) 搓丝板搓丝　　　　　　b) 滚形轮滚丝

图 3.19　滚压螺纹

3.3.2　齿轮刀具

齿轮刀具是用于切削齿轮齿形的刀具,此类刀具结构复杂,种类繁多。按其工作原理,可分为成形法刀具和展成法刀具两大类。

1. 成形法齿轮刀具

成形法齿轮刀具的切削刃的轮廓与被加工齿轮槽廓形相同或相似,通常适合加工直齿圆柱齿轮、斜齿齿条等。常用的成形齿轮刀具有盘形齿轮铣刀、指形齿轮铣刀等,当齿轮模数 $m<8$ 时,一般在卧式铣床上用盘形铣刀铣削,如图 3.20a 所示;当齿轮模数 $m\geqslant8$ 时,在立式铣床上用指形铣刀铣削,如图 3.20b 所示。这类铣刀结构简单,制造容易,可在普通铣床上使用,主要用于单件小批生产和修配。但是加工精度和效率较低,加工精度为 9~12 级、齿面粗糙度 Ra 为 6.3~3.2 μm。

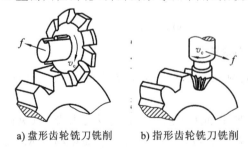

a) 盘形齿轮铣刀铣削　　b) 指形齿轮铣刀铣削

图 3.20　成形法加工齿轮齿形刀具

　　用成形法加工齿轮的齿廓形状由模数铣刀刀刃形状来保证,齿廓分布的均匀性则由分度头分度精度来保证。标准渐开线齿轮的齿廓形状是由该齿轮的模数 m 和齿数 z 决定的。因此,要加工出准确的齿形,就必须要求同一模数不同齿数的齿轮都有一把相应的模数铣刀,这将导致刀具数量非常多,在生产中是极不经济的。实际生产中,将同一模数的铣刀一般只做出 8 把,分别铣削齿形相近的一定齿数范围的齿轮。模数铣刀刀号及其加工齿数范围如表 3.3 所示。

表 3.3　模数铣刀刀号及其加工齿数范围

刀号	1	2	3	4	5	6	7	8
加工齿数范围	12~13	14~16	17~20	21~25	26~34	35~54	55~134	≥135

　　每种刀号齿轮铣刀的刀齿形状均按加工齿数范围中最少齿数的齿形设计,所以在加工该范围内加工其他齿数齿轮时,会有一定的齿形误差产生。

　　当加工精度要求不高的斜齿圆柱齿轮时,可以借用加工直齿圆柱齿轮的铣刀。但此时铣刀的刀号应按照斜齿轮法向截面内的当量齿数来选择。当量齿数为

$$z_d = \frac{z}{\cos^3 \beta}$$

式中　z—斜齿圆柱齿轮齿数;

　　　　β—斜齿圆柱齿轮的螺旋角。

2. 展成法齿轮刀具

　　展成法齿轮刀具是利用齿轮的啮合原理来加工齿轮的。加工时,刀具本身就相当于一个齿轮,它与被切齿轮作无侧隙啮合,工件齿形由刀具切削刃在展成过程中逐渐切削包络而成。因此,刀具的齿形不同于被加工齿轮的齿槽形状。常用的展成法齿轮刀具有滚齿刀、插齿刀、剃齿刀等。

　　(1) 齿轮滚刀　滚齿机上广泛采用的加工齿形的方法来滚切齿轮,所用的刀具称为滚刀,如图 3.21 所示。滚刀的轮廓形状与蜗杆相似,围绕刀具圆柱面上形成的螺旋槽及垂直于螺旋槽方向切出的沟槽相交而形成切削刃,切出沟槽是为了形成刀齿的前刀面和容屑槽。容屑槽的一个侧面就是滚刀的前刀面,它在垂直于滚刀轴线的剖面上是一条直线。若此直线通过滚刀轴线,则顶刃的前角 $\gamma_o = 0°$,这样的滚刀称为零前角滚刀;为了改善切削条件和提高生产效率,有时把前角做成 $\gamma_o = 5° \sim 10°$,这样的滚刀称为正前角滚刀。为了使刀齿具有必要的后角,并保证滚刀在重磨后齿形不变,齿高和齿厚也不变,刀齿后刀面是一个铲背面。每把滚刀可以准确地加工出模数和压力角相同而齿数不同的渐开线齿轮齿形。

　　(2) 插齿刀　插齿是利用插齿刀在插齿机上加工内、外齿轮或齿条的齿面加工方法。插齿刀的形状类似一个齿轮,在齿上磨出前角和后角,从而使它具有锋利的刀刃,如图 3.22 所示。插齿时要求插齿刀作上下往复切削运动,同时强制地要求插齿刀和被加工齿轮之间严格保持一对渐开线齿轮的啮合关系。这样插齿刀就能把工件

上的齿间金属切去而形成渐开线齿形。

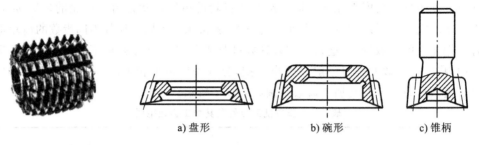

图 3.21　滚刀　　　　　　　　　a) 盘形　　　　b) 碗形　　　c) 锥柄

图 3.22　插齿刀

一种模数的插齿刀可以切出模数和压力角相同的各种齿数的齿轮。插齿刀可以加工直齿轮、斜齿轮、内齿轮、塔形齿轮、人字齿轮和齿条等,是一种应用很广泛的齿轮刀具。

3.3.3　蜗轮刀具

1. 蜗轮滚刀

蜗轮滚刀用来加工与圆柱蜗杆相啮合的蜗轮,外观上很像蜗杆,主要尺寸与工作蜗杆相同。不过在其上开了若干个容屑槽,以形成一个个刀齿,并对刀齿进行过背铲,以获得切削角度。蜗轮的滚切如图 3.23 所示。切削时,其轴线位于被切蜗轮的中心平面内,模拟着工件蜗杆与蜗轮的啮合过程,它们的轴交角、切出蜗轮全部齿形的中心距等均与工作蜗杆与蜗轮啮合时对应相等。为了加工出蜗轮的齿底圆弧,滚刀不能沿被切蜗轮的轴线移动。所以在设计蜗轮滚刀时必须根据蜗轮、蜗杆的有关技术参数进行。

因受原工作蜗杆外径的限制,蜗轮滚刀的外径一般都较小。为了使滚刀的刀体有足够的强度,常采用如图 3.24a 所示的连轴式结构,只有当滚刀外径较大时才做成如图 3.24b 所示的套装式结构。

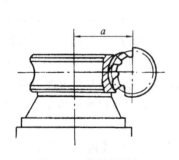

图 3.23　蜗轮的滚切

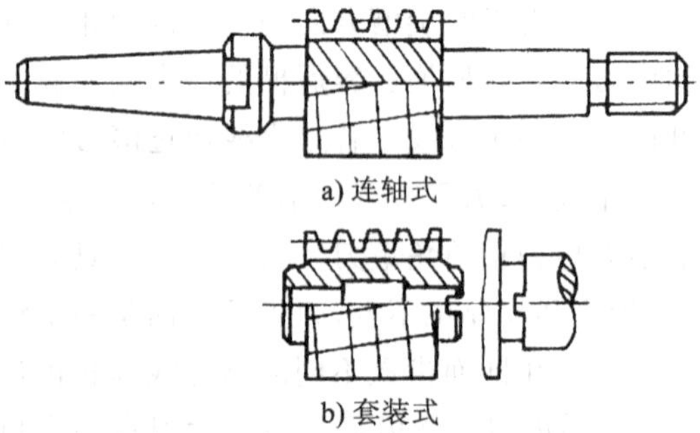

a) 连轴式

b) 套装式

图 3.24　蜗轮滚刀的结构

2. 蜗轮飞刀

每一把蜗轮滚刀只能加工一定参数的蜗轮,当制造的蜗轮数较少时,专门设计、制造一把滚刀来加工是很不经济的。这种情况下可改用飞刀来加工蜗轮(见图3.25)。

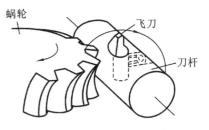

图 3.25　用飞刀加工蜗轮

所谓飞刀,就是在刀杆上装一把切刀,它像是蜗轮滚动上的一个刀齿,其切削刃应位于基本蜗杆螺纹表面上。用飞刀加工蜗轮生产效率低,仅为用滚刀加工蜗轮的 $1/4\sim1/2$,但因飞刀设计、制造简单,在单件生产或修配工作中采用是合算的。在生产现场,也可以用飞刀加工轧辊槽等。

此外,在大批大量生产中,为提高生产效率和加工精度,对非渐开线齿轮、链轮、凸轮、棘轮、花键轴等,也可采用类似于用展成法加工渐开线齿轮的方法进行加工,如常见的链轮滚刀加工、花键滚刀加工等。

3.3.4　砂轮及其用途

磨削是目前半精加工和精加工的主要加工方法之一,砂轮是磨削加工的重要刀具。砂轮一般在平面磨床、外圆磨床和内圆磨床上使用,也可安装在砂轮机上。

根据不同的用途、磨削方式和磨床类型,砂轮被制成各种形状和尺寸,常用的砂轮有平形砂轮、筒形砂轮、双斜边砂轮、杯形砂轮、碗形砂轮、碟形砂轮等。常用砂轮的形状、代号和用途如表 3.4 所示。

表 3.4　常用砂轮的形状、代号和用途

砂轮名称	代号	简　图	主　要　用　途
平行砂轮	1		外圆磨、内圆磨、平面磨、无心磨、工具
薄片砂轮	41		切断及磨槽
筒形砂轮	2		端磨平面
碗形砂轮	11		刃磨刀具、磨导轨
蝶形 1 号砂轮	12a		磨铣刀、铰刀、拉刀、磨齿轮
双斜边砂轮	4		磨齿轮及螺纹

续表

砂轮名称	代号	简　图	主要用途
杯形砂轮	6		磨平面、内圆、刃磨刀具

1. 砂轮的构造

砂轮是由结合剂将磨料颗粒黏结而成的多孔体。

（1）磨料　磨料应具有高硬度、高耐磨性、高耐热性,足够的强度和一定的韧度,在切削受力过程中破碎后还要能形成锋利的棱角。制作砂轮的磨料通常有氧化物系的棕刚玉类和白刚玉类,碳化物系的黑碳化硅类、绿碳化硅类和立方氮化硼、人造金刚石类等,其代号、特性及适用范围如表 3.5 所示。

表 3.5　常用磨料的代号、特性及适用范围

系别	名称	代号	主要成分（质量分数）	显微硬度（HV）	颜色	特　性	适用范围
氧化物系	棕刚玉	A	$Al_2O_3 =$ 91%～96%	2200～2280	棕褐色	硬度、韧度高,价格便宜	磨削碳钢、合金钢、可锻铸铁、硬青铜
	白刚玉	WA	$Al_2O_3 =$ 97%～99%	2200～2300	白色	硬度高于棕刚玉,磨粒锋利,韧度低	磨削淬硬的碳钢、高速钢
碳化物系	黑碳化硅	C	SiC＞95%	2840～3320	黑色带光泽	硬度高于刚玉,性脆而锋利,有良好的导热性和导电性	磨削铸铁、黄铜、铝及非金属
	绿碳化硅	GC	SiC＞99%	3280～3400	绿色带光泽	硬度和脆性高于黑碳化硅,有良好的导热性和导电性	磨削硬质合金、宝石、陶瓷、光学玻璃、不锈钢
	立方氮化硼	CBN	立方氮化硼	8000～9000	黑色	硬度仅次于金刚石,耐磨性和导电性好,发热量小	磨削硬质合金、不锈钢、高合金钢等难加工材料

续表

系别	名称	代号	主要成分（质量分数）	显微硬度（HV）	颜色	特　性	适用范围
高硬磨料	人造金刚石	MBD	碳结晶体	10000	乳白色	硬度极高，韧度很低，价格高昂	磨削硬质合金、宝石、陶瓷等高硬度材料

（2）粒度　粒度是指磨料颗粒尺寸的大小。根据粒度大小，磨料分为磨粒和微粉两类。

砂轮的粒度对磨削表面的粗糙度和生产效率影响很大。磨粒粗，磨削深度大，生产效率高，但磨削表面粗糙度大；反之，则磨削深度均匀，磨削表面粗糙度小。因此，粗磨时一般选粗粒度，精磨时一般选细粒度；磨软金属时多选用粗磨粒，磨削脆而硬的材料时多选用较细的磨粒。磨料粒度的选用如表 3.6 所示。

表 3.6　磨料粒度的选用

粒度号	颗粒尺寸范围/μm	适用范围	粒度号	颗粒尺寸范围/μm	适用范围
12～36	（2000～1600）～（500～400）	粗磨、荒磨、切断钢坯、打磨毛刺	W40～W20	（40～28）～（20～14）	精磨、超精磨、螺纹磨、珩磨
46～80	（400～315）～（200～160）	粗磨、半精磨、精磨	W14～W10	（14～10）～（10～7）	精磨、精细磨、超精磨、镜面磨
100～280	（165～125）～（50～40）	精磨、成形磨、刀具刃磨、珩磨	W7～W3.5	（7～5）～（3.5～2.5）	超精磨、镜面磨、制作研磨剂等

（3）结合剂　结合剂是把磨粒黏结在一起组成磨具的材料。耐热性及耐蚀性主要取决于结合剂的种类和性质。常用结合剂的种类、性能及适用范围如表 3.7 所示。

表 3.7　常用结合剂的种类、性能及适用范围

种类	代号	性　能	用　途
陶瓷	V	耐热性、耐蚀性好，气孔率大，易保持轮廓，弹性差	应用最广，适用于 $v < 35$ m/s 的各种成形磨削、磨齿轮、磨螺纹等
树脂	B	强度高，弹性大，耐冲击，坚固性和耐热性差，气孔率小	适用于 $v > 50$ m/s 的高速磨削，可制成薄片砂轮，用于磨槽、切割等

种类	代号	性　　能	用　　途
橡胶	R	强度更高,弹性更大,气孔率小,耐热性差,磨粒易脱落	适用于无心磨的砂轮和导轮、开槽和切割的薄片砂轮、抛光砂轮等
金属	M	韧度和强度高,成形性好,自锐性差	可制造各种金刚石磨具

2. 砂轮的硬度

砂轮硬度是指砂轮工作时,磨粒在外力作用下脱落的难易程度。砂轮的硬度等级如表 3.8 所示。砂轮的硬度与磨料的硬度是两个完全不同的概念。硬度相同的磨料可以制成硬度不同的砂轮,砂轮的硬度主要决定于结合剂的性质、数量和砂轮的制造工艺。例如,结合剂与磨粒黏固程度越高,砂轮硬度就越高。

表 3.8　砂轮的硬度等级及代号

硬度等级	大级	超软	软			中软		中		中硬			硬		超硬
	小级	超软	软1	软2	软3	中软1	中软2	中1	中2	中硬1	中硬2	中硬3	硬1	硬2	超硬
代号	D	E	F	G	H	J	K	L	M	N	P	Q	R	S	T	Y

3. 砂轮的组织号

砂轮磨具的组织是指磨粒体积占砂轮体积的百分数。磨粒在砂轮总体中占比例越大,砂轮组织越致密,气孔越小。砂轮组织分为紧密、中等、疏松三个级别,用组织号来表示,细分为 0～14 号,号数越小组织越致密。一般砂轮若未标明组织号,即表示是中等组织。砂轮组织分类如表 3.9 所示。

表 3.9　砂轮组织分类

组织号	0	1	2	3	4	5	6	7	8	9	10	11	12	13	14
磨粒率/%	62	60	58	56	54	52	50	48	46	44	42	40	38	36	34
类别	紧密				中等				疏松						
应用	精磨、成形磨				淬火工件、刀具				韧度高和硬度低的金属						

4. 砂轮要素的选择

① 磨削硬材料应选择软的、粒度号大、组织号小的砂轮;磨削软材料应选择硬的、粒度号小的、组织号大的砂轮。这样砂轮损耗小,也不易堵塞。

② 粗磨时为了提高生产效率要选择粒度号小、软的砂轮。精磨时为了提高工件表面质量要选择粒度号大、硬的砂轮。

③ 大面积磨削或薄壁件磨削应选择粒度号小、组织号大、软的砂轮。这样砂轮

不易堵塞,工件表面不易烧伤,工件也不易变形。

④ 成形磨削应选择粒度号大、组织号小、硬的砂轮,以保持砂轮的廓形。

思考题与习题

3.1　车刀有哪些种类? 各有何特点和用途?

3.2　孔加工刀具有哪些种类? 各有何用途?

3.3　试分析标准麻花钻的结构。

3.4　试分析标准麻花钻的缺点?

3.5　标准群钻有哪些特征?

3.6　在扩孔、铰孔、拉孔和镗孔中,哪些能够校正原有孔的位置误差?

3.7　试述铰刀的选用原则。

3.8　试述轴用键槽铣刀与普通的端铣刀的区别。

3.9　拉削速度并不高,但拉削却是一种生产效率高的加工方法,原因何在?

3.10　为什么拉削加工可以得到精度较高和表面质量较好的孔?

3.11　拉削加工除能够拉削圆孔,还能拉削别的形状孔吗? 拉削除可以加工孔以外,还能加工哪些表面?

3.12　拉削加工适用于单件小批生产还是大批大量生产? 为什么?

3.13　铣削为什么比其他切削加工方法容易产生振动?

3.14　端铣与周铣、逆铣与顺铣各有何特点? 应用状况如何?

3.15　切削加工齿轮齿形,按齿形的成形原理,齿形加工分为哪两大类? 它们各有何特点?

3.16　成形法加工齿轮齿形和展成法加工齿轮齿形所用刀具有何区别?

3.17　砂轮的特征主要取决于哪些因素? 如何进行选择?

3.18　砂轮的硬度与构成砂轮砂粒的硬度是否相同? 各有什么含义?

3.19　为何对于塑性较好的有色金属一般不能用磨削加工?

3.20　蜗轮滚刀具有什么结构特点?

3.21　成批生产某箱体,已知其材料为 HT300,箱体的外形尺寸(长×宽×高)为 690 mm×520 mm×355 mm,试为该箱体前壁 $\phi160K6$ mm 通孔选择加工方案。该孔长度为 95 mm,要求表面粗糙度 Ra 为 0.4 μm,要求圆度公差为 0.006 mm。

第 4 章

典型机床

4.1 金属切削机床基础知识

4.1.1 机床的分类与型号编制

机床的品种和规格繁多。为便于区别、使用和管理,需对机床加以分类和编制型号。我国的机床型号是按国家标准 GB/T 15375—2008《金属切削机床 型号编制方法》编制的。

1. 机床的分类

机床的传统分类方法,主要是按加工性质和所用的刀具进行分类。根据我国制定的机床型号编制方法。目前将机床分为 11 类:车床、钻床、镗床、磨床、齿轮加工机床、螺纹加工机床、铣床、刨插床、拉床、锯床及其他机床。在每一类机床中,又按工艺范围、布局形式和结构等,分为若干组,每一组又细分为若干系(系列)。

在上述基本分类方法的基础上,还可根据机床的其他特征进一步区分。

同类型机床按应用范围(通用性程度)可分为:①普通机床,它可用来加工多种零件的不同工序,加工范围较广,通用性较强,但结构比较复杂。这种机床主要适用于单件小批生产,例如卧式车床、万能升降台铣床等。②专门化机床,它的工艺范围较窄,专门用于加工某一类或几类零件的某一道(或几道)特定工序,如曲轴车床、凸轮轴车床等。③专用机床,它的工艺范围最窄,只能用于加工某一种零件的某一道特定工序,适用于大批大量生产,如机床主轴箱的专用镗床、车床导轨的专用磨床等。各种组合机床也属于专用机床。

同类型机床按工作精度可分为普通精度机床、精密机床和高精度机床。

机床按自动化程度可分为手动机床、机动机床、半自动机床和自动机床。

机床按重量与尺寸可分为仪表机床、中型机床(一般机床)、大型机床(大于 10 t)、重型机床(大于 30 t)和超重型机床(大于 100 t)。

按机床主要工作部件的数目可分为单轴的机床、多轴的机床或单刀的机床、多刀的机床等。

通常机床根据加工性质进行分类,再根据其某些特点进一步描述,如多刀半自动车床、高精度外圆磨床等。

随着机床的发展,其分类方法也将不断发展。现代机床正朝着数字化控制方向发展。数控机床的功能日趋多样化,工序更加集中。现在一台数控机床集中了越来越多的传统机床的功能。例如,数控车床在卧式车床功能的基础上又集中了转塔车床、仿形车床、自动车床等车床的功能;车削中心出现以后,在数控车床功能的基础上,又加入了钻、铣、镗等类机床的功能。又如,具有自动换刀功能的镗铣加工中心机床(习惯上称为"加工中心"(machining center))集中了钻、镗、铣等多种机床的功能;有的加工中心的主轴既能立式又能卧式,即集中了立式加工中心和卧式加工中心的功能。可见,机床数控化引起了机床传统分类方法的变化。这种变化主要表现在机床品种不是越分越细,而是趋向综合。

2. 机床型号的编制方法

机床的型号用以简明地表示机床的类型、通用特性和结构特性,以及主要技术参数等。

普通机床型号表示方式如下:

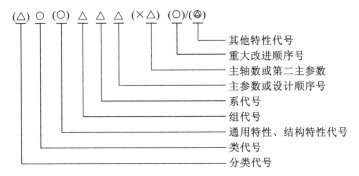

注1:有"( )"的代号或数字,当无内容时,则不表示。若有内容则不带括号。
注2:有"○"符号的,为大写的汉语拼音字母。
注3:有"△"符号的,为阿拉伯数字。
注4:有"◎"符号的,为大写的汉语拼音字母,或阿拉伯数字,或两者兼有之。

1)机床类、组、系的划分及其代号

机床的类别用汉语拼音大写字母表示。例如,"车床"的读音是"chechuang",所以用"C"表示。当需要时,每类又可分为若干分类;分类代号用阿拉伯数字表示,在类代号之前,它居于型号的首位,但第一分类不予表示。例如,磨床类分为 M、2M、3M 三个类别。机床的类别代号及读音如表 4.1 所示。

表 4.1 机床的类别代号及读音

类别	车床	钻床	镗床	磨床			齿轮加工机床	螺纹加工机床	铣床	刨插床	拉床	锯床	其他机床
代号	C	Z	T	M	2M	3M	Y	S	X	B	L	G	Q
读音	车	钻	镗	磨	二磨	三磨	牙	丝	铣	刨	拉	割	其

机床的组别和系别代号用两位数字表示。每类机床按其结构性能及使用范围划分为 10 个组，用数字 0～9 表示。每组机床又分若干个系（系列），系的划分原则是：主参数相同，并按一定公比排列，工件和刀具本身的及相对的运动特点基本相同，且基本结构及布局形式相同的机床，即划为同一系。

2) 机床的特性代号

机床所具有的特殊性能包括通用特性和结构特性。当某类机床除有普通型外，还具有如表 4.2 所列的某种通用特性，则在类别代号之后加上相应的特性代号，如"CK"表示数控车床。如果同时具有两种通用特性，则用两个代号同时表示，如"MBG"表示半自动高精度磨床。如果某类型机床仅有某种通用特性，而无普通型者，则通用特性不必表示，如 C1107 型单轴纵切自动车床没有"非自动"型，所以不必用"Z"表示通用特性。

表 4.2　机床通用特性代号

通用特性	高精度	精密	自动	半自动	数控	加工中心（自动换刀）	仿形	轻型	加重型	柔性加工单元	数显	高速
代号	G	M	Z	B	K	H	F	Q	C	R	X	S
读音	高	密	自	半	控	换	仿	轻	重	柔	显	速

为了区分主参数相同而结构不同的机床，在型号中用结构特性代号表示。结构代号为汉语拼音字母。例如 CA6140 型卧式车床型号中的"A"，可理解为这种型号车床在结构上区别于 C6140 型车床。结构特性的代号字母是根据各类机床的情况分别规定的，在不同型号中的意义可不一样。

3) 机床主参数、第二主参数和设计顺序号

机床主参数是代表机床规格大小的一种尺寸参数，在机床型号中，用阿拉伯数字给出主参数的折算值，位于机床组、系代号之后。折算系数一般是 1/10 或 1/100，也有少数是 1。例如，CA6140 型卧式机床中主参数的折算值为 40（折算系数是 1/10），其主参数表示在床身导轨面上能车削工件的最大回转直径为 400 mm。各类主要机床的主参数和折算系数如表 4.3 所示。

某些通用机床，当无法用一个主参数表示时，可用设计顺序号来表示。设计顺序号由 1 开始，当设计顺序号小于 10 时，由 01 开始编号。

第二主参数是对主参数的补充，如主轴数、最大工件长度、最大跨距、工作台工作面长度等，第二主参数一般不予给出。第二主参数也用折算值表示。

4) 机床的重大改进顺序号

当机床的性能及结构布局有重大改进，并按新产品重新设计、试制和鉴定时，在原机床型号的尾部，加重大改进顺序号，以区别于原机床型号。序号选用 A、B、C 等汉语拼音字母（但 I、O 两个字母不得选用）。

表 4.3　各类主要机床的主参数和折算系数

机　床	主参数名称	折算系数
卧式车床	床身上最大回转直径	1/10
立式车床	最大车削直径	1/100
摇臂钻床	最大钻孔直径	1/1
卧式镗床	镗轴直径	1/10
坐标镗床	工作台面宽度	1/10
外圆磨床	最大磨削直径	1/10
内圆磨床	最大磨削孔径	1/10
矩台平面磨床	工作台面宽度	1/10
齿轮加工机床	最大工件直径	1/10
龙门铣床	工作台面宽度	1/100
升降台铣床	工作台面宽度	1/10
龙门刨床	最大刨削宽度	1/100
插床及牛头刨床	最大插削及刨削长度	1/10
拉床	额定拉力(t)	1/1

5) 其他特性代号与企业代号

其他特性代号用以反映各类机床的特性，如对于数控机床，可用来反映不同的数控系统；对于一般机床，可用来反映同一型号机床的变型等。其他特性代号可用汉语拼音字母或阿拉伯数字或二者的组合来表示。

企业代号与其他特性代号表示方法相同，位于机床型号尾部，用"—"与其他特性代号分开，读作"至"。若机床型号中无其他特性代号，仅有企业代号时，则不加"—"，企业代号直接写在"/"后面。

综合上述普通机床型号的编制方法，举例如下：

① CA6140 型卧式车床

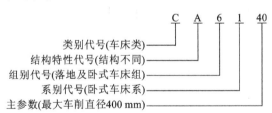

② MG1432A 型高精度万能外圆磨床

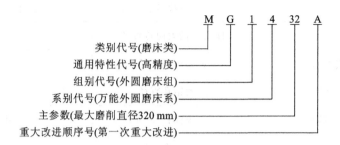

类别代号(磨床类)
通用特性代号(高精度)
组别代号(外圆磨床组)
系列代号(万能外圆磨床系)
主参数(最大磨削直径320 mm)
重大改进顺序号(第一次重大改进)

4.1.2　零件表面的切削加工成形方法和机床的运动

1. 零件表面的切削加工成形方法

在切削加工过程中,机床上的刀具和工件按一定的规律作相对运动,通过刀具对工件毛坯的切削作用,切除毛坯上多余金属,从而得到所要求的零件表面形状。

机械零件的任何表面都可以看作一条线(称为母线)沿另一条线(称为导线)运动的轨迹。如图 4.1 所示,平面是由一条直线(母线)沿另一条直线(导线)运动而形成的;圆柱面和圆锥面是由一条直线(母线)沿着一个圆(导线)运动而形成的;普通螺纹的螺旋面是由"∧"形线(母线)沿螺旋线(导线)运动而形成的;直齿圆柱齿轮的渐开线齿廓表面是渐开线(母线)沿直线(导线)运动而形成的;等等。

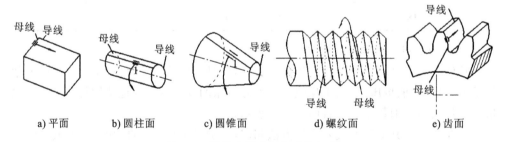

a) 平面　　　　b) 圆柱面　　　　c) 圆锥面　　　　d) 螺纹面　　　　e) 齿面

图 4.1　零件表面成形运动的组成

母线和导线统称为发生线。切削加工中发生线是由刀具的切削刃与工件间的相对运动得到的。一般情况下,由切削刃本身或与工件相对运动配合形成一条发生线(一般是母线),而另一条发生线则完全是由刀具和工件之间的相对运动得到的。这里,刀具和工件之间的相对运动都由机床来提供。

2. 机床的运动

机床在加工过程中,必须形成一定形状的发生线(母线和导线),才能获取所需的工件表面形状。因此,机床必须完成一定的运动,这种运动称为表面成形运动。此外,还有多种辅助运动。

1）表面成形运动

表面成形运动按其组成情况不同,可分为简单成形运动和复合成形运动两种。

如果一个独立的成形运动是由单独的旋转运动或直线运动构成的,则此成形运动称为简单成形运动。例如,用车刀车削外圆柱面时(见图 4.2a),工件的旋转运动 B_1 产生圆导线,刀具纵向直线运动 A_2 产生直线母线,即加工出圆柱面。运动 B_1 和 A_2 是两个相互独立的表面成形运动,因此,用车刀车削外圆柱面属于简单成形运动。

如果一个独立的成形运动,是由两个以上的旋转运动或直线运动或两种运动兼有,按某种确定的运动关系组合而成,则此成形运动称为复合成形运动。例如,用螺纹车刀车削螺纹面时(见图 4.2b),工件的旋转运动 B_{j1} 和车刀的直线运动 A_{12} 按规定作相对运动,形成螺旋线导线,三角形母线(由刀刃形成,不需成形运动)沿螺旋线运动,形成了螺旋面。形成螺旋线导线的两个简单运动 B_{j1} 和 A_{12},由于螺纹导程限定而不能彼此独立,它们必须保持严格的运动关系,从而 B_{j1} 和 A_{12} 这两个简单运动组成了一个复合成形运动。又如,用齿轮滚刀加工直齿圆柱齿轮时(见图 4.2c),它需要一个复合成形运动 B_{j1}、B_{12}(展成运动),形成渐开线母线,又需要一个简单直线成形运动 A_2,才能得到整个渐开线齿面。

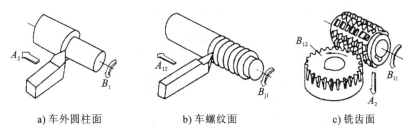

a) 车外圆柱面　　　　b) 车螺纹面　　　　c) 铣齿面

图 4.2　成形运动的组成

成形运动中各单元运动根据其在切削中所起的作用不同,又可为主运动和进给运动(见第 2 章)。

2）辅助运动

（1）空行程运动　空行程运动是指进给前后的快速运动和各种调位运动。例如,在装卸工件时,为避免碰伤操作者,刀具与工件应相对退离;在进给开始之前快速引进,使刀具与工件接近,进给结束后应快退。再如,车床的刀架或铣床的工作台,在进给前后都有快进或快退运动。

（2）调位运动　调位运动是指在调整机床的过程中,把机床的有关部件移到所要求的位置的运动。例如摇臂钻床,为使钻头对准被加工孔的中心,可转动摇臂和使主轴箱在摇臂上移动。又如龙门式机床,为适应工件的不同高度,可使横梁升降。

（3）切入运动　切入运动是指使刀具由待加工表面渐渐切入工件到给定切削位置的运动。

（4）分度运动　加工若干个完全相同的均匀分布的表面时,使表面成形运动能周期性持续进行的运动称为分度运动。如车削多线螺纹,在车完一线螺纹后,工件相对于刀具要回转 $1/K$ 转(K 为螺纹线数)才能车另一线螺纹表面,这个工件相对于刀具的旋转运动就是分度运动。多工位机床的多工位工作台或多工位刀架也需要分度运动。

(5) 操纵和控制运动　操纵和控制运动包括启动、停止、变速、换向、部件与工件的夹紧、松开、转位以及自动换刀、自动测量、自动补偿等。

4.2　车床

1. 车床的分类

为适应不同的加工要求,车床分为很多种类。按其结构和用途不同,可分为卧式车床(见图 4.3)、立式车床(见图 4.4、图 4.5)、转塔车床、回轮车床、落地车床、液压仿形及多刀自动和半自动车床、各种专用车床(如曲轴车床、凸轮车床等)、数控车床和车削加工中心等。

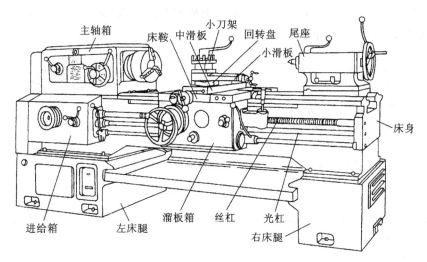

图 4.3　CA6140 型卧式车床

2. 车床的用途

车床类机床主要用于加工各种回转表面,如内外圆柱表面、圆锥表面、成形回转表面和回转体的端面等,有些车床还能加工螺纹面。由于多数机器零件具有回转表面,车床的通用性又较广,因此在机器制造厂中,车床的应用极为广泛。车床在金属切削机床中所占的比重最大,占机床总台数的 $20\% \sim 35\%$。

在车床上使用的刀具主要是各种车刀,有些车床还可以采用各种孔加工刀具如钻头、扩孔钻、铰刀及镗刀等,以及一些螺纹刀具如丝锥、板牙进行内、外螺纹加工等。

3. 车床的运动

车床刀具和工件的主要运动有表面成形运动和辅助运动。

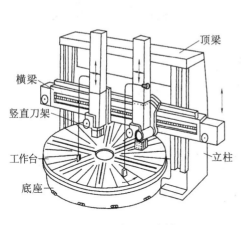

图 4.4 双柱立式车床

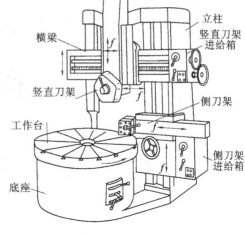

图 4.5 单柱立式车床

1) 表面成形运动

① 工件的旋转运动。这是车床的主运动,其转速较高,消耗机床功率的主要部分。

② 刀具的移动。这是车床的进给运动。刀具可作平行于工件旋转轴线的纵向进给运动(车圆柱表面)或作垂直于工件旋转轴线的横向进给运动(车端面),也可作与工件旋转轴线倾斜一定角度的斜向运动(车圆锥面)或作曲线运动(车成形回转面)。进给量 f 常以主轴每转刀具的移动量 mm/r 计。

车削螺纹时,只有一个复合的主运动,即螺旋运动。它可以被分解为主轴的旋转和刀具的移动两部分。

2) 辅助运动

为了将毛坯加工到所需要的尺寸,车床还应有切入运动,有的还有刀架纵、横向的机动快移。重型车床还有尾架的机动快移等。

4. 卧式车床加工的典型表面

卧式车床的工艺范围很广,能适用于各种回转表面的加工。其加工的典型表面如图 4.6 所示。

5. 卧式车床的组成部件

(1) 主轴箱 主轴箱固定在床身的左端,内部装有主轴和变速及传动机构。工件通过卡盘等夹具装夹在主轴前端。主轴箱的功用是支承主轴并把动力经变速传动机构传给主轴,使主轴带动工件按规定的转速旋转,以实现主运动。

(2) 刀架 刀架可沿床身上的运动导轨作纵向移动。刀架部件由几层组成,它的功用是装夹车刀,实现纵向、横向或斜向运动。

(3) 尾座 尾座安装在床身右端的尾座导轨上,可沿导轨纵向调整其位置,它的

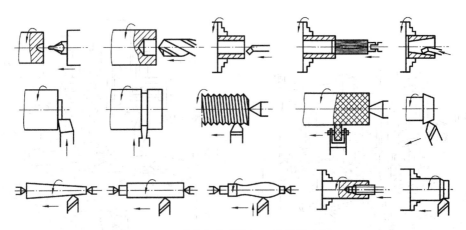

图 4.6　卧式车床所能加工的典型表面

功用是用后顶尖支承长工件,也可以安装钻头、铰刀等孔加工刀具进行孔加工。

（4）进给箱　进给箱固定在床身的左端前侧。进给箱内装有进给运动的变换机构,用来改变机动进给的进给量或所加工螺纹的导程。

（5）溜板箱　溜板箱与刀架的最下层——纵向溜板相连。与刀架一起作纵向运动,功用是把进给箱传来的运动传递给刀架,使刀架实现纵向和横向进给或快速移动或车螺纹。溜板箱上装有各种操纵手柄和按钮。

（6）床身　床身固定在左、右床腿上。在床身上安装着车床的各个主要部件,它们在工作时保持准确的相对位置或运动轨迹。

4.3　卧式车床的传动与结构

现以 CA6140 型卧式车床为例,分析普通卧式车床的传动系统图（见图 4.7）。图中各种传动元件用简单的规定符号代表,各齿轮所标数字表示齿数。规定符号详见国家标准《机械制图　机构运动简图用图形符号》(GB/T 4460—2013)。机床的传动系统图画在一个能反映机床基本外形和各主要部件相互位置的平面上,并尽可能绘制在机床外形的轮廓线内。各传动元件应尽可能按运动传递的顺序安排。该图只表示传动关系,不代表各传动元件的实际尺寸和空间位置。（注:在本节中,正文中的符号、轴的序号、齿轮的齿数均与图 4.7 中的一致。）

4.3.1　主运动传动链

1. 传动路线

CA6140 型卧式车床主运动传动链的两末端件是主电动机和主轴。运动由电动机(7.5 kW,1450 r/min)经 V 带轮传动副 $\phi 130$ mm/$\phi 230$ mm 传至主轴箱中的轴Ⅰ。在轴Ⅰ上装有双向多片摩擦离合器 M_1,使主轴正转、反转或停止。当压紧离合器 M_1 左部的摩擦片时,轴Ⅰ的运动经齿轮副 56/38 或 51/43 传给轴Ⅱ,使轴Ⅱ获得两

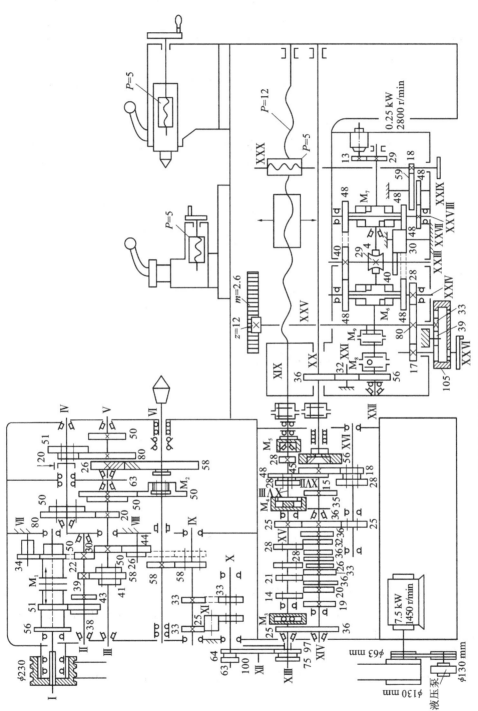

图 4.7　CA6140 型卧式车床的传动系统图

种转速。压紧右部摩擦片时,经齿轮 50、轴Ⅶ上的空套齿轮 34 传给轴Ⅱ上的固定齿轮 30。这时轴Ⅰ至轴Ⅱ间多一个中间齿轮 34,故轴Ⅱ的转向与经 M_1 左部传动时相反。轴Ⅱ反转转速只有一种。当离合器处于中间位置时,左、右摩擦片都没有被压紧。轴Ⅰ的运动不能传至轴Ⅱ,主轴停转。

轴Ⅱ的运动可通过轴Ⅱ、轴Ⅲ间的三对齿轮中的任一对传至轴Ⅲ,故轴Ⅲ正转共有 $2 \times 3 = 6$ 种转速。

运动由轴Ⅲ传往主轴有两条路线:

① 高速传动路线。主轴上的滑移齿轮 50 移至左端,使之与轴Ⅲ上右端的齿轮 63 啮合。运动由轴Ⅲ经齿轮副 63/50 直接传给主轴,得到 $450 \sim 1400$ r/min 的 6 种高转速。

② 低速传动路线。主轴上的滑移齿轮 50 移至右端,使主轴上的齿式离合器 M_2 啮合。轴Ⅲ的运动经齿轮副 20/80 或 50/50 传给轴Ⅳ,又经齿轮副 20/80 或 51/50 传给轴Ⅴ,再经齿轮副 26/58 和齿式离合器 M_2 传至主轴,使主轴获得 $10 \sim 500$ r/min 的低转速。

传动系统可用传动路线表达式表示如下:

$$
\begin{matrix}
电动机 \\
(1450 \text{ r/min}, 7.5 \text{ kW})
\end{matrix}
- \frac{\phi 130 \text{ mm}}{\phi 230 \text{ mm}} - I -
\begin{cases}
M_1(左) \\ {\scriptstyle (正转)}
\begin{cases} \frac{56}{38} \\ \frac{51}{43} \end{cases} \\
\\
M_1(右) \\ {\scriptstyle (反转)} - \frac{50}{34} - Ⅶ - \frac{34}{30}
\end{cases}
- Ⅱ -
$$

$$
- \begin{cases} \frac{39}{41} \\ \frac{22}{58} \\ \frac{30}{50} \end{cases} - Ⅲ -
\begin{cases}
\begin{cases} \frac{20}{80} \\ \frac{50}{50} \end{cases} - Ⅳ -
\begin{cases} \frac{20}{80} \\ \frac{51}{50} \end{cases} - Ⅴ - \frac{26}{58} - M_2(右移) \\
\\
\frac{63}{50} - M_2(左移)
\end{cases}
- Ⅵ(主轴)
$$

$$
i_1 = \frac{20}{80} \times \frac{20}{80} = \frac{1}{16}, \quad i_2 = \frac{20}{80} \times \frac{51}{50} \approx \frac{1}{4}
$$

$$
i_3 = \frac{50}{50} \times \frac{20}{80} = \frac{1}{4}, \quad i_4 = \frac{50}{50} \times \frac{51}{50} \approx 1
$$

式中,i_2 和 i_3 基本相同,所以实际上只有三种不同的传动比。因此,运动经由低速传动路线时,主轴实际上只能得到 $2 \times 3 \times (2 \times 2 - 1) = 18$ 级转速。加上经由高速传动路线获得的 6 级转速,主轴总共可以获得 $2 \times 3 \times [1 + (2 \times 2 - 1)] = 6 + 18 = 24$ 级转速。

同理,主轴反转时,有 $3 \times [1 + (2 \times 2 - 1)] = 12$ 级转速。

主轴的各级转速可根据各滑移齿轮的啮合状态求得。如图 4.3 中所示的啮合位置时,主轴的转速为

$$
n_主 = 1450 \times \frac{130}{230} \times \frac{51}{43} \times \frac{22}{58} \times \frac{20}{80} \times \frac{20}{80} \times \frac{26}{58} \text{ r/min} \approx 10 \text{ r/min}
$$

同理,可以计算出主轴正转时的 24 级转速为 10～1400 r/nin;反转时的 12 级转速为 14～1580 r/min。主轴反转通常不是用于切削,而是用于车削螺纹时,切削完一刀后使车刀沿螺旋线退回,所以转速较高以节约辅助时间。

2. 主传动系统的转速图

转速图可以表达主轴的每一级转速是通过哪些传动副得到的,这些传动副之间的关系如何,以及各传动轴的转速等。

图 4.8 是 CA6140 型卧式车床主传动系统的转速图,它由以下三个部分组成:

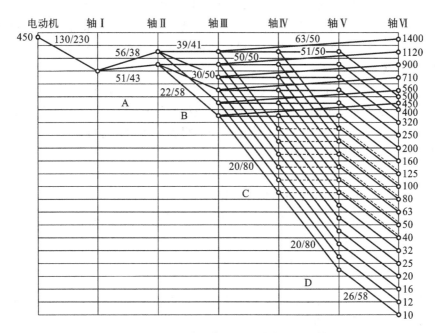

图 4.8　CA6140 型卧式车床主运动传动链的转速图

① 距离相等的一组竖线代表轴。轴号写在图的上方,竖线之间的距离并不代表中心距。

② 距离相等的一组水平线代表各级转速回与各竖线的交点代表各轴的转速。由于分级变使机构的转速一般是按等比数列排列的,故转速采用了对数坐标。相邻两水平线之间的间隔为 $\lg\varphi$(其中 φ 为相邻两级转速之比,称为公比)。为简单起见,转速图中省略了对数符号。

③ 各轴之间连线的倾斜方式代表了传动副的传动比,升速时向上倾斜,降速时向下倾斜。斜线向上倾斜 x 格表示传动副的实际传动比为 $z_{主}/z_{被}=\varphi^{x}$;斜线向下倾斜 x 格表示传动副的实际传动比为 $z_{主}/z_{被}=\varphi^{-x}$。

例如:CA6140 型车床的公比 $\varphi=1.26$,在轴Ⅱ与轴Ⅲ之间的传动比为 $30/50\approx 1/\varphi^{2}$,基本下降 2 格;$22/58\approx 1/\varphi^{4}$,基本下降 4 格。

4.3.2　进给运动传动链

进给运动传动链是实现刀具纵向或横向移动的传动链。卧式车床在车螺纹时，进给传动链是内联系传动链。主轴转一转刀架的移动量应等于螺纹的导程。在切削圆柱面和端面时，进给运动传动链是外联系传动链。进给量也以工件每转刀架的移动量计。因此，在分析进给链时，都把主轴和刀架当作传动链的两端。

运动从主轴Ⅵ开始，经轴Ⅸ传至轴Ⅹ，可经一对齿轮直接传递，也可经轴Ⅺ上的惰轮传递。这是进给换向机构。然后，经挂轮架至进给箱。从进给箱传出的运动，一条路线经丝杠ⅩⅨ带动溜板箱，使刀架作纵向运动，这是车螺纹传动链；另一条路线经光杠ⅩⅩ和溜板箱，带动刀架作纵向或横向的机动进给，这是进给传动链。

1. 车削螺纹

CA6140 型车床可车削米制螺纹、寸制螺纹、模数螺纹和径节螺纹等四种标准的常用螺纹，此外还可以车削大导程、非标准和较精密的螺纹；既可以车削右旋螺纹，也可以车削左旋螺纹。进给传动链的作用在于能得到上述四种标准螺纹。

车螺纹时的运动平衡式为

$$it_1 = S$$

式中　i——从主轴到丝杠之间的总传动比；

　　　t_1——机床丝杠的导程(mm)，CA6140 型车床的 $t_1 = 12$ mm；

　　　S——被加工螺纹的导程(mm)。

改变传动比 i，就可得到这四种标准螺纹中的任意一种。

1）米制螺纹

米制螺纹导程的国家标准如表 4.4 所示。可以看出，表中的每一行都是按等差数列排列的，行与行之间成倍数关系。

表 4.4　标准米制螺纹导程　　　　　　　　　　　　　　　　mm

—	1	—	1.25	—	1.5
1.75	2	2.25	2.5	—	3
3.5	4	4.5	5	5.5	6
7	8	9	10	11	12

车削米制螺纹时，进给箱中的离合器 M_3 和 M_4 脱开，M_5 接合。挂轮架齿数为 63—100—75。运动进入进给箱后，经移换机构的齿轮副 25/36 传至轴ⅩⅣ，再经过双轴滑移变速机构的齿轮副 19/14、20/14、36/21、33/21、26/28、28/28、36/28、32/28 中的任一对传至轴ⅩⅤ，然后再由移换机构的齿轮副 25/36×36/25 传至轴ⅩⅥ，接下去再经轴ⅩⅥ—轴ⅩⅧ之间的两组滑移变速机构，最后经离合器 M_5 传至丝杠ⅩⅨ。溜板箱中的开合螺母闭合，带动刀架。

车削米制螺纹时传动链的传动路线表达式如下：

$$主轴\ VI - \frac{58}{58} - IX - \begin{cases} (右旋螺纹)\dfrac{33}{33} \\[2mm] (左旋螺纹)\dfrac{33}{25} - XI - \dfrac{25}{33} \end{cases} - X - \frac{63}{100} \times \frac{100}{75} - XIII - \frac{25}{36} - XIV -$$

$$- \begin{cases} 19/14 \\ 20/14 \\ 36/21 \\ 33/21 \\ 26/28 \\ 28/28 \\ 36/28 \\ 32/28 \end{cases} - XV - \frac{25}{36} \times \frac{36}{25} - XVI - \begin{cases} \dfrac{35}{28} \times \dfrac{35}{25} \\[1mm] \dfrac{18}{45} \times \dfrac{35}{28} \\[1mm] \dfrac{28}{35} \times \dfrac{15}{48} \\[1mm] \dfrac{18}{45} \times \dfrac{15}{48} \end{cases} - XVIII - M_5 - 丝杠\ XIX - 刀架$$

其中，轴 XIV—轴 XV 之间的变速机构可变换 8 种不同的传动比：

$$i_{基1} = \frac{26}{28} = \frac{6.5}{7}, \quad i_{基2} = \frac{28}{28} = \frac{7}{7}$$

$$i_{基3} = \frac{32}{28} = \frac{8}{7}, \quad i_{基4} = \frac{36}{28} = \frac{9}{7}$$

$$i_{基5} = \frac{19}{14} = \frac{9.5}{7}, \quad i_{基6} = \frac{20}{14} = \frac{10}{7}$$

$$i_{基7} = \frac{33}{21} = \frac{11}{7}, \quad i_{基8} = \frac{36}{21} = \frac{12}{7}$$

即 $i_{基j} = S_j/7$，$S_j = 6.5, 7, 8, 9, 9.5, 10, 11, 12$。这些传动比的分母相同，分子则除以 6.5 和 9.5 用于其他种类的螺纹外，其余按等差数列排列，相当于米制螺纹导程标准的最后一行。这套变速机构称为基本组。轴 XVI—轴 XVIII 之间的变速机构可变换 4 种传动比：

$$i_{倍1} = \frac{18}{45} \times \frac{15}{48} = \frac{1}{8}, \quad i_{倍2} = \frac{28}{35} \times \frac{15}{48} = \frac{1}{4}$$

$$i_{倍3} = \frac{18}{45} \times \frac{35}{28} = \frac{1}{2}, \quad i_{倍4} = \frac{28}{35} \times \frac{35}{28} = 1$$

它们用来实现螺纹导程标准中行与行间的倍数关系，称为增倍组。基本组、增倍组和移换机构组成进给变速机构。它和挂轮一起组成换置机构。

车削米制右旋螺纹的运动平衡式为

$$S = \frac{58}{58} \times \frac{33}{33} \times \frac{63}{100} \times \frac{100}{75} \times \frac{25}{36} \times i_{基} \times \frac{25}{36} \times \frac{36}{25} \times i_{倍} \times 12 \quad (mm)$$

式中　$i_{基}$——基本组的传动比；

　　　$i_{倍}$——增倍组的传动比。

将上式简化后可得

$$S = 7 i_{基}\ i_{倍} = 7 \times \frac{S_j}{7} i_{倍} = S_j i_{倍}$$

选择 $i_基$ 和 $i_倍$ 之值，就可以得到各种标准米制螺纹的导程 S。S_j 最大为 12，$U_倍$ 最大为 1，因此能加工的最大螺纹导程为 $S=12$ mm。如需车削导程更大的螺纹，可将轴Ⅸ上的滑移齿轮 58 向右移，与轴Ⅷ上的齿轮 26 啮合。这是一条扩大导程的传动路线，即

$$主轴Ⅵ-\frac{58}{26}-Ⅴ-\frac{80}{20}-Ⅳ-\left\{\begin{array}{c}\frac{50}{50}\\[4pt]\frac{80}{20}\end{array}\right\}-Ⅲ-\frac{44}{44}-Ⅷ-\frac{26}{58}-Ⅸ-\cdots$$

轴Ⅸ以后的传动路线与前文传动路线表达式所述相同。主轴Ⅵ—轴Ⅸ之间的传动比为

$$i_{扩1}=\frac{58}{26}\times\frac{80}{20}\times\frac{50}{50}\times\frac{44}{44}\times\frac{26}{58}=4$$

$$i_{扩2}=\frac{58}{26}\times\frac{80}{20}\times\frac{80}{20}\times\frac{44}{44}\times\frac{26}{58}=16$$

在正常螺纹导程时，主轴Ⅵ—轴Ⅸ之间的传动比为 $i=58/58=1$。

扩大螺纹导程机构的传动齿轮就是主运动的传动齿轮，所以：

① 只有当主轴上的 M_2 合上，即主轴处于低速状态时，才能用扩大导程。

② 当轴Ⅲ—轴Ⅳ—轴Ⅴ之间的传动比为 $50/50\times20/80=1/4$ 时，$i_{扩1}=4$，导程扩大了 4 倍；当传动比为 $20/80\times20/80=1/16$ 时，$i_{扩1}=16$，导程扩大了 16 倍。因此，当主轴转速确定后，螺纹导程能扩大的倍数也就确定了。

③ 当主轴Ⅲ—轴Ⅳ—轴Ⅴ之间的传动比为 $50/50\times50/51$ 时，传动比并不准确地等于 1，所以不能用来扩大导程。

2）模数螺纹

模数螺纹主要是米制蜗杆，有时某些特殊丝杠的导程也是模数制的。米制蜗杆的齿距为 $p=\pi m$，所以模数螺纹的导程为 $S_m=zp=z\pi m$，这里 z 为螺纹的线数。

模数 m 的标准值也是按分段等差数列的规律排列的。与米制螺纹不同的是，在模数螺纹导程 $S_m=z\pi m$ 中含有特殊因子 π。为此，车削模数螺纹时，挂轮需换为 $64/100\times100/97$。其余部分的传动路线与车削米制螺纹时完全相同。运动平衡式为

$$S_m=\frac{58}{58}\times\frac{33}{33}\times\frac{64}{100}\times\frac{100}{97}\times\frac{25}{36}\times i_基\times\frac{25}{36}\times\frac{36}{25}\times i_倍\times12\quad（mm）$$

式中，$\frac{64}{100}\times\frac{100}{97}\times\frac{25}{36}\approx\frac{7\pi}{48}$。代入上式后化简，得

$$S_m=\frac{7\pi}{4}i_基\ i_倍$$

因为 $S_m=z\pi m$，从而得

$$m=\frac{7}{4z}i_基\ i_倍=\frac{1}{4z}S_j i_倍$$

改变 $i_基$ 和 $i_倍$ 时，就可以车削出各种标准模数螺纹。如应用扩大螺纹导程机构，

也可以车削出大导程的模数螺纹。

　　3）寸制螺纹

　　寸制螺纹在英国、美国、加拿大等国应用广泛。我国的部分管螺纹目前也采用寸制螺纹。

　　寸制螺纹以每英寸长度上的螺纹扣数 a（扣/in）表示，因此寸制螺纹的导程 $S_a=1/a$。由于 CA6140 型车床的丝杠是米制螺纹，被加工的寸制螺纹也应换算成以毫米为单位的相应导程值，即

$$S_a = \frac{1}{a} \text{ (in)} = \frac{25.4}{a} \text{ (mm)}$$

　　a 的标准值也是按分段等差数列的规律排列的，所以寸制螺纹导程的分母为分段等差级数。此外，还有特殊因子 25.4。车削寸制螺纹时，应对传动路线作如下两点变动：

　　① 将基本组两轴（轴 XV 和轴 XIV）的主、被动关系对调，使轴 XV 变为主动轴，轴 XIV 变为被动轴，就可使分母为等差级数。

　　② 在传动链中实现特殊因子 25.4。

　　为此，将进给箱中的离合器 M_3 和 M_5 接合，M_4 脱开，轴 XVI 左端的滑移齿轮 25 移至左面位置，与固定在轴 XIV 上的齿轮 36 相啮合。运动由轴 XIII 经 M_3 先传到轴 XV，然后传至轴 XIV，再经齿轮副 36/35 传至轴 XVI。其余部分的传动路线与车削米制螺纹时相同。车削寸制螺纹时传动路线表达式读者可自行写出，其运动平衡式为

$$S_a = \frac{58}{58} \times \frac{33}{33} \times \frac{63}{100} \times \frac{100}{75} \times \frac{1}{i_{\text{基}}} \times \frac{36}{25} \times i_{\text{倍}} \times 12 \quad \text{（mm）}$$

其中

$$\frac{63}{100} \times \frac{100}{75} \times \frac{36}{25} = \frac{63}{75} \times \frac{36}{25} \approx \frac{25.4}{21}$$

$$S_a \approx \frac{25.4}{21} \times \frac{1}{i_{\text{基}}} \times i_{\text{倍}} \times 12 \text{ (mm)} = \frac{4}{7} \times 25.4 \times \frac{i_{\text{倍}}}{i_{\text{基}}} \text{ (mm)}$$

因

$$S_a = \frac{25.4}{a}$$

故

$$a = \frac{7}{4} \times \frac{i_{\text{基}}}{i_{\text{倍}}} \quad \text{（扣/in）}$$

改变 $i_{\text{基}}$ 和 $i_{\text{倍}}$，就可以车削出各种标准的寸制螺纹。

　　4）径节螺纹

　　径节螺纹主要是指寸制蜗杆螺纹。它是用径节 DP 来表示的。径节 $DP = z/D$（z 为齿轮齿数；D 为分度圆直径，in），即蜗轮或齿轮折算到每英寸分度圆直径上的齿数。寸制蜗杆的轴向齿距即径节螺纹的导程为

$$S_{\text{DP}} = \frac{\pi}{\text{DP}} \text{ (in)} = \frac{25.4\pi}{\text{DP}} \text{ (mm)}$$

　　径节 DP 也是按分段等差数列的规律排列的。径节螺纹导程排列的规律与寸制螺纹相同，只是含有特殊因子 25.4π。车削径节螺纹时，传动路线与车削寸制螺纹时

完全同,但挂轮需换为 64/100×100/97,它和移换机构轴 XIV—轴 XVI 之间的齿轮副 36/25 组合,得到传动比值

$$\frac{64}{100}\times\frac{100}{97}\times\frac{36}{25}\approx\frac{25.4\pi}{84}$$

综上所述,得到如下结论:

① 车削米制和模数螺纹时,使轴 XIV 主动,轴 XV 被动;车削寸制和径节螺纹时,使轴 XV 主动,轴 XIV 被动。主动轴与被动轴的对调是通过轴 XIII 左端齿轮 25(向左与轴 XIV 上的齿轮 36 啮合,向右则与轴 XV 左端的 M_3 形成内、外齿轮离合器)和轴 XVI 左端齿轮 25 的移动(分别与轴 XIV 右端的两个齿轮 36 啮合)来实现的。这两个齿轮由同一个操纵机构控制,使它们反向联动,以保证其中一个在左面位置时,另一个在右面位置。轴 XIII—轴 XIV 之间的齿轮副 25/36、离合器 M_3、轴 XV—轴 XIV—轴 XVI 之间的齿轮 25—齿轮 36—齿轮 25(这个齿轮 36 是空套在轴 XIV 上的)和轴 XIV—轴 XVI 之间的 36/25(这个齿轮 36 是固定在轴 XIV 上的)称为移换机构。

② 车削米制和寸制螺纹时,挂轮架齿轮为 63—100—75;车削模数和径节螺纹(米制和寸制蜗杆)时,挂轮架齿轮为 64—100—97。

5) 非标准螺纹

车削非标准螺纹时,不能用进给变速机构。这时,可将离合器 M_3、M_4 和 M_5 全部啮合,把轴 XIII、轴 XV、轴 XVIII 和丝杠连成一体,使运动由挂轮直接传动丝杠。被加工螺纹的导程 S 依靠调整挂轮架的传动比 $i_{挂}$ 来实现。

为了综合分析和比较车削上述各种螺纹时的传动路线,把 CA6140 型车床进给传动链中加工螺纹时的传动路线表达式归纳如下:

$$\mathop{\text{VI}}_{\text{主轴}}\left\{\begin{array}{c}-\dfrac{58}{58}-\\ \text{(正常导程)}\\ \dfrac{58}{26}-\text{V}-\dfrac{80}{20}-\text{IV}-\left\{\begin{array}{c}\dfrac{50}{50}\\ \dfrac{80}{20}\end{array}\right\}-\text{III}-\dfrac{44}{44}-\text{VIII}-\dfrac{26}{58}\\ \text{(扩大导程)}\end{array}\right\}-\text{IX}-\left\{\begin{array}{c}\dfrac{33}{33}\\ \text{(右旋螺纹)}\\ \dfrac{33}{25}-\text{XI}-\dfrac{25}{33}\\ \text{(左旋螺纹)}\end{array}\right\}-$$

$$-\text{X}-\left\{\begin{array}{c}\dfrac{63}{100}-\text{XII}-\dfrac{100}{75}\\ \text{(米制、寸制螺纹)}\\ \dfrac{64}{100}-\text{XII}-\dfrac{100}{97}\\ \text{(模数、径节螺纹)}\end{array}\right\}-\text{XIII}\left\{\begin{array}{c}\dfrac{25}{36}-\text{XIV}-i_{基}-\text{XV}-\dfrac{25}{36}-\dfrac{36}{25}\\ \text{(米制及模数螺纹)}\\ M_3\text{合}-\text{XV}-\dfrac{1}{i_{基}}-\text{XIV}-\dfrac{36}{25}\\ \text{(寸制及径节螺纹)}\end{array}\right\}-\text{XVI}-i_{倍}-$$

$$-\dfrac{a}{b}-\dfrac{c}{d}-\text{XIII}-M_3\text{合}-\text{XV}-M_4\text{合(非标准螺纹)}$$

$-\text{XVIII}-M_5\text{合}-\text{XIX}$

2. 车削圆柱面和端面

（1）传动路线 为了减少丝杠的磨损和便于操纵,机动进给是由光杠经溜板箱传动的。这时,将进给中的离合器 M_5 脱开,使轴 XVIII 的齿轮 28 与轴 XX 左端的 56 相啮合。运动由进给箱传至光杠 XX,再经溜板箱中的齿轮副 36/32×32/56、超越离合器 M_8 及安全离合器 M_9、轴 XXII、蜗杆副 4/29 传至轴 XXIII。运动由轴 XXIII 经齿轮副 40/48 或 40/30×30/48、双向离合器 M_6······轴 XXIV、齿轮副 28/80、轴 XXV 传至小齿轮 12。小齿轮 12 与固定在床身上的齿条相啮合。小齿轮转动时,就使刀架作纵向机动进给以车削圆柱面。若运动由轴 XXIII 经齿轮副 40/48 或 40/30×30/48、双向离合器 M_7、轴 XXVIII 及齿轮副 48/48×59/18 传至横向进给丝杠 XXX,就使横刀架作横向机动进给以车削端面。其传动路线表达式如下:

$$\cdots\cdots \text{XVIII} - \frac{28}{56} - \text{XX} - \frac{36}{32} - \text{XXI} - \frac{32}{56} - \text{XXII} - \frac{4}{29} - \text{XXIII} -$$

$$\text{快速移动电动机}(250\ \text{W}, 2800\ \text{r/min}) - \frac{13}{29} \Bigg|$$

$$- \begin{cases} \left.\begin{cases} M_6 \uparrow \dfrac{40}{48} \\ M_6 \downarrow \dfrac{40}{30} \times \dfrac{30}{48} \end{cases}\right\} - \text{XXIV} - \dfrac{28}{80} - \text{XXV} - z_{12}/\text{齿条} \\[4ex] \left.\begin{cases} M_7 \uparrow \dfrac{40}{48} \\ M_7 \downarrow \dfrac{40}{30} \times \dfrac{30}{48} \end{cases}\right\} - \text{XXVIII} - \dfrac{48}{48} - \text{XXIX} - \dfrac{59}{18} - \text{横向丝杠 XXX} \end{cases}$$

（2）纵向机动进给量 CA6140 型车床纵向机动进给量有 64 种。当运动由主轴经正常导程的米制螺纹传动路线时,可获得正常进给量。这时的运动平衡式为

$$f_{\text{纵}} = \frac{58}{58} \times \frac{33}{33} \times \frac{63}{100} \times \frac{100}{75} \times \frac{25}{36} \times i_{\text{基}} \times \frac{25}{36} \times \frac{36}{25} \times i_{\text{倍}} \times \frac{28}{56}$$

$$\times \frac{36}{32} \times \frac{32}{56} \times \frac{4}{29} \times \frac{40}{30} \times \frac{30}{48} \times \frac{28}{80} \times \pi \times 2.5 \times 12 \quad (\text{mm/r})$$

化简后可得

$$f_{\text{纵}} = 0.711 i_{\text{基}}\ i_{\text{倍}}$$

改变 $i_{\text{基}}$ 和 $i_{\text{倍}}$ 可得到从 0.08～1.22 mm/r 的 32 种正常进给量。其余 32 种进给量可分别通过寸制螺纹传动路线和扩大螺纹导程机构得到。

（3）横向机动进给量 通过传动计算可知,横向机动进给量是纵向的一半。

3. 刀架的快速移动

为了减轻工人劳动强度和缩短辅助时间,刀架可以实现纵向和横向机动快速移动。按下快速移动按钮,快速移动电动机(250 W,2800 r/min)经齿轮副 13/29 使轴 XXII 高速转动,再经蜗杆副 4/29、溜板箱内的转换机构,使刀架实现纵向或横向的快速移动。快移方向仍由溜板箱中双向离合器 M_6 和 M_7 控制。

刀架快速移动时,不必脱开进给传动链。为了避免仍在转动的光杠和快速电动机同时传动轴 XXII ,在齿轮与轴 XXII 之间装有超越离合器 M_8 。

4.3.3 CA6140 型卧式车床主要结构

1. 主轴箱

CA6140 型车床主轴箱内有主轴部件、主传动变速及操纵机构、摩擦离合器及制动器、主轴到交换齿轮间的传动与换向机构以及润滑装置等。

如图 4.9 为主轴箱的展开图。该图是按照传动路线中各传动轴的先后传动顺序,沿轴 IV—轴 I—轴 II—轴 III(V)—轴 VI—轴 XI—轴 X 的轴线剖切,展开在一个平

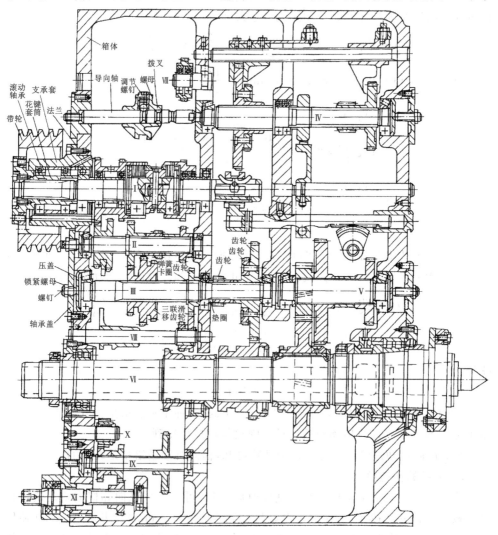

图 4.9 CA6140 型卧式车床主轴箱展开图

面上而得到的。展开图是把立体展开在一个平面上,因而其中有些轴之间(如轴Ⅳ与轴Ⅲ、轴Ⅳ与轴Ⅴ之间)的距离被拉开,使原来相互啮合的齿轮副分开了,因此,展开图不表示各轴的实际空间位置。展开图上的轴向尺寸和各轴上所有的零件是按尺寸比例绘出的,图中表示了主轴箱内全部传动件、支承件及有关结构。为了表示各轴的空间相互位置和各变速操纵机构的实际情况,还需要有主轴箱的向视图和横剖面图。

1) 卸荷式带轮

电动机经 V 带将运动传至轴Ⅰ左端的带轮上(见图 4.9)。带轮与花键套筒用螺钉联接成一体,支承在支承套内孔中的两个深沟球轴承上。支承套固定在主轴箱箱体上。作用在带轮上的传动带拉力,通过花键套筒、滚动轴承和支承套,最后传给主轴箱体。而转矩则由带轮经过花键套筒传给轴Ⅰ。这样,轴Ⅰ只传递转矩而避免了由传动带拉力产生的弯曲变形。这种带轮起到了卸荷的作用。

2) 双向片式摩擦离合器及其操纵机构

轴Ⅰ上装有双向片式摩擦离合器,其主要作用是实现主传动的换向。图 4.10 所示为左离合器的结构。摩擦离合器由内摩擦片、外摩擦片、定位片,压紧块及调整螺母组成。左、右两边的双联齿轮和单联齿轮分别空套在轴Ⅰ上,当电动机启动后,经传动带带动轴Ⅰ旋转,这时并不能直接带动上述两个齿轮转动,而要通过摩擦离合器的内、外片的接合才能转动。

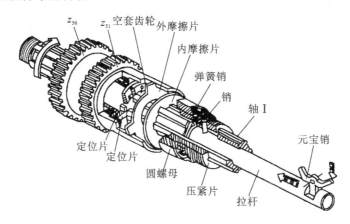

图 4.10　离合器结构

离合器的内、外两组摩擦片依次相间安装,外摩擦片外圆周上有 4 处是凸起的,正好嵌在双联空套齿轮罩壳的缺口中,外片的内孔大于轴Ⅰ上的花键。内摩擦片外圆无凸起,略小于齿轮罩壳的内径,内孔是花键孔,装在轴Ⅰ的花键上并同轴Ⅰ一起旋转。当拉杆通过销子向左推动压紧块时,内、外摩擦片互相压紧。轴Ⅰ的转矩便通过摩擦片间的摩擦力矩传给空套齿轮,使主轴正转。两定位片起限制摩擦片轴向位置的作用。同理,当压紧块向右推时,主轴反转。压紧块处于中间位置时,左、右离合器均脱开,主轴及轴Ⅱ以后的其他各轴传动停转。右摩擦离合器结构与左摩擦离合器结构的原理相同,就是摩擦片数少一些。

离合器接合和脱开的操纵,由溜板箱右侧的开关杠上的手柄完成。摩擦离合器操纵机构如图4.11所示。当向上扳动手柄时,通过杠杆机构使扇形齿轮顺时针转动,带动齿条向右移动,其上的拨叉拨动轴Ⅰ右端的滑套右移。滑套右移时,将元宝销(杠杆)的右角压下,元宝销绕其回转中心顺时针转动,下端的凸缘推动装在轴Ⅰ内孔中的拉杆左移,并通过销子带动压紧块向左压紧,主轴正转。当手柄向下扳时,右离合器压紧,主轴反转。当手柄处于中间位置时,离合器脱开,主轴停转。

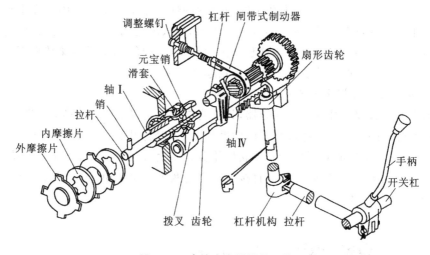

图 4.11　摩擦离合器操纵机构

为了缩短停车的辅助时间,主轴箱中还装有闸带式制动器,该制动器与摩擦离合器操纵机构联动。当正转和反转时,齿条上的凹槽处与杠杆的下端接触,使杠杆顺时针转动,制动器松开;当停车时(手柄处于中间位置时),齿条上的凸起处与杠杆接触,杠杆逆时针转动,拉紧闸带,制动器工作,使主轴立即停下来。

摩擦离合器除换向和传递转矩外,还可起到断开传动键的作用。车床往往要频繁变换主轴转速,如果利用关停主电动机来停车变速(转动时变速会损坏齿轮),电动机频繁启动、制动易损坏。利用摩擦离合器的脱开位置,可切断轴Ⅰ以后的传动链,在主电动机运转情况下,轴Ⅱ后各轴停转,即可变速。此外,摩擦离合器还可起到过载保护作用。当机床过载时,摩擦片打滑,主轴停转,就可避免损坏机床。摩擦片间的压紧力是可以调整的,调整时,先压下防止螺母圆松动的弹簧销,同时拧动压紧块上的圆螺母,圆螺母轴向移动,改变摩擦片的间隙,即可达到调整摩擦力大小的作用,调整后,使弹簧销重新卡进圆螺母的缺口中,避免螺母松动。

3) 主轴部件

主轴部件由主轴、主轴轴承、主轴上的传动齿轮以及紧固件组成。由于机床工作时由主轴直接带动工件旋转进行切削加工,因此,主轴是机床上的一个关键部件。

CA6140型车床主轴是一个空心阶梯轴。主轴内孔用于通过长的棒料或穿入钢棒打出顶尖,或通过气动、液动装置的管道或电动夹紧装置的导线。主轴前端的莫氏6 号锥孔用来安装顶尖或芯轴,利用锥孔配合的摩擦力直接带动顶尖或芯轴转动。主轴前端部采用短锥法兰式定位结构,用来安装卡盘或拨盘。短锥面与卡盘的锥孔相配合来定位,并由卡板及四个螺钉快速固定,通过圆形拨盘传递转矩。

CA6140 型车床的主轴组件采用两支承结构及后端面轴向定位。这种结构的主轴组件完全可以满足刚度与精度方面的要求,且使结构简化,成本降低。主轴的前支承是 NN3021K/P5 型双列短圆柱滚子轴承,用来承受径向力。这种轴承具有刚度大、精度高、尺寸小及承载能力大等优点。后支承有两个滚动轴承:一个是 7025ACJ型角接触球轴承,大口向外安装,用来承受径向力和由后向前的轴向力;一个是51215 型推力球轴承,用来承受由前向后的轴向力。

主轴支承对主轴的回转精度及刚度影响很大,特别是轴承间隙直接影响到加工精度。主轴轴承应在无间隙(或少量过盈)条件下运转,因此,主轴组件应在结构上保证能调整轴承间隙。CA6140 型车床主轴前轴承的前后两端各有一个螺母(后螺母带有锁紧装置,与前轴承之间还有一个隔套),用来调整间隙。这两个螺母可以改变NN3021K/P5 型轴承的轴向位置,当轴承的内环向前移动时,由于轴承内环很薄,且内环孔与主轴是锥面配合,就会引起内环径向弹性膨胀变形,从而需要调整轴承径向间隙或预紧(过盈)程度。后支承外边的螺母也被用来调整后支承两个轴承的间隙。

主轴上装有三个齿轮,从右至左为空套在主轴上的斜齿轮、与主轴花键联接的滑移齿和固定在主轴上的进给传动齿轮。用斜齿轮传动时,主轴运转较平稳;且齿轮是左旋的,其传动时产生的作用力沿主轴的轴向力方向向前,与纵向切削力方向相反,可抵消一部分支承所受轴向力。中间的滑移齿轮,在左边位置时,为高速传动;在右边时,作为内齿离合器与斜齿轮接合,为低速传动;在中间位置时,主轴空挡,可较轻快地用来转动主轴,以便进行调整工作。

4)变速操纵机构

主轴箱中有三套操纵机构来操纵滑移齿轮进行动作。图 4.12 所示为其中轴Ⅱ和轴Ⅲ上的滑移齿轮操纵机构。

轴Ⅱ上的双联滑移齿轮和轴Ⅲ上的三联滑移齿轮是用一个手柄进行操纵的。变速手柄装在主轴箱的前壁上,通过链传动使轴Ⅳ转动,轴Ⅳ上装有盘形凸轮和曲柄。盘形凸轮上有一条封闭的曲线槽,由两段半径不同的圆弧和直线组成,凸轮上有 6 个变速位置。在位置 1、2、3 时,杠杆上端的滚子处于凸轮槽曲线的大半径圆弧处,杠杆经拨叉将轴Ⅱ上的双联滑移齿轮移至左端位置。在位置 4、5、6 时,双联滑移齿轮移至右端位置。另外,曲柄随轴Ⅳ转动,带动拨叉拨动轴Ⅲ上的三联滑移齿轮,使其处于左、中、右三个位置。依次扳动手柄,就可以使两个滑移齿轮得到 6 种位置组合,即使轴Ⅲ得到 6 种转速。

2. 进给箱

CA6140 型车床进给箱由变换螺纹导程和进给量的变速机构(基本组和增倍

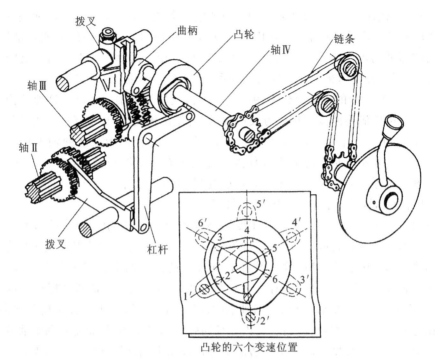

凸轮的六个变速位置

图 4.12　变速操作机构

组)、变换螺纹种类的移换机构、丝杠和光杠的转换机构以及操纵机构等组成。

进给箱中的滑移齿轮和离合器也用三个集中变速机构来操纵。基本组的四个滑移齿轮由一个手柄操纵;增倍组的两个滑移齿轮用一个手柄操纵;移换机构和丝杠、光杠转换机构由一个手柄操纵。

进给箱中精度要求较高的是与丝杠连接的轴 XVIII,其回转精度和轴向窜动会直接影响车螺纹的精度,因此,该轴使用了两个 D 级推力球轴承。

3. 溜板箱

溜板箱内有开合螺母机构、纵向和横向机动进给传动及操纵机构、螺纹进给与机动进给间的互锁机构以及超越离合器 M_8 和安全离合器 M_9 等安全保险机构等。图 4.13 所示为溜板箱中的传动机构。

1) 开合螺母机构

车螺纹时,进给箱的运动由丝杠传出,合上溜板箱中的开合螺母,就可通过丝杠螺母副带动溜板箱及刀架运动。机动进给时,打开开合螺母,就可切断与丝杠的联系。

开合螺母结构如图 4.14 所示。它由下半螺母和上半螺母组成,它们都可沿溜板箱后壁上的竖直燕尾形导轨上下移动。每个半螺母上各装有一个圆柱销,它们分别插入槽盘的两条曲线槽中。车螺纹时,转动手柄,使轴及与之一体的槽盘转动。槽中的两个圆柱销在曲线的作用下带动上下半螺母互相靠拢,使得开合螺母与丝杠啮合。

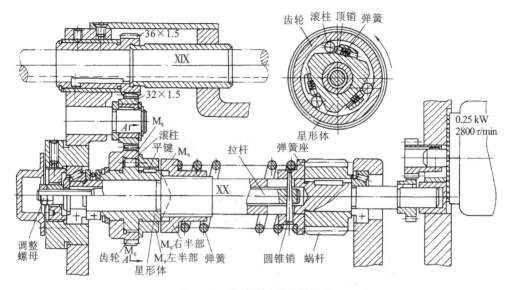

图 4.13 溜板箱中的传动机构

槽盘上的偏心圆弧槽接近盘中心部分的倾斜角比较小,使得开合螺母闭合后能自锁。限位螺钉用来调节螺母与丝杠的间隙。

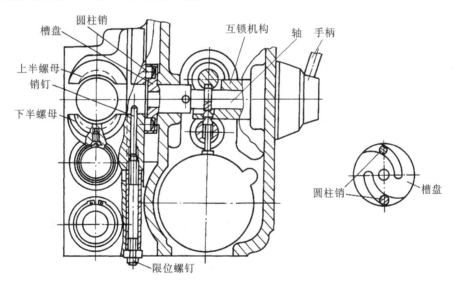

图 4.14 溜板箱中的开合螺母结构

2) 纵、横向机动进给及快速移动操纵机构

纵、横向机动进给及快速移动是由一个四向操纵手柄集中操纵的,溜板箱操纵机构如图 4.15 所示。手柄向左或向右扳动,可使刀架向左或向右作纵向进给运动;手柄向前或向后扳动,则可使刀架向前或向后作横向进给运动。若按下手柄上端的快

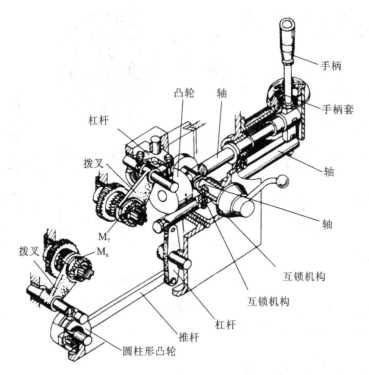

图 4.15　溜板箱操纵机构

速按钮,快速电动机启动,刀架就可朝手柄扳动的相应方向作快速运动,松开快速按钮,则快速运动停止,同时自动地恢复相应的机动进给运动。

　　向左或向右扳动手柄时,由于轴的轴向位置固定,故手柄绕销轴摆动,通过其下部的开口槽带动轴向右或向左移动,再经过杠杆及推杆,使圆柱形凸轮顺时针或逆时针转动,凸轮上的曲线槽推动拨叉向后或向前移动,带动双向牙嵌离合器 M_6 向相应的方向啮合,使刀架作向左或向右的纵向机动进给。

　　向前或向后扳动手柄时,轴和固定在轴左端的圆柱凸轮转动,通过凸轮上的曲线槽使杠杆绕其安装轴摆动,再通过拨叉拨动轴 XXVIII 上的双向牙嵌离合器 M_7 向相应的方向啮合,使刀架作向前或向后的横向机动进给。

　　快速移动由安装在溜板箱右壁上与轴 XXII 右端相连的快速电动机实现。快速电动机启动后,驱动轴 XXII 快速转动,然后由机动送给路线使刀架快速移动。此时,由进给传动链的齿轮传给轴 XXII 的较慢的运动并不用切断,因为在蜗杆轴的左端装有超越离合器。超越离合器可保证两运动同时传给轴 XXII 而不产生矛盾。

　　当手柄处于中间位置时,离合器 M_6 和 M_7 都脱开,机动进给停止,快速移动也不能进行。手柄下部的盖上开有十字形槽,使操纵手柄不能同时接合纵向和横向进给运动,起到互锁作用。

此外,为了避免损坏机床,在接通机动进给或快速移动时,开合螺母不应闭合;反之合上开合螺母时,就不允许接通机动进给或快速移动。因此,在溜板箱中还设置了互锁机构来实现这一互锁功能。

当进给力过大或刀架移动受到阻碍时,也很有可能损坏机床。因此,在溜板箱的轴ⅩⅩⅡ与超越离合器之间还设置有靠弹簧预紧的螺旋形端面齿安全离合器。当刀架过载时,该离合器两部分之间产生相对滑动,运动不再由蜗轮传出,从而自动切断机动进给。

4.4 机床主要附件

1. 卡盘和顶尖

1) 自定心卡盘装夹工件

自定心卡盘的外形和结构分别如图 4.16a、b 所示。将夹紧扳手的方头插入小锥齿轮的方孔,使小锥齿轮带动大锥齿轮转动。大锥齿轮背后有平面螺纹(形状好似一盘蚊香),三个卡爪的背面有螺纹与平面螺纹啮合。因此,当转动锥齿轮时,三个卡爪在平面螺纹的作用下,同时作向心或离心方向移动,将工件夹紧或放松。用自定心卡盘夹持工件,一般不需校正,三个卡爪能自动定心,使用方便,但定位精度较低。

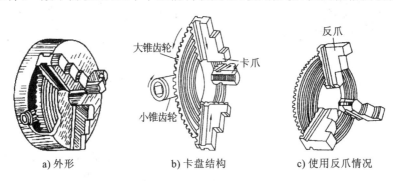

a) 外形   b) 卡盘结构   c) 使用反爪情况

图 4.16 自定心卡盘

自定心卡盘本身有制造误差、卡盘装上主轴时的装配误差和卡盘使用较长时间后卡爪磨损引起精度逐渐下降等原因,使自定心卡盘三个卡爪的定位面所形成的中心与车床主轴旋转中心不完全重合。因此,当被加工零件各加工面位置精度要求较高时,应尽量在一次装夹中加工出来,以保证精度要求。

卡爪分正爪和反爪,当用正爪夹紧工件时,工件直径不能太大,一般卡爪伸出量不超过卡爪长度的一半,否则卡爪与平面螺纹只有 2 牙或 3 牙啮合,容易使卡爪的牙齿损坏。安装较大直径的工件时,可以改用反爪装夹,如图 4.16(c)所示。

自定心卡盘能自动定心,安装效率较高,但夹紧力没有单动卡盘大。这种卡盘不能装夹形状不规则的工件,只适用于中小型规则工件的装夹,如圆柱形、正三边形、正六边形等工件。

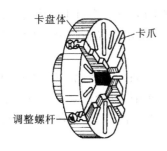

卡盘体

卡爪

调整螺杆

图 4.17　单动卡盘

2）单动卡盘装夹工件

单动卡盘如图 4.17 所示。与自定心卡盘的不同，单动卡盘的四个卡爪互不相关，可以单独调整。每个卡爪的后面有一半瓣内螺纹，跟螺杆啮合，螺杆的一端有一方孔，当卡盘扳手的方头插入方孔转动螺杆时，就使这个卡爪径向移动。由于单动卡盘的四个卡爪各自移动，互不相连，所以不能自动定心。

为了使工件中心与车床主轴旋转中心一致，装夹工件时，需对工件进行校正。图 4.18a 所示为用划线盘按工件划线进行校正。在单动卡盘上校正精度要求较高的工件时，可用百分表代替划线盘来校正，如图 4.18b 所示，径向跳动在百分表上显示出来，用这种方法校正工件，精度可达 0.01 mm 以内。在校正外圆时，应先校正近卡盘的一端，再校正远端。

孔的加工界限

木板

a）用划线盘校正

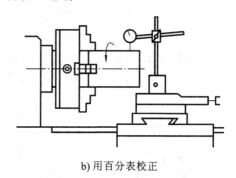

b）用百分表校正

图 4.18　单动卡盘安装工件时的校正

单动卡盘的四个卡爪均可独立移动，因此可安装截面为方形、长方形、椭圆以及其他不规则形状的工件；由于其夹紧力比自定心卡盘大，亦常用来安装较大截面的工件。根据需要，将卡爪调转 180°安装，即成反爪。实际使用中可以用一个或两个反爪，其余的仍用正爪。

单动卡盘的优点是夹紧力大，缺点是校正比较麻烦，适合装夹毛坯、形状不规则的工件或较重的工件。

2. 顶尖装夹工件

对于较长的或必须经过多次装夹才能完成加工的轴类工件，或工序较多在车削后还需进行铣、磨加工的工件，要求有同一个装夹基准，这时可在工件两端钻出中心孔，工件安放在前、后顶尖之间，用顶尖、卡箍、拨盘安装工件，主轴通过拨盘带动紧固在轮端的卡箍使工件转动，如图 4.19 所示。

1）中心孔的作用及结构

中心孔是轴类工件在顶尖上安装的定位基面。中心孔的 60°锥孔与顶尖上的 60°锥面相配合：锥孔里端有小圆孔，可保证锥孔与顶尖锥面配合贴切，并可存储少量

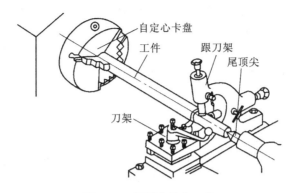

图 4.19　用顶尖装夹工件

润滑油脂。B 型中心孔外端的 120°锥面又称为保护锥面,用以保护 60°锥孔的外缘不被碰坏。

　　2) 顶尖的种类

　　顶尖有固定顶尖(俗称死顶尖)、回转顶尖(俗称活顶尖)、反顶尖、拨动顶尖等,如图 4.20 所示。

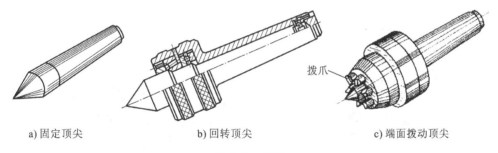

a) 固定顶尖　　　　　　　　b) 回转顶尖　　　　　　　c) 端面拨动顶尖

图 4.20　顶尖

　　用顶尖装夹工件时,前顶尖采用固定顶尖装夹,另一端插入主轴锥孔内,随工件一起转动,与工件无相对运动,不发生摩擦。后顶尖的选用视情况而定。在高速切削时,为了防止后顶尖与中心孔摩擦发热过多而磨损或烧坏,常采用回转顶尖。回转顶尖的精度不如固定顶尖高,故一般用于轴的粗加工或半精加工。若轴的精度要求较高时,后顶尖也应用固定顶尖。为减轻摩擦,可在顶尖头部加少许油脂,并合理选择切削速度。加工直径小于 6 mm 的轴类零件,需用顶尖装夹加工时,由于直径小,在轴端钻孔不方便,可将轴端车成 60°锥面,用反顶尖支承工件。

　　内、外拨动顶尖的锥面上的齿能嵌入工件,拨动工件旋转,用来装夹轴类、套类工件。端面拨动顶尖的拨爪能带动工件旋转,工件仍以中心孔定位。拨动顶尖的优点是能快速装夹工件,并在一次安装中能加工出全部外表面。

　　3) 顶尖的安装与校正

　　① 顶尖的安装。顶尖尾端锥面的圆锥角较小,所以前、后顶尖是利用尾部锥面

分别与主轴锥孔和尾座套筒锥孔的配合而装紧的。安装顶尖时必须先擦净顶尖锥面和锥孔,然后用力推紧,否则装不正也装不牢。

② 顶尖的校正。校正前、后顶尖,将尾架移向主轴箱,使前后两顶尖接近,检查其轴线是否重合。如不重合,需将尾座作横向调节,使之符合要求。否则,车削的外圆面将成为锥面。

在双顶尖上安装轴件,由于两端是锥面定位,定位精度较高,经过多次掉头或装卸,工件的旋转轴线不变,仍是两端60°锥孔的连线。因此,可保证在多次掉头或安装中所加工的各个外圆具有较高的同轴度。这是与自定心卡盘安装工件的一个重要区别,这个特点对于需经过多次装夹或工序较多的轴类工件特别重要。

3. 花盘和角铁

花盘是一个大圆盘,盘上有几条狭长的通槽,用以安插螺栓,将工件或其他附件(如角铁等)紧固在花盘上。花盘的端面需平整,且应与主轴中心线垂直。

当零件上需加工的平面相对于基准平面有平行度要求或需加工的孔和外圆的轴线相对于基准平面有垂直度要求时,应以基准平面为定位基准在花盘上安装,如图4.21所示。安装时应选择恰当的部位安装压板,以防止工件变形。如果工件与花盘面不能贴合时,可加用角铁。

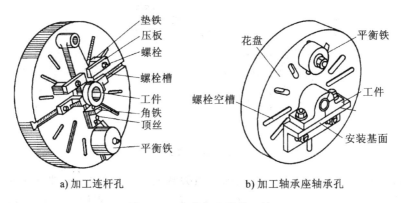

a) 加工连杆孔　　　　　　　　　　　b) 加工轴承座轴承孔

图 4.21　在花盘上安装工件

4. 中心架和跟刀架

加工细长轴时,为了防止工件受到切削力而产生弯曲变形,往往通过安装中心架或跟刀架来解决。如图4.22所示为利用中心架车削长轴外圆。中心架固定在床身某一部位,其三个支承爪支承在预先加工过的工件外圆上,车削工件右端外圆,一端加工完毕再掉头车削另一端。长轴的端面或轴端内孔要加工时,也可利用中心架支撑其一端,对端面和内孔进行加工。

跟刀架多用于加工细长光轴,跟刀架固定在大拖板侧面上,随床鞍一起移动作纵向运动。跟刀架一般为两个支承爪,紧跟在车刀后面起辅助支承作用,因此,跟刀架主要用于细长光轴的加工。使用跟刀架需先在工件右端车出一小段光滑的圆柱面,根据外圆调整两支承爪的位置和松紧,然后即可车削光轴的全长。

5. 圆形回转工作台

圆形回转工作台常用于较大零件的分度加工,以及圆弧面、圆弧槽的加工。

圆形回转工作台如图 4.23 所示,其中,图 b 为铣削圆弧槽的示意图。调整好工件的位置后,一面切削一面均匀地摇动手轮使工件缓慢地实现圆周进给,即可铣出圆弧槽。

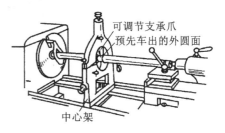

图 4.22　利用中心架车削长轴外圆

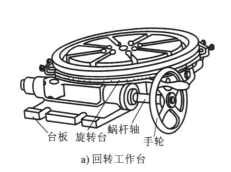

a) 回转工作台

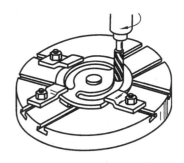

b) 回转工作台铣削圆弧槽

图 4.23　圆形回转工作台

6. 分度头

分度头是一种用于分度的装置,是铣床上的主要附件之一。万能分度头最基本的功能是使装夹在分度头主轴顶尖与尾座顶尖之间或夹持在卡盘上的工件,依次转过所需的角度,利用分度刻度环和游标,定位销和分度盘以及交换齿轮,能将装卡在顶尖间或卡盘上的工件分成任意角度,以达到规定的分度要求。万能分度头可以完成以下工作:

① 由分度头主轴带动工件绕其自身轴线回转一定角度,完成等分或不等分的分度工作,用以铣削方头、六角头、直齿圆柱齿轮、键槽、花键等的分度工作,工件铣完一个工作面转动一个角度再铣下一个工作面;

② 通过配备挂轮,将分度头主轴与工作台丝杠联系起来,组成一条以分度头主轴和铣床工作台纵向丝杠为两末端件的内联系传动链,用以铣削各种螺旋表面、阿基米德螺线凸轮等;

③ 用卡盘夹持工件,使工件轴线相对于铣床工作台倾斜一定角度,以铣削与工件轴线相交成一定角度的沟槽、平面、直齿锥齿轮、齿轮离合器等。

图 4.24 所示为最常见的万能分度头。它可以在水平、竖直和倾斜三种位置工作。主轴前端可以安装自定心卡盘,主轴锥孔内可以安装顶尖等。

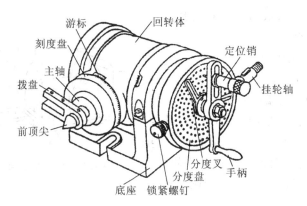

图 4.24　万能分度头

思考题与习题

4.1　试说明机床型号 CK6140、M7150A、X6132、X5032、C6132、Z3040、T6112、Y3150、C1312、B2010A 中的汉语拼音及阿拉伯数字的含义。

4.2　试述车床包括哪些种类。

4.3　试述普通卧式车床由哪几大部件组成，并分析各部件的功用。

4.4　试述车床能加工哪些表面。

4.5　试述 CA6140 型车床主传动链的传动路线。该车床共有几条传动链？指出各条传动链的起始元件和末端元件。

4.6　试比较 CA6140 型车床纵向进给运动和车螺纹时传动链的区别。车床这样设计有何优点？

4.7　CA6140 型车床中主轴在主轴箱中是如何支承的？自定心卡盘是怎样装到车床主轴上去的？

4.8　在 CA6140 型车床的传动链中设置了哪几个离合器？为何要设置离合器？

4.9　CA6140 型车床是怎样通过双向多片摩擦离合器实现主轴正转、反转和制动的？

4.10　CA6140 型车床主轴箱轴 I 上带的拉力作用在哪些零件上？

4.11　根据图 4.25 所示传动系统图，完成：

① 分别列出图 a、b 的传动路线表达式；

② 分析图 a 中轴 III、图 b 中轴 V 的转速级数；

③ 分别计算图 a 中轴 III、图 b 中轴 V 的最高转速 n_{max} 和最低转速 n_{min}。

4.12　某型号车床的主传动系统如图 4.26 所示。试计算其最高转速 n_{max}，并完成机床的主运动的传动路线表达式。

4.13　为何车削螺纹时用丝杠承担纵向进给运动，而车削其他表面时用光杠传动纵向进给和横向进给？

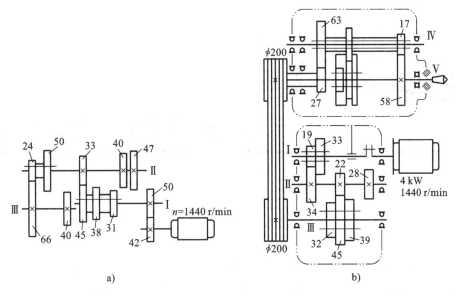

图 4.25 题 4.11 图

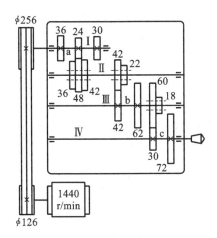

图 4.26 题 4.12 图

4.14 在卧式车床上车左旋螺纹时应如何操作?

4.15 常用的机床附件有哪些?各种附件的功用是什么?

第 5 章

其他类型常用机床

5.1 铣床

5.1.1 铣床类型与用途

铣床是一种用途广泛的机床。铣床的主要类型有卧式升降台铣床、立式升降台铣床、圆工作台及工作台不升降铣床、龙门铣床、工具铣床、数控铣床和各种专门化铣床等。

铣削加工是用铣刀在铣床上完成的,是目前应用最广的切削加工方法之一。它既适用于各种平面、台阶、沟槽、螺旋面及齿轮面的加工,又可以加工回转体表面、内孔以及进行切断工作等,还可利用分度头进行分度加工。铣削加工的基本内容如图5.1 所示。

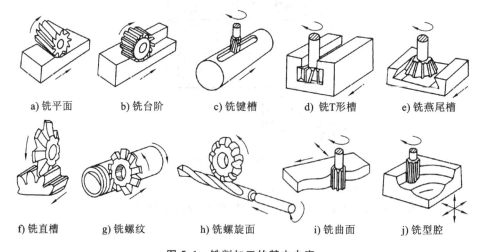

a) 铣平面　　b) 铣台阶　　c) 铣键槽　　d) 铣T形槽　　e) 铣燕尾槽

f) 铣直槽　　g) 铣螺纹　　h) 铣螺旋面　　i) 铣曲面　　j) 铣型腔

图 5.1　铣削加工的基本内容

铣床的主运动是铣刀的旋转运动,进给运动是工件的直线移动。在有些铣床上,进给运动也可以是工件的回转运动或曲线运动。与刨削相比较,铣削加工的切削速度高,而且又是多刃连续切削,故生产效率较高。在生产实际中,铣床已经大量取代刨床来加工平面。

5.1.2　铣床主要特点

1. 卧式升降台铣床

卧式升降台铣床(见图 5.2)的主要特征是机床主轴轴线与工作台平面平行,简称卧铣。床身固定在底座上,内装主电动机、主运动变速机构、主轴部件及操纵机构等。床身顶部的导轨上装有悬梁,可沿主轴轴线方向调整其前后位置,悬梁上装有刀杆支架,用来支承刀杆的悬伸端。升降台安装在床身的竖直导轨上,可以上下移动,升降台内装有进给运动变速传动机构及操纵机构等。升降台的水平导轨上装有滑座,可沿平行于主轴的轴线方向(横向)移动。工作台装在滑座的导轨上,可沿垂直于主轴轴线的方向移动。所以,固定在工作台上的工件可在相互垂直的三个方向之一实现进给运动或调整位移。铣刀装在铣刀轴上,铣刀旋转作主运动。

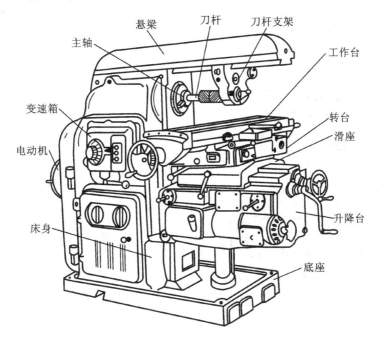

图 5.2　卧式升降台铣床

还有一种升降台铣床,其结构与卧式升降台铣床的不同之处仅在于工作台和滑座之间增加了一转盘。转盘相对于床鞍在水平面内可调整角度,使工作台的运动轨迹与主轴成一定的角度,以便在加工不同角度螺旋槽时工作台可以作斜向进给。

2. 立式升降台铣床

立式升降台铣床(见图 5.3)的主轴是竖直安装的。立式床身装在底座上,床身上装有变速箱,滑动立铣头可以升降,工作台安装在升降台上,可作纵向运动和横向运动,升降台还可作竖直运动。数控铣床一般配置有吊挂控制箱,装有常用的操作按钮和开关。立式铣床上可加工平面、斜面、沟槽、台阶、齿轮、凸轮及封闭轮廓表面等。

卧式和立式铣床适用于单件及成批生产。

3. 床身式铣床

床身式铣床的工作台不作升降运动,故又称为工作台不升降铣床。机床的竖直运动由安装在立柱上的主轴箱完成,这样可以提高机床刚度,便于采用较大的切削用量。这类机床常用来加工中等尺寸的零件。

床身式铣床的工作台有圆形和矩形两类。图 5.4 所示为双轴圆形工作台铣床,它主要用来粗铣和半精铣顶平面。主轴箱的两个主轴上分别安装粗铣和半精铣的端铣刀,工件安装在圆形工作台的夹具内,圆工作台作回转进给运动。工件从铣刀下通过,即加工完毕。圆形工作台上可装几套夹具,装卸工件时不用停止工作台,因而可实现连续加工。滑座可沿床身导轨移动,以调整工作台与主轴之间的径向位置。主轴箱可沿立柱导轨升降,以适应不同的加工高度。主轴装在套筒内,手摇套筒升降可以调整主轴在主轴箱内的轴向位置,以保证背吃刀量。这种机床生产效率较高,适合在成批或大量生产中铣削中小型工件的顶平面。

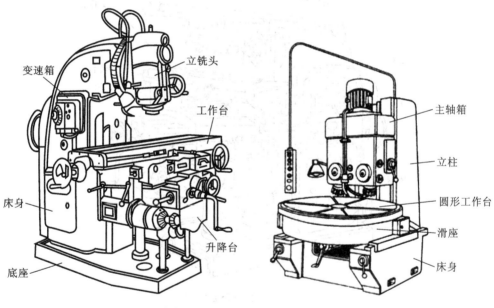

图 5.3　立式升降台铣床　　　　　　图 5.4　圆形工作台铣床

4. 龙门铣床

龙门铣床(见图 5.5)是一种大型、高效的通用铣床,主要用来加工各类大型工件上的平面、沟槽等,可以对工件进行粗铣、半精铣,也可以进行精铣。龙门铣床呈框架式,横梁可以在立柱上升降以适应零件的高度,横梁上装两个立式铣削主轴箱(立铣头),两个立柱上分别装两个卧铣头,每个铣头都是一个独立的部件,内装主运动变速机构、主轴和操纵机构,法兰式主电动机固定在铣头的端部。工作台上安装工件,工作台可在床身上作水平的纵向运动。立铣头可在横梁上作水平的横向运动,卧铣头可在立柱上升降。这些运动可以是进给运动,也可以是调整铣头与工件间相对位置的快速调位运动。主轴装在主轴套筒内,可以手摇伸缩,以调整切深。该铣床装有悬挂式按钮站。龙门铣床工作时是多刀、连续切削,切削力大且变动频繁,故要求比龙门刨床有更高的刚度及更好的减振性。它可以同时加工多个表面,生产效率高,在成批或大量生产中广泛应用。

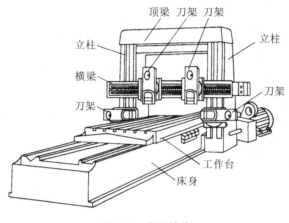

图 5.5　龙门铣床

5.2　钻床与镗床

5.2.1　钻床

1. 钻床的加工范围

钻床主要用来加工外形较复杂,没有对称回转轴线的工件上的孔,如箱体、机架等零件上的各种孔。在钻床上加工时,工件不动,刀具作旋转主运动。同时沿轴向作进给运动。钻床可完成钻孔、扩孔、铰孔、刮平面以及攻螺纹等工作。使用的孔加工工具主要有麻花钻、中心钻、深孔钻、扩孔钻、铰刀、丝锥、群钻等。钻床的加工方法及所需的运动如图 5.6 所示。

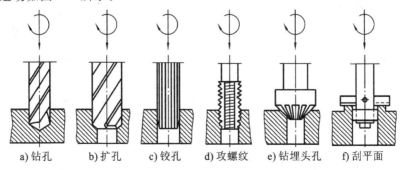

a) 钻孔　　b) 扩孔　　c) 铰孔　　d) 攻螺纹　　e) 钻埋头孔　　f) 刮平面

图 5.6　钻床的加工方法

2. 钻床的类型

（1）台式钻床　台式钻床（见图5.7）工作时，电动机通过一对塔轮以 V 带传动，使主轴旋转，主轴前端安装着钻头夹，再用钻头夹来夹持刀具，主轴的旋转运动是主运动。旋动手柄即旋动了进给齿轮，通过齿轮齿条机构使支撑主轴的套筒作轴向移动，这就是台式钻床的进给运动。台式钻床结构简单，使用方便，体积小，但只能加工小孔（孔径一般不大于 12 mm），在操作不复杂的生产流水线上或机修车间中使用广泛。

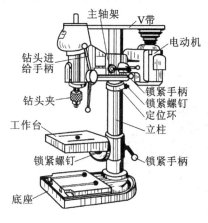

图 5.7　台式钻床

（2）立式钻床　立式钻床（见图5.8）由底座、工作台、主轴箱、立柱和旋动手柄等部件组成。主轴箱内有主运动及进给运动的传动机构，刀具安装在主轴的锥孔内，由主轴（通过锥面摩擦）带动刀具作旋转运动，这就是立式钻床的主运动，同时靠手动或机动使主轴套筒作轴向进给。工作台可沿立柱上的导轨作上下位置的调整，以适应不同高度的工件加工。立式钻床只适合在单件小批生产中加工中小型工件上的孔。

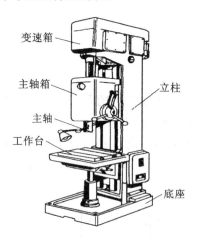

图 5.8　立式钻床

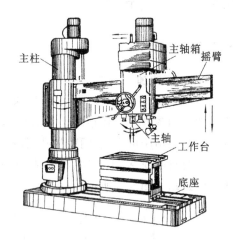

图 5.9　摇臂钻床

（3）摇臂钻床　在摇臂钻床（见图5.9）底座上安装有立柱。立柱分为内、外两层，内立柱固定在底座上，外立柱由滚动轴承支承，连同摇臂和主轴箱可绕内立柱旋转摆动；摇臂可在外立柱上作竖直方向的调整，以适应不同高度的工件；主轴箱可在摇臂的导轨上作径向移动。通过摇臂绕立柱的转动和主轴箱在摇臂上的移动，使钻床的主轴可以找正工件的待加工孔的中心。找正后，应将内外立柱，摇臂与外立柱、主轴箱与摇臂之间的位置分别固定,再进行加工。工件可以安装在工作台或底座上。摇臂钻床广泛用于大中型零件的加工。

5.2.2　镗床

镗床主要用来加工工件上已有铸造孔或加工孔后的后续加工,常用于加工尺寸较大、加工精度较高及工件批量较小的场合,特别适合加工分布在不同表面上、孔距尺寸精度和位置精度要求十分严格的孔系,如各种箱体、汽车发动机缸体的孔系。镗孔的形状精度主要取决于机床的精度,为保证孔系的位置精度,在批量生产条件下,一般均采用镗模。

（1）卧式镗床　卧式镗床加工范围广泛,除镗孔外,还可以车端面、铣平面、车外圆、车螺纹及钻孔等。图 5.10 所示为卧式镗床的主要加工方法。

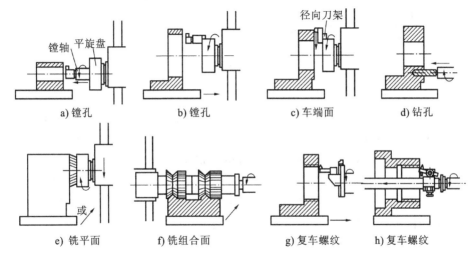

a) 镗孔　　　　b) 镗孔　　　　c) 车端面　　　　d) 钻孔

e) 铣平面　　　f) 铣组合面　　　g) 复车螺纹　　　h) 复车螺纹

图 5.10　卧式镗床的主要加工方法

卧式镗床(见图 5.11)的主轴箱可沿前立柱的导轨上下移动,在主轴箱中装有镗杆、平旋盘、主运动和进给运动变速传动机构及操纵机构。根据加工情况,刀具可以装在镗杆上或平旋盘上。镗杆旋转(主运动),并可轴向移动(进给运动);平旋盘只作旋转主运动。装在后立柱上的后支架用来支承悬伸长度较大的镗杆的悬伸端,以增大机床的刚度。后支架可以沿后立柱上的导轨与主轴箱同步升降,以保持后支架支承孔与镗杆在同一轴线上。后立柱可沿床身上的导轨移动,以适应不同悬伸长度的镗杆。工件安装在工作台上,可与工作台一起随下滑座或上滑座作纵向或横向移动。工作台还可绕上滑座的圆形导轨在水平面内转位,以便加工互相成一定角度的平面或孔口。当刀具装在平旋盘的径向刀架上时,径向刀架可以带着刀具作径向进给,以车削端面。

卧式镗床的主运动有镗轴旋转运动和平旋盘的旋转运动,进给运动有镗轴的轴向运动、平旋盘刀具溜板的径向进给运动、主轴箱的竖直进给运动、工作台的纵向和横向进给运动。

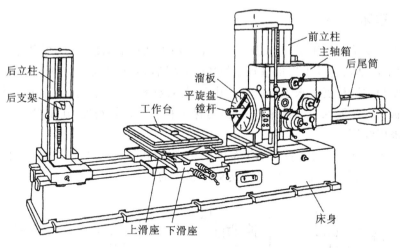

图 5.11 卧式镗床

（2）坐标镗床 坐标镗床主要用于孔本身精度及位置精度要求都很高的孔系加工，如钻模、镗模和量具等零件上的精密孔加工。这种机床的主要零部件的制造和装配精度都很高，并具有较高的刚度和较好的减振性。依靠坐标测量装置能精密地确定工作台主轴位移量，实现工件和刀具的精确定位。例如，工作台面宽 200～300 mm 的坐标镗床，定位精度可达到 0.002 mm。坐标镗床的工艺范围很广，除镗孔、钻孔、扩孔、铰孔以及精镗平面沟槽外，还可进行精密划线，以及孔距和直线尺寸的精密测量。坐标镗床按其布局形式有单柱立式（见图 5.12）、双柱立式（见图 5.13）和卧式等。

单柱立式坐标镗床工件固定在工作台上，带有主轴部件的主轴箱装在立柱的竖

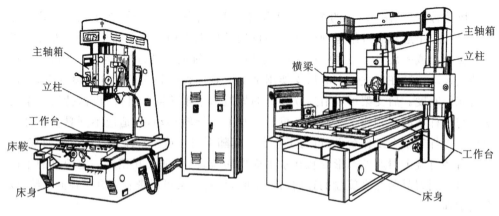

图 5.12 单柱立式坐标镗床   图 5.13 双柱立式坐标镗床

直导轨上,可上下调整位置,以适应加工不同高度的工件。主轴由精密轴承支承在主轴套筒中,由主传动机构传动其旋转,完成主运动。当进行镗孔、钻孔、铰孔等工序时,主轴由轴套筒带动,在竖直方向作机动或手动进给运动。镗孔坐标位置由工作台沿床鞍导轨的纵向移动和床鞍沿床身导轨的横向移动来确定。单柱立式坐标镗床的工作台三面敞开,操作比较方便,但主轴箱悬臂安装,将会影响机床刚度,因此,单柱立式坐标镗床一般为中小型机床(工作台宽度小于 630 mm)。

双柱立式坐标镗床具有由两个立柱、顶梁和床身构成的龙门框架,主轴箱装在可沿立柱导轨上下调整位置的横梁上,工作台直接支承在床身的导轨上。镗孔坐标位置由主轴箱沿横梁导轨移动和工作台沿床身导轨移动来确定。双柱立式坐标镗床主轴箱悬伸长度小,且装在龙门框架上,较易保证机床刚度。另外,工作台和床身之间层次少,承载能力较强。因此,双柱立式坐标镗床一般为大中型机床。

5.3 磨床

用磨料磨具(砂轮、砂带、油石和研磨料等)为工具进行切削加工的机床称为磨床。磨床主要用于零件的精加工,尤其是淬硬钢件和高硬度材料零件的精加工。磨床可用来磨削内、外圆柱面和圆锥面、平面、螺旋面、齿面及各种成形面等,还可用来刃磨刀具,工艺范围非常广泛。根据磨削表面、工件形状和生产批量的要求不同,磨床的种类很多,主要有外圆磨床、内圆磨床、平面磨床、工具磨床等。

1. 外圆磨床

外圆磨床主要用来磨削外圆柱面和圆锥面,尺寸公差等级可达 IT6~IT7,表面粗糙度 Ra 可达 1.25~0.08 μm。基本的磨削方法有两种:纵磨法和切入磨法。纵磨时(见图 5.14a)砂轮旋转作主运动 $n_{砂}$。其进给运动有:①工件旋转作圆周进给运动 $n_{周}$;②工件沿其轴线往复移动作纵向进给运动 $f_{纵}$;③在工件每一纵向行程或往复行程终了时,砂轮周期性地作一次横向进给运动 $f_{横}$。全部余量在多次往复行程中逐步磨去。切入磨时(见图 5.14b)工件只作横向(径向)进给,而无纵向进给运动,因此砂轮比工件宽,砂轮连续地作横向进给运动,直到磨去全部余量、达到所要求的尺寸为止。有时还可用砂轮端面磨削工件的台阶面(见图 5.14c)。

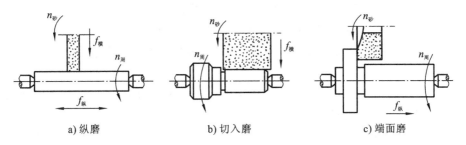

a) 纵磨　　　　　　　　b) 切入磨　　　　　　　　c) 端面磨

图 5.14　外圆磨床的磨削方法

万能外圆磨床(见图5.15)是应用最普遍的一种外圆磨床,其工艺范围较宽,除了磨削外圆柱面和圆锥面之外,还可磨削内孔和台阶面等,适用于中小生产车间和机修车间。

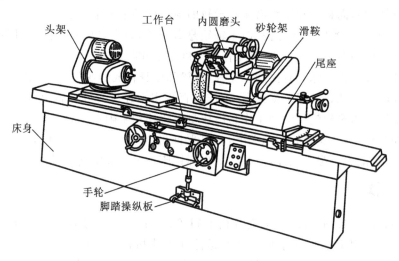

图 5.15　万能外圆磨床

在床身的纵向导轨上装有工作台,台面上装有头架和尾座,用以夹持不同长度的工件,头架带动工件旋转。工作台由液压传动沿床身导轨往复移动,使工件实现纵向进给运动。工作台由上下两层组成,其上部可相对于下部在水平面内偏转一定角度(一般不大于±10°),以便磨削锥度不大的圆锥面。砂轮架由砂轮主轴及其传动装置组成,砂轮架安装在横向导轨上,摇动手轮可使其横向运动,也可利用液压机构实现周期横向进给运动或快进、快退。砂轮架还可在滑鞍上转一定角度以磨削短圆锥面,砂轮架上可以安装内圆磨头及其支架。图5.15所示砂轮架处于抬起状态,当放下时磨内圆。

图5.16所示为万能外圆磨床的典型加工方式:图5.16a所示为纵磨法磨外圆柱面,图5.16b所示为扳转工作台用纵磨法磨长圆锥面,图5.16c所示为扳转砂轮架用切入法磨短圆锥面,图5.16d所示为扳转头架并用内圆磨头磨圆锥孔。

在外圆磨床上磨削外圆表面常用的装夹方法有三种。

(1)顶尖装夹　轴类零件常用双顶尖装夹,该装夹方法与车削中所用的方法基本相同。

(2)卡盘装夹　磨削短工件的外圆时用自定心或单动卡盘装夹,装夹方法与车床上装夹的方法基本相同。

(3)芯轴装夹　盘套类空心工件常以内圆柱孔定位进行磨削,其装夹方法与在车床上相同。磨削内圆时,一般以工件的外圆和端面作为定位基准,通常用自定心或单动卡盘装夹工件,其中以单动卡盘通过找正装夹工件用得最多。当工件支承在前

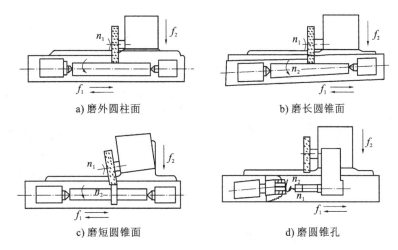

a) 磨外圆柱面　　　　　　　　　　　b) 磨长圆锥面

c) 磨短圆锥面　　　　　　　　　　　d) 磨圆锥孔

图 5.16　万能外圆磨床的典型加工方式

后顶尖上时,顶尖固定不动;当用或卡盘夹持工件磨削时,主轴则随法兰一起转动;当自磨主轴顶尖时,拨盘直接带动主轴和顶尖旋转,依靠机床自身修磨顶尖。

2. 平面磨床

平面磨床主要用来加工各种工件上的平面,如图 5.17 所示。工件安装在矩形或圆形工作台上,作纵向往复直线运动或圆周进给运动,可以用砂轮周边磨削(卧式主轴),也可以用砂轮端面磨削(立式主轴)。

用砂轮周边磨削时,砂轮和工件接触面积小,发热量小,冷却和排屑条件好,可获得较高的加工精度和较小的表面粗糙度,但生产效率较低。用砂轮端面磨削时砂轮直径较大,能一次磨出工件全部表面,所以生产效率较高,但接触面积大,冷却困难,加工精度较低。

根据磨削方法和机床布局不同,平面磨床可分为四类:卧轴矩台式、立轴矩台式、立轴圆台式和卧轴圆台式,它们的加工方式分别如图 5.17a、b、c 和 d 所示。图中,主运动为砂轮的旋转(转速为 $n_砂$),矩台的直线往复运动或圆台的回转是进给运动(进给量为 $f_纵$),用砂轮周边磨削时砂轮宽度小于工件宽度,故卧式主轴磨床还有轴向进给运动(进给量为 $f_横$),$f_切$ 是周期的切入进给量。

3. 无心外圆磨床

在无心外圆磨床上进行磨削时,工件不是支承在顶尖上或夹持在卡盘中,而是直接放在砂轮和导轮之间,由托板和导轮支承,工件被磨削的外圆表面就是定位基准面。磨削时工件在磨削力以及导轮和工件间摩擦力的作用下旋转,实现圆周进给运动。导轮是摩擦系数较大的树脂或橡胶结合剂砂轮,线速度一般在 10~50 mm/min 范围内,不起磨削作用,只用来支承工件和控制工件的进给速度。

在正常磨削的情况下,高速旋转的砂轮通过磨削力带动工件旋转,导轮则依靠摩擦力对工件进行制动,限制工件的圆周速度使之等于导轮的圆周线速度,从而在砂轮

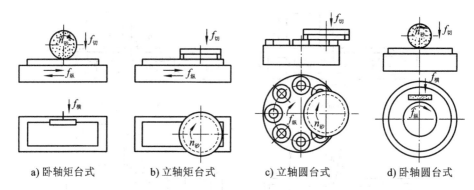

a) 卧轴矩台式　　　　b) 立轴矩台式　　　　c) 立轴圆台式　　　　d) 卧轴圆台式

图 5.17　平面磨床加工方式

和工件间形成很大的速度差,产生磨削作用。改变导轮的转速,便可调节工件的圆周送给速度。无心磨削时,工件的中心必须高于导轮和砂轮中心连线,使工件与砂轮、导轮间的接触点不在工件的同一直径线上,工件在多次转动中逐渐被磨圆。无心外圆磨床有两种磨削方法:纵磨法和横磨法。

纵磨法(见图 5.18a)是将工件从机床前面放到导板上,推入磨削区,由于导轮在竖直平面内倾斜 α 角,导轮与工件接触处的线速度 $v_{导}$ 可分解为水平和竖直两个方向的分速度 $v_{导水平}$ 和 $v_{导竖直}$。$v_{导竖直}$ 控制工件的圆周进给运动,$v_{导水平}$ 使工件作纵向进给,所以工件进入磨削区后既作旋转运动,又作轴向移动,穿过磨削区,从机床后面出去,完成一次进给。磨削时,工件一个接一个地通过磨削区,加工是连续进行的。为了保证导轮与工件间为直线接触,导轮的形状应修整成回转双曲面。这种磨削方法适用于不带台阶的圆柱形工件。

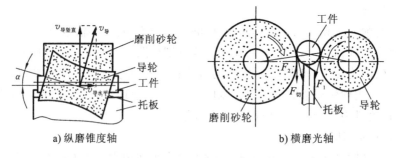

a) 纵磨锥度轴　　　　　　　　　b) 横磨光轴

图 5.18　无心外圆磨床工作原理

横磨法(见图 5.18b)是先将工件放在托板和导轮上,然后由工件(连同导轮)或砂轮作横向进给。在无心磨床上加工工件时,工件不打中心孔,装夹方便,可连续磨削,生产效率高。由于工件定位基准是被磨削的外圆表面,消除了工件中心孔误差、外圆磨床工作台运动方向与前后顶尖连线的不平行以及顶尖的径向圆跳动等误差。加工的尺寸精度和几何形状精度高。

5.4　刨床、插床和拉床

5.4.1　刨床

1. 刨床的类型及用途

根据结构及运动形式不同,刨床分为牛头刨床和龙门刨床两种。刨床主要用来加工各种平面(如水平面、竖直面和斜面等)和沟槽(如 T 形槽、燕尾槽、V 形槽等)。图 5.19 所示为刨床能够加工的典型表面,图中的切削运动是按牛头刨床加工时的状态标注的。可见,刨床的应用是很广泛的。

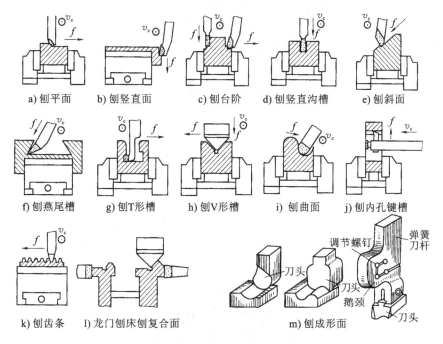

a) 刨平面　　b) 刨竖直面　　c) 刨台阶　　d) 刨竖直沟槽　　e) 刨斜面

f) 刨燕尾槽　　g) 刨T形槽　　h) 刨V形槽　　i) 刨曲面　　j) 刨内孔键槽

k) 刨齿条　　l) 龙门刨床刨复合面　　m) 刨成形面

图 5.19　刨削加工典型表面

2. 牛头刨床

牛头刨床(见图 5.20)主要由床身、横梁、工作台、滑枕、刀架等组成。牛头刨床工作时,装有刀架的滑枕由床身内部的摆杆带动,沿床身顶部的导轨作直线往复运动,由刀具实现主运动,夹具或工件则安装在工作台上。加工时,工作台带动工件沿横梁上导轨作间歇横向进给运动。横梁可沿床身的竖直导轨上下移动,以调整工件与刨刀的相对位置。刀架还可以沿刀架座上的导轨上下移动(一般为手动),以调整刨削深度,以及在加工竖直平面和斜面作进给运动时。调整转盘,可以使刀架左右回旋,以便加工斜面和斜槽。

牛头刨床适用于单件小批生产或机修车间,用来加工中小型工件的平面或沟槽。

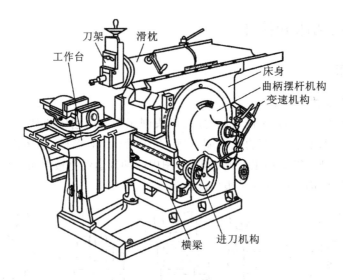

图 5.20　牛头刨床

3. 龙门刨床

龙门刨床(见图 5.21)因具有一个"龙门"式框架而得名。龙门刨床工作时,工件装夹在工作台上,随工作台沿床身的水平导轨作直线往复运动以实现切削过程的主运动。装在横梁上的两个竖直刀架可沿横梁导轨作间歇的横向进给运动,用以刨削工件的水平面,竖直刀架的溜板还可使刀架上下移动,作切入运动或刨削竖直平面。此外,刀架溜板还能绕水平轴调整至一定角度位置,以加工斜面或斜槽。横梁可沿左右立柱的导轨作竖直升降以调整竖直刀架位置,适应不同高度工件的加工需要。装

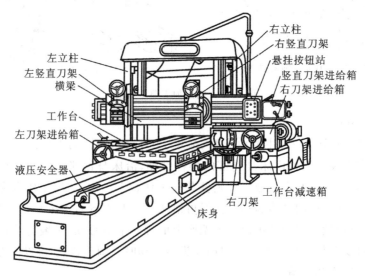

图 5.21　龙门刨床

在左右立柱上的两个侧刀架可沿立柱导轨作竖直方向的间歇进给运动,以刨削工件竖直平面。

与牛头刨床相比,龙门刨床具有形体大、动力大、结构复杂、刚度大、工作稳定、工作行程长、适应性强和加工精度高等特点。龙门刨床的主参数是最大刨削宽度。它主要用来加工大型零件的平面,尤其是窄而长的平面,也可加工沟槽或在一次装夹中同时加工数个中小型工件的平面。

4. 刨削加工的工艺特点

① 刨床结构简单,调整、操作方便;刨刀制造、刃磨、安装容易,加工费用低。

② 刨削加工切削速度低,加之空行程所造成的损失,生产效率一般较低。但在加窄长面和进行多件或多刀加工时,刨削的生产效率并不比铣削低。

③ 刨削特别适合加工尺寸较大的 T 形槽、燕尾槽及窄长的平面。

5.4.2　插床

插削和刨削的切削方式基本相同,只是插削是在竖直方向进行切削。因此,可以认为插床是一种立式的刨床,如图 5.22 所示。插削加工时,滑枕带动插刀沿竖直方向作直线往复运动,实现切削过程的主运动。工件安装在圆工作台上,圆工作台可实现纵向、横向和圆周方向的间歇进给运动。此外,利用分度装置,圆工作台还可进行圆周分度。滑枕导轨座和滑枕一起可以绕销轴在竖直平面内相对立柱倾斜 $0°\sim8°$,以便插削斜槽和斜面。

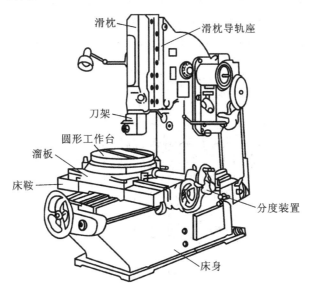

图 5.22　插床

插床的主参数是最大插削长度。插削主要在单件小批生产中加工工件的内表面,如方孔、多边形孔和键槽等。在插床上加工内表面比在刨床上加工方便,但插刀刀杆刚度小,为防止"扎刀",前角不宜过大,因此拉削比刨削加工精度低。

5.4.3　拉床

1. 拉床的类型

拉床按用途可分为内拉床和外拉床,按机床布局可分为卧式拉床和立式拉床。其中,以卧式内拉床应用普遍。图 5.23 所示为卧式内拉床。液压缸固定于床身内,工作时,液压泵供给压力油驱动活塞,活塞带动拉刀,连同拉刀尾部活动支承一起沿水平方向左移,装在固定支承上的工件即被拉制出符合精度要求的内孔。其拉力通过压力表显示。

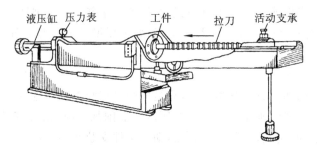

液压缸　压力表　　　　　　工件　　　　　拉刀　　　活动支承

图 5.23　卧式内拉床

拉削圆孔(见图 5.24)时,工件一般不需夹紧,只以工件端面支承,因此,工件孔的轴线与端面之间应有一定的垂直度要求。当孔的轴线与端面不垂直时,则需将工件的端面紧贴在一个球面垫板上。在拉削力作用下,工件连同球面垫板在固定支承板上作微量转动,以使工件轴线自动调到与拉刀轴线一致的方向。

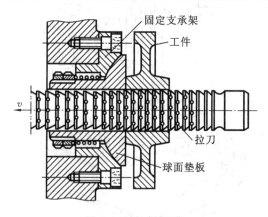

固定支承架

工件

v

拉刀

球面垫板

图 5.24　拉削圆孔

2. 拉削的工艺特点

分析前述圆孔拉刀的结构可知,拉刀是一种高精度的多齿刀具,从头部向尾部方向其刀齿高度逐齿递增。拉削过程中,通过拉刀与工件之间的相对运动,分别逐层从

工件孔壁上切除金属,从而形成与拉刀的最后刀齿同形状的孔。与其他孔加工方法比较,拉削具有以下特点:

(1) 生产效率高　拉削时,拉刀同时工作的刀齿数多、切削刃总长度长,在一次工作行程中就能完成粗、半精及精加工,机动时间短,因此生产效率很高。

(2) 可以获得较高的加工质量　拉刀为定尺寸刀具,有校准齿对孔壁进行校准、修光,拉孔切削速度低($v_c=2\sim8(°)/\text{min}$),拉削过程平稳,因此可获得较高的加工质量。一般拉孔的尺寸公差等级可达 IT8~IT7,表面粗糙度 Ra 可达 $1.6\sim0.1\ \mu m$。

(3) 拉刀使用寿命长　由于拉削速度低,切削厚度小,在每次拉削过程中,每个刀齿工作时间短,拉刀磨损慢,因此拉刀耐用度高,使用寿命长。

(4) 拉削运动简单　拉削的主运动是拉刀的轴向移动,而进给运动是由拉刀各刀齿的齿升量来完成的,因此拉床只有主运动,没有进给运动。拉床结构简单,操作方便,但拉刀结构较复杂,制造成本高。拉削多用于大批大量生产中。

5.5　齿轮加工机床

齿轮加工机床是用来加工齿轮轮齿表面的机床。齿轮作为最常用的传动件,广泛用于各种机械及仪表中,随着现代工业的发展对齿轮制造质量要求越来越高,齿轮加工设备正朝着高精度、高效率和高自动化的方向发展。

5.5.1　齿轮加工机床类型与工作原理

1. 齿轮加工机床的类型

按照被加工齿轮种类不同,齿轮加工机床可分为圆柱齿轮和锥齿轮加工机床两大类。圆柱齿轮加工机床主要有滚齿机、插齿机等,锥齿轮加工机床有加工直齿锥齿轮的刨齿机、铣齿机、拉齿机和加工弧齿锥齿轮的铣齿机。用来精加工齿轮齿面的机床有珩齿机、剃齿机和磨齿机等。

2. 齿轮加工的方法

齿轮加工机床的种类很多,构造及加工方法也各不相同。图 5.25 所示为铣削直齿圆柱齿轮。按齿形形成的原理分类,切削齿轮的方法可以分为成形法和展成法两类。

(1) 成形法　成形法是指使用切削刃形状与被切齿轮的齿槽形状完全相符的成形刀具切出齿轮的方法。由刀具的切削刃形成渐开线母线,再加上一个沿齿坯齿向的直线运动形成所加工齿面。这种方法一般在铣床上用盘形铣刀或指形齿轮铣刀铣削齿轮。此外,也可以在刨床或插床上用成形刀具刨、插削齿轮。

成形法加工齿轮是采用单齿廓成形分齿法,即加工完一个齿,退回,工件分度,再加工下一个齿,因此生产效率较低;而且,对于同一模数的齿轮,只要齿数不同,齿廓形状就不同,需采用不同的成形刀具。在实际生产中,为了减少成形刀具的数量,每一种模数通常只配有八把刀,各自适应一定的齿数范围,因此加工出的齿形是近似

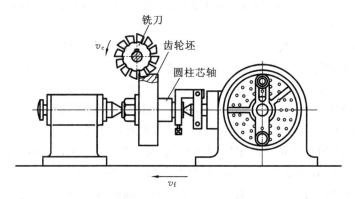

图 5.25　铣削直齿圆柱齿轮

的,加工精度较低。但是这种方法不需要专用设备,适用于单件小批生产及加工精度不高的修理行业。

(2) 展成法　展成法加工齿轮是利用齿轮啮合原理进行的,其切齿过程模拟齿轮副(齿轮与齿条、齿轮与齿轮)的啮合过程。把其中的一个转化为刀具,另一个转化为工件,并强制刀具和工件作严格的啮合运动,被加工工件的齿形表面是在刀具和工件包络过程中由刀具切削刃的位置连续变化而形成的。展成法加工齿轮可用同一把刀具加工相同模数而任意齿数的齿轮,其加工精度和生产效率都比较高,在齿轮加工中应用最为广泛。

5.5.2　滚齿机的工作运动与滚齿工艺

滚齿机主要用来滚切直齿和斜齿圆柱齿轮及蜗轮,还可以加工花键轴。

1. 滚齿原理

滚齿是指根据展成法原理加工齿轮的过程,相当于一对交错轴斜齿轮副啮合滚动的过程,如图 5.26 所示。将这对啮合传动副中一个齿轮的齿数减少到一个或几个,螺旋角增大到很大,它就成了蜗杆。再将蜗杆开槽并铲背,就成了齿轮滚刀。因此滚刀相当于一个斜齿轮,当机床使滚刀和工件严格地按一对斜齿圆柱齿轮的速比关系作旋转运动时,滚刀就可以在工件上连续不断地切出齿来。滚齿刀切削齿形的情形如图 5.27 所示。

2. 滚切直齿圆柱齿轮

1) 机床的运动和传动原理图

根据表面成形原理,加工直齿圆柱齿轮的成形运动必须包括形成渐开线齿廓(母线)的运动 B_{11}、B_{12} 和形成直线形齿线(导线)的运动 A_2(见图 5.28)。

(1) 展成运动及传动链　展成运动是滚刀与工件之间的啮合运动,是一个复合的表面成形运动,可被分解为两个部分:滚刀的旋转运动 B_{11} 和工件的旋转运动 B_{12}。B_{11} 和 B_{12} 相互运动的结果,形成了轮齿表面的母线——渐开线。复合运动的两个组

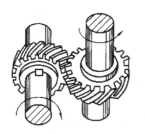
a) 螺旋齿轮的啮合

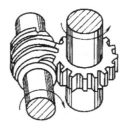
b) 螺旋齿轮演变成蜗杆

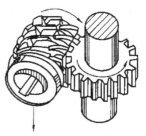
c) 蜗杆演变成齿轮滚刀

图 5.26 滚齿原理

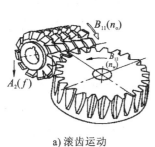
a) 滚齿运动

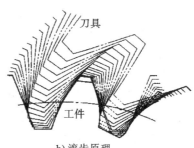
b) 滚齿原理

图 5.27 滚齿加工

成部分 B_{11} 和 B_{12} 之间需要有一个内联系传动链,这个传动链应能保持 B_{11} 和 B_{12} 之间严格的传动比关系。设滚刀头数为 k,工件齿数为 z,则滚刀每转一转,工件应转过 k/z 转。在图 5.29 中联系 B_{11} 和 B_{12} 之间的传动链是"滚刀—4—5—u_x—6—7—工件",它称为展成运动传动链。传动链中的换置机构 u_x 用来适应工件齿数和滚刀头数的变化。

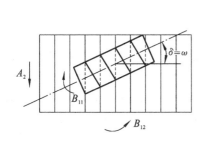

图 5.28 滚切直齿圆柱齿轮
所需的运动图

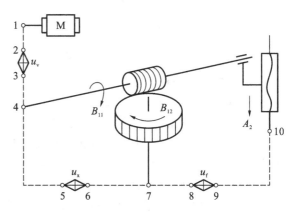

图 5.29 滚切直齿圆柱齿轮的传动原理图

（2）主运动及传动链　每个表面成形运动都应有一个外联系传动链与动力源相联系，以产生切削运动。在图 5.29 中，外联系传动链是"电动机—1—2—u_v—3—4—滚刀"，它提供滚刀的旋转运动，称为主运动传动链。传动链中的换置机构用于调整渐开线齿廓的成形速度，以适应滚刀直径、滚刀材料、工件材料、硬度及加工质量要求等的变化。

（3）竖直进给运动及传动链　为了切出整个齿宽，即形成轮齿表面的导线，滚刀在自身旋转的同时，必须沿齿坯轴线方向作连续的进给运动 A_2。A_2 是一个简单运动，可以使用独立的动力源驱动。滚齿机的进给以工件每转时滚刀架的轴向移动量计，单位为 mm/r。计算时可以把工作台作为间接动力源。在图 5.29 中，这条传动链为"工件—7—8—u_f—9—10—刀架升降丝杠"。这是一条外联系传动链，称为进给传动链。传动链中的换置机构 u_f，用来调整轴向进给量的大小和进给方向，以适应不同加工表面粗糙度的要求。

2）滚刀的安装

滚刀刀齿是沿螺旋线分布的，螺旋升角为 ω。加工直齿圆柱齿轮时，为了使滚刀刀齿方向与被切齿轮的齿槽方向一致，滚刀轴线与被切齿轮端面之间应倾斜一个角度 δ。δ 称为滚刀的安装角，它在数值上等于滚刀的螺旋升角 ω。用右旋滚刀加工直齿的安装角如图 5.30a 所示，用左旋滚刀时倾斜相反，如图 5.30b 所示。图中虚线表示滚刀与齿坯接触一侧的滚刀螺旋线方向。

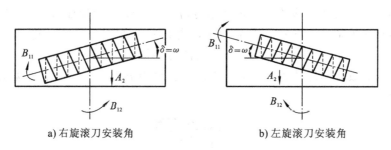

a) 右旋滚刀安装角　　　　　　　b) 左旋滚刀安装角

图 5.30　滚切直齿圆柱齿轮时安装角

3. 滚切斜齿圆柱齿轮

1）机床的运动和传动原理图

与直齿圆柱齿轮相比，斜齿圆柱齿轮端面齿廓都是渐开线，但齿长方向不是直线而是螺旋线。因此，加工斜齿圆柱齿轮也需要两个运动：一个是产生渐开线（母线）的展成运动；另一个是产生螺旋线（导线）的运动。前者与加工直齿圆柱齿轮时相同，后者则有所不同。加工直齿圆柱齿轮时，进给运动是直线运动，是一个简单运动。加工斜齿圆柱齿轮时，进给运动是螺旋运动，是一个复合运动，如图 5.31 所示。这个运动可分解为两部分：滚刀架的直线运动 A_{21} 和工作台的旋转运动 B_{22}，称 B_{22} 为附加转动。工作台要同时完成 B_{12} 和 B_{22} 两种旋转运动，这两个运动之间必须保持确定的关系，即滚刀移动一个工件的螺旋线导程 T 时，工件应准确地附加转过一转。

滚切斜齿圆柱齿轮时的两个成形运动都
各需一条内联系传动链和一条外联系传动链,
如图 5.32 所示。展成运动的传动链与滚切直
齿时完全相同。产生螺旋运动的外联系传动
链一进给链,也与切削直齿圆柱齿轮时相同。
但是,这时的进给运动是复合运动,还需一条
产生螺旋线的内联系传动链。它连接刀架移
动 A_{21} 和工件的附加转动 B_{22},以保证当刀架

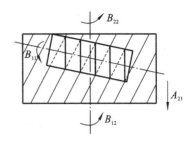

图 5.31　滚切斜齿圆柱齿轮所需的运动

直线移动距离为螺旋线的一个导程 T 时,工件的附加转动为一转,这条内联系传动
链习惯上称为差动链。图 5.32 差动链为"丝杠—10—11—u_y—12—7—工件"。传动
链中换置机构 u_y 用于适应工件螺旋线导程 T 和螺旋角 β 的变化。

由图 5.32 可看出,展成运动链要求工件转动 B_{12},差动传动链只要求工件附加
转动 B_{22}。这两个运动同时传给工件,在点 7 必然发生干涉,因此,由图 5.32 所示传
动链是不能实现的,必须采用合成机构,把 B_{12} 和 B_{22} 合并起来,然后传给工作台。如
图 5.33 所示,合成机构把来自滚刀的运动(点 5)和来自刀架的运动(点 15)合并起
来,在点 6 输出,传给工件。

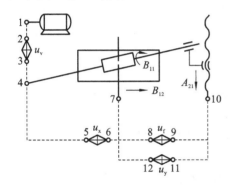

图 5.32　滚切斜齿圆柱齿轮的传动链

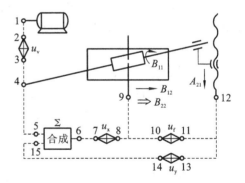

图 5.33　滚切斜齿圆柱齿轮传动原理图

滚齿机是根据滚切斜齿圆柱齿轮的原理设计的,当滚切直齿圆柱齿轮时,就将差
动传动链断开,并把合成机构通过结构固定成为一个如同联轴器的整体。

2)工件的附加转动

滚切斜齿圆柱齿轮时,为了获得螺旋线齿线,要求工件附加转动 B_{22} 与滚刀轴向
进给运动 A_{21} 之间必须保持确定的关系,即滚刀移动一个工件螺旋线导程 T 时,工件
应准确地附加转过一转。对此可用图 5.34 加以说明:设工件螺旋线为右旋,当刀架
带着滚刀沿工件轴向进给 Δf,滚刀由点 a 到点 b 时,为了能切出螺旋线齿线,应使工
件的点 b' 转到点 b,即在工件原来的旋转运动 B_{12} 的基础上,再附加转动 bb'。当滚刀
进给至点 c 时,工件应附加转动 cc'。

依此类推,当滚刀进给一个工件螺旋线导程 T 时,工件应附加转一转。附加运

动 B_{22} 的方向,与工件在展成运动中的旋转运动 B_{12} 方向或者相同,或者相反,这取决于工件螺旋线方向、滚刀螺旋方向及滚刀进给方向。当滚刀向下送给时,如果工件与滚刀螺旋线方向相同时(即二者都是右旋或都是左旋),B_{22} 和 B_{12} 同向(见图 5.34a),计算时附加运动取 $+1$ 转。反之,若工件与滚刀螺旋线方向相反时,B_{22} 和 B_{12} 方向相反(见图 5.34b),则取 -1 转。

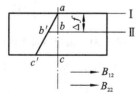
a) 工件与滚刀螺旋线方向相同

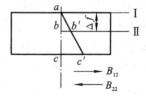
b) 工件与滚刀螺旋线方向相反

图 5.34　滚切斜齿圆柱齿轮的附加转动方向

3) 滚刀的安装

像滚切直齿圆柱齿轮那样,为了使滚刀的螺旋线方向和被加工齿轮的轮齿方向一致,加工前要调整滚刀的安装角。它不仅与滚刀的螺旋线方向及螺旋升角 ω 有关,而且还与被加工齿轮的螺旋线方向及螺旋角 β 有关。当滚刀与齿轮的螺旋线方向相同(即二者都是右旋或都是左旋)时,滚刀的安装角 $\delta=\beta-\omega$;当滚刀与齿轮的螺旋线方向相反时,滚刀的安装角 $\delta=\beta+\omega$。

4. 滚齿加工的工艺特点

① 加工精度高。滚齿属于展成法的滚齿加工,不存在成形法铣齿的那种齿形曲线理论误差,一般可加工 8 级或 7 级精度的齿轮。

② 生产效率高。滚齿加工属于连续切削,无辅助时间损失,一般比铣齿、插齿的生产效率高。

③ 一把滚刀可加工模数和压力角与滚刀相同而齿数不同的圆柱齿轮。

在齿轮齿形加工中,滚齿应用最广泛,它除可加工直齿、斜齿圆柱齿轮外,还可以加工蜗轮、花键轴等,但一般不能加工内齿轮、扇形齿轮和相距很近的双联齿轮。滚齿适用于单件小批生产和大批大量生产。

5. Y3150E 型滚齿机

Y3150E 型滚齿机(见图 5.35)是一种中型通用滚齿机,主要用来加工直齿圆柱齿轮和斜齿圆柱齿轮,也可以采用径向切入法加工蜗轮。可以加工工件的最大直径为 500 mm,最大模数为 8 mm。滚齿机的立柱固定在床身上,刀架溜板可沿立柱导轨上下移动。刀架体安装在刀架溜板上,可绕自己的水平轴线转位。滚刀安装在刀杆上,作旋转运动。工件安装在工作台的芯轴上,随工作台一起转动。后立柱和工作台一起装在床鞍上,可沿机床水平导轨移动,用来调整工件的径向位置或作径向进给运动。

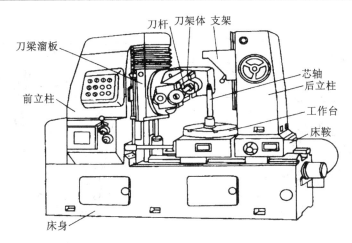

刀杆　刀架体　支架
刀梁溜板
前立柱
芯轴
后立柱
工作台
床鞍
床身

图 5.35　Y3150E 型滚齿机

5.5.3　插齿机的工作运动与插齿工艺

1. Y5132 插齿机

图 5.36 所示为 Y5132 型插齿机。插齿时,工件装夹在工作台上作旋转运动,并随工作台直线移动,实现径向切入运动;调整支架上的径向切入挡块的位置,可使整个加工过程自动进行。

2. 插齿原理

从原理上讲,插齿的加工过程相当于一对直齿圆柱齿轮的啮合。插齿加工时,工件和插齿刀的运动形式如图 5.37a 所示。插齿刀与工件之间的运动有主运动(插刀上下运动)、展成运动、径向进给运动和让刀运动等。插齿刀相当于一个在齿轮上磨出前角和后角,形成切削刃的齿轮,而齿轮齿坯则作为另一个齿轮。刀具沿工件轴线方向作高速的往复直线运动,形成切削加工的主运动,同时还与工件作无间隙的啮合运动,在工件上加工出全部轮齿齿廓。在加工过程中,刀具每往复一次仅切出工件齿槽的很小一部分,工件齿槽的齿面曲线是由插齿刀切削刃多次切削的包络线所组成的,如图 5.37b 所示。

3. 插齿机的运动

(1) 主运动　插齿刀的上下往复运动称为主运动。以每分钟的往复次数来表示,向下为切削行程,向上为返回行程。

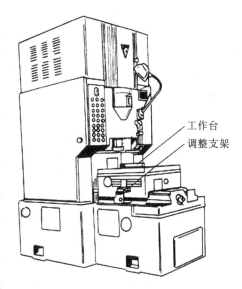

工作台
调整支架

图 5.36　Y5132 插齿机

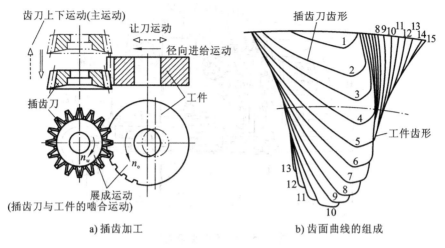

a) 插齿加工　　　　　　　　　　b) 齿面曲线的组成

图 5.37　插齿

（2）展成运动　插齿时,插齿刀和工件之间必须保持一对齿轮副的啮合运动关系,即插齿刀每转过一个齿($1/z_刀$转)时,工件也必须转过一个齿($1/z_工$转)。

（3）径向进给运动　为了逐渐切至工件的全齿深,插齿刀必须有径向进给运动。径向进给量是用插齿刀每次往复行程中工件或刀具径向移动的毫米数来表示的。当达到全齿深时,机床便自动停止径向进给运动,工件和刀具必须对滚一周,才能加工出全部轮齿。

（4）圆周进给运动　展成运动只确定插齿刀和工件的相对运动关系,而运动的快慢由圆周进给运动来确定。插齿刀每一往复行程在分度圆上所转过的弧长称为圆周进给量,其单位为 mm/往复行程。

（5）让刀运动　为了避免插齿刀在回程时擦伤已加工表面和减少刀具磨损,刀具和工件之间应让开一段距离,而在插齿刀重新开始向下工作行程时,应立即恢复到原位,以便刀具向下切削工件。这种让开和恢复原位的运动称为让刀运动。一般新型号的插齿机通过刀具主轴座的摆动来实现让刀运动,以减小让刀产生的振动。

4. 插齿加工的工艺特点

（1）加工精度较高　由于插齿刀的制造、刃磨和检验均较滚刀简便,易保证制造精度,故可保证插齿的齿形具有高精度。但插齿加工时,刀具上各刀齿顺次切制工件的各个齿槽,因此,插齿刀的齿距累积误差将直接传递给被加工齿轮,影响被切齿轮的运动精度。

（2）比滚齿的齿向偏差大　由于插齿机的主轴回转轴线与工作台回转轴线之间存在平行度误差,加之插齿刀往复运动频繁,主轴与套筒容易磨损,因此插齿的齿向偏差通常比滚齿的齿向偏差大。

（3）齿面粗糙度较小　由于插齿刀是沿轮齿全长连续地切下切屑,而且形成齿形包络线的切线数目比滚齿时多,因此插齿加工的齿面粗糙度小于滚齿的齿面粗糙度。

（4）比滚齿的生产效率低　插齿刀的切削速度受往复运动惯性限制，难以提高，加上空行程损失大，因此插齿加工比滚齿加工的生产效率低。

插齿适合加工模数小且齿宽较窄的内齿轮、双联或多联齿轮、齿条、扇形齿等。

5.5.4　剃齿机与磨齿机

1. 剃齿机的结构与运动

剃齿机（见图 5.38a）是利用剃齿刀对未淬火（硬度一般在 35HRC 以下）的齿轮进行齿面精加工的机床。其主要组成部件有床身、剃齿刀主轴座、工件工作台、工作循环操纵箱等。

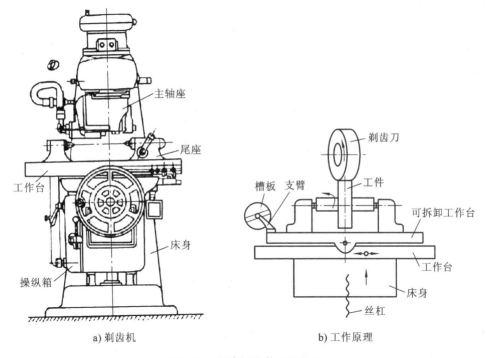

a) 剃齿机　　　　　　　　　　b) 工作原理

图 5.38　剃齿机及其工作原理

剃齿机的工作原理如图 5.38b 所示。剃齿刀带动工件旋转，工件装在两顶尖间的芯轴上。上工作台和下工作台作慢速往复运动，工作台每往返一次行程，升降台作一次垂直进给运动。利用操纵箱，工作台到行程终点并开始回行程时，剃齿刀带动工件也反转。机床具有上下两个工作台，上工作台又称为可拆卸工作台，这种结构可以修整工件的齿形。上工作台用摆轴与下工作台连接在一起，它的左端有支臂，上部伸在槽板的槽内。由于槽静止不动，并处于倾斜位置，因此上工作台每作一次往复运动，同时摆动一次，由此工件上的齿形可以修整成桶形。如果齿形不需要修整，则可拆去上工作台，直接将顶尖座装在下工作台上。

2. 磨齿原理与磨齿机

磨齿机常用于淬硬齿轮齿面的精加工,也可直接在齿坯上磨出轮齿。磨齿加工能修正齿形预加工中的各项误差,其加工精度较高,一般可达6级以上。磨齿机通常分为成形法磨齿和展成法磨齿两大类。

成形法磨齿机的砂轮截面形状按样板修整成与工件齿间的齿廓形状相同,如图5.39所示。

展成法磨齿机的加工原理如图5.40所示。将砂轮磨削部分修整成锥面,以构成假想齿条的齿面。工作时,砂轮作高速旋转运动(主运动),同时沿着工件

图 5.39　成形砂轮的截面形状

轴向作往复运动。砂轮与工件除具有切削运动外,并保持一对齿轮的啮合运动副关系,按展成法原理,完成对一个轮齿两侧面的加工。磨好一个齿,由滚齿机上的分度传动链完成分度,才能磨下一个齿。假想的齿条可以由一个砂轮的两侧构成,也可由两个碟形砂轮构成。为切制出全齿高,砂轮与工件具有沿工件齿间方向的往复直线运动。展成法磨齿的加工精度可达6级。

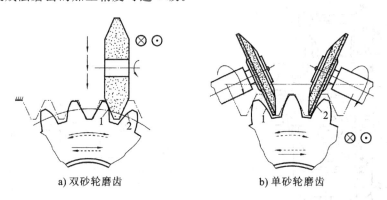

a) 双砂轮磨齿　　　　　　　　　　　b) 单砂轮磨齿

图 5.40　展成法磨齿

Y7132A型磨齿机如图5.41所示,它的升降台可以作上下移动,以调整工件的上下位置;台面可以在水平方向移动,以调整被磨齿轮的轴向位置;当工件头架或钢带支架作垂直于工件主轴轴线方向的移动的时候,滚圆盘连同装在工件主轴前端的工件在钢带的迫使下,在钢带上滚动而产生展成运动;采用无附加运动法磨齿时,钢带支架不动,采用附加运动法磨齿时,钢带支架沿着垂直于工件主轴的方向作横向移动,使滚圆盘产生附加转动;不论采用附加运动法还是采用无附加运动法磨齿,工件头架均沿着垂直于工件主轴的方向作横向移动,迫使滚圆盘在钢带上滚动而产生展成运动;锥面砂轮的旋转运动是主运动;砂轮修正器可对磨损的砂轮进行修整;砂轮架滑座带动砂轮沿着齿向作往复直线运动;立柱联通装在立柱上的砂轮架滑座,可以绕床身中点在水平面内调整位置,并调整不同角度,以适应加工不同螺旋角的斜齿圆柱齿轮的要求。

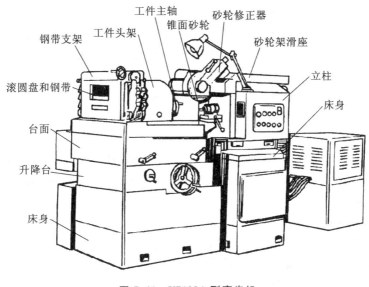

图 5.41　Y7132A 型磨齿机

5.6　数控机床

5.6.1　数控机床概述

数控机床也称数字程序控制机床,是一种以数字量作为指令信息形式,通过电子计算机或专用电子计算装置控制的机床。

1. 数控机床的工作原理

在数控机床上加工工件时,预先把加工过程所需要的全部信息(如各种操作、工艺步骤和加工尺寸等)利用规定的数字、代码和程序格式表示出来,编出控制程序,输入数控装置。计算机对输入的信息进行处理与运算,发出各种指令来控制机床的各个执行元件,使机床按照给定的程序自动加工出所需要的工件。

2. 数控机床的特点

数控机床与一般机床相比,大致有以下几方面的特点:

(1) 具有较强的适应性和通用性　数控机床的加工对象改变时,只需重新编制相应的程序,输入计算机就可以自动地加工出新的零件。不同尺寸、不同精度的同类工件,只需局部修改零件程序的相应部分。

(2) 获得更高的加工精度和稳定的加工质量　数控机床是按以数字形式给出的指令脉冲进行加工的,所以可获得较高的加工精度。对同一批加工零件的尺寸一致,重复精度高,加工质量稳定。

(3) 具有较高的生产效率　数控机床的功率和刚度都比普通机床的高,允许进行大切削用量的强力切削。主轴和进给都采用无级变速,可以达到切削用量的最佳值,这就有效地缩短了切削时间。数控机床还可以自动换刀、自动变换切削用量、快速进退等,因而大大缩短了辅助时间。在数控加工过程中,由于可以自动控制工件的加工尺寸和精度,一般只需作首件检验或工序间关键尺寸的抽样检验,因而可以减少停机检验的时间。

(4) 改善劳动条件　应用数控机床时,工人不需要直接操作机床,而是编好程序,调整好机床后由数控系统来控制机床,免除了繁重的手工操作,而且一个操作者能管理几台机床。

(5) 便于现代化的生产管理　数控机床的切削条件、切削时间等都是由预先编好的程序决定的,都能实现数据化。这就便于准确地编制生产计划,为计算机管理生产创造了有利条件。

3. 数控机床的分类

数控机床的品种、规格繁多。按伺服系统的类型,可分为开环伺服系统、闭环伺服系统和半闭环伺服系统三类;按刀具(或工件)进给运动轨迹,可分为点位控制、直线控制和轮廓控制三类;按可同时控制的坐标轴数,可分为两轴、两轴半、三轴及多轴联动数控机床。

开环伺服系统是由步进电动机和步进电动机驱动线路组成的、不带反馈装置的控制系统。数控装置通过控制运算发出脉冲信号,每一脉冲信号使步进电动机转过一定角度,通过滚珠丝杠带动工作台移动一定距离。这种伺服机构结构简单,工作稳定,容易掌握使用,但精度和速度受到一定限制。

半闭环伺服系统是指在伺服机构中装有角位移检测装置的开环系统。通过检测伺服机构的滚珠丝杠转角间接检测移动部件的位移,再反馈到数控机构的比较器中,与输入原指令位移值相比较,用比较后的差值进行控制,使位移部件补充位移,直到差值消除为止。这种系统能达到的精度、速度和动态特性优于开环伺服系统,为大多数中小数控机床所采用。

闭环伺服系统是在机床移动部件上直接装有直线位移检测装置的系统,将检测到的实际位移直接反馈到数控装置的比较器中与输入的原指令位移值进行比较,用比较后的差值控制工作台的移动。闭环伺服系统的控制精度高于半闭环系统,但它结构比较复杂,调试维修的难度较大,常用于高精度机床和大型数控机床。

点位控制系统控制刀具对工件的定位,由某一定点向下定位运动时不进行切削,对运动路径没有严格要求。直线切削控制系统控制刀具沿坐标轴方向运动,并对工件进行切削加工。在加工过程中,不但要控制切削进给的速度,还要控制运动按规定点路径到达终点,所以直线切削控制系统又称点位/直线切削控制系统。

轮廓控制又称连续切削控制。具有这种控制能力的数控机床用来加工各种外形复杂的零件。一个连续切削控制的数控系统除了使工作台准确定位外,还必须控制刀具对工件以给定速度沿着制定的路径运动,切削零件轮廓,并保证切削工程中每一点的精度和表面粗糙度。

一般数控机床和通用机床一样,有数控车、铣、钻、镗、磨等类机床,其中每类中又分很多品种,例如数控铣床中就有立铣床、卧铣床、工具铣床、龙门铣床等。

4. 加工中心

加工中心是指备有能安装多把多种刀具的刀库,并能自动更换刀具,对工件进行多工序加工的数字控制机床。

对于重量较大、形状复杂、加工工序多的箱体类零件,加工内容主要是铣端面和钻孔、攻螺纹、镗孔等加工。为了能在一台机床上,一次装夹,自动地完成大部分工序,一种集中了钻床、铣床和镗床功能的数控设备,即镗铣加工中心应运而生。

镗铣加工中心有立式(竖直主轴)和卧式(水平主轴)两种。此外,还有钻削加工中心和复合加工中心。钻削加工中心主要进行钻孔,也可进行小面积的端铣。机床多为小型的、立式的。

继镗铣加工中心之后,又出现了车削加工中心,用来加工轴类零件。它除了能完成车削加工外,还集中了铣(如铣六角槽等)、钻(钻横向孔等)等加工功能。此外,还出现了各种其他类型的加工中心。

5.6.2　数控机床的主传动系统

1. 数控机床主传动系统的特点

(1) 转速高,功率大　数控机床主传动系统能使数控机床进行大功率切削和高速切削,实现高效率加工。

(2) 变速范围宽　数控机床主传动系统有较宽的调速范围,一般 $R_n > 100$,以保证加工时能选用合理的切削用量,从而获得最高的生产效率、加工精度和表面质量。

(3) 主轴变换迅速可靠　数控机床的变速是按照控制指令自动进行的,因此变速机构必须适应自动操作的要求。由于直流和交流主轴电动机的调速系统日趋完善,不仅能够方便地实现宽范围无级变速,而且减少了中间传递环节,提高了变速控制的可靠性。

(4) 主轴组件的耐磨性好　主轴组件的耐磨性好,能使传动系统长期保证精度。凡有机械摩擦的部位,如轴承、锥孔等都有足够的硬度,轴承处还有良好的润滑。

2. 数控机床主轴的调速方法

数控机床的调速是按照控制指令自动执行的,因此变速机构必须适应自动操作的要求。主传动系统目前多采用交流主轴电动机和直流主轴电动机无级调速。为扩大调速范围,适应低速大扭矩的要求,也经常应用齿轮有级调速和电动机无级调速相结合的调速方式。

数控机床主传动系统主要有以下四种配置方式(见图 5.42):

(1) 带有变速齿轮的主传动　大、中型数控机床多采用带有变速齿轮的主传动系统变速方式(见图 5.42a),通过少数几对齿轮降速,扩大输出扭矩,以满足主轴低速时对输出扭矩特性的要求。数控机床在交流或直流电动机无级变速的基础上配以

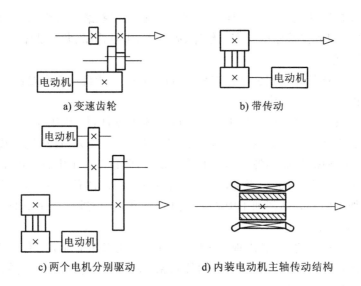

a) 变速齿轮　　　　　　　　　b) 带传动

c) 两个电机分别驱动　　　　d) 内装电动机主轴传动结构

图 5.42　数控机床主传动的四种配置方式

齿轮变速,使之成为分段无级变速。滑移齿轮的移位大都采用液压缸加拨叉,或者直接由液压缸带动齿轮来实现。

（2）通过带传动的主传动　通过带传动的主传动（见图 5.42b）主要应用在转速较高、变速范围不大的机床上。电动机本身的调速就能够满足要求,不用齿轮变速,避免了齿轮传动引起的振动与噪声。它适用于高速、低转矩特性要求的主轴。常用的传动带有 V 带和同步齿形带。

（3）用两个电动机分别驱动主轴　用两个电动机分别驱动主轴的主传动系统变速方式（见图 5.42c）是上述两种方式的混合体,具有上述两种方式的性能。高速转动时,电动机通过带轮直接驱动主轴旋转;低速转动时,另一个电动机通过两级齿轮传动驱动主轴旋转,齿轮起到降速和扩大变速范围的作用。这样就使恒功率区增大,扩大了变速范围,克服了低速时转矩不够且电动机功率不能充分利用的缺陷。

（4）内装电动机主轴传动结构　内装电动机主轴传动结构的主传动系统变速方式（见图 5.42d）大大简化了主轴箱箱体与主轴的结构,有效地提高了主轴部件的刚度,但其主轴输出扭矩小,电动机发热对主轴影响较大。

3. 数控机床的主轴部件

数控机床的主轴部件既要满足精加工时精度较高的要求,又要具备粗加工时高效切削的能力,因此在旋转精度、刚度、减振性和热变形等方面都有很高的要求。在局部结构上,一般数控机床的主轴部件与其他高效、精密自动化机床没有多大区别。但对于具有自动换刀功能的数控机床,其主轴部件除主轴、主轴轴承和传动件等一般组成部分外,还有刀具自动装卸及吹屑装置、主轴准停装置等。

1）主轴的支承与润滑

数控机床主轴的支承可以有多种配置形式,图 5.43 所示为 TND360 型车床主轴部件。因为主轴在切削时承受较大的切削力,所以轴径设计得比较大。前轴承为三个推力角接触球轴承,前面两个轴承开口朝向主轴前端,接触角为 25°,用以承受轴向切削力;第三个轴承开口朝里,接触角为 14°。三个轴承的内外圈轴向由轴肩和箱体孔的台阶固定,以承受轴向负荷。后支承由一对背对背的推力角接触球轴承组成,只承受径向载荷,并由后压套进行预紧。轴承预紧量预先配好,直接装配即可,无须修磨。主轴为空心主轴,通过棒料的直径可达 60 mm。

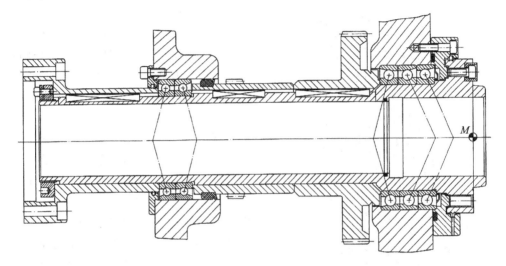

图 5.43　TND360 型数控车床主轴部件

数控车床主轴轴承有的采用油脂润滑、迷宫式密封;有的采用集中强制润滑。为了保证润滑的可靠性,常以压力继电器作为失压报警装置。

2) 卡盘

为了减少辅助时间和减轻劳动强度,并适应自动化和半自动加工的需要,数控车床多采用动力卡盘装夹工件。目前使用较多的是自定心液压动力卡盘,该卡盘主要由引油导套、液压缸和卡盘三部分组成。

如图 5.44 所示为在数控车床上采用的一种液压驱动动力自定心卡盘部件,卡盘

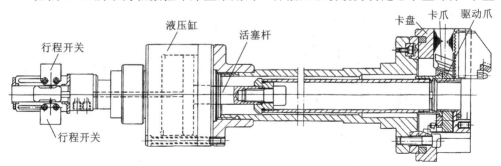

图 5.44　液压驱动动力的自定心卡盘部件

用螺钉固定在主轴（短锥定位）上，液压缸固定在主轴后端。改变液压缸左、右腔的通油状态，活塞杆带动卡盘内的驱动爪和卡爪，夹紧或放松工件，并通过行程开关发出相应信号。

3）刀具自动装卸及切屑清除装置

在某些带有刀具库的数控机床中，主轴部件除具有较高的精度和刚度外，还带有刀具自动装卸装置和主轴孔内的切屑清除装置。图 5.45 所示为数控铣镗床主轴部件，其主轴前端有 7∶24 的锥孔，用来装夹锥柄刀具。端面键用于刀具定位，又可通过它传递扭矩。为了实现刀具的自动装卸，主轴内设有刀具自动夹紧装置。可以看出，该机床是由拉紧机构拉紧锥柄刀夹尾端的轴颈来实现刀夹的定位及夹紧的。夹紧刀夹时，液压缸上腔接通回油，弹簧推动活塞上移，处于图示位置，拉杆在碟形弹簧的作用下向上移动。由于此时装在拉杆前端径向孔中的四个钢球进入主轴孔中较小直径 d_2 处（见图 5.46），被迫径向收缩而卡进拉钉的环形凹槽内，因而力杆被拉杆拉紧，依靠摩擦力紧固在主轴上。换刀前需将刀夹松开，压力油进入液压缸上腔，活塞推动拉杆向下移动，碟形弹簧被压缩；当钢球随拉杆一起下移至进入主轴孔中较大直径 d_1 处时，它就不再能约束拉钉的头部，紧接着拉杆前端内孔的抬肩端面碰到拉钉，把刀夹顶松。此时行程开关发出信号，换刀机械手随即将刀夹取下。与此同时，压缩空气由管接头经活塞和拉杆的中心通孔吹入主轴装刀孔内，把切屑或脏物清除干净，以保证刀具的装夹精度。机械手把新刀装上主轴后，液压缸接通回油，碟形弹簧又拉紧刀夹。刀夹拉紧后，行程开关发出信号。

自动清除主轴孔中的切屑和尘埃是换刀操作中的一个不容忽视的问题。如果切屑或其他污物掉入了主轴锥孔中，在拉紧刀杆时，主轴锥孔表面和刀杆的锥柄就会被划

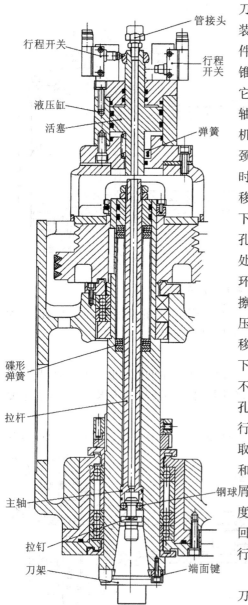

图 5.45　数控铣镗床主轴部件

（图中标注：管接头、行程开关、行程开关、液压缸、活塞、弹簧、碟形弹簧、拉杆、主轴、钢球、拉钉、刀架、端面键）

伤,从而会使刀杆发生偏斜,破坏刀具的正确定位,影响加工零件的精度,甚至使零件
报废。为了保证主轴锥孔的清洁,常用压缩空气吹屑。在图 5.45 所示的主轴部件
中,活塞的心部钻有压缩空气通道,当活塞向左移动时,压缩空气经拉杆吹出,将锥孔
清理干净。喷气小孔有合理的喷射角度,并均匀分布,以提高吹屑效果。

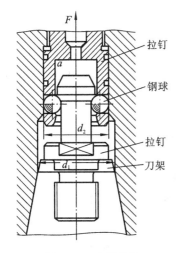

图 5.46　主轴前端

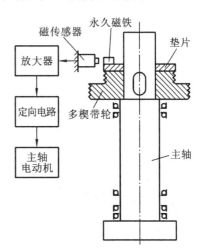

图 5.47　JCS-018 主轴准停装置的工作原理

4) 主轴准停装置

自动换刀数控机床主轴部件设有准停装置,其作用是使主轴每次都能准确地停
止在固定的周向位置上,以保证换刀时主轴上的端面键能对准刀夹上的键槽,同时使
每次装刀时刀夹与主轴的相对位置不变,提高刀具的重复安装精度,从而提高孔加工
时孔径的一致性。图 5.45 所示的主轴部件采用的是电气准停装置,其工作原理如图
5.47 所示。在带动主轴旋转的多楔带轮的端面上装有一个厚垫片,垫片上装有一个
体积很小的永久磁铁。在主轴箱箱体对应于主轴准停的位置上装有磁传感器。当机
床需要停车换刀时,数控系统发出主轴停转的指令,主轴电动机立即降速。当主轴以
最低转速转很少几转、永久磁铁对准磁传感器时,后者发出准停信号。此信号经放大
后,由定向电路控制主轴电动机准确地停止在规定的周向位置上。这种装置可保证
主轴准停的重复精度在 ±1° 范围内。

5) 高速精密主轴结构

高速切削主要是 20 世纪 70 年代后期发展起来的新工艺。这种工艺采用的切削
速度比常规的要高几倍或十多倍,例如,高速铣削铝件的最佳速度可达 2500～4500
m/min,加工钢件的最佳速度为 400～1600 m/min,加工铁件的最佳速度为 800～
2000 m/min,进给速度也相应提高很多倍。这种加工工艺不仅切削效率高,而且具
有加工表面质量好、切削温度低和刀具寿命长等优点。

高速切削机床是实现高速切削的前提,而高速主轴部件又是高速切削机床最重
要的部件。因此,高速主轴部件要求有精密机床那样高的精度和刚度。为此,主轴零

件应精确制造和动平衡。另外,还应重视主轴驱动、冷却、支承、润滑、刀具夹紧和安全等的精心设计。

高速主轴的驱动多采用内装电动机式主轴,这种主轴结构紧凑、重量轻和惯性小,有利于提高主轴启动或停止时的响应特性。高速主轴选用的轴承主要是高速球轴承和磁力轴承。磁力轴承是利用电磁力使主轴悬浮在磁场中,使其具有无摩擦、无磨损、无须润滑、发热少、刚度高、工作时无噪声等优点。主轴的位置由非接触传感器测量,信号处理器则根据测量值以 10000 次/s 的速度计算出校正主轴位置的电流值。图 5.48 所示是瑞士 IBAG 公司开发的内装高频电动机的主轴部件,其采用的是激磁式磁力轴承。

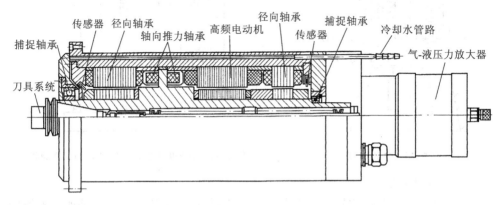

图 5.48   用磁力轴承的高速主轴部件

5.6.3   数控机床的进给传动系统

1. 数控机床进给传动的特点

数控机床的进给运动是数字控制的直接对象,不论是点位控制还是轮廓控制,工件的最后坐标精度和轮廓精度都受进给运动的传动精度、灵敏度和稳定性的影响。数控机床的进给系统一般具有以下特点:

(1)摩擦阻力小   为了提高数控机床进给系统的快速响应性能和运动精度,必须减小运动件间的摩擦阻力和动、静摩擦力之差。为满足上述要求,在数控机床进给系统中,普遍采用滚珠丝杠副、静压丝杠副;滚动导轨、静压导轨和塑料导轨。与此同时,各运动部件还考虑有适当的阻尼,以保证系统的稳定性。

(2)传动精度和刚度高   进给传动系统的传动精度和刚度,从机械结构方面考虑主要取决于传动间隙和丝杠副、蜗杆副及其支承结构的精度和刚度。传动间隙主要来自传动齿轮副、蜗杆副、丝杠副及其支承部件之间,因此进给传动系统广泛采取施加预紧力或其他消除间隙的措施。缩短传动链和在传动链中设置减速齿轮,也可提高传动精度。加大丝杠直径,以及对丝杠副、支承部件、丝杠本身施加,预紧力是提高传动刚度的有效措施。

（3）运动部件惯量小　运动部件的惯量对伺服机构的启动和制动特性都有影响，尤其是处于高速运转的零部件。因此，在满足部件强度和刚度的前提下，尽可能减小运动部件的重量、减小旋转零件的直径和重量，以降低其惯量。

2. 滚珠丝杠副

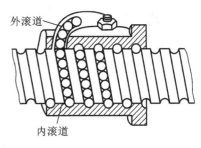

滚珠丝杠副是回转运动与直线运动相互转换的新型传动装置，在数控机床上得到了广泛的应用。它的结构特点是在具有螺旋槽的丝杠、螺母间装有滚珠作为中间传动元件，以减少摩擦，其工作原理如图 5.49 所示。图中丝杠和螺母上都加工有圆弧形的螺旋槽，将它们对合起来就形成了螺旋滚道。在滚道内装有滚珠，

图 5.49　滚珠丝杠副工作原理

当丝杠与螺母相对运动时，滚珠沿螺旋槽向前滚动，在丝杠上滚过数圈以后通过回程引导装置，逐个地又滚回到丝杠与螺母之间，构成一个闭合的回路。

滚珠丝杠副的优点是：①摩擦系数小，传动效率高，η 可达 $0.92\sim0.96$，所需传动转矩小；②灵敏度高，传动平稳，不易产生爬行，随动精度和定位精度高；③磨损小，寿命长，精度保持性好；④可通过预紧和间隙消除措施提高轴向刚度和反向精度；⑤运动具有可逆性，不仅可以将旋转运动变为直线运动，也可将直线运动变为旋转运动。其缺点是制造工艺复杂，成本高，在竖直安装时不能自锁，因而需附加制动机构。

1）滚珠丝杠副的结构

滚珠的循环方式有外循环和内循环两种。滚珠在返回过程中与丝杠脱离接触的为外循环；滚珠循环过程中与丝杠始终接触的为内循环。循环中的滚珠叫做工作滚珠，工作滚珠所走过的滚道数叫做工作圈数。

外循环滚珠丝杠副按滚珠循环时的返回方式主要有插管式和螺旋槽式。图 5.50a 所示为插管式，它用弯管作为返回管道。这种形式结构工艺性好，但由于管道突出于螺母体外，径向尺寸较大。图 5.50b 所示为螺旋槽式，它是在螺母外圆上铣出螺旋槽，槽的两端钻出通孔并与螺旋滚道相切，形成返回通道。螺旋槽式结构比插管式结构径向尺寸小，但制造较复杂。外循环滚珠回路如图 5.51a 所示。

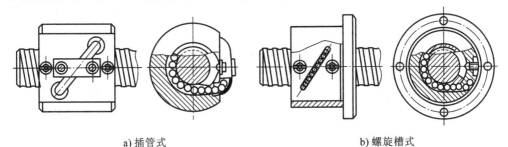

a) 插管式　　　　　　　　　　　　　　　　b) 螺旋槽式

图 5.50　外循环滚珠丝杠

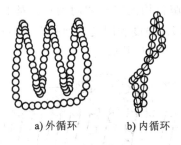

a) 外循环　　　b) 内循环

图 5.51　滚珠回路

图 5.52 所示为内循环滚珠丝杠,在螺母的侧孔中装有圆柱凸键式反向器,反向器上铣有 S 形回珠槽,将相邻两螺纹滚道连接起来。滚珠从螺纹滚道进入反向器,借助反向器迫使滚珠越过丝杠牙顶进入相邻滚道,实现循环。一般一个螺母上装有 2～4 个反向器,反向器沿螺母圆周等分分布。其优点是径向尺寸紧凑,刚度大,因返回滚道较短,摩擦损失小。其缺点是反向器加工困难。内循环滚珠回路如图 5.51b 所示。

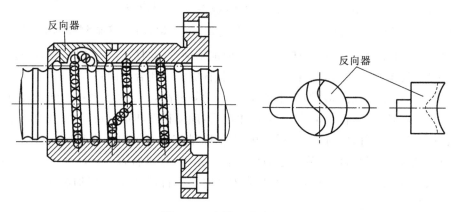

图 5.52　内循环滚珠丝杠

2) 滚珠丝杠副轴向间隙的调整

滚珠丝杠的传动间隙是轴向间隙。为了保证反向传动精度和轴向刚度,必须消除轴向间隙。消除间隙的方法常采用双螺母结构,利用两个螺母的相对轴向位移,使两个螺母中的滚珠分别贴紧在螺旋滚道的两个相反的侧面上。用这种方法预紧消除轴向间隙时,应注意预紧力不宜过大,预紧力过大会使空载力矩增加,从而降低传动效率,缩短使用寿命。此外还要消除丝杠安装部分和驱动部分的间隙。

消除双螺母丝杠间隙的常用方法有如下几种:

(1) 垫片调隙　如图 5.53 所示,调整垫片厚度使左右两螺母产生轴向位移,即可消除间隙和产生预紧力。这种调隙方法具有结构简单、刚度大的优点,但调整不便,滚道有磨损时不能随时消除间隙和进行预紧。

(2) 螺母调隙　如图 5.54 所示,左螺母外端有凸缘,右螺母外端没有凸缘而制有螺纹,并用两个圆螺母固定,用平键限制螺母在螺母座内的转动。调整时,只要拧动内圆螺母即可消除间隙并产生预紧力,然后用外螺母锁紧。这种调隙方法具有结构简单、工作可靠、调整方便的优点,但预紧量不很准确。

(3) 齿差调隙　如图 5.55 所示,在两个螺母的凸缘上有圆柱外齿轮,分别与紧固在套筒两端的内齿圈相啮合,其齿数分别为 z_1 和 z_2,并相差一个齿。调整时,先取

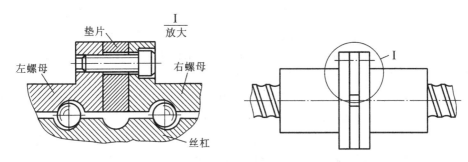

图 5.53　垫片调隙

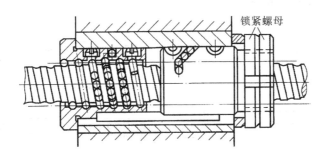

图 5.54　螺母调隙

下内齿圈,让两个螺母相对子套筒同方向都转动一个齿,然后再进入内齿圈,则两个螺母便产生相对角位移,其轴向位移量 $S = (1/z_1 - 1/z_2)t$。例如, $z_1 = 81$, $z_2 = 80$,滚珠丝杠的导程为 $t = 6$ mm 时, $S = -6/6480 \sim -0.001$ mm。这种调隙方法能精确调整预紧量,方便可靠,但结构尺寸较大,多用于高精度的传动。

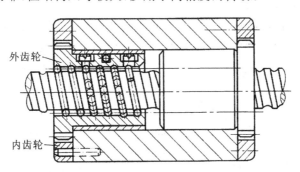

图 5.55　齿差调隙

3) 滚珠丝杠的支承方式

数控机床的进给系统要获得较高的传动刚度,除了加强滚珠丝杠副本身的刚度外,滚珠丝杠的正确安装及支承结构的刚度也是不可忽视的因素。例如,为减少受力后的变形,轴承座应有加强肋,应增大轴承座与机床的接触面积,并采用高刚度的推力轴承以提高滚珠丝杠的轴向承载能力。

滚珠丝杠在机床上的几种支承方式如图 5.56 所示。图 5.56a 所示为一端装推力轴承的安装方式，它适用于行程小的短丝杠，其承载能力小，轴向刚度低。图 5.56b 所示为一端装推力轴承、另一端装向心球轴承的安装方式，它适用于丝杠较长的情况，当热变形造成丝杠伸长时，其一端固定，另一端能作微量的轴向浮动。图 5.56c 所示为两端装止推轴承的安装方式。把止推轴承装在滚珠丝杠的两端并施加预紧力，可以提高轴向刚度，而且丝杠工作时只承受拉力。但这种安装方式对丝杠的热变形较为敏感。图 5.56d 所示为两端装止推轴承及向心球轴承的安装方式。它的两端均采用双重支承并施加预紧，使丝杠具有较大的刚度。这种方式还可使丝杠的变形转化为推力轴承的预紧力。

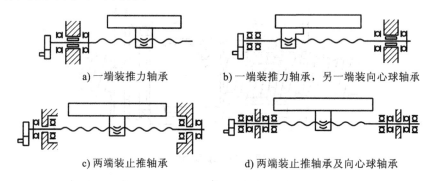

a) 一端装推力轴承　　　　　b) 一端装推力轴承，另一端装向心球轴承

c) 两端装止推轴承　　　　　d) 两端装止推轴承及向心球轴承

图 5.56　滚珠丝杠在机床上的支承方式

滚珠丝杠副也可用润滑剂来提高耐磨性及传动效率。滚珠丝杠副和其他滚动摩擦的传动元件一样，应避免硬质灰尘或切屑污物进入，所以都带有防护装置。

3. 直线电动机进给系统

直线电动机是指可以直接产生直线运动的电动机，可作为进给驱动系统，如图 5.57 所示。其雏形在世界上出现旋转电动机之后不久就出现了，但受制造技术水平

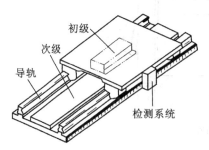

图 5.57　直线电动机进给系统

和应用能力的限制，一直未能作为驱动电动机使用。在常规的机床进给系统中，一直采用"旋转电动机＋滚珠丝杠"的传动体系。随着超高速加工技术的发展，滚珠丝杠机构已不能满足高速度和高加速度的要求，于是直线电动机便有了用武之地。特别是大功率电子器件、新型交流变频调速技术、微型计算机数控技术和现代控制理论的发展，为直线电动机在高速数控机床中的应用提供了条件。

1）直线电动机工作原理简介

直线电动机的工作原理与旋转电动机相比并没有本质的区别，可以将其视为旋转电动机沿圆周方向拉开展平的产物，如图 5.58 所示。对应于旋转电动机的定子部

分称为直线电动机的初级,对应于旋转电动机的转子部分称为直线电动机的次级。当多相交变电流通入多相对称绕组时,就会在直线电动机初级和次级之间的气隙中产生一个行波磁场,从而使初级和次级之间相对移动。当然,二者之间也存在一个垂直力,可以是吸引力,也可以是排斥力。

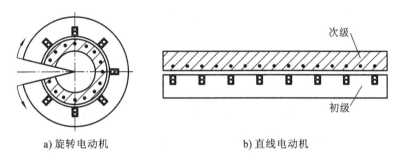

a) 旋转电动机　　　　　　　　　　b) 直线电动机

图 5.58　旋转电动机展平为直线电动机的过程

直线电动机可以分为直流直线电动机、步进直线电动机和交流直线电动机三大类。在机床上主要使用交流直线电动机。

在结构上,直线电动机可以有图 5.59 所示的短次级和短初级两种形式。为了减小发热量和降低成本,高速机床用直线电动机一般采用图 5.59b 所示的短初级、动初级结构。

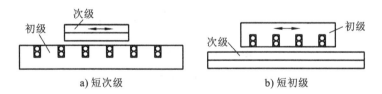

a) 短次级　　　　　　　　　　b) 短初级

图 5.59　直线电动机的形式

在励磁方式上,交流直线电动机可以分为永磁(同步)式和感应(异步)式两种。永磁式直线电动机的次级是一块一块铺设的永久磁钢,其初级是含铁芯的三相绕组;感应式直线电动机的初级和永磁式直线电动机的初级相同,而次级是用自行短路的不馈电栅条来代替永磁直线电动机的永久磁钢。永磁式直线电动机在单位面积推力、效率、可控性等方面均优于感应式直线电动机,但其成本高,工艺复杂,而且给机床的安装、使用和维护带来不便。感应式直线电动机在不通电时是没有磁性的,因此有利于机床的安装、使用和维护,近年来,其性能不断改进,已接近永磁式直线电动机的水平。

2) 直线电动机的特点

现在,机械加工对机床的加工速度和加工精度提出了越来越高的要求,传统的"旋转电动机＋滚珠丝杠"体系已很难适应这一趋势。使用直线电动机的驱动系统有以下特点:

① 使用直线伺服电动机,电磁力直接作用于运动体(工作台)上,而不用机械连接,因此没有机械滞后或齿节周期误差,精度完全取决于反馈系统的检测精度。

② 直线电动机上装配全数字伺服系统,可以达到极好的伺服性能。由于电动机和工作台之间无机械连接件,工作台对位置指令几乎是立即反应(电气时间常数约为 1 ms),从而使得跟随误差减至最小而达到较高的精度,而且在任何速度下都能实现非常平稳的进给运动。

③ 直线电动机系统在动力传动中没有低效率的中介传动部件,因而能达到高效率,可获得很好的动态刚度(动态刚度是指在脉冲负荷作用下伺服系统保持其位置的单位长度上的力)。

④ 直线电动机驱动系统由于无机械零件相互接触,因此无机械磨损,也就不需要定期维护,也不像滚珠丝杠那样有行程限制,使用多段拼接技术可以满足超长行程机床的要求。

⑤ 直线电动机的动件(初级)已和机床的工作台合二为一,因此,与滚珠丝杠进给单元不同,直线电动机进给单元只能采用闭环控制系统,系统控制框图为图 5.60。

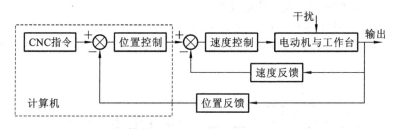

图 5.60　系统控制框图

表 5.1 列出了滚珠丝杠与直线电动机的性能对比。

表 5.1　滚珠丝杠与直线电动机的性能对比

特　性	滚珠丝杠	直线电动机
最高速度/(m/s)	0.5(取决于螺距)	2.0(可达 3~4)
最高加速度/(m/s²)	5~10	20~100
静态刚度/(N/μm)	90~180	70~270
动态刚度/(N/μm)	90~180	160~210
稳定时间/ms	100	10~20
最大作用力/N	26700	9000
可靠性/h	6000~10000	50000

4. 数控机床的导轨

导轨主要用来支承和引导运动部件沿一定的轨道运动。在导轨副中,运动的一方叫做运动导轨,不动的一方叫做支承导轨。运动导轨相对于支承导轨的运动,通常是直线运动或回转运动。

1) 对导轨的要求

① 导向精度高。导向精度是指机床的运动部件沿导轨移动时的直线性和它与有关基面之间的相互位置的准确性。无论在空载或切削工件时导轨都应有足够的导向精度，这是对导轨的基本要求。影响导轨精度的主要原因除制造精度外，还有导轨的结构形式、装配质量、导轨及其支承件的刚度和热变形，对于静压导轨还有油膜的刚度等。

② 耐磨性能好。导轨的耐磨性是指导轨在长期使用过程中能否保持一定的导向精度。因导轨在工作过程中难免有所磨损，所以应力求减少磨损量，并在磨损后能自动补偿或便于调整，数控机床常采用摩擦系数小的滚动导轨和静压导轨，以降低导轨磨损。

③ 足够的刚度。导轨受力变形会影响部件之间的导向精度和相对位置，因此要求导轨应有足够的刚度。为减轻或平衡外力的影响，数控机床常采用加大导轨面的尺寸或添加辅助导轨的方法来提高刚度。

④ 低速运动平稳。导轨的摩擦阻力应尽量小，使运动轻便，低速运动时无爬行现象。

⑤ 结构简单，工艺性好。导轨的制造、维修要方便，在使用时应便于调整、维护。

2) 滚动导轨

滚动导轨是在导轨面之间放置滚动件，使导轨面之间为滚动摩擦而不是滑动摩擦。因此，摩擦系数小（0.0025～0.005），动、静摩擦力相差甚微；运动轻便灵活，所需功率小，磨损小，精度保持性好，低速运动平稳，移动精度和定位精度都较高。但滚动导轨结构复杂，制造成本高，减振性差。

（1）滚动导轨块　由标准导轨块构成的滚动导轨具有效率高、灵敏性好、寿命长、润滑简单及拆装方便等优点。

① 滚动导轨块的结构特点。标准导轨块（见图 5.61）多用于中等负荷导轨。在导轨块内有许多滚柱，作为滚动部件安装在移动部件上。当部件运动时导轨块中的滚柱在导轨内作循环运动。它可以用螺钉固定在移动工作台或立柱上，装卸容易，运动平稳，承载能力大且润滑、维修、调整简便，因此已广泛应用于各类数控机床和加工中心上，世界上有许多专门的厂家生产。图 5.62 所示为标准滚动导轨块的结构，其细部结构如图 5.63 所示。

② 滚动导轨块的安装。滚动导轨块常常在床身上的镶钢导轨条上滚动。数控机床及加工中心的导轨一般采用镶钢导轨，这是由于钢导轨热处理后硬度很高，可大幅度提高耐磨性，且有较大的承载能力。一般采用横截面为正方形或长方形的镶钢导轨，以方便热处理和减小变形，把镶钢导轨分段装在床身上。图 5.64 所示为滚动导轨块的窄式安装。其配置如图 5.64a 所示，其中应用了滚动导轨块和镶钢导轨，属闭式安装、窄式导向的配置。其安装形式如图 5.64b 所示，两侧面和上面用滚动导轨

图 5.61 滚动导轨块

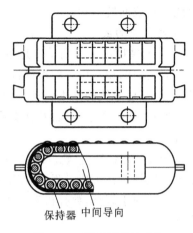

保持器 中间导向

图 5.62 滚动导轨块结构

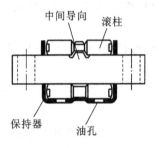

图 5.63 滚动导轨块细部结构

块起支承和导向作用,下面可用滚动导轨块也可用贴塑压板来承受翻转力矩。

图 5.65 所示为滚动导轨块的宽式安装,上下左右都用滚动导轨块,弹簧垫或调整垫用来调节滚子和支承导轨间的预压力。

③ 滚动导轨块的调整。为了保证导轨的导向精度和刚度,滚动导轨块与支承导轨之间不能有间隙,还要有适当的预压力,因此滚动导轨块安装时应能调整。调整的方法主要有用调整垫调整、用调整螺钉调整、用楔铁调整以及用弹簧垫压紧。图5.66所示为楔铁调整机构,楔铁固定不动,滚动导轨块固定在楔铁上,可随楔铁移动,扭动调整螺钉可使两楔铁相对运动,

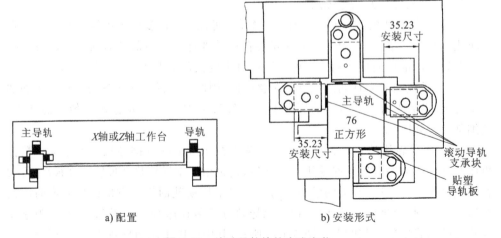

a) 配置 b) 安装形式

图 5.64 滚动导轨块的窄式安装

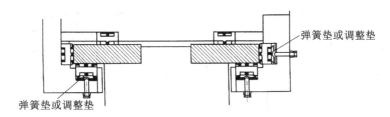

图 5.65　滚动导轨块的宽式安装

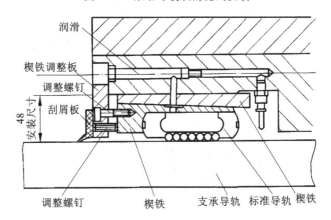

图 5.66　楔铁调整机构

因而可调整滚动导轨块对支承导轨压力的大小。

（2）直线滚动导轨

① 直线滚动导轨的特点。直线滚动导轨副由一根长导轨和一个或几个滑块组成，滑块内有四组滚珠或滚柱，如图 5.67 和图 5.68 所示。当滑块相对导轨移动时，每一组滚珠（滚柱）都在各自的滚道内循环运动，其所承受的载荷形式与轴承类似。四组滚珠可承受除轴向力以外的任何方向的力和力矩，滑块两端装有防尘密封垫。

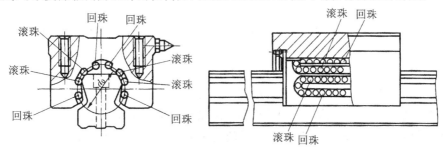

图 5.67　直线滚动导轨副

直线滚动导轨摩擦系小，精度高，安装和维修都很方便。它是一个独立部件，所以对机床支承导轨的部分要求不高，既不需要淬硬也不需磨削或刮研，只需精铣或精刨。由于这种导轨可以预紧，因而比滚动体不循环的滚动导轨刚度高，承载能力

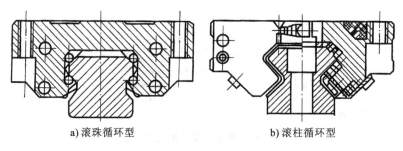

a) 滚珠循环型　　　　　　　　　　　b) 滚柱循环型

图 5.68　直线滚动导轨副截面图

大,但减振性也不如滑动导轨。为提高减振性,有时装有减振阻尼滑座(见图 5.69)。有过大的振动和冲击载荷的机床均不采用直线滚动导轨。

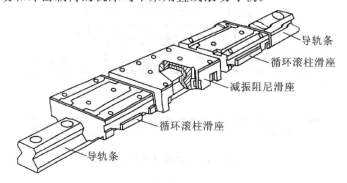

导轨条
循环滚柱滑座
减振阻尼滑座
循环滚柱滑座
导轨条

图 5.69　装有减振阻尼滑座的直线滚动导轨

直线滚动导轨副的移动速度可以达到 60 m/min,在数控机床和加工中心上得到广泛应用。

② 直线滚动导轨的安装特点。直线滚动导轨通常两条成对使用,可以水平安装,也可以竖直或倾斜安装。有时也可以多个导轨平行安装,当长度不够时可以多根接长安装。

为保证两条(或多条)导轨平行,通常把一条导轨作为基准导轨,安装在床身的基准面上,底面和侧面都有定位面。另一条导轨为非基准导轨,床身上没有侧向定位面,固定时以基准导轨为定位面固定。这种安装形式称为单导轨定位(见图 5.70)。单导轨定位易于安装,容易保证平行,对床身没有侧向定位面平行的要求。

当振动和冲击较大、精度要求较高时,两条导轨的侧面都要定位,这种安装形式称为双导轨定位,如图 5.71 所示。双导轨定位要求定位面平行度高。当用调整垫调整时,对调整垫的加工精度要求较高,调整难度较大。

3) 塑料导轨

塑料导轨已广泛用于数控机床上。其摩擦系数小,且动、静摩擦系数差很小,能防止低速爬行现象;耐磨性好,抗撕伤能力强;加工性和化学稳定性好;工艺简单,成本低;有良好的自润滑性和减振性。塑料导轨多与淬硬钢导轨相配使用。

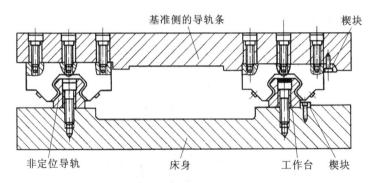

图 5.70　单导轨定位的安装形式

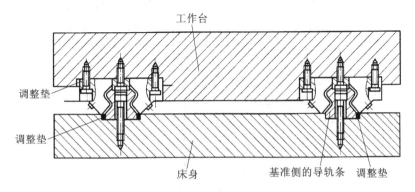

图 5.71　双导轨定位的安装形式

（1）塑料导轨的类型及特点　近年来，国内外已研制出数十种塑料基体的复合材料用于机床导轨。其中比较引人注目的为应用较广的填充聚四氟乙烯软带材料。例如美国霞板（Shmban）公司的得尔赛（Turcite-B）塑料导轨软带及我国的 TSF 软带。德尔赛自润滑复合材料是在聚四氟乙烯中填充 50％的青铜粉，据称还加有二硫化钼、玻璃纤维和氧化物等。它具有优异的减摩、抗咬伤性能，不会损坏配合面，减振性能好，低速无爬行，并可在干摩擦条件下工作。

塑料导轨软带有以下特点：

① 塑料导轨软带比铸铁导轨副的摩擦系数小一个量级。

② 动、静摩擦系数相近，因此其运动平稳性和爬行性能较铸铁导轨副好。

③ 塑料导轨的阻尼性优于接触刚度较低的滚动导轨和易漂浮的静压导轨，吸振性良好。

④ 塑料导轨耐磨性好，有自身润滑的作用，无润滑油也能工作，而且灰尘磨粒的嵌入性好。

⑤ 塑料导轨耐磨、耐低温，耐强酸、强碱、强氧化剂及各种有机溶剂，具有很好的化学稳定性。

⑥ 塑料导轨软带耐磨，损坏后更换容易，维护修理方便。

⑦ 塑料导轨的结构简单,成本约为滚动导轨成本的 1/20,为三层复合材料 DU 导轨成本的 1/4,故经济性好。

(2)塑料软带的应用及粘贴工艺　塑料导轨副多为塑料/金属。塑料软带一般粘贴在短的动导轨上,不受导轨形式的限制,各种组合形式的滑动导轨均可粘贴。图 5.72 所示为几种镶粘塑料/金属导轨结构。粘贴工艺如下:

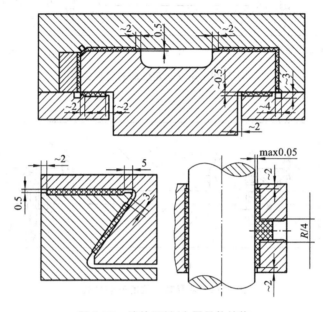

图 5.72　镶粘塑料/金属导轨结构

① 金属导轨面加工。粘贴软带的导轨面可刨或铣加工成两边带支边的表面粗糙度 Ra 为 $12.5\sim25~\mu m$ 的凹槽或平面,槽边各留 $3\sim10$ mm 宽的边。槽深一般可选软带厚度的 $1/2\sim2/3$。如加工成平面,要在两边临时粘贴几个等高垫块,防止粘贴软带加压时移位,胶层固化后再去掉主整块。配对金属导轨面的粗糙度 Ra 要求为 $0.4\sim0.8~\mu m$,太大会使软带产生划痕,太小则不能形成聚四氟乙烯转移膜,会使软带加快磨损。对磨导轨面硬度要求在 25HRC 以上。

② 软带切割成形及清洗。粘贴前按导轨面的几何尺寸将软带切割成形,适当考虑工艺余量。软带表面需经过处理,先用丙酮等清洗剂将软带洗净,在该牌号软带指定的去除不可粘的溶液中按时浸透,再用丙酮和水等清洗后干燥备用。

③ 粘贴及加工。粘贴时,将该牌号软带指定的胶粘剂按规定工艺用刮刀分别涂布于软带表面和粘贴软带的导轨面上,使胶层中间略高于四周。粘贴层厚度为 0.1 mm 左右,接触压力为 $0.05\sim0.1$ MPa。粘贴好之后,把运动部件翻转就位扣压在静导轨上,利用运动部件自身重量或外加一定重量,使固化压力达到 $0.1\sim0.15$ MPa。经 24 h 室温固化,将运动部件吊起翻转,用小木槌轻敲整条软带。若敲打时各处声响音调一致,说明粘贴质量好。然后检查动静导轨的接触精度,让导轨副对研或机械

加工,并刮削到接触面的斑点符合要求(着色点面积达 50% 以上)为止。根据设计要求,可在软带上开出油槽,油槽一般不开穿软带,宽度 5 mm 左右。可用仪器测出软带导轨的实际摩擦系数。

贴塑导轨有逐渐取代滚动导轨的趋势,不仅适用于数控机床,而且还适用于其他各种类型的机床导轨,它在旧机床修理和数控化改造中可以减少对机床结构的修改,因而扩大了塑料导轨的应用领域。

4) 静压导轨

静压导轨的作用是将有一定压力的油液,通过节流器输送到导轨面的油腔中,形成压力油膜,浮起运动部件,使导轨工作表面处于纯液体摩擦,不产生磨损,精度保持性好,同时摩擦系数也极小,从而使驱动功率大为降低。此外,静压导轨的运动不受速度和负载的限制,低速无爬行,承载能力大,刚度高;油液有减振作用,导轨摩擦发热也小。其缺点是结构复杂、需要有供油系统、油的清洁度要求高。静压导轨多用于重型机床。

静压导轨可分为开式和闭式两大类。

① 开式静压导轨。图 5.73 为开式静压导轨工作原理图。来自液压泵、压力为 p_0 的压力油,经节流器压力降至 p_1,进入导轨的各个油腔内,借油腔内的压力将动导轨浮起,使导轨面间以一层厚度为 h_0 的油膜隔开,油腔中的油不断地穿过各油腔的封油间隙流回油箱,压力降为零。当动导轨受到外载 W 作用时,它向下产生一个位移,导轨间隙由 h_0 降为 $h(h<h_0)$,使油腔回油阻力增大,油腔中的压力也相应增大变为 $p_0(p_0>p_1)$,以平衡负载,使导轨仍在纯液体摩擦下工作。

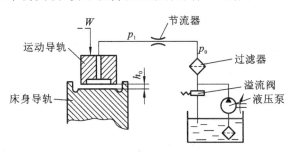

图 5.73　开式静压导轨工作原理

② 闭式静压导轨。图 5.74 为闭式液体静压导轨的工作原理图。闭式静压导轨各方向导轨面上都开有油腔,所以具有承受各方面载荷和颠覆力矩的能力。设油腔各处的压力分别为 p_1、p_2、p_3、p_4、p_5、p_6,当受颠覆力矩 M 作用时,p_1、p_6 处间隙变小,则 p_1、p_6 增大;p_3、p_4 处间隙变大,则 p_3、p_4 变小。这样就形成一个与颠覆力矩成反向的力矩,从而使导轨保持平衡。

另外还有以空气为介质的空气静压导轨。它不仅内摩擦力小,而且还有很好的冷却作用,可减小热变形。

5. 进给系统传动间隙的消除

1) 传动齿轮间隙的消除

数控机床进给系统由于经常处于自动变向状态,齿侧间隙会造成进给反向时丢失指令脉冲,并产生反向死区从而影响加工精度,因此必须采取措施消除齿轮传动中的间隙。

(1) 刚性调整法　刚性调整法是指调整后齿侧间隙不能自动补偿的调整法,因此,齿轮的周节公差及齿厚要严格控制,否则影响传动的灵活性。这种调整方法结构比较简单,具有较好的传动刚度。

① 偏心套调整法。如图 5.75 所示为最简单的利用偏心套消除间隙的结构。电动机通过偏心套装到壳体上。通过转动偏心套就可调节两啮合齿轮的中心距,从而消除齿侧间隙。

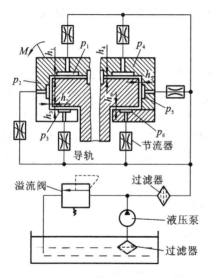

图 5.74　闭式静压导轨工作原理

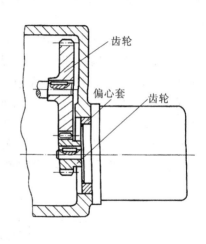

图 5.75　偏心套调整法

② 轴向垫片调整法。图 5.76 所示为利用轴向垫片消除间隙的结构。两个啮合着的齿轮的节圆直径沿齿宽方向制成稍有锥度,使其齿厚在轴向稍作线性变化。通过改变调整垫片的厚度,使两齿轮在轴向上相对移动,从而消除间隙。

(2) 柔性调整法　柔性调整法是指调整之后齿侧间隙仍可自动补偿的方法,一般都采用调整压力弹簧的压力来消除齿侧间隙,在齿轮的齿厚和周节有变化的情况下,也能保持无间隙啮合。但这种结构较复杂,轴向尺寸大,传动刚度低,同时,传动平稳性也较差。

① 轴向弹簧调整法如图 5.77 所示。两个啮合着的锥齿轮中,装在传动轴上的一个装有压簧,锥齿轮在弹簧力的作用下可稍作轴向移动,从而消除间隙。弹簧力的大小由螺母调节。

② 周向弹簧调整法如图 5.78 所示。两个齿数相同的薄片齿轮与另一个宽齿轮

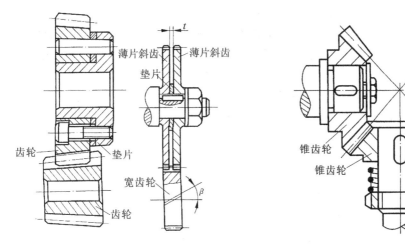

图 5.76　轴向垫片调整法　　　　　　　　图 5.77　轴向弹簧调整法

相啮合,齿轮空套在齿轮上,可以相对回转。每个齿轮端面分别均匀装有四个螺纹凸耳,齿轮的端面有四个通孔,凸耳可以从中穿过,弹簧分别钩在调节螺钉和凸耳上。旋转螺母可以调整弹簧的拉力,弹簧的拉力可以使薄片齿轮错位,即两片薄齿轮的左、右齿面分别与宽齿轮轮齿齿槽的左、右贴紧,从而消除齿侧间隙。

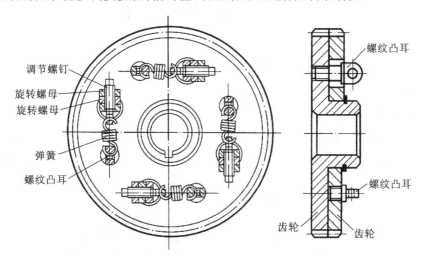

图 5.78　周向弹簧调整法

同步齿形带传动能可靠地消除传动间隙,现已被广泛采用。当传动力矩不大时,也有利用钢质齿轮与尼龙齿轮齿侧过盈啮合来消除间隙的。

2) 齿轮齿条传动间隙的消除

大型数控机床不宜采用丝杠传动,因长丝杠制造困难,且容易弯曲下垂,影响传动精度,同时轴向刚度与扭转刚度也难提高。如加大丝杠直径,因转动惯量增大,伺服系统的动态特性不宜保证,故常用齿轮齿条传动。

采用齿轮齿条传动时,必须采取措施消除齿侧间隙。当传动负载小时,也可采用双片薄齿轮调整法,分别与齿条齿槽的左、右两侧贴紧,从而消除齿侧间隙;当传动负载大时,可采用双厚齿轮传动的结构。图 5.79 是消除齿轮齿条传动间隙的原理图。进给运动由中间轴输入,该轴上装有两个螺旋线方向相反的斜齿轮,当在中间轴上施加轴向力 F 时,能使斜齿轮产生微量的轴向移动。此时,左边轴和右边轴便以相反的方向转过微小的角度,使齿轮 1 和齿轮 2 分别与齿条齿槽的左、右侧面贴紧从而消除间隙。

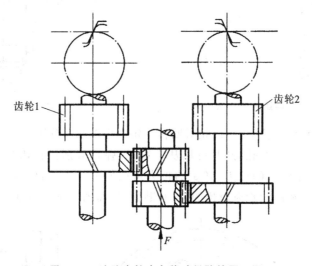

图 5.79　消除齿轮齿条传动间隙的原理图

3）键联接、销联接间隙的消除

数控机床进给传动装置中,齿轮等传动件与轴键的配合间隙,如同齿侧间隙一样,也会影响加工精度,需将其清除。图 5.80a 所示为双键联接结构,用紧定螺钉顶紧来消除间隙。图 5.80b 所示为楔形销联接结构,用螺母拉紧楔形销来消除间隙。

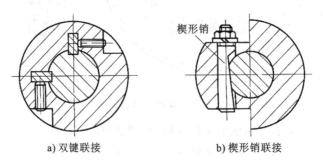

a) 双键联接　　　　　　　　　b) 楔形销联接

图 5.80　键联接间隙消除方法

图 5.81 所示为一种可获得无间隙传动的无键联接结构。内弹簧锥形胀套和外弹性锥形胀套是一对互相配研接触良好的弹性锥形胀套,拧紧螺钉,通过圆环将它们

压紧时,内锥形胀套的内孔缩小,外锥形胀套的外圆胀大,依靠摩擦力将传动件和轴联接在一起。锥形胀套的对数,根据所需传递的转矩大小,可以是一对或几对。

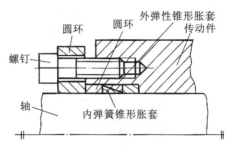

图 5.81　无键联接结构

思考题与习题

5.1　常用铣床及铣床附件有哪几种? 各自的主要用途是什么? 卧式镗床有哪些成形运动? 它们能完成哪些加工工作?

5.2　试述铣削加工的工艺范围及特点。

5.3　外圆磨削有哪几种方式? 各有何特点? 各适用于什么场合?

5.4　试分析 M1432A 型万能外圆磨床的哪些运动是主运动,哪些运动是进给运动。

5.5　在车、铣、刨(包括牛头刨床和龙门刨床)、磨、钻、镗、滚齿等切削加工中,各自的主运动和进给运动分别是什么? 辅助运动有哪些?

5.6　试述内圆磨削的工艺特点及应用范围。

5.7　平面磨床有哪几种类型? 常用的是哪种类型?

5.8　在万能外圆磨床上磨削圆锥面有哪几种方法? 各适用于什么场合?

5.9　外圆磨床上的装夹有哪几种形式? 各用于何种场合?

5.10　根据不同加工需要,M1432A 外圆磨床头架主轴有哪三种工作方式?

5.11　为保证砂轮架有较高的定位精度和进给精度,M1432A 型磨床的横向进给机构采用了哪些相应的措施?

5.12　刨床和插床适用于加工哪些表面?

5.13　为什么拉削加工具有较高的生产效率和精度?

5.14　常用的钻床有哪些种类? 各用于何种场合?

5.15　卧式镗床有哪些成形运动? 它们能完成哪些加工工作?

5.16　分析比较应用展成法与成形法加工圆柱齿轮各有何特点。

5.17　插齿时需要让刀运动的原因是什么? 插齿刀的让刀运动是指何种运动?

5.18　数控机床伺服机构的作用是什么?

5.19　何谓开环、半闭环和闭环伺服控制系统?

5.20　简述开环、闭环伺服机构的组成、工作特点及其适用范围。

5.21　在数控机床上,为什么采用滚珠丝杠螺母机构?

5.22　在数控机床的进给传动装置中,为什么要有齿隙补偿机构?

5.23　某机床的传动系统如图 5.82 所示,试计算:①轴 A 的转速(r/min);②轴 A 转 1 转时,轴 B 转过的转数;③轴 B 转 1 转时,螺母 C 移动的距离。

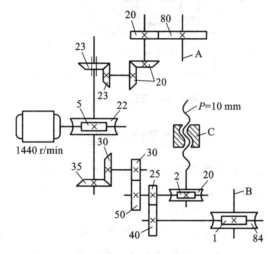

图 5.82　题 5.23 图

5.24　铣齿、滚齿、插齿、剃齿和磨齿各有哪些运动?

5.25　为什么剃齿只能加工齿面未淬硬的齿轮,而磨齿则适用于加工淬硬的齿轮?

5.26　何谓成形法加工? 何谓展成法加工? 为何成形法加工的齿轮精度较低,而展成法加工的齿轮精度高?

第6章

机械加工工艺规程编制

6.1 工艺规程概述

机械加工工艺过程是采用各种机械加工方法直接改变毛坯的形状、尺寸、表面粗糙度以及力学、物理性能,使之成为合格零件的全过程。规定零件机械加工工艺过程的工艺文件称为机械加工工艺规程。工艺规程设计是产品设计和制造过程的中间环节,是企业生产活动的核心,也是进行生产管理的重要依据,其设计的好坏对保证加工质量、提高加工效率、降低加工成本具有决定性的意义,必须给予充分重视。

6.1.1 生产过程和工艺过程

1. 生产过程

在制造机械产品时,将原材料或半成品变为产品的各有关劳动过程的总和称为生产过程。它包括生产技术准备工作(如产品的开发设计、工艺设计和专用工艺装备的设计与制造、各种生产资料及生产组织等方面的准备工作),原材料及半成品的验收、保管、运输,毛坯制造,零件加工(含热处理),产品的装配、调试、检测以及油漆和包装等。

为了降低生产成本,一台机器的生产往往由许多工厂联合起来完成。由若干个工厂共同完成一台机器的生产过程,除了较经济之外,还有利于零部件的标准化和组织专业化生产。例如,一个汽车制造厂就要利用许多其他工厂的成品(玻璃、电气设备、轮胎、仪表等)来完成整个汽车的生产过程。机床制造厂、轮船制造厂等都是如此。这时,某工厂所用的原材料、半成品或部件,却是另一个工厂的成品。

工厂的生产过程,又可按车间分为若干车间的生产过程。某一车间所用的原材料(半成品),可能是另一车间的成品,而它的成品,又可能是另一车间的半成品。

2. 工艺过程

在生产过程中凡直接改变生产对象的尺寸、形状、性能(包括物理性能、化学性能、力学性能等)以及相对位置关系的过程,统称为工艺过程。工艺过程又可分为铸造、锻造、冲压、焊接、热处理、机械加工、质量检验、装配等工艺过程,本章只介绍机械加工工艺过程和装配工艺过程,铸造、锻造、冲压、焊接、热处理等工艺过程由本书的《材料成形分册》介绍。

工艺过程是生产过程的重要组成部分,其中零件的加工是通过采取合理有序的各种加工方法,逐步改变毛坯的形状、尺寸、相对位置和性能使其成为合格零件的过程。该过程称为加工工艺过程。

机械加工工艺过程是由若干个按一定顺序排列的工序组成。

1) 工序

工序是指一个或一组工人,在一个工作地对同一个或同时对几个工件所连续完成的那一部分工艺过程。划分工序的主要依据是工作地点是否改变和加工是否连续。这里所说的连续,是指工序内的工作需连续完成,不能插入其他工作内容或者阶段性加工。

工序是组成工艺过程的基本组成单元,也是制订生产计划、进行经济核算的基本计算单元。工序又可细分为安装、工位、工步、走刀等组成部分。

零件的材料、结构特点、精度要求、技术条件、生产类型及工厂的具体生产条件的不同,所制订的工艺过程就不同。图 6.1 所示为 JZQ-250 型减速器阶梯轴,在单件小批生产中,需经过表 6.1 所示的三道工序,在大批量生产中则需要八道工序完成(见表 6.2)。可见,不同的生产批量,就有不同的工艺过程。

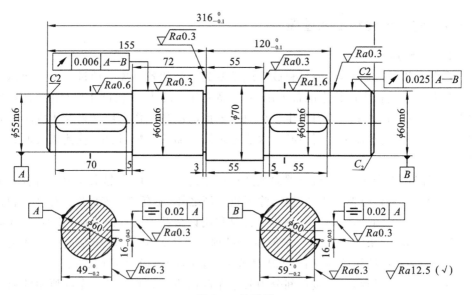

图 6.1　阶梯轴

表 6.1　单件小批生产的加工工艺过程

工序	工序内容	设备
1	车端面,钻中心孔,粗、精车外圆,切退刀槽和倒角	车床
2	铣键槽、去毛刺	立式铣床
3	磨削 $\phi 60$、$\phi 55$ 外圆到规定尺寸	外圆磨床

表 6.2　大量生产时的加工工艺过程

序号	工 序 内 容	设备	序号	工 序 内 容	设备
1	铣两端面,钻中心孔	专用机床	5	磨削 $\phi60$、$\phi55$ 外圆到规定尺寸,去毛刺	磨床
2	粗车各外圆、端面,倒角	车床	6	划键槽加工线	钳工台
3	调质处理	热处理炉	7	铣键槽	铣床
4	精车各外圆	车床	8	去毛刺	钳工台

2）安装

安装是指工件(或装配单元)通过一次装夹后所完成的那一部分工序。在一道工序中,工件可能被装夹一次或多次,才能完成加工。如大批生产阶梯轴时,表 6.2 中的工序 2 和工序 4 均需经过两次安装才能完成,而单件小批生产时,表 6.1 中的工序 1 则需要多次装夹才能完成。

工件在加工中,应尽量减少装夹的次数,因为每一次装夹,都需要装夹时间,还会产生装夹误差。

3）工位

工位是指在一次装夹中,工件在机床上所占的每个位置上所完成那一部分工序内容。表 6.2 中的工序 1 铣端面、钻中心孔就是两个工位。工件装夹后先铣两端面,即工位 1,然后再钻中心孔,即工位 2。

为减少工件装夹的次数,常采用各种回转工作台、回转夹具或移动夹具,使工件在一次装夹中先后处于几个不同的位置进行加工。图 6.2 所示为在有分度装置的钻模上加工零件上的四个孔,工件在机床上先后占据四个不同的位置,即装卸、钻孔、扩孔和铰孔,称为四个工位。

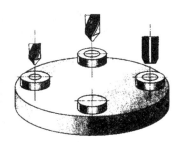

4）工步

工步是指工件在同一工位上,被加工表面、加工

图 6.2　多工位加工

工具和切削用量都不变的情况下,所连续完成的那部分工序,其中任一因素改变后,即构成新的工步。工步是工序的主要组成部分,一个工序可以有几个工步,例如,表 6.1 中的磨削 $\phi60$ mm 和 $\phi55$ mm 两外圆即为两个工步。

为简化工艺文件,对于用同一把刀具对零件上完全相同的几个表面顺次进行加工,且切削用量不变的加工通常都看作一个工步。对在一个工步内,用几把刀具同时加工几个不同表面,也可看作一个工步,称为复合工步。采用复合工步可以提高生产效率。

5）走刀

切削工具在被加工表面上移动一次,切下一层金属的过程称为走刀。如零件被加工表面的加工余量较大,则在一个工步中要分几次走刀。

6.1.2　工艺规程

1. 工艺规程的作用

规定产品或零部件制造工艺过程和操作方法等的工艺文件称为工艺规程。工艺规程是指导生产、组织生产、管理生产的主要工艺文件,是加工、检验、验收、生产调度与安排的主要依据。正因如此,工艺规程在生产中具有法规性效力,必须严格遵守,否则常常会出现废品,或造成原材料、工时的过量消耗,增加生产成本。

基于工艺规程的重要作用,对它的编制要科学、缜密。从技术角度讲,编制的工艺规程必须保证产品能可靠地达到所有规定的技术要求;从经济角度讲,要求产品能在生产设备能力允许的条件下,以尽可能低的成本和最少的时间被制造出来。

机械产品的制造过程是一个复杂过程,需要经过一系列的加工过程和装配过程才能完成。尽管各种机械产品的结构、精度要求等相差很大,但它们的制造工艺存在着许多共同的特征,这些共同的特征取决于产品的生产纲领和生产类型。

2. 生产纲领

生产纲领是企业根据市场需求和自身的生产能力决定的在计划期内应当生产产品的产量和进度计划。计划期常定为一年,所以生产纲领也常称为年产量。

从市场的角度看,产品的生产纲领取决于市场对该产品的需求、企业在市场上所能占有的份额以及该产品在市场上的销售和寿命周期。

零件的生产纲领是根据产品的生产纲领、零件在该产品中的数量,并考虑备品和废品的数量而确定的,可按下式计算:

$$N = Qn(1 + \alpha + \beta) \tag{6.1}$$

式中　N——零件的年产量(件/年);

　　　Q——产品的年产量(台/年);

　　　n——每台产品中,该零件的数量(件/台);

　　　α——备品率(%);

　　　β——废品率(%)。

3. 生产类型

生产组织管理类型(简称生产类型)是企业(或车间、工段、班组、工作地)生产专业化程度的分类。划分生产类型的根据是该工厂的生产纲领。生产批量则是指每一次投入或产出的同一种产品(或零件)的数量。生产批量可根据零件的年产量及一年中的生产批数计算确定。一年的生产批数是根据用户的需要、零件的特征、流动资金的周转、仓库容量等具体确定的。

根据零件的生产批量和结构特点可以将其划分为单件生产、成批生产和大量生产三种类型,其中,成批生产又可分为小批、中批和大批生产三种类型。从工艺特点上看,单件生产与小批生产相似,常合称为单件小批生产,大批生产和大量生产相似,常合称为大批大量生产。生产批量的不同导致企业生产专业化程度的不同。

（1）单件小批生产　单件小批生产是指制造的产品数量不多，生产中各个工作地的加工对象经常发生改变，而且很少重复或不定期重复的生产，如新产品的试制、专用设备的制造等。在单件小批生产时，其生产组织的特点是要能适应产品品种的灵活多变。

（2）中批生产　中批生产是指产品以一定的生产批量成批地投入生产，并按一定的时间间隔周期性地重复生产，如机床、机车、电动机和纺织机械的制造等。在中批生产中采用通用设备和专业设备相结合，以保证其生产组织满足一定的灵活性和生产率的要求。

（3）大批大量生产　大批大量生产是指产品的产量很大，大多数工作地按照一定的生产节拍（在流水生产中，相继完成两件制品之间的时间间隔）长期进行某种零件的某一工序的重复加工，如标准件、汽车、拖拉机、自行车、缝纫机和手表的制造等。在大批大量生产时，广泛采用自动化专用设备，按工艺顺序进行自动线或流水线方式组织生产，生产组织形式的灵活性较差。

生产类型的具体划分可根据生产纲领和零件的特征或工作地每月担负的工序数确定。表 6.3 给出了各种生产类型的划分。

表 6.3　各种生产类型的划分

生产类型	生产纲领（台/年或件/年）			工作地每月担负的工序数（工序数/月）
	小型机械或轻型零件	中小型或中型零件	重型机械或重型零件	
单件生产	≤100	≤10	≤5	不做规定
小批生产	>100～500	>10～150	>5～100	>20～40
中批生产	>500～5000	>150～500	>100～300	>10～20
大批生产	>5000～50000	>500～5000	>300～1000	>1～10
大量生产	>50000	>5000	>1000	1

注：小型机械、中型机械和重型机械可分别以缝纫机、机床和轧钢机为代表。

根据上述划分生产类型的方法可以发现，同一企业或车间可能同时存在几种类型的生产，应根据企业或车间中占主导地位的工艺过程的性质来判断企业或车间的生产类型。

4. 工艺特征

生产类型不同，产品和零件的制造工艺、所用设备及工艺装备、采取的技术措施、达到的技术经济效果等也不同。各种生产类型的工艺特征如表 6.4 所示。

在制订零件机械加工工艺规程时，应先确定生产类型，再分析该生产类型的工艺特征，以使所制订的工艺规程正确合理。

表 6.4　各种生产类型的工艺特征

工艺特征	生产类型		
	单件小批	中批	大批大量
零件的互换性	缺乏互换性,多用于钳工修配	大部分具有互换性,装配精度要求高时,灵活运用分组装配法,同时还保留某些修配法	具有广泛的互换性,少数装配精度较高处,采用分组装配法和调整法
毛坯的制造方法与加工余量	木模手工造型或自由锻造,毛坯精度低,加工余量大	部分采用金属型铸造或模锻,毛坯精度和加工余量中等	广泛采用金属型造型、模锻或其他高效方法,毛坯精度高,加工余量小
机床设备及其布置形式	通用机床按机床类别采用机群式布置	部分通用机床和专用机床,按工件类别分工段排列设备	广泛采用高效专用机床及自动机床,按流水线和自动线排列设备
工艺装备	大多采用通用夹具、标准附件、通用刀具和万能量具,靠划线和试切法达到精度要求	广泛采用夹具、部分靠找正装夹达到精度要求,较多采用专用刀具和量具	广泛采用专用高效夹具、复合刀具、专用量具或自动检验装置,靠调整法达到精度要求
对工人的技术要求	需要技术水平较高的工人	需要一定技术水平的工人	对调整工的技术水平要求高,对操作工人的技术水平要求较低
工艺文件	有工艺过程卡,关键工序要工序卡	有工艺过程卡,关键零件要工序卡	有工艺过程卡和工序卡,关键工序要调整卡和检验卡
成本	较高	中等	较低

6.1.3　机械加工工艺规程的编制

1. 制订机械加工工艺规程的原则

工艺规程设计的原则是:在保证产品质量的前提下,应尽量提高生产效率和降低成本。应在充分利用本企业现有生产条件的基础上,尽可能采用国内外先进的工艺技术和经验,并保证有良好的劳动条件。工艺规程应正确、完整、统一和清晰,所用术语、符号、计量单位、编号等都要符合相应标准。

制订零件的机械加工工艺规程时,必须具备下列原始资料:

① 产品的装配图和零件图;

② 产品的验收质量和验收标准;

③ 产品的生产纲领;

④ 零件毛坯的生产条件或协作关系;

⑤ 工厂现有年产条件和资料;

⑥ 国内外同类产品的生产情况。

2. 制订机械加工工艺规程的步骤及内容

① 分析零件工作图和产品装配图,明确该零件在部件或总成中的位置、功用和结构特点,了解零件技术条件制订的依据,找出其主要技术要求和技术关键问题,以便在制订工艺规程时采取措施予以保证。

② 对零件图和装配图进行工艺审查,在此基础上,进一步检查零件图上的视图、尺寸、表面粗糙度、表面形状和位置公差等是否标注齐全,各项技术要求是否合理,并审查零件结构的工艺性。

③ 根据产品的生产纲领确定零件的生产类型。

④ 确定毛坯的种类及其制造方法,根据毛坯的种类确定机械加工前的预先热处理工艺等。

⑤ 选择定位基准,这是制订工艺规程的重要内容,一般需要提出几个方案进行分析比较。

⑥ 拟订工艺路线。工艺路线是指从毛坯制造开始经机械加工、热处理、表面处理生产出产品、零件所经过的工艺流程,是工艺规程的总体布局,主要任务是选择各个表面的加工方法和加工方案,确定各个表面的加工顺序以及工序集中与工艺分散的程度。

⑦ 确定各工序所用机床设备和刀具、夹具、量具、辅具等,对需要改装或重新设计的专用工艺装备要提出设计任务书。

⑧ 确定各工序的余量,计算工序尺寸和公差。

⑨ 确定各工序的切削用量和时间定额。

⑩ 确定各工序的技术要求和检验方法。

⑪ 进行方案对比和经济技术分析,确定最佳工艺方案。

⑫ 按要求规范填写工艺文件。

3. 机械加工工艺规程的格式

机械加工工艺规程的各项内容通常用文字或表格形式来表达。常用的有工艺过程卡片、工艺卡片和工序卡片三种格式。

1) 工艺过程卡片

工艺过程卡片是以工序为单位简要说明零部件的机械加工过程的一种工艺文

件。该卡片是编制其他工艺文件的基础，也是生产准备、编制作业计划和组织生产的依据。一般用于在单件小批生产中直接指导操作。其格式如表 6.5 所示。

表 6.5　机械加工工艺过程卡片

单位名称	机械加工工艺过程卡片	产品名称及型号		零件名称		零件图号			
		材料	名称	毛坯	种类	零件重量/kg	毛重		第　页
			牌号		尺寸		净重		共　页
			性能	每料件数		每台件数		每批件数	
工序号	工序内容			加工车间	设备名称编号	工艺装备名称及编号			技术要求	时间定额/min	
						夹具	刀具	量具		单件	准备终结
更改内容											
编制		抄写		校对		审核		批准			

2) 工艺卡片

工艺卡片是按零部件的某一工艺阶段编制的一种工艺文件。它以工序为单位，详细说明零部件在某一工艺阶段中的工序号、工序名称、工序内容、工艺参数、操作要求以及所采用的设备和工艺装备等。该卡片是指导工人生产和帮助技术人员掌握零件加工过程的一种主要工艺文件，广泛用于成批生产的零件和重要零件的单件生产中。其格式如表 6.6 所示。

表 6.6　机械加工工艺卡片

单位名称	机械加工工艺卡片	产品名称及型号		零件名称			零件图号			
		材料	名称	毛坯	种类	零件质量/kg	毛重		第　页	
			牌号		尺寸		净重		共　页	
			性能	每料件数		每台件数	每批件数			

工序号	工序内容	同时加工零件数量	切削用量				设备名称及编号	工艺装备名称及编号			技术等级	工时定额/min	
			切削深度	切削速度	转速或往复次数	进给量		夹具	刀具	量具		单件	准备终结
更改内容													
编制		抄写		校对			审核		批准				

3) 工序卡片

工序卡片是在工艺过程卡片或工艺卡片基础上按每道工序编制的一种工艺文件。一般附有工序简图,并详细说明该工序中每个工步的加工内容、工艺参数、操作要求以及所用设备和工艺装备等,多用于大批大量生产及重要零件的成批生产。其格式如表 6.7 所示。

表 6.7　机械加工工序卡片

单位名称	机械加工工序卡片	产品名称及型号	零件名称	零件图号	工序名称	工序号	第　页
			车间	工段	材料名称	材料牌号	力学性能
			同时加工件数	每料件数	技术等级	单位时间/min	准备—终结时间
（工序简图）			设备名称	设备编号	夹具名称	夹具编号	切削液
			更改内容				

工步号	工步内容	计算数据/mm				切削用量			工时定额			刀具量具及辅助工具				
		直径或长度	走刀长度	单边余量	走刀次数	切削深度	进给量	转速或双行程数	切削速度	基本时间	辅助时间	布置工作地时间	工具号	名称	规格	编号	数量

编制		抄写		校对		审核		批准	

6.1.4　零件结构工艺性

结构工艺性是指在满足使用要求的前提下,制造、维修的可行性和经济性。零件可以采用不同的工艺方法来制造,每种工艺方法都具有该工艺方法特点所决定的评定零件结构工艺性的依据。如何来分析用机械加工工艺方法制作的零件的结构工艺性呢? 归纳起来,可从以下几个方面来分析:

① 零件应由一些简单或者有规律的表面,如平面、回转面、螺旋面、渐开线面等组成,应避免奇异无规律的表面,否则将给加工带来困难。

② 零件表面的有关尺寸应标准化和规格化。例如,孔、螺纹、轴径等的尺寸已标准化、规格化,可以采用标准刀具加工,也便于与标准件配合和便于加工、装配及用户的使用。

③ 零件有关表面形状应与加工刀具形状相适应,否则将增加加工难度。

④ 尽量减小加工面积,既减小了加工工作量,又保证接触良好。

⑤ 零件的结构应保证加工时刀具的引进和退出。

⑥ 零件的结构应能尽量减少加工时的装夹以及换刀次数。

⑦ 不需要加工的毛坯表面不要设计成加工面,要求不高的面不要设计成精度高、表面粗糙度小的表面。

⑧ 应能定位准确,夹紧可靠,便于加工,便于测量。

表 6.8 列出了一些零件机械加工工艺性对比的例子,供参考。

表 6.8　零件机械加工工艺性对比的实例

工艺性内容	不合理的结构	合理的结构	说　　明
1. 加工面积应尽量小			1. 减少加工量; 2. 减少刀具及材料的消耗量
2. 钻孔的入端和出端应避免斜面			1. 避免钻头折断; 2. 提高生产效率; 3. 保证精度
3. 槽宽应一致			1. 减少换刀次数; 2. 提高生产效率

工艺性内容	不合理的结构	合理的结构	说　　明
4. 键槽布置在同一方向			1. 减少调整次数； 2. 保证位置精度
5. 孔的位置不能距壁太近		$S>D/2$	1. 可以采用标准刀具； 2. 保证加工精度
6. 槽的底面不应与其他加工面重合			1. 便于加工； 2. 避免损伤加工表面
7. 螺纹根部应有退刀槽			1. 避免损伤刀具； 2. 提高生产效率
8. 凸台表面应位于同一平面上			1. 生产效率高； 2. 易保证精度
9. 轴上两相接精加工表面间应设刀具越程槽			1. 生产效率高； 2. 易保证精度

6.2　定位基准的选择

6.2.1　基准的概念及分类

在零件图上或实际零件上,必须根据一些指定的点、线、面来确定另一些点、线、面的位置关系。用以确定其他点、线、面的位置所依据的那些点、线、面称为基准。根据其功用的不同,可分为设计基准、工艺基准两大类。

1. 设计基准

在零件图上用以确定其他点、线、面位置的基准,称为设计基准。如图 6.3a 所示的轴承套零件图,轴线是各外圆表面的设计基准,端面 A 是 B 面和 C 面的设计基准,由于 $\phi50$ mm 外圆表面、端面 B 是轴承套在箱体上的装配基准,故 $\phi50$ mm 中心线是内孔 $\phi30$ mm 的设计基准,B 面是 D 面的设计基准。同样,在图 6.3b 所示的齿轮坯零件图中,由于齿轮的端面 G、内孔 $\phi20$ mm 是齿轮在轴上的装配基准,如图 6.3d 所示,故端面 G 是另一端面的设计基准,内孔是外圆的设计基准。

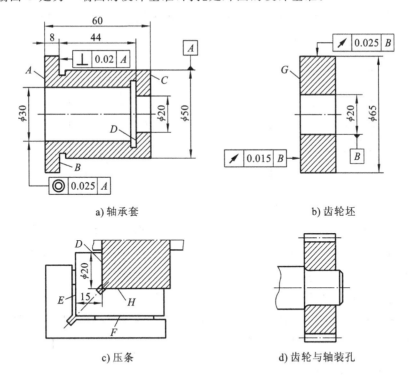

a) 轴承套　　　　　　　　　b) 齿轮坯

c) 压条　　　　　　　　　d) 齿轮与轴装孔

图 6.3　零件上的基准示例

2. 工艺基准

零件在加工、测量、装配等工艺过程中使用的基准统称工艺基准。工艺基准又可分为:

（1）装配基准　　装配基准是指在零件或部件装配时用来确定它在机器中相对位置的基准。

（2）测量基准　　测量基准是指用来测量工件已加工表面尺寸及位置所依据的基准。如图 6.3a 所示，端面 A 是检验长度尺寸"60"和"8"的测量基准。又如图 6.3b 所示的齿轮坯，内孔 $\phi20$ mm 是检验外圆 $\phi65$ mm 的径向跳动、端面 G 的端面跳动的测量基准。

（3）工序基准　　工序基准是指在工序图中用来确定本工序被加工表面加工后的尺寸、形状、位置所依据的基准。所标注的加工面的位置尺寸称为工序尺寸。工序基准也可以看作工序图中的设计基准。如图 6.4 所示，C 面的位置由尺寸 L_1 确定，其设计基准是 B 面，但加工时由于加工工艺需要，按尺寸 L_2 加工，则 L_2 为本工序的工序尺寸，A 面为 C 面的工序基准。

（4）定位基准　　定位基准是指用来确定工件在机床上或夹具中正确位置所依据的基准。如轴类零件的中心孔就是车、磨工序的定位基准。在图 6.5 所示的阶梯轴的加工中，用自定心卡盘装夹，则大端外圆的轴线为径向的定位基准，A 面即为加工端面保持轴向尺寸 b、c 的定位基准。又如图 6.3c 为铣削压条零件台阶面 H 面和 D 面，定位基准分别为 F 面和 E 面。

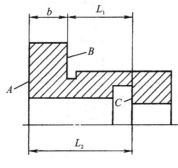

图 6.4　工序基准示例

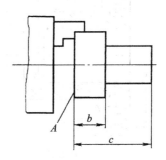

图 6.5　定为基准示例

作为基准的点、线、面有时在工件上并不一定实际存在，例如孔和轴的轴线（图 6.3a、b 所示的轴线是内孔和外圆的径向基准）、某两面之间的对称中心面等。在定位时是通过有关具体表面起定位作用的，这些表面称定位基面。例如，在车床上用顶尖拨盘安装一根长轴，实际的定位表面（基面）是顶尖的锥面，但它体现的定位基准是这根长轴的轴线。因此，选择定位基准，实际上即是选择恰当的定位基面。

6.2.2　定位基准的选择原则

定位基准的选择，是拟订机械加工工艺过程的关键步骤，正确选择定位基准，直接影响零件的加工精度能否保证，影响加工顺序的安排以及夹具结构的复杂程度等，对提高产品加工质量和生产效率、降低成本具有重要意义。

　　根据定位基面表面状态,定位基准可分为粗基准和精基准。凡是以未经过机械加工的毛坯表面作定位基准的,称为粗基准。粗基准往往在第一道工序第一次装夹中使用。在随后的工序中,用加工过的表面作定位基准的,则称为精基准。精基准和粗基准的选择原则是不同的。

1. 粗基准的选择

　　选择粗基准主要考虑的是如何保证加工表面与不加工表面之间的位置和尺寸要求,保证加工表面的加工余量均匀和足够,以及减少装夹次数等。具体原则有以下几方面:

　　① 若零件必须首先保证某重要表面的加工余量均匀,则应选该表面为粗基准。如图 6.6 所示车床床身导轨面加工,不仅要求精度高,而且要求耐磨。在铸造床身确定浇注位置时,应保证导轨面表面层的金属组织细致、均匀,无气孔、夹渣等缺陷。加工时应选择导轨面作粗基准加工床脚平面,再以床脚平面为精基准加工导轨面。反之,会使导轨面的加工余量大而不均匀,降低导轨面的耐磨性。

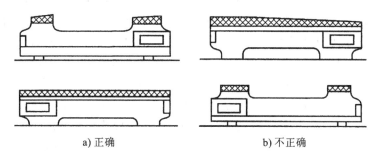

a) 正确　　　　　　　　　　　　　　b) 不正确

图 6.6　床身导轨面加工粗基准选择的两种方案比较

　　② 如果零件上有一个不需加工的表面,在该表面能够被利用的情况下,为了保证不加工表面与加工表面之间的相对位置要求,应选择该表面作粗基准。如图 6.7 所示,若要求壁厚均匀,应选不加工的外圆面为粗基准来镗孔。如果零件上有几个不需要加工的表面,应选择其中与加工表面有较高位置精度要求的不加工表面作为第一次装夹的粗基准。

　　③ 如果零件上所有表面都需机械加工,为保证各表面都有足够的加工余量,应选择加工余量最小的毛坯表面作粗基准。如图 6.8 所示阶梯轴锻造毛坯,应选小端外圆面作粗基准。

　　④ 同一尺寸方向上,粗基准只能用一次。这是因为,粗基准是毛坯表面,在两次以上的安装中重复使用同一粗基准,这两次装夹所加工的表面之间会产生较大的位置误差。

　　⑤ 粗基准要选择平整、光滑,没有浇口、冒口或飞边且面积较大的表面。

2. 精基准的选择

　　选择精基准时,主要应考虑如何保证加工表面之间的位置精度、尺寸精度和装夹

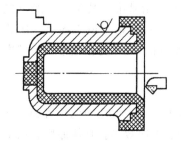

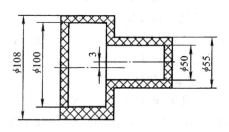

图 6.7　以不加工表面作为粗基准　　　　图 6.8　阶梯轴粗基准的选择

方便,其主要原则有基准重合原则、基准统一原则、互为基准原则、自为基准原则等。

1）基准重合原则

选择设计基准作本道加工工序的定位基准,也就是说,尽量使定位基准与设计基准相重合,谓之基准重合原则。这样可避免因基准不重合而引起的定位误差。在对加工面的位置尺寸和位置关系有决定性影响的工序中,特别是当位置精度要求很高时,一般不应违反这一原则。否则,将由于存在基准不重合误差,精度难以保证。

图 6.9 所示为设计基准与定位基准的关系。活塞销孔轴线垂直方向的设计基准是活塞顶面 A(见图 6.9a)。镗削活塞销孔时,选择顶面 A 作定位基准,能直接保证工序尺寸 a 的精度,即遵循了基准重合原则。为简化夹具结构,采用活塞裙部的止口端面 B 定位(见图 6.9b),当用调整法加工时,直接保证的是尺寸 c,而设计要求是尺寸 a,两者不同。这时,尺寸 a 只能通过控制尺寸 c 和尺寸 b 来间接保证。控制尺寸 c 和尺寸 b 就是控制它们的误差变化范围。设尺寸 c 和尺寸 b 可能的误差变化范围分别为它们的公差值 T_c 和 T_b。当调整好镗杆的位置后,加工一批活塞上的销孔,则尺寸 a 可能的误差变化范围为

$$a_{\max} = b_{\max} \quad c_{\min}, \quad a_{\min} = b_{\min} - c_{\max}$$

将上两式相减,得

$$a_{\max} - b_{\min} = (b_{\max} - b_{\min}) + (c_{\max} - c_{\min})$$

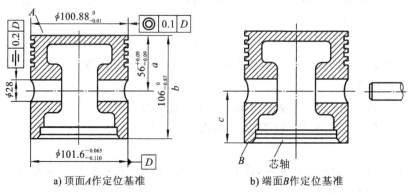

a) 顶面A作定位基准　　　　　　b) 端面B作定位基准

图 6.9　设计基准与定位基准的关系

即
$$T_a = T_b + T_c$$

由此说明：用这种方法加工，尺寸 a 所产生的误差变化范围是尺寸 c 和尺寸 b 误差变化范围的总和。

从上述分析可知：图样上要求的是尺寸 a 和尺寸 b，尺寸 a 直接影响发动机的性能，精度较高；尺寸 b 的精度对发动机的性能没有直接影响，要求不高。两个尺寸是单独要求的，彼此无关。但是，加工时由于定位基准和设计基准不重合，尺寸 a 的加工误差中增加了一个从定位基准到设计基准之间尺寸 b 的误差。这个误差即为基准不重合误差。

应用基准重合原则时，应注意具体条件。定位过程中产生的基准不重合误差，是在用夹具装夹、调整法加工一批工件时产生的。若用试切法加工，每个活塞都可以直接测量尺寸 a，直接保证设计要求，故不存在基准不重合误差。

2）基准统一原则

在零件加工的整个工艺过程中或者有关的某几道工序中尽可能采用同一个（或一组）精基准来定位，谓之基准统一原则。

当零件上的加工表面很多，有多个设计基准时，若要遵循基准重合原则，就会使夹具种类增多、结构差异增大。为了尽量统一夹具的结构，缩短夹具的设计、制造周期及降低夹具的制造费用，可在工件上选一组精基准，或在工件上专门设计一组定位面，以它们作为定位来加工工件上尽可能多的表面，这样就遵循了基准统一原则。

在实际生产中，经常采用的统一基准形式有：

① 轴类零件常使用两顶尖孔作统一基准；

② 箱体类零件常使用一面两孔（一个较大的平面和两个距离较远的销孔）作统一基准；

③ 盘套类零件常使用止口面（一端面和一短圆孔）作统一精基准；

④ 套类零件用一长孔和一止推面作统一精基准。

当采用基准统一原则无法保证加工表面的位置精度时，应先用基准统一原则进行粗加工、半精加工，最后采用基准重合原则进行精加工。这样既保证了加工精度，又充分地利用了基准统一原则的优点。

3）互为基准原则

若两表面间的相互位置精度要求很高，而表面自身的尺寸和形状精度又很高时，可以采用互为基准、反复加工的方法，谓之互为基准原则。如加工精密齿轮时，齿面淬火后需进行磨削，那么应先以齿面定位磨孔，然后再以孔定位磨削齿面，这样不仅可以保证磨齿时的余量小而均匀，而且能使齿面和孔之间达到很高的位置精度。

4）自为基准原则

如果只要求从加工表面上均匀地去掉一层很薄的加工余量时，可采用以加工表面本身作定位基准，谓之自为基准原则。如图 6.10 所示，车床导轨面磨削时，在导轨磨床上，用百分表找正导轨面相对机床运动方向的正确位置，然后磨去小而均匀的一层,以满足对导轨面的质量要求。再如,采用浮动镗削、浮动铰削和珩磨等方法加工孔时,也都是自为基准原则的实例。采用自为基准原则加工只能提高加工表面本身的尺寸精度和形状精度,不能提高加工表面的位置精度。

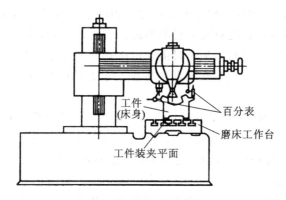

图 6.10   床身导轨面磨削时自为基准定位

除上述四个原则外,选择精基准时,还应考虑所选精基准能使工件定位准确、稳定、夹紧方便可靠、夹具的结构简单、操作方便。

6.3   工艺路线的拟订

拟订工艺路线是工艺规程设计的关键步骤。工艺路线的合理与否,直接影响到工艺规程的合理性、科学性和经济性。通常,要拟订几种可能的工艺路线方案,经分析比较后,选择其中最优的一个。

6.3.1   加工方法的选择

机械零件主要由外圆表面、内圆表面、平面和曲面组成。不同的表面加工方法不同,不同的材料性质、不同的批量,其加工方法也有很大的差异。

表 6.9、表 6.10 和表 6.11 分别摘录了外圆面、平面、孔的加工方法和经济精度(用尺寸公差等级表示)及典型的加工方案,以供参考。

表 6.9   外圆面的加工方案

序号	加工方法	经济精度 (尺寸公差等级)	表面粗糙度 $Ra/\mu m$	备　　注
1	粗车	IT11 以下	12.5～50	适用于淬火钢以外的各种金属的加工
2	粗车—半精车	IT8～IT10	3.2～6.3	
3	粗车—半精车—精车	IT7～IT8	0.8～1.6	
4	粗车—半精车—精车—滚压(或抛光)	IT7～IT8	0.025～0.2	

续表

序号	加 工 方 法	经济精度 （尺寸公差等级）	表面粗糙度 $Ra/\mu m$	备　　注
5	粗车—半精车—磨	IT7～IT8	0.4～0.8	主要适用于淬火钢的加工，但不适用于有色金属的加工
6	粗车—半精车—粗磨—精磨	IT6～IT7	0.1～0.4	
7	粗车—半精车—粗磨—精磨—超精磨	IT5	0.01～0.1	
8	粗车—半精车—精车—精细车（金刚车）	IT6～IT7	0.025～0.4	主要适用于要求较高的有色金属的加工
9	粗车—半精车—粗磨—精磨—超精磨（或镜面磨）	IT5 以上	0.006～0.025	适用于精度极高的外圆的加工
10	粗车—半精车—粗磨—精磨—研磨	IT5 以上	0.006～0.1	

表 6.10　平面的加工方案

序号	加 工 方 法	经济精度 （尺寸公差等级）	表面粗糙度 $Ra/\mu m$	备　　注
1	粗车—半精车	IT11～IT13	3.2～6.3	适用于端面的加工
2	粗车—半精车—精车	IT7～IT8	0.8～1.6	
3	粗车—半精车—磨	IT6～IT8	0.2～0.8	
4	粗刨（或粗铣）	IT11～IT13	6.3～25	适用于一般不淬硬表面（端铣表面粗糙度小）的加工
5	粗刨（或粗铣）—精刨（或精铣）	IT8～IT9	1.6～6.3	
6	粗刨（或粗铣）—精刨（或精铣）—刮研	IT6～IT7	0.1～0.8	适用于精度较高的不淬硬平面的加工，批量较大的宜采用宽刀精刨方案
7	以宽刃精刨代替上述刮研	IT7	0.2～0.8	
8	粗刨（或粗铣）—精刨（或精铣）—磨	IT7	0.02～0.8	适用于精度较高的淬硬平面或不淬硬平面的加工
9	粗刨（或粗铣）—精刨（或精铣）—粗磨—精磨	IT6～IT7	0.025～0.4	

续表

序号	加 工 方 法	经济精度（尺寸公差等级）	表面粗糙度 $Ra/\mu m$	备　注
10	粗铣—拉	IT7～IT9	0.2～0.8	适用于大量生产零件的较小平面（精度视拉刀精度而定）的加工
11	粗铣—精铣—磨—精磨—刮研	IT5 以上	0.006～0.1	适用于高精度平面的加工

表 6.11　孔的加工方案

序号	加 工 方 法	经济精度（尺寸公差等级）	表面粗糙度 $Ra/\mu m$	备　注
1	钻	IT11～IT12	12.5	适用于未淬火钢和铸铁的加工，也适用于有色金属的加工，孔径不大于 15 mm
2	钻—扩	IT9	1.6～3.2	
3	钻—粗铰—精铰	IT7～IT8	0.8～1.6	
4	钻—扩	IT10～IT11	6.3～12.5	适用于未淬火钢和铸铁的加工，也适用于有色金属的加工，孔径大于 15 mm
5	钻—扩—铰	IT8～IT9	1.6～3.2	
6	钻—扩—粗铰—精铰	IT7	0.8～1.6	
7	钻—扩—机铰—手铰	IT6～IT7	0.1～0.4	
8	钻—扩—拉	IT7～IT9	0.1～1.6	适用于大批大量生产零件的加工，精度由拉刀精度而定
9	粗镗（或扩孔）	IT11～IT12	6.3～12.5	适用于除淬火钢以外的各种材料的加工，毛坯上有铸出或锻出的孔
10	粗镗（粗扩）—半精镗（精扩）	IT8～IT9	1.6～3.2	
11	粗镗（粗扩）—半精镗（精扩）—精镗（铰）—浮动镗刀精镗	IT7～IT8	0.8～1.6	
12	粗镗（扩）—半精镗（精扩）—精镗（铰）	IT6～IT7	0.4～0.8	

序号	加 工 方 法	经济精度（尺寸公差等级）	表面粗糙度 $Ra/\mu m$	备　注
13	粗镗（扩）—半精镗—磨孔	IT7～IT8	0.2～0.8	主要适用于淬火钢的加工，也适用于未淬火钢的加工，但不适用于有色金属的加工
14	粗镗（扩）—半精镗—粗磨—精磨	IT6～IT7	0.1～0.2	
15	粗镗（扩）—半精镗—精镗—金刚镗	IT6～IT7	0.05～0.4	主要适用于精度要求较高的有色金属的加工
16	钻—（扩）—粗铰—精铰—珩磨	IT6～IT7	0.025～0.2	适用于精度要求很高的孔的加工
17	钻—（扩）—粗铰—精铰—研磨	IT6 以上	0.006～0.1	

6.3.2　加工阶段的划分

为保证加工质量和合理地使用资源，对零件上精度要求较高的表面，应划分加工阶段来加工，即先安排所有表面的粗加工，再安排半精加工和精加工，必要时安排光整加工。

1. 划分加工阶段的原则

（1）粗加工阶段　粗加工阶段的主要任务是尽快切去各表面上的大部分加工余量，要求生产效率高，可用大功率、刚度大的机床和较大的切削刀具进行加工。

（2）半精加工阶段　在粗加工的基础上，半精加工需完成一些次要表面的终加工，同时为主要表面的精加工准备好基准。

（3）精加工阶段　精加工阶段的主要目标是保证加工质量，达到零件图的要求。

（4）光整加工阶段　对于要求尺寸公差等级在 IT6 以上、表面粗糙度 Ra 在 0.2 μm 以下的表面，还应该增加光整加工阶段，以进一步提高尺寸精度和减小表面粗糙度。

2. 划分加工阶段的目的

（1）保证零件的加工质量　粗加工时，由于切削用量较大，会产生很大的受力变形、热变形，以及内应力重新分布带来的变形，加工误差很大。这些误差可以在半精加工和精加工中得到纠正，保证达到应有的精度和表面粗糙度。

（2）合理安排加工设备和操作工人　设备的精度和生产效率一般成反比。在粗加工时，可以选择生产效率较高的设备，对设备的精度和工人的技术水平要求不高；精加工时，主要应达到零件的精度要求，这时可选用精度较高的设备和较高技术水平的工人。划分加工阶段后，可以充分地发挥各类设备的优点，合理利用资源。

（3）使冷、热加工工序搭配得更合理　粗加工后，内应力较大，应安排时效处理；淬火后，变形较大，且有氧化现象，一般应安排在半精加工之后、精加工之前进行，以便在精加工中消除淬火时所产生的各种缺陷。

此外，划分加工阶段后，能在粗加工中及时发现毛坯的缺陷，如裂纹、夹砂、气孔和余量不足等，根据具体情况决定报废或修补，避免对废品再加工造成浪费。各表面的精加工放在最后进行，还可以防止损伤加工精确的表面。

3. 划分加工阶段应注意的问题

加工阶段的划分也不是绝对的，要根据零件的质量要求、结构特点和生产纲领灵活掌握。例如，对于精度要求不高、余量不大、刚度较大的零件，如年产量不大，可不必严格地划分加工阶段。再如，有些刚度较大的重型零件，由于运输和装夹都很困难，应尽可能在一次装夹中完成粗、精加工；粗加工完成以后，将夹紧机构松开一下，停留一段时间，让工件充分变形，然后用较小的夹紧力夹紧，再进行精加工。

划分加工阶段，是对零件整个机械加工工艺过程而言的，通常是以零件上主要表面的加工来划分，而次要表面的加工穿插在主要表面加工过程之中。在有些情况下，次要表面的精加工是在主要表面的半精加工，甚至是粗加工中就可完成的，而这时并没有进入整个加工过程的精加工阶段；相反，有些小孔，如箱体上轴承孔周围的螺孔，常常安排在精加工之后进行钻削，这对小孔加工本身来讲，仍属于粗加工。这点，在划分加工阶段时应引起注意。

6.3.3　加工顺序的安排

零件的加工顺序包括机械加工工序顺序、热处理先后顺序及辅助工序。在拟订工艺路线时，工艺人员要全面地把三者一起加以考虑。

1. 机械加工工序顺序的安排原则

零件上需要加工的表面很多，往往不是一次加工就能达到要求。表面的加工顺序对基准的选择及加工精度有很大的影响，在安排加工顺序时一般应遵循以下原则：

（1）基准先行　除第一道工序外，必须选择在前面已加工的面作为基准的表面，即从第二道工序开始就必须用精基准作主要定位面。所以，前工序必须为后工序准备好基准。

（2）先粗后精　先安排各表面的粗加工，后安排半精加工、精加工和光整加工，从而逐步提高被加工表面的尺寸精度和表面质量。

（3）先主后次　先安排主要表面的加工，再安排次要表面的加工，次要表面的加工可适当穿插在主要表面的加工工序之间进行。当次要表面与主要表面之间有位置精度要求时,必须将其加工安排在主要表面的加工之后。

(4) 先面后孔　当零件上有平面和孔要加工时,应先加工面,再加工孔。这样,不仅孔的精度容易保证,还不会使刀具引偏。这对于箱体类零件尤为重要。

2. 热处理工序的安排

在制订工艺路线时,应根据零件的技术要求和材料的性质,合理地安排热处理工序。按照热处理的目的,分为预备热处理和最终热处理。

(1) 预备热处理　预备热处理常用的工序有退火、正火、调质、时效等。

① 正火和退火。在粗加工前通常安排退火或正火处理,消除毛坯制造时产生的内应力,稳定金属组织和改善金属的切削性能。例如,对碳质量分数低于 0.5% 的碳钢和低碳合金钢件,应安排正火处理以提高硬度;而对碳质量分数高于 0.5% 的碳钢和合金钢件,应安排退火处理;对于铸铁件,通常采用退火处理。

② 时效处理。时效处理的主要目的是消除毛坯制造和机械加工中产生的内应力。对于形状复杂的大型铸件和精度要求较高的零件(如精密机床的床身、箱体等),应安排多次时效处理,以消除内应力。由于时效处理通常需要较长的时间才能完成,所以在现行的机械加工中,为了节约工时和提高工效,常常采用振动方法来取代时效处理。

③ 调质。调质就是淬火后高温回火。经调质的钢材,可得到较好的综合力学性能。调质可作为表面淬火和化学热处理的预备热处理,也可作为某些硬度和耐磨性要求不高零件的最终热处理。调质处理通常安排在粗加工之后,半精加工之前进行,这也有利于消除粗加工中产生的内应力。

(2) 最终热处理　最终热处理常用的工序有淬火、渗碳、渗氮、表面处理等。

① 淬火。淬火可提高零件的硬度和耐磨性。零件淬火后会出现变形,所以淬火工序应安排在半精加工后、精加工前进行,以便在精加工中纠正其变形。

② 渗碳。对于用低碳钢和低碳合金钢制造的零件,为使零件表面获得较高的硬度及良好的耐磨性,常用渗碳的方法提高表面硬度。渗碳容易产生零件变形,应安排在半精加工和精加工之间进行。

③ 渗氮。渗氮是向零件的表面渗入氮原子的过程。渗氮不仅可以提高零件表面的硬度和改善零件的耐磨性,还可提高零件的疲劳强度和耐蚀性。渗氮层很薄且较脆,故渗氮处理安排应尽量靠后,另外,为控制渗氮时零件变形,应安排去应力处理。渗氮后的零件最多再进行精磨或研磨。

④ 表面处理。表面处理(表面镀层和氧化)可以改善零件的耐蚀性和耐磨性,并使表面美观。通常安排在工艺路线的最后。

零件机械加工的一般工艺路线为:毛坯制造—退火或正火—主要表面的粗加工—次要表面的加工—调质(或时效)—主要表面的半精加工—次要表面的加工—淬火(或渗碳淬火)—修研基准—主要表面的精加工—表面处理。

3. 辅助工序的安排

辅助工序包括检验、去毛刺、清洗、防锈、去磁、平衡等。其中检验工序是主要的辅助工序,对保证加工质量、防止继续加工前道工序中产生的废品,起着重要的作用。除了在加工中各工序操作者自检外,在粗加工阶段结束后、关键工序前后、送往外车间加工前后、全部加工结束后,一般均应安排检验工序。

6.3.4　工序集中与工序分散

工序集中是将零件的加工集中在少数几道工序内完成,每一工序的加工内容较多。其特点是便于采用高生产效率的专用设备和工艺装备,减少工件的装夹次数,缩短辅助时间,可有效地提高生产效率;工序数目少、工艺路线短,便于制订生产计划和生产组织;使用的设备数量少,减少了操作工人和车间面积;在一次装夹中可加工出较多的表面,有利于保证这些表面相互间的位置精度。工序集中时所需设备和工艺装备结构复杂,调整和维修困难,投资大、生产准备工作量大且周期长,不利于转产。

工序分散与工序集中正好相反,它简化了每一工序的内容而增加了工序数目,因此工艺路线长。某些零件因本身结构所限,不便于采用工序集中,应采用工序分散的原则。生产条件限制时,也采用工序分散原则。

拟订工艺路线时,应根据零件的生产类型、产品本身的结构特点、零件的技术要求等来确定采用工序集中还是工序分散原则。一般,批量较小或采用数控机床、多刀、多轴机床,各种高效组合机床和自动机床加工时,常选择工序集中原则;大批大量生产时,常选择工序分散原则。

由于机械产品层出不穷,产品的市场寿命也越来越短,故多呈现中小批量的生产模式。数控加工不但高效,还能灵活适应加工对象的经常变化,因此,随着数控技术的发展,工序集中将成为现代化生产的发展趋势。

6.3.5　加工余量的确定

毛坯尺寸与零件尺寸越接近,毛坯的精度越高,加工余量就越小,虽然加工成本低,但毛坯的制造成本高。零件的加工精度越高,加工的次数越多,加工余量就越大。因此,加工余量的大小不仅与零件的精度有关,还要考虑毛坯的制造方法。

1. 加工余量的概念

加工余量是指某一表面加工过程中应切除的金属层厚度。同一加工表面相邻两工序尺寸之差称为工序余量。而同一表面各工序余量之和称为总余量,也就是某一表面毛坯尺寸与零件尺寸之差,即

$$Z_\Sigma = \sum_{i=1}^{n} Z_i \qquad\qquad (6.2)$$

式中　Z_Σ——总加工余量;

　　　Z_i——第 i 道工序的加工余量;

n——形成该表面的工序总数。

图6.11表示了工序加工余量与工序尺寸的关系。余量是单边余量,它等于实际切除的金属层厚度。

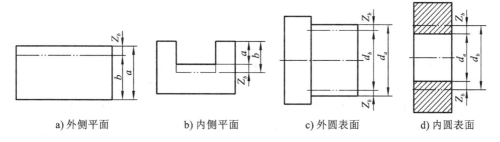

a) 外侧平面　　b) 内侧平面　　c) 外圆表面　　d) 内圆表面

图6.11　加工余量与工序尺寸的关系

对于外圆表面,有

$$Z_b = a - b$$

对于内圆表面,有

$$Z_b = b - a$$

式中　Z_b——直径上的加工余量(公称余量);

a——前工序的工序尺寸;

b——本工序的工序尺寸。

由于毛坯制造和零件加工都有尺寸公差,所以各工序的实际切除量是变动的,即有最大加工余量和最小加工余量,图6.12表明了余量与工序尺寸及其公差的关系。为简单起见,工序尺寸的公差都按"入体原则"标注,即:对于被包容面,工序尺寸的上偏差为零;对于包容面,工序尺寸的下偏差为零;毛坯尺寸的公差一般按双向标注。

2. 影响加工余量的因素

正确规定加工余量的大小是十分重要的。如果加工余量太大,则浪费金属材料、浪费工时、增加工具损耗;若加工余量太小,

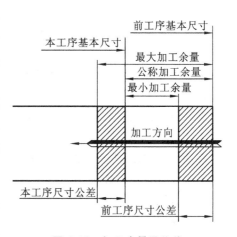

图6.12　加工余量及公差

则不能保证去除金属表面的缺陷,而可能产生废品,有时还会使刀具切在很硬的夹砂表皮上,导致刀具迅速磨损。影响加工余量的因素较多,要保证能切除误差的最小余量应该包括:

① 前工序形成的表面粗糙层深度(H_a)和缺陷层深度(D_a)。表面层金属在切削力和切削热的作用下,其组织和力学性能已遭到破坏,应当切去。表面的粗糙层也应

当切去。

② 前工序的尺寸公差 T_n。前工序加工后表面存在尺寸误差和形状误差,必须切去。

③ 前工序形成的需单独考虑的位置偏差 P_d,如直线度、同轴度、平行度、轴线和端面的垂直度误差等。位置偏差是一项空间误差,具有方向性,需要采用矢量合成,应在本工序进行修正。

④ 本工序的安装误差 ε_b,包括定位误差、夹紧误差及夹具本身的误差,如图 6.13 所示。

自定心卡盘的偏心,使工件轴线偏离主轴旋转轴线 e,造成加工余量不均匀。为确保内孔表面都能磨到,直径上的余量应增加 $2e$。安装误差 ε_b 也是空间误差,与 ρ_a 采用矢量合成。

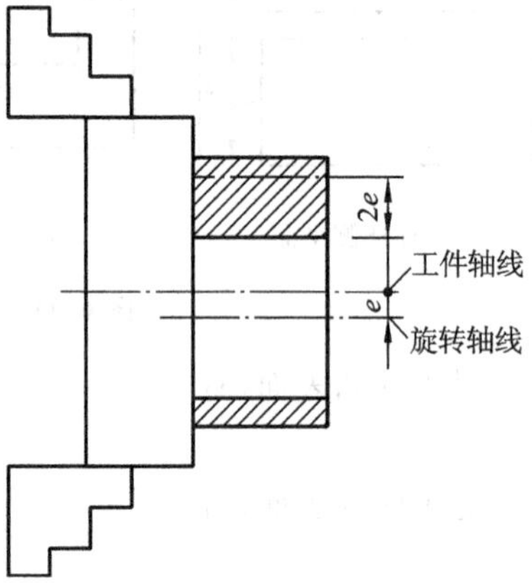

3. 确定加工余量的方法

（1）分析计算法　最小余量的分析计算法按公式进行,最经济合理,但难以获得齐全、可靠的数据资料,目前尚很少应用。

图 6.13　安装误差对加工余量的影响

（2）经验估计法　由工艺人员根据积累的生产经验来确定加工余量。为避免产生废品,所以估计的加工余量一般偏大,常用于单件小批生产。

（3）查表修正法　实际生产中常用的方法是将生产实践和试验研究积累的大量数据列成表格,以便使用时直接查找。该方法应用较广泛,应用的数据可在有关机械加工工艺手册中查取。但需要注意的是,所查取的数据常常未考虑零件热处理变形、机床及夹具在使用中的磨损等具体情况,所以还应根据实际情况加以修正。此外还应注意,所查得的数据是基本值,对称表面的余量是双面的,非对称表面的余量是单面的。

4. 用查表修正法确定工序尺寸和公差

工序尺寸是工件在加工过程中各工序应保证的加工尺寸,工序尺寸的公差,应按各种加工方法的经济精度选定。制订工艺规程的重要内容之一就是确定工序尺寸及其公差。在确定了工序余量和工序所能达到的经济精度后,便可计算出工序尺寸及其公差。

具体步骤如下:①确定加工工艺过程或加工工艺路线;②画出工序尺寸和工序余量分布图;③查表确定各工序的余量和公差数值,最终工序的尺寸和公差应当等于图样规定的尺寸和公差;④顺次向前推算,求得各工序的尺寸和公差。

例 6.1　某车床主轴箱外形尺寸为 400 mm×500 mm,主轴孔的设计尺寸为 $\phi 100 H7(^{+0.035}_{0})$ mm,表面粗糙度 $Ra=0.8\ \mu m$,孔长 50 mm,毛坯尺寸为 $\phi(94\pm1.1)$ mm。试确定主轴孔加工的各工序尺寸及公差。

解　(1)确定加工工艺路线。根据孔的尺寸及精度和表面粗糙度要求,确定加工工艺路线为:粗镗—半精镗—精镗—浮动镗精镗。

(2)画出工序尺寸和工序余量分布,如图 6.14 所示。

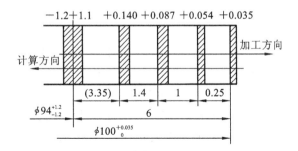

图 6.14　工序尺寸和工序余量分布图

(3)查表,确定工序余量、工序尺寸公差及基本偏差代号,将有关数值填入图中。

$$z_{浮}=0.25 \text{ mm}, \quad \delta_{浮}=0.035 \text{ mm} \qquad \text{H}$$
$$z_{精}=1 \text{ mm}, \quad \delta_{精}=0.054 \text{ mm} \qquad \text{H}$$
$$z_{半}=1.4 \text{ mm}, \quad \delta_{半}=0.087 \text{ mm} \qquad \text{H}$$
$$\delta_{粗}=0.140 \text{ mm} \qquad \text{H}$$
$$z_{毛坯}=6 \text{ mm}, \quad \delta_{毛坯}=2.2 \text{ mm} \qquad \text{Js}(\pm1.1 \text{ mm})$$

(4)计算粗镗工序尺寸,即

$$Z_{粗}=Z_{毛坯}-Z_{浮}-Z_{半}-Z_{精}=(6-0.25-1-1.4)\text{ mm}=3.35 \text{ mm}$$

(5)从最后一道工序向前推算,求出各工序尺寸和公差。

浮动镗　　　　　　　　　　　　$\phi100^{+0.035}_{0}$ mm

精镗　　　　　　　$\phi(100-0.25)^{+0.054}_{0}$ mm$=\phi99.75^{+0.054}_{0}$ mm

半精镗　　　　　　$\phi(99.75-1)^{+0.087}_{0}$ mm$=\phi98.75^{+0.087}_{0}$ mm

粗镗　　　　　　　$\phi(98.75-1.4)^{+0.140}_{0}$ mm$=\phi97.35^{+0.140}_{0}$ mm

毛坯尺寸　　　　　$\phi(97.35-3.35)\pm1.1$ mm$=\phi94.0\pm1.1$ mm

将以上数据列于表 6.12 中。

表 6.12　工序尺寸及其公差

工序名称	工序余量/mm	工序基本尺寸/mm	工序公差/mm	工序尺寸及公差/mm	表面粗糙度 $Ra/\mu\text{m}$
浮动镗	0.25	$\phi100$	H7$(^{+0.035}_{0})$	$\phi100^{+0.035}_{0}$	$>0.4\sim0.8$
精镗	1.0	$\phi99.75$	H8$(^{+0.054}_{0})$	$\phi99.75^{+0.054}_{0}$	$>0.8\sim1.6$
半精镗	1.4	$\phi98.75$	H9$(^{+0.087}_{0})$	$\phi98.75^{+0.087}_{0}$	$>1.6\sim3.2$
粗镗	3.35	$\phi97.35$	H10$(^{+0.140}_{0})$	$\phi97.35^{+0.140}_{0}$	$>3.2\sim12.5$
毛坯	6.0	$\phi94$	Js16(±1.1)	$\phi94\pm1.1$	—

6.4　工艺尺寸链

6.4.1　概述

1. 基本概念

在零件的加工过程和机器的装配过程中,经常会遇到一些相互联系的尺寸组合,这些相互联系且按一定顺序排列的封闭尺寸组合称为尺寸链。在零件的加工过程中,由有关工序尺寸所组成的尺寸链称为工艺尺寸链。

如图 6.15a 表示某阶梯形零件,尺寸 B_1、B_0 在零件图中已经标注,当上下表面加工完毕,要使用表面 M 作定位基准加工表面 N,需要给出尺寸 B_2,以便按该尺寸对刀后用调整法加工 N 面。尺寸 B_2 及公差虽未在零件图中注出,但却与尺寸 B_1、B_0 相互关联。这一联系可用图 6.15b 所示的尺寸链表示出来。

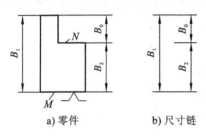

a) 零件　　　　b) 尺寸链

图 6.15　阶梯形零件的尺寸链

在尺寸链中,每一个尺寸称为尺寸链的环,根据其作用不同,尺寸链中的环又可分为:

封闭环,即在尺寸链中最后形成或未标注而间接保证的尺寸称为封闭环。一个尺寸链中,封闭环只能有一个,通常用 A_0 表示。

组成环,即尺寸链中,除去封闭环以外的尺寸统称组成环。

根据组成环对封闭环的影响,组成环又分为:

增环,即在尺寸链中,当其余组成环不变时,将某一环增大(或减小),封闭环也随之增大(或减小),该环称为增环,用 $\vec{A_i}$ 表示。

减环,即在尺寸链中,当其余组成环不变时,将某一环增大(或减小),封闭环反而随之减小(或增大),该环称为减环,用 $\overleftarrow{A_i}$ 表示。

2. 工艺尺寸链的建立与分析

用工艺尺寸链来计算工艺尺寸时,正确地建立与分析尺寸链非常重要,如果建立和分析错了,那就一切皆错。因此,要特别注意以下几点:

① 组成尺寸链的尺寸一定是密切相关、相互制约的一组尺寸。不相关的尺寸不属于尺寸链的组成部分。

② 正确地确定封闭环。在尺寸链中,封闭环是最后形成的或者是间接保证的尺寸,而且只有一个。封闭环一定要判断准确,否则计算出的结果将是错误的。

③ 准确判断增环、减环。根据增环、减环对封闭环的影响,当尺寸链的环数较多时,采用回路法来判断,既方便又不容易出错。其方法是:在封闭环上方任给一个方向标出箭头,然后沿箭头指定的方向,由封闭环的一端顺序地在各组成环上方标出箭

头,直到与封闭环另一端封闭为止。凡是箭头方向与封闭环所标的箭头方向相同的组成环即为减环,相反则为增环。准确地确定增环、减环也很重要,否则同样得到错误的结果。如图 6.16 所示的尺寸链,其中 A_0 为封闭环,A_1、A_3、A_5、A_7 的箭头与 A_0 相反,所以为增环,而 A_2、A_4、A_6 的箭头与 A_0 相同,则为减环。

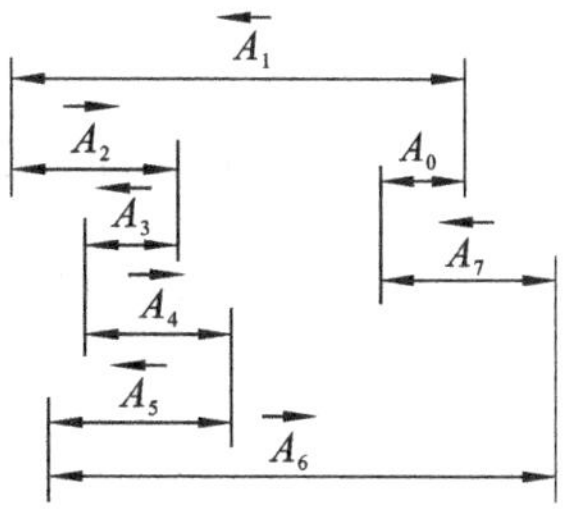

图 6.16　回路法判别增、减环

3. 尺寸链的计算方法

实际生产中,解尺寸链的方法主要是极值法(尤其当尺寸链环数较少的情况下)。极值法又称为极大值极小值解法,这种解法是从最不利的情况出发,即各增环皆为最大值而各减环皆为最小值,或者各增环都是最小值而各减环又都是最大值的情况,来计算封闭环的。用极值法解尺寸链的步骤有基本尺寸的计算,公差的计算,上、下偏差的计算,极限尺寸的计算。

1) 基本尺寸的计算

封闭环的基本尺寸等于各增环的基本尺寸之和减去各减环的基本尺寸之和,即

$$L_0 = \sum_{k=1}^{m} \vec{L}_k - \sum_{k=m+1}^{n-1} \overleftarrow{L}_k \qquad (6.3)$$

式中　L_0——封闭环的基本尺寸;

$\displaystyle\sum_{k=1}^{m} \vec{L}_k$——所有增环基本尺寸之和;

$\displaystyle\sum_{k=m+1}^{n-1} \overleftarrow{L}_k$——所有减环基本尺寸之和。

2) 公差的计算

封闭环的公差等于所有组成环公差之和,即

$$T_0 = \sum_{k=1}^{m} \vec{T}_k + \sum_{k=m+1}^{n-1} \overleftarrow{T}_k = \sum_{k=1}^{n-1} T_k \qquad (6.4)$$

式中　T_0——封闭环的公差;

$\displaystyle\sum_{k=1}^{m} \vec{T}_k$——所有增环的公差值之和;

$\displaystyle\sum_{k=m+1}^{n-1} \overleftarrow{T}_k$——所有减环公差值之和;

$\displaystyle\sum_{k=1}^{n-1} T_k$——所有组成环的公差之和。

3) 上、下偏差的计算

封闭环的上偏差等于所有增环上偏差之代数和减去所有减环的下偏差之代数和,即

$$ES_0 = \sum_{i=1}^{m} \overrightarrow{ES}_i - \sum_{j=m+1}^{n-1} \overleftarrow{EI}_j \tag{6.5}$$

式中　ES_0——封闭环的上偏差；

$\sum\limits_{i=1}^{m} \overrightarrow{ES}_i$——所有增环上偏差之代数和；

$\sum\limits_{j=m+1}^{n-1} \overleftarrow{EI}_j$——所有减环下偏差之代数和。

封闭环的下偏差等于所有增环的下偏差之代数和减去所有减环的上偏差之代数和，即

$$EI_0 = \sum_{i=1}^{m} \overrightarrow{EI}_i - \sum_{j=m+1}^{n-1} \overleftarrow{ES}_j \tag{6.6}$$

式中　EI_0——封闭环的下偏差；

$\sum\limits_{i=1}^{m} \overrightarrow{EI}_i$——所有增环下偏差之代数和；

$\sum\limits_{j=m+1}^{n-1} \overleftarrow{ES}_j$——所有减环上偏差之代数和。

4）极限尺寸的计算

封闭环的最大极限尺寸等于封闭环的基本尺寸与封闭环的上偏差之代数和，即

$$L_{0max} = L_0 + ES_0$$

封闭环的最小极限尺寸等于封闭环的基本尺寸与封闭环下偏差之代数和，即

$$L_{0min} = L_0 + EI_0 \tag{6.7}$$

也可表述为：封闭环的最大极限尺寸等于所有增环最大极限尺寸之和减去所有减环最小极限尺寸之和；封闭环的最小极限尺寸等于所有增环的最小极限尺寸之和减去所有减环的最大极限尺寸之和。

6.4.2　几种尺寸链的分析解法

1. 定位基准与设计基准不重合时的尺寸换算

在零件加工过程中，有时为方便定位或加工，选择不是设计基准的几何要素作定位基准。在这种定位基准与设计基准不重合的情况下，需要通过尺寸换算，改注有关工序尺寸及公差，并按换算后的工序尺寸及公差加工，以保证零件的原设计要求。

例 6.2　图 6.17a 所示为一设计图样的简图，图 6.17b 所示为相应的零件尺寸链。A、B 两平面已在上一工序中加工好，且保证了工序尺寸 $50_{-0.016}^{0}$ mm 的要求。本工序中采用 B 面定位来加工 C 面，需按尺寸 A_2 来调整机床。C 面的设计基准是 A 面，与其定位基准不重合，故需进行尺寸换算。

解　（1）确定封闭环。设计尺寸 $20_{0}^{+0.33}$ mm 是本工序加工后间接保证的，故为封闭环 A_0。

（2）查明组成环。根据组成环的定义尺寸 A_1 和 A_2 均对封闭环产生影响，故 A_1、

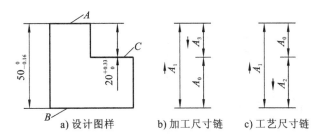

图 6.17　定位基准与设计基准不重合时的尺寸换算

A_2 为该尺寸链的组成环。

（3）绘制尺寸链图及判别增环、减环。工艺尺寸链如图 6.17c 所示，其中 A_1 为增环，A_2 为减环。

（4）计算工序尺寸及偏差。由式(6.3)，有

$$L_0 = \overrightarrow{L_1} - \overleftarrow{L_2}$$

得

$$\overleftarrow{L_2} = \overrightarrow{L_1} - L_0 = (50 - 20)\ \text{mm} = 30\ \text{mm}$$

由式(6.5)，有

$$\text{ES}_0 = \text{ES}\overrightarrow{A_1} - \text{EI}\overleftarrow{A_2}$$

得

$$\text{EI}\overleftarrow{A_2} = \text{ES}\overrightarrow{A_1} - \text{ES}_0 = (0 - 0.33)\ \text{mm} = -0.33\ \text{mm}$$

由式(6.6)，有

$$\text{EI}_0 = \sum \text{EI}_i - \sum \text{ES}_j = \text{EI}\overrightarrow{A_1} - \text{ES}\overleftarrow{A_2}$$

得

$$\text{ES}\overleftarrow{A_2} = \text{EI}\overrightarrow{A_1} - \text{EI}_0 = (-0.16 - 0)\ \text{mm} = -0.16\ \text{mm}$$

故工序尺寸为

$$A_2 = 30^{-0.16}_{-0.33}\ \text{mm}$$

（5）验算。根据题意及工艺尺寸链图可知增环的公差为 0.16 mm，封闭环的公差为 0.33 mm，由计算知工序尺寸(减环)的公差为 0.17 mm。根据公式

$$T_0 = T(\overrightarrow{A_1}) + T(\overleftarrow{A_2})$$

得

$$0.33\ \text{mm} = (0.16 + 0.17)\ \text{mm}$$

故计算正确。

2. 测量基准与设计不重合时的尺寸换算

在加工中，有时某些加工表面的设计尺寸不便测量，需要在工件上另选容易测量的测量基准。因此，要求通过对该测量尺寸的控制，能够间接保证原设计尺寸的精度。这就产生了测量基准与设计基准不重合时测量尺寸及其公差的换算问题。

例 6.3　某套筒零件设计尺寸如图 6.18 所示，加工时，测量尺寸 $10^{\ 0}_{-0.36}$ mm 较困难，而采用深度游标尺直接测量大孔的深度则较为方便，于是尺寸 $10^{\ 0}_{-0.36}$ mm 就成了被间接保证的封闭环 A_0，A_1 为增环，A_2 为减环。为了间接保证 A_0，需进行尺寸换算，确定 A_2 尺寸及其偏差。

解　（1）求尺寸 A_2 的基本尺寸。由式(6.3)，有

$$10 = 50 - L_2$$

$$L_2 = 40\ \text{mm}$$

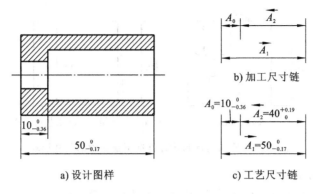

a) 设计图样　　　　　　c) 工艺尺寸链

b) 加工尺寸链

图 6.18　测量基准与设计不重合时的尺寸换算

（2）求尺寸 A_2 的极限偏差。由式（6.5），有

$$0 = 0 - EI\overleftarrow{A}_2$$

$$EI\overleftarrow{A}_2 = 0$$

由式（6.6），有

$$-0.36 = -0.17 - ES\overleftarrow{A}_2$$

$$ES\overleftarrow{A}_2 = +0.19 \text{ mm}$$

故得组成环 A_2 为

$$A_2 = 40^{+0.19}_{0} \text{ mm}$$

3. 余量校核

如上所述，机械加工中，加工余量过大、过小都不合适，因此对所制订的加工余量进行校核并根据需要进行适当调整，是制订机械加工工艺规程必要的工作。调整的主要依据是各工序的加工经济精度、操作人员的技术水平及现场测量条件等。

例 6.4　如图 6.19a 所示的套筒，其轴向尺寸 30 ± 0.02 mm 的工艺过程为：

① 车端面 A，在 B 处切断，保证两端面距离尺寸为 $L_1 = (31\pm0.1)$ mm；

② 以 A 面定位精车 B 面，保证两端面距离尺寸为 $L_2 = (30.4\pm0.05)$ mm，精车

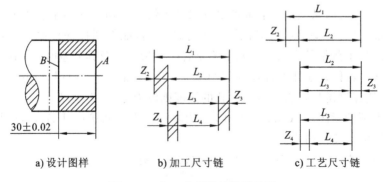

a) 设计图样　　　　b) 加工尺寸链　　　　c) 工艺尺寸链

图 6.19　加工余量校核计算示例

余量为 Z_2；

③ 以 B 面定位磨削 A 面，保证两端面距离尺寸 $L_3 = (30.15 \pm 0.02)$ mm，磨削余量为 Z_3；

④ 以 A 面定位磨削 B 面，保证两端的距离尺寸 $L_4 = (30 \pm 0.02)$ mm，磨削余量为 Z_4。

分别对 Z_2、Z_3、Z_4 进行余量校核。

解　（1）画加工尺寸链联系图如图 6.19b。

（2）分别列工艺尺寸链如图 6.19c。

（3）分析封闭环。在尺寸链中加工余量需由加工前后的实际尺寸间接求得，所以在各工艺尺寸链中加工余量 Z_2、Z_3、Z_4 均为封闭环。

（4）由尺寸链求 Z_2。L_1 为增环，L_2 为减环，根据式（6.3）、式（6.5）、式（6.6），有

$$Z_2 = (31 - 30.4) \text{ mm} = 0.6 \text{ mm}$$

$$\text{ES}_{02} = (0.1 + 0.05) \text{ mm} = +0.15 \text{ mm}$$

$$\text{EI}_{02} = (-0.1 - 0.05) \text{ mm} = -0.15 \text{ mm}$$

则

$$Z_2 = (0.6 \pm 0.15) \text{ mm}$$

（5）求 Z_3。$L_2 = (30.4 \pm 0.05)$ mm 为增环，$L_3 = (30.15 \pm 0.02)$ mm 为减环，有

$$Z_3 = (30.4 - 30.15) \text{ mm} = 0.25 \text{ mm}$$

$$\text{ES}_{03} = (0.05 + 0.02) \text{ mm} = +0.07 \text{ mm}$$

$$\text{EI}_{03} = (-0.05 - 0.02) \text{ mm} = -0.07 \text{ mm}$$

则

$$Z_3 = (0.25 \pm 0.07) \text{ mm}$$

（6）求 Z_4。$L_3 = (30.15 \pm 0.02)$ mm 为增环，$L_4 = (30 \pm 0.02)$ mm 为减环，有

$$Z_4 = (30.15 - 30) \text{ mm} = 0.15 \text{ mm}$$

$$\text{ES}_{04} = (0.02 + 0.02) \text{ mm} = +0.04 \text{ mm}$$

$$\text{EI}_{04} = (-0.02 - 0.02) \text{ mm} = -0.04 \text{ mm}$$

则

$$Z_4 = (0.15 \pm 0.04) \text{ mm}$$

可见，磨削余量偏大，应适当调整。

4. 中间工序尺寸及偏差换算

有些零件的某些设计尺寸不是基准重合得到的，它不仅受到表面最终加工时工序尺寸的影响，还与中间工序尺寸的大小有关，此时应以设计尺寸为封闭环，求得中间工序尺寸的大小和偏差。

例 6.5　如图 6.20a 所示的齿轮内孔，内孔设计尺寸为 $\phi 40^{+0.050}_{0}$ mm，表示键槽深度的设计尺寸为 $46^{+0.30}_{0}$ mm。其加工工艺过程为：①拉孔至 $\phi 39.6^{+0.10}_{0}$ mm；②拉键槽保证尺寸 A；③热处理（略去热处理变形的影响）；④磨孔至图样尺寸 $\phi 40^{+0.050}_{0}$ mm。试计算工序尺寸 A 及其偏差。

解　在上述工艺过程中没有特别指出拉孔和磨孔时所采用的定位基准。略去磨削后孔中心和拉削后孔中心同轴度的误差，可以认为磨削后孔表面和拉削后的孔表

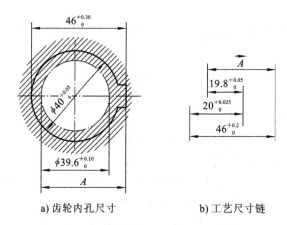

a) 齿轮内孔尺寸　　　　　　　　b) 工艺尺寸链

图 6.20　孔与键槽加工的工艺尺寸链

面是通过它们的中心线发生联系的,以孔半径和中间工序尺寸 A 为组成环。设计尺寸 $46^{+0.30}_{0}$ mm 在磨孔工序中为封闭环,拉削半径 $19.8^{+0.050}_{0}$ mm 为减环,工序尺寸 A 和磨孔半径 $20^{+0.025}_{0}$ mm 为增环。列出的工艺尺寸链如图 6.21b 所示。计算如下:

增环	(45.8	+0.275	+0.050)
	20	+0.025	0
减环	−19.8	0	−0.050
封闭环	46	+0.30	0

故插键槽的工序尺寸 A 及其偏差为 $A=45.8^{+0.275}_{+0.050}$ mm。若按入体原则标注,则 $A=45.85^{+0.225}_{0}$ mm。

6.5　生产效率和经济性

6.5.1　生产效率

　　机械加工的生产效率,是指工人在单位时间内加工出合格零件的数目。工艺过程的基本组成单元是工序,因此评价机械加工的生产效率,主要看各个工序加工的单件工时,即该工序加工完成一个零件所需要的时间,以 $t_{单}$ 表示。$t_{单}$ 由基本时间、辅助时间、服务时间、休息和自然需要时间、准备结束时间等组成。

　　提高生产效率的途径是缩短基本时间、辅助时间、服务时间和准备结束时间。

1. 缩短基本时间

基本时间是指对工件进行切削工作时段所用的时间。

　　(1) 提高切削用量　增大切削速度、进给量和背吃刀量,都可缩短基本时间,但切削用量的提高受到刀具耐用度、机床功率和工艺系统刚度等方面的制约。随着新型刀具材料的出现,切削速度得到了迅速的提高,目前硬质合金车刀的切削速度可达 200 m/min,陶瓷刀具的切削速度达 500 m/min。近年来出现的聚晶人造金刚石和聚晶立方氮化硼刀具切削普通钢材的速度达 900 m/min。在磨削方面,近年来发展的趋势是高速磨削和强力磨削。高速磨床和砂轮磨削速度国内已达 60 m/s,国外已达 90～120 m/s,强力磨削的切入深度已达 6～12 mm,从而使生产效率大大提高。

(2) 减少工件加工长度　采用多刀切削方式,从而缩短了每把刀的实际加工长度。采用宽砂轮磨削,变纵磨为切入法磨削。

(3) 合并工序　图 6.21 所示为用几把刀具对一个零件的几个表面同时加工,或用一把复合刀具对零件的几个表面同时进行加工,可将原来需要的几个工步合并为一个工步,从而使需要的基本时间全部或部分重合,缩短了工序基本时间。

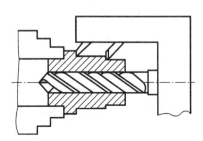

图 6.21　复合刀具的加工

(4) 多件加工　如图 6.22 所示为将多个工件置于一个夹具上同时进行加工。可使各零件加工的基本时间重合而大大减少分摊到每个工件上的基本时间。

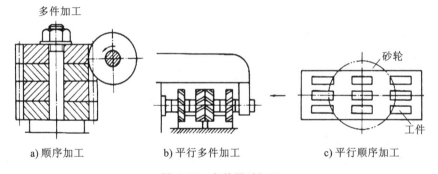

　a) 顺序加工　　　　　b) 平行多件加工　　　　　c) 平行顺序加工

图 6.22　多件同时加工

(5) 采用先进工艺　采用精密铸造、压力铸造、精密锻造等先进工艺提高毛坯制造精度,减少机械加工余量,以缩短基本时间,有时甚至无须进行机械加工,从而大幅度提高生产效率。

2. 缩短辅助时间

辅助时间是指切削加工时所进行的装卸工件、引进或退回刀具、改变机床切削用量、开动或停止机床、对刀、测量检验工件等所花的时间。采用高效夹具,如气动、液动及电动夹具或成组夹具等,不仅缩短了工件的装夹时间,还减轻了操作者的劳动强度。在机床上配备数显装置,可以减少停机测量时间。

3. 缩短服务时间

服务时间是指上班时间内清理切屑、机床补充调整、保养润滑、更换刀具以及磨刀等工作所耗用的时间。采用刀具微调装置、专用对刀样板或对刀块等,可减少刀具的调整、装卸、连接和夹紧等工作所需的时间。缩减每批零件加工前或刀具磨损后的刀具调整或更换时间,提高刀具或砂轮的耐用度以便在一次刃磨或修整后加工更多的零件。采用不重磨刀具也可使换刀时间大大缩短。

4. 缩短准备结束时间

准备结束时间主要包括熟悉图样和工艺文件、领取毛坯材料、安装刀具夹具、调整机床、归还工装、收拾工艺文件和加工现场、送检零件等所用时间。通过提高零件的标准化通用化程度来扩大产品生产批量,以相对减少分摊到每个零件上的准备与结束时间。对于批量较小的生产类型,可采用成组技术生产。采用数控机床、加工中心机床等自动化生产设备不仅可以大大缩短自动调整、自动换刀、自动装夹的时间,从而大大提高机械加工的生产效率。

6.5.2 工艺过程的经济性

在制订零件的机械加工工艺规程时,常常可以拟订出不同的几种工艺方案,这些方案都能满足零件的加工质量要求。这就要对这些方案进行经济性分析,找到最佳的方案。对零件不同的工艺方案进行技术经济分析时,一般通过工艺成本和投资指标的估算加以评定。

1. 生产成本和工艺成本

制造一个产品或零件所必需的一切费用的总和,称为产品或零件的生产成本。生产成本由两大部分费用组成,即工艺成本和其他费用。

工艺成本是与工艺过程直接有关的费用,占生产成本的 $70\% \sim 75\%$,它又包含可变费用和不变费用。

可变费用(V)的组成是:材料费、操作工人工资、机床维持费、通用机床折旧费、刀具维持费、刀具折旧费、夹具维持费、夹具折旧费。它们与年产量(N)直接有关。

不变费用(C)的组成是:调整工人工资、专用机床折旧费、专用刀具折旧费、专用夹具折旧费。它们与年产量(N)无直接关系。因为专用机床、专用工装是专门为某种零件加工所用的,不能用于其他零件,所以它们的折旧费、维持费等是确定的,与年产量无直接关系。

从而,一个零件的全年工艺成本 E(单位为元/年)为

$$E = NV + C$$

2. 工艺成本与年产量的关系

图 6.23 表示全年工艺成本 E 的改变量 ΔE 与年产量 N 的改变量 ΔN 成正比。

图 6.24 表示零件的单件工艺成本 E 与年产量 N 的关系。图中 A 部分表示当年产量 N 很低时,N 略有增大,单件工艺成本就会有显著减小。当 $N=1$ 时,单件工艺成本最高,即 $E=V+C$,随着年产量的增加,不变费用分摊到每个零件上的费用就越来越少,而使得总的单件工艺成本下降。在曲线 C 部分,曲线趋于平缓,说明年产量的变化对单件工艺成本的影响很小。

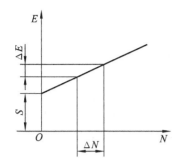

图 6.23　全年工艺成本与年产量的关系

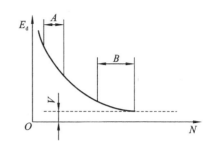

图 6.24　单件工艺成本与年产量的关系

3. 不同工艺方案经济性比较

对不同工艺方案的经济性进行比较,有下列两种情况:

① 若两种工艺方案的基本投资相近或都采用现有设备,则工艺成本即可作为衡量各方案经济性的重要依据。各方案的取舍与生产纲领有很大关系。

② 若两种工艺方案的基本投资相差较大,则必须考虑不同方案的基本投资差额的回收期限。

思考题与习题

6.1　何谓生产过程、工艺过程、工艺路线、工艺规程?

6.2　何谓工序? 划分工序的主要依据是什么?

6.3　何谓安装? 何谓工位? 举两个多工位的实例说明安装与工位的关系。

6.4　何谓工步? 构成工步的要素有哪些? 试将表 6.1 所列的工艺过程各工序正确划分为若干工步。

6.5　何谓生产纲领? 何谓生产类型? 在机械加工中一般分为哪些生产类型? 各种生产类型有何工艺特征?

6.6　举例说明基准的种类及其意义。

6.7　何谓粗基准? 选择粗基准应遵循哪些原则?

6.8　试分析加工轴类零件时,常先加工端面和中心孔的理由。

6.9　试分析剖分式减速机箱体加工时,通常在划线后先加工剖分面的理由。

6.10　精基准的选择应遵循哪些原则?

6.11　当"基准统一"时会不会出现基准不重合误差? 举例说明。

6.12　机械加工为何要划分加工阶段? 何种情况下可以不严格划分加工阶段?

6.13　何谓"工序集中"? 何谓"工序分散"? 何种情况下采用工序集中? 何种情况下采用工序分散?

6.14　试分析下列加工情况下的定位基准:①拉齿坯内孔时;②珩磨连杆大头孔时;③无心磨削活塞销外圆时;④磨削床身导轨面时;⑤用浮动镗刀精镗内孔时;⑥超精加工主轴轴颈时;⑦箱体零件攻螺纹时;⑧用与主轴浮动连接的铰刀铰孔时。

6.15　影响加工余量的因素有哪些?

6.16　何谓零件的结构工艺性?

6.17　如图 6.25 所示零件,若孔及底面 B 均已加工完毕,在加工导轨上平面 A 时,应选择哪个面作为定位基准较合理?试列出两种可能的方案并进行比较。

6.18　何谓工艺尺寸链?何谓封闭环?如何确定封闭环、增环和减环?

6.19　用调整法大量加工如图 6.26 所示主轴箱,镗削主轴孔时平面 A、B 均已加工完毕,且以平面 A 定位,如欲保证设计尺寸 205 ± 0.1 mm,试确定工序尺寸 H 及其偏差。

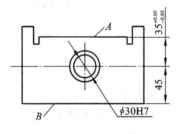

图 6.25　题 6.17 图

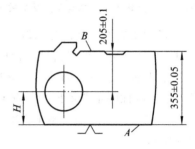

图 6.26　题 6.19 图

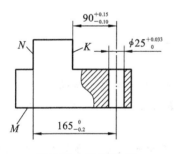

图 6.27　题 6.20 图

6.20　图 6.27 所示的零件,M、N 面及 $\phi25H8$ 孔均已加工,试求:加工 K 面时便于测量的测量尺寸及偏差。

6.21　图 6.28 所示的小轴,其轴向尺寸的加工过程为:① 车端面 A;② 车台阶面 B(保证尺寸 $49.5^{+0.30}_{0}$ mm);③ 车端面 C 以保证总长 $80^{0}_{-0.20}$ mm;④ 热处理;⑤ 钻中心孔;⑥ 磨台阶面 B 以保证尺寸 $30^{0}_{-0.14}$ mm。试校核台阶面 B 的加工余量。

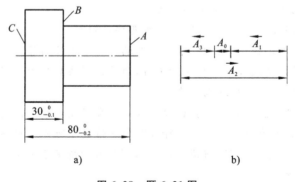

图 6.28　题 6.21 图

6.22　图 6.29 所示为轴套零件,在车床上已加工好外圆、内孔及各面。现需在铣床上铣削右端槽,并保证尺寸 $L_1=6^{+0.105}_{-0.045}$ mm,已知 $L_2=20\pm0.02$ mm,$L_3=50^{0}_{-0.05}$

mm，$L_4 = 10^{+0.01}_{0}$ mm，试计算铣此缺口时的工序尺寸 H 的基本尺寸及极限偏差。

6.23　图 6.30 所示为轴承座零件，$\phi 50^{+0.03}_{0}$ mm 的孔已加工完毕，现欲测量尺寸 75 ± 0.05 mm。由于该尺寸不便测量，故改测尺寸 H。试求尺寸 H 的大小及极限偏差。

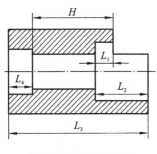

图 6.29　题 6.22 图

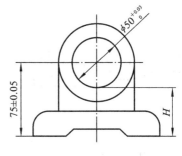

图 6.30　题 6.23 图

6.24　加工图 6.31 所示的轴及其键槽，图样要求轴径为 $A = \phi 30^{0}_{-0.032}$ mm，键槽深度为 $B = 26^{0}_{-0.2}$ mm，有关加工过程如下：①半精车外圆至 $C = \phi 30.6^{0}_{-0.1}$ mm；②铣键槽至尺寸 A_1；③热处理；④磨外圆至 $A = \phi 30^{0}_{-0.032}$ mm。试求工序尺寸 A_1。

6.25　图 6.32 所示齿轮内孔孔径设计尺寸为 $\phi 85^{+0.035}_{0}$ mm，键槽设计深度为 $90.4^{+0.2}_{0}$ mm，内孔需淬硬。内孔及键槽加工顺序为：①精镗内孔至 $\phi 84.8^{+0.07}_{0}$ mm；②插键槽至尺寸 L_1；③淬火；④磨内孔至设计尺寸 $\phi 85^{+0.035}_{0}$ mm，同时要求保证键槽深度 $90.4^{+0.2}_{0}$ mm。试问：如何规定镗后的插键槽深度 L_1 值，才能保证得到合格产品？

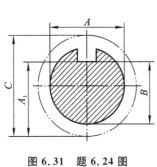

图 6.31　题 6.24 图

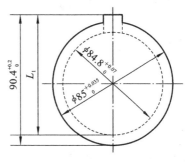

图 6.32　题 6.25 图

6.26　试分析图 6.33 所示的零件各存在哪些结构不合理问题，并提出正确的改进意见。

6.27　试分别拟订如图 6.34 所示各零件的机械加工工艺路线。内容有工序名称、工序简图、工序内容等。生产类型为成批生产。

6.28　提高机械加工生产率的工艺措施有哪些？

6.29　什么叫工艺成本？工艺成本由哪些部分组成？

6.30　工艺成本与年产量具有怎样的关系？

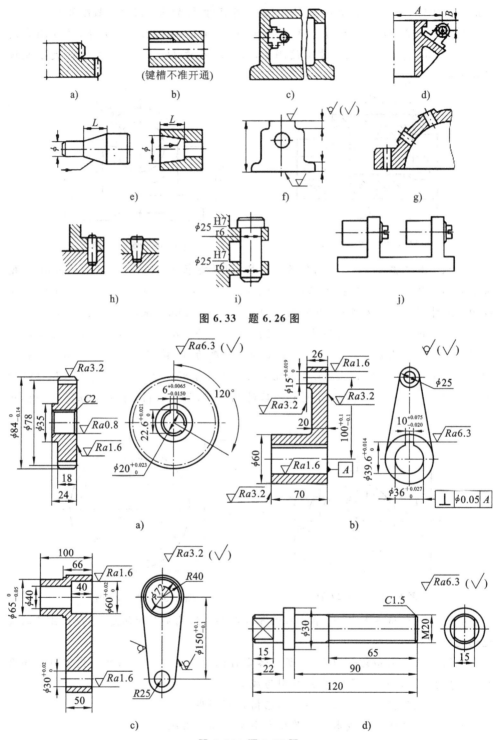

图 6.33　题 6.26 图

图 6.34　题 6.27 图

机械加工质量

7.1 机械加工精度

零件的加工质量直接影响零件的配合性能和工作性能,即直接影响机器的使用性能和寿命。随着机器的运转速度和负载的增大以及自动化程度的提高,对机器的性能要求也不断提高,同时,在生产实际中经常遇到的工艺问题大多是加工质量问题。所以,了解零件加工质量的有关知识是十分必要的。

机械零件的加工质量包括两个方面:加工精度和表面质量。

7.1.1 加工精度与加工误差

1. 加工精度和加工误差的概念

在机械加工中,由于各种因素的影响,任何一种加工方法不论其多么精密,都不可能把零件加工得绝对精确,与理想的完全相符。在相同的条件下加工两个相同的零件,也不可能得到完全相同的尺寸。也就是说,实际零件与理想零件之间总存在一些差别。从机器的使用性能来看,也没有必要把零件做得绝对准确。只要加工误差的大小不影响机器的使用性能,就可以允许它存在。

机械加工精度是指加工后的零件在形状、尺寸、表面相互位置等方面与理想零件的符合程度。加工误差是指加工后的零件在形状、尺寸、表面相互位置等方面与理想零件的偏离程度。机械加工精度由尺寸精度、形状精度和位置精度组成。

尺寸精度是指加工后零件表面本身或表面之间实际尺寸与理想尺寸之间的符合程度。

形状精度是指加工后零件表面本身的实际形状与理想零件表面形状之间的符合程度。

位置精度是指加工后零件各表面之间的实际位置与理想零件各表面之间的位置的符合程度。

由于加工过程中有很多因素影响加工精度,所以同一种加工方法在不同的加工条件下所能达到的精度是不同的。任何一种加工方法,只要精心操作,细心调整,选用更高精度的加工设备,并选用合适的切削参数进行加工,都能使加工精度得到提高,但这样会降低生产效率,增加加工成本。所以,某种加工方法的经济加工精度是

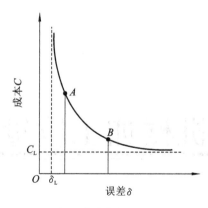

图 7.1　加工成本与加工误差的关系

指在正常生产条件下所能保证的加工精度。每一种加工方法的经济精度并不是固定不变的,它随着工艺技术的发展、设备及工艺装备的改进及生产管理水平的不断提高而逐渐提高。而且,加工经济精度不是一个确定值,而是一个范围,如图 7.1 中的 AB 段,在这个范围内都是经济的。

2.　原始误差的概念及种类

从广义上讲,凡是能直接引起加工误差的因素都属于原始误差,原始误差的分类如图7.2所示。零件机械加工后产生误差是与多方面元素相关的,其中主要是工艺系统因素造成。所谓机械加工工艺系统,是指由机床、夹具、刀具和工件构成的完整的系统,简称工艺系统。引起工艺系统各组成部分之间的正确几何关系改变的因素称为工艺系统误差。工艺系统误差必将在不同的工艺条件下,以不同的程度和方式导致零件产生加工误差,是造成零件加工误差的“原始因素”,所以将工艺系统误差称为机械加工的原始误差。例如,精镗活塞销孔时就会有各种原始误差影响加工精度(见图 7.3)。

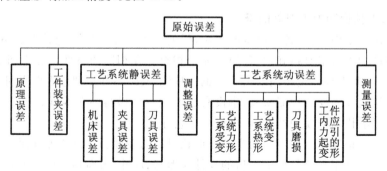

图 7.2　原始误差的分类

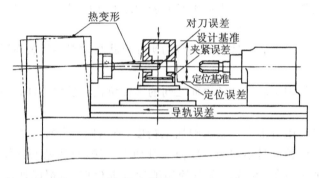

图 7.3　活塞销孔精镗工序中的原始误差

根据原始误差性质、状态的不同,可以将其分为:

① 与工艺系统初始状态有关的原始误差(几何误差),包括加工原理误差、工件的装夹误差、调整误差、刀具误差以及机床主轴回转误差、机床导轨导向误差、机床传动误差等。

② 与加工过程有关的原始误差,包括测量误差,刀具磨损、工艺系统受力带来的误差,受热变形误差、工艺系统内应力引起的变形误差等。

3. 机械加工精度获得的方法

1) 尺寸精度的获得方法

(1) 试切法　试切法的工艺过程是:试切工件—测量—比较—调整刀具—再试切—……—再调整,直至加工尺寸合格后,再切削整个加工表面来获得尺寸精度。图 7.4 所示为一个车削的试切法例子。这种方法的效率低,对操作者的技术要求高,常用于单件小批生产中。

(2) 调整法　调整法是按零件规定的尺寸预先调整好刀具相对于机床或夹具的位置后,再连续加工一批零件,从而获得加工精度的一种加工方法。图 7.5 所示为用对刀块和塞尺调整铣刀位置的例子。调整法生产效率高,对操作者的技术要求不高,但需要有技术水平较高的机床调整人员,适用于成批、大量生产。

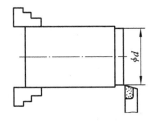

图 7.4　试切法车外圆

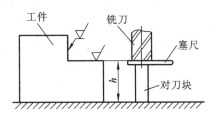

图 7.5　调整法铣平面

(3) 定尺寸刀具法　定尺寸刀具法是用具有一定尺寸和形状的刀具加工,从而获得规定尺寸和形状的表面的加工方法,如钻孔、铰孔、拉孔、攻螺纹、套螺纹和键槽加工、齿轮齿形加工等。加工精度与刀具的制造精度关系很大。

(4) 自动控制法　自动控制法是通过由测量装置、进给装置和切削机构以及控制系统组成的控制加工系统,把加工过程中的尺寸测量、刀具调整和切削加工等工作自动完成,从而获得所要求的尺寸精度的一种加工方法。

2) 形状精度的获得方法

(1) 轨迹法　轨迹法利用刀具的运动轨迹形成要求的表面几何形状。刀尖的运动轨迹取决于刀具与工件的相对运动,即成形运动。用这种方法获得的形状精度取决于机床的成形运动精度。

(2) 成形法　成形法利用成形刀具代替普通刀具来获得要求的几何形状的表面。机床的某些成形运动被成形刀具的刀刃所取代,从而简化了机床结构,提高了生产效率。如用曲面成形车刀加工曲面,用花键拉刀拉削花键等。用这种方法获得的表面形状精度既取决于刀刃的形状精度,又有赖于机床成形运动的精度。

(3)展成法　　用展成法加工零件,零件表面的几何形状是在刀具与工件的啮合运动中,由刀刃的包络面形成的。因而刀刃必须是被加工表面的共轭曲面,成形运动间必须保持确定的速比关系,如齿轮齿形加工方法中的滚齿和插齿等。

3)位置精度的获得方法

(1)一次装夹法　　其特征是工件上几个加工表面是在一次装夹中加工出来的。

(2)多次装夹法　　其特征是零件有关表面间的位置精度是由刀具相对工件的成形运动与工件定位基准面(亦是工件在前几次装夹时的加工面)之间的位置关系保证的。在多次装夹法中,又可划分为:

①直接装夹法,即通过在机床上直接装夹工件的方法;

②找正装夹法,即通过找正工件相对刀具切削成形运动之间的准确位置的方法;

③夹具装夹法,即通过夹具确定工件与刀具切削刃成形运动之间的准确位置的方法。

7.1.2　表面质量

1. 表面质量的概念

零件的机械加工质量不仅指加工精度,而且也包括加工表面质量。表面质量是指机械加工后零件表面层的几何结构,以及受加工的影响表面层金属与基体金属性质产生变化的情况。零件的表面层厚度一般只有 $0.05\sim0.15$ mm。

在金属切削过程中,形成加工表面时发生金属的弹性变形和撕裂,同时伴随着切削力和切削热的综合作用,整个工艺系统可能产生振动。因此已加工表面不可能是理想的光滑表面,而是存在着微观凹凸不平、波纹等几何形状误差以及划痕、裂纹等表面缺陷。零件表面层材料的化学和物理性质也会发生一系列变化。

表面质量的主要内容包括:①表面的几何形状;②表面层物理、力学性能的变化。

由于表面层沿深度的变化,所以表面层物理、力学性能的变化主要有:①表面层的冷作硬化;②表面层中残余应力的大小、方向及分布情况;③表面层金相组织的改变;④表面层的其他物理、力学性能的变化。

2. 表面质量对零件使用性能的影响

机械产品之所以要维修,更换某些零件或整个报废,一般不是因为它的零件发生了整体破坏,而是零件之间有相互运动的表面产生过大的磨损,从而改变了机械的性能,使之不能使用。有时即使零件发生了整体断裂,究其原因也往往是首先在零件表面上形成了疲劳裂纹,裂纹不断扩展,从而造成了零件的整体破坏。因此,了解零件的表面质量对其使用性能的影响,正确地提出对零件表面质量的要求是非常重要的。

(1)表面粗糙度对零件耐磨性的影响　　零件的耐磨性除与材料的性能、热处理后表面的状态和润滑条件有关外,零件自身的表面粗糙度也起着十分重要的作用。零件实际表面越粗糙,摩擦系数就越大,表面的磨损就越快。但零件表面过于光滑,容易使两配合面之间的分子力加大,且润滑油容易被挤出,使表面反而容易"咬焊",产生急剧磨损。

（2）表面质量对零件疲劳强度的影响　零件表面粗糙度对承受交变载荷的零件的疲劳强度影响很大,表面越粗糙,纹痕越深,凹谷底部的半径越小,应力集中的现象越严重,也越容易在表面的凹纹底部产生细微裂纹,并使其扩大和加深的速度越快,最后导致零件发生疲劳断裂。

（3）加工硬化对零件表面耐磨性和疲劳强度的影响　加工硬化可以显著地提高零件表面的耐磨性。同时,加工硬化能够产生一定的表面残余压应力,抵消交变载荷下所产生的拉应力作用,从而阻碍表面层疲劳裂纹的产生和扩大,提高零件的疲劳强度。但冷硬程度过大,反而易于产生裂纹,降低了零件抵抗疲劳破坏的能力。

（4）表面质量对零件耐蚀性的影响　粗糙的表面易使腐蚀性物质附着于表面的微观凹谷处,并渗入金属内层造成表面锈蚀。所以,减小表面粗糙度可以提高零件的耐蚀性。

（5）表面质量对配合性质的影响　对于间隙配合,如果零件表面粗糙度过大,初期磨损就较严重,导致磨损量加大,从而使配合间隙增大,破坏了原设计要求的配合精度。对于过盈配合,表面粗糙度过大,装配中,在压入配合的表面上的部分微小波峰被挤平,使实际得到的过盈量比设计要求的小,降低了过盈表面的结合强度,从而影响零件连接的可靠性。

此外,当相配合的表面粗糙度较大,实际的接触面积比理论上小得多,凸峰在受力时变形量比设计的变形量也大得多,也就是说影响了机器零件间的接触刚度。

7.2　影响加工精度的因素

机械加工中,影响机械加工精度的各种因素不是在任何情况下都同时出现的,不同情况下其影响的程度也有所不同,必须根据具体情况进行分析。

7.2.1　原理误差

加工原理误差也称为理论误差,是指由于在加工中采用了近似的加工运动、近似的刀具轮廓和近似的加工方法而产生的原始误差。

1. 采用近似刀具加工所造成的误差

（1）用模数铣刀切削渐开线齿轮齿形　用模数铣刀切削渐开线齿轮时,理论上对于模数相同、压力角相等而齿数不同的齿轮都应有一把相应的刀具,但是,为避免过多的刀具数量,对于压力角相等的每种模数,只用一套模数铣刀来分别加工在一定齿数范围内的所有齿轮,为了避免齿轮啮合时发生干涉,每一刀号的模数铣刀都是按最少齿数的齿形进行设计的,因此在加工其他齿数齿轮时就会产生齿形误差,如图7.6 所示。

（2）用滚刀切削渐开线齿轮齿形　用滚刀切削渐开线齿轮时,刀具应为一标准渐开线蜗杆滚刀,其在轴向截面上的齿形的两边均为曲线轮廓。由于制造上的困难,生产上多采用阿基米德基本蜗杆或法向直廓基本蜗杆来代替渐开线基本蜗杆,其轴向截面为直线齿形,从而在加工原理上产生了误差。

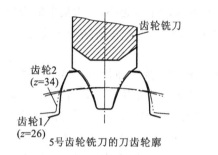

5号齿轮铣刀的刀齿轮廓

图 7.6　铣齿时的原理误差

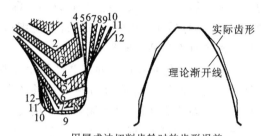

用展成法切削齿轮时的齿形误差

图 7.7　滚齿时的原理误差

2. 用近似的加工运动方法所造成的误差

（1）用展成法切削齿轮　用滚刀切削渐开线齿轮利用了展成法原理。为了得到切削刃口,在滚刀上形成了刀齿,由于刃数有限,所以滚刀只能作断续切削。切除的齿形是由各个刀齿轨迹的包络线所形成的,是一条折线,如图 7.7 所示。减少滚刀的头数和增加滚刀的刃数可以减小这种原理误差。

（2）用近似传动比切削螺纹　利用机床运动使刀尖与工件的相对运动轨迹符合被加工表面形状的方法进行加工。例如车削蜗杆时,由于蜗杆螺距 $P_工 = \pi m$,而 π 是无理数,所以螺距值只能用近似值代替。因而,刀具与工件之间的螺旋轨迹是由近似的加工运动来实现的。

如图 7.8 所示,设 $m = 2$ mm,则螺距为

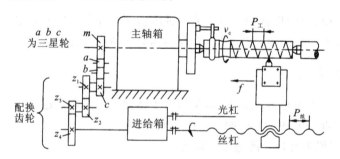

图 7.8　用近似传动比切削螺纹

$$P_工 = \pi m = 2 \times 3.1415927 \text{ mm} = 6.2831854 \text{ mm}$$

又由　　$P_工 = 1 \times i \times \dfrac{z_1}{z_2} \times \dfrac{z_3}{z_4} \times P_杠$,　$i = \dfrac{m}{a} \times \dfrac{a}{b} \times \dfrac{b}{c} = 1$,　$P_杠 = 6$

取交换齿轮齿数 $z_1 = 26, z_2 = 24, z_3 = 29, z_4 = 30$,得

$$P'_工 = 1 \times \frac{26}{24} \times \frac{29}{30} \times 6 \text{ mm} = 6.2833333 \text{ mm}$$

$$\Delta P = (6.2833333 - 6.2831854)\ \mathrm{mm} = 0.0001479\ \mathrm{mm}$$

若蜗杆长度为 100 mm,则导程的累积误差约为 0.002 mm。

7.2.2　机床误差

加工中刀具相对于工件的成形运动一般都是通过机床完成的,因此,工件的加工精度在很大程度上取决于机床的精度。机床误差来自于三个方面:机床本身的制造、磨损和安装。

1. 导轨误差

导轨是机床中确定主要部件相对位置的基准,它的各项误差直接影响被加工工件的精度。导轨精度要求主要有三个方面:在水平面内的直线度、在竖直面内的直线度和前后导轨的平行度。现以卧式车床为例加以分析。

1) 导轨在水平面内的直线度误差对加工精度的影响

床身导轨在水平面内有了弯曲,在纵向切削过程中,刀尖的运动轨迹相对于工件轴线之间就不能保持平行,当导轨向后凸出时,工件上就产生鞍形加工误差,而当导轨向前凸出时,就产生鼓形加工误差。

例 7.1　如图 7.9a 所示,纵向车削时工件的回转中心是 O,刀尖的正确位置在点 A,设导轨在水平面内的直线度误差 Δy,问:工件产生的半径误差为多大?

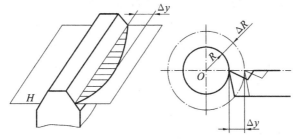

a) 导轨水平面内的直线度误差

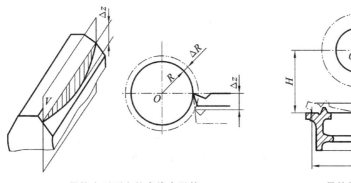

b) 导轨水平面内的直线度误差　　　　　　c) 导轨间平行度误差

图 7.9　导轨精度对加工精度的影响

解　由于在车床上刀架沿导轨移动,导轨在水平面内产生直线度误差 Δy,故在导轨全长上,刀尖在水平方向由点 A 相对于工件位移到点 A',刀具相对于工件的正确位置将产生的偏移量 Δy,使工件半径产生的误差为 $\Delta R = \Delta y$。

导轨在水平面内的直线度误差将直接反映在被加工工件表面的法线方向上,通常将工件表面的法线方向称为误差敏感方向,其对加工精度的影响最大。

2)导轨在竖直面内的直线度误差对加工精度的影响

如图 7.9b 所示。导轨在竖直面内有直线度误差 Δz 时,使工件半径产生误差为 $\Delta R \approx \Delta z^2 / \Delta R$,显然很小。所以导轨在竖直面内的弯曲对加工精度的影响就很小,几乎可以忽略。

3)导轨间的平行度误差对加工精度的影响

当前后导轨在竖直面内有平行度误差(扭曲误差)时,如图 7.9c 所示,刀架将产生摆动,刀架沿床身导轨作纵向进给运动时,刀尖的运动轨迹是一条空间曲线,使工件产生圆柱度误差 $\Delta R = \alpha H = \delta H / B$。一般车床的 $H : B = 2 : 3$,外圆磨床 $H : B \approx 1 : 1$,所以,车床和外圆磨床前后导轨的平行度误差对工件的加工精度的影响很大。

2. 主轴回转误差

主轴回转误差是指主轴的实际回转轴线相对于理想回转轴线(各瞬时回转轴线的平均位置)的变动量。在主轴部件中,由于存在着主轴轴颈的圆度误差、两端轴颈的同轴度误差、轴承本身的误差、轴承之间的同轴度误差、主轴的挠度和支承端面对轴颈轴线的垂直度误差等原因,主轴在每一瞬时回转轴线的空间位置都是变动的。

机床主轴是装夹工件或刀具的基准,并将运动和动力传给工件或刀具,主轴回转误差将直接影响被加工工件的精度。主轴回转误差表现为端面圆跳动、径向圆跳动、角度摆动共三种基本形式,如图 7.10 所示。

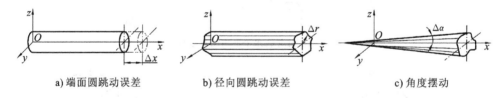

a) 端面圆跳动误差　　　　b) 径向圆跳动误差　　　　c) 角度摆动

图 7.10　导轨精度对加工精度的影响

1)端面圆跳动误差

端面圆跳动误差是指主轴实际回转轴线沿平均回转轴线方向作轴向运动产生的误差,如图 7.10a 所示。它对车削内外圆柱面或镗孔影响不大。在车端面时,它使工件端面产生垂直度、平面度误差和轴向尺寸误差;车螺纹时,它使导程产生周期性误差。产生端面圆跳动误差的主要原因是主轴轴肩端面和推力轴承承载端面对主轴回转轴线有垂直度误差。

2)径向圆跳动误差

径向圆跳动误差是指主轴实际回转轴线相对于平均回转轴线在径向的变动产生

的误差,如图 7.10b 所示。车削外圆时它影响被加工工件圆柱面的圆度和圆柱度误差。产生径向圆跳动误差的主要原因有主轴支承轴颈的圆度误差、轴承工作表面的圆度误差等。它们对主轴径向回转精度的影响大小随加工方式的不同而不同。

例如,在主轴采用滑动轴承结构的车床(工件回转类机床)上车削外圆时,切削力 F 的作用方向可认为大体上是不变的。如图 7.11a 所示,在切削力 F 的作用下,主轴轴颈以不同的部位与轴承内径的某一固定部位相接触,此时主轴轴颈的圆度误差对主轴径向回转精度影响较大,而轴承内径的圆度误差对主轴径向回转精度影响则不大;在镗床(刀具回转类机床)上镗孔时,如图 7.11b 所示,由于切削力 F 的作用方向随着主轴的回转而回转,在切削力的作用下,主轴总是以其轴颈某一固定部位与轴承内表面的不同部位接触,因此,轴承内表面的圆度误差对主轴径向回转精度影响较大,而对主轴颈圆度误差的影响不大。图中的 Δ 表示径向圆跳动量。

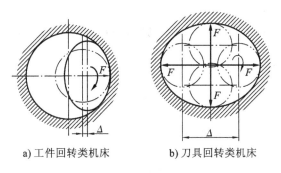

a) 工件回转类机床   b) 刀具回转类机床

图 7.11 两类主轴回转误差的影响

3) 角度摆动

角度摆动是指主轴实际回转轴线相对于平均回转轴线倾斜一个角度所作的摆动,如图 7.10c 所示。它影响被加工工件圆柱度与端面的形状误差。提高主轴及箱体轴承孔的制造精度、选用高精度的轴承、提高主轴部件的装配精度、对主轴部件进行平衡、对滚动轴承进行预紧等,均可提高机床主轴的回转精度。

3. 传动链误差

传动链误差是指传动链始末两端传动元件相对运动的误差。它是按展成法原理加工工件(如螺纹、齿轮、蜗轮等)时,影响加工精度的主要因素。例如,在滚齿机上用单头滚刀加工直齿轮时,要求滚刀每转一周,工件转过一个齿,加工时必须保证工件与刀具间有严格的传动关系。此运动关系是由刀具与工件间的传动链来保证的。

如图 7.12 所示,以滚齿为例,说明传动链精度对工件加工精度的影响。

假定滚刀匀速回转,若滚刀轴上的齿轮 1 由于加工和安装而产生转角误差 $\Delta\varphi_1$,则通过传动链传到工作台,造成这一终端元件的转角误差为

$$\Delta\varphi_{1n} = \Delta\varphi_1 \times \frac{80}{20} \times \frac{28}{28} \times \frac{28}{28} \times \frac{28}{28} \times i_{差} \times i_{分} \times \frac{1}{96} = \Delta\varphi_1 \times i_{差} \times i_{分} \times \frac{1}{24} = K_1 \Delta\varphi_1$$

式中 $i_{差}$——差动轮系的传动比,在滚直齿时为 1;

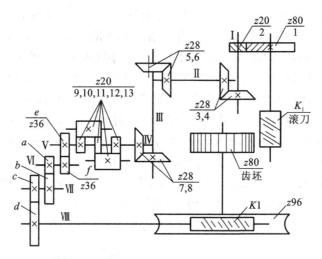

图 7.12　车螺纹时传动链误差对加工精度的影响

$i_\text{分}$——分度挂轮传动比，即 $\dfrac{z_e}{z_f} \times \dfrac{z_a}{z_b} \times \dfrac{z_c}{z_d}$；

K_1——第一个元件的误差传递系数，$K_1 = \dfrac{1}{24} i_\text{差} i_\text{分}$。

若传动链中第 j 个元件有转角误差 $\Delta\varphi_j$，则传递到工作台而产生的转角误差为

$$\Delta\varphi_{jn} = K_j \Delta\varphi_j$$

式中　　K_j——第 j 个元件的误差传递系数。

例如齿轮 $2(z_2 = 20)$ 有转角误差 $\Delta\varphi_2$，则工作台产生的转角误差为

$$\Delta\varphi_{2n} = \Delta\varphi_2 \times \frac{28}{28} \times \frac{28}{28} \times \frac{28}{28} \times i_\text{差} \times i_\text{分} \times \frac{1}{96} = K_2 \Delta\varphi_2$$

$$K_2 = \frac{1}{96} \times i_\text{差} \times i_\text{分}$$

由于所有的传动件都可能存在误差，因此，各传动件引起的工作台总的转角误差为

$$\Delta\varphi_\Sigma = \sum_{j=1}^{n} \Delta\varphi_{jn} = \sum_{j=1}^{n} K_j \Delta\varphi_j$$

由此可见，为提高传动链的传动精度，应做到如下几点：①尽量缩短传动链，减少误差源 n；②尽可能采用降速比传动，这是保证传动精度的重要原则；③提高传动元件的制造精度和装配精度，以减小 $\Delta\varphi_j$；④提高传动链中最后一个传动件的精度。

7.2.3　刀具的制造误差及磨损

刀具误差对加工精度的影响随刀具种类的不同而不同。

机械加工中常用的刀具有一般刀具、定尺寸刀具和成形刀具。一般刀具（普通车刀、单刃镗刀、平面铣刀等）的制造误差对加工精度没有直接影响。定尺寸刀具（钻头、扩孔钻、铰刀、拉刀等）的尺寸误差直接影响工件的尺寸精度。刀具安装、使用不

当,也将影响加工精度。成形刀具和展成刀具(成形车刀、成形铣刀、齿轮刀具等)的制造误差,直接影响被加工表面的形状精度。

刀具的磨损,除对切削性能、加工表面质量有不良影响外,也直接影响加工精度。例如用成形刀具加工时,刀具刃口的不均匀磨损将直接复映到工件上,造成形状误差;在加工较大表面(一次走刀需长度较大)时,刀具的尺寸磨损会严重影响工件的形状精度;车削长轴外圆时,刀具的逐渐磨损会使工件产生锥形的圆柱度误差;用调整法加工一批工件时,刀具的磨损会扩大工件尺寸的分散范围。

7.2.4　夹具误差

夹具误差将直接影响工件加工表面的位置精度或尺寸精度。例如,图 7.13 所示为轴承座的钻孔夹具。钻模套中心至夹具体上定位平面间的距离误差,直接影响工件孔至工件底平面的尺寸精度;钻模套中心线与夹具体上定位平面间的平行度误差,直接影响工件孔中心线与工件底平面的平行度;钻模套孔的直径误差也将影响工件孔至底平面的尺寸精度和平行度。

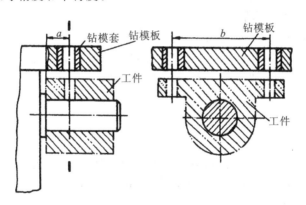

图 7.13　轴承座钻孔夹具

夹具误差主要包括以下三个方面:①定位元件、刀具导向元件、分度元件、夹具体等的制造误差;②夹具装配后,定位元件、刀具导向元件、分度机构等的工作表面间的相对位置误差;③夹具在使用过程中工作表面的磨损。

在设计夹具时,凡影响工件精度的尺寸应严格控制其制造误差,一般可取工件上相应尺寸或位置公差的 1/5～1/2 作为夹具元件的公差。

7.2.5　调整误差

机械加工的每一道工序中,总是要对工艺系统进行调整工作。由于调整不可能绝对准确,因而就带来了一项原始误差——调整误差。

不同的调整方式有不同的误差来源,工艺系统的调整有试切法和调整法两种基本方式。

1. 试切法

① 进给机构的位移误差。在试切中,总是要微量调整刀具的位置。在低速微量进给中,常会出现进给机构的"爬行"现象,其结果使刀具的实际位移与刻度盘上的数值不一致,造成加工误差。

② 最小切削层厚度极限的影响。比如在精车外圆时,试切的最后一刀的余量往往很小,若切削余量小于最小切削厚度极限,切削刃只起挤压作用,而不起切削作用,正式切削时的深度较大,切削刃不打滑,就会把工件表层多切掉一些,因此最后所得到的工件尺寸就比试切部分的尺寸小一些(镗孔时则相反),形成工件的尺寸误差。

2. 调整法

用调整法加工时,若调整过程本身是以试切法为依据的,则上述影响试切法调整精度的因素对调整法加工同样有影响。此外,影响调整精度的因素还有:

① 定程机构的误差。定程机构的制造和调整误差,以及它们的受力变形和与它们配合使用的电动、液动、气动元件的灵敏度等,是调整误差的主要来源。

② 样件或样板的误差。样件或样板的制造误差、安装误差和对刀误差以及它们的磨损等都对调整精度有影响。

③ 抽样件数的影响。工艺系统初步调好以后,一般要试切几个工件,并以其平均尺寸作为判断调整是否准确的依据。由于试切加工的工件数(称为抽样件数)不可能太多,不能完全反映整批工件切削过程中的各种随机误差,故试切加工几个工件的平均尺寸与总体尺寸不能完全符合,也造成了加工误差。

7.2.6　测量误差

由于量具、量仪的制造及测量方法都不可能绝对准确,因此测量精度并不等于加工精度。有些精度测量仪器分辨不出,有时测量方法不当,测量时的接触力、温度、目测正确程度都会产生测量误差。

减小或消除测量误差的措施有:提高量具精度、正确选择量具;注意操作方法,合理使用量具,正确读数;注意测量条件,确保合适的测量力、测量温度,精密零件应在恒温下测量;等等。

7.3　工艺系统的受力变形

7.3.1　工艺系统受力变形对切削加工的影响

在车床上加工一根细长轴时可以看到,在纵向走刀过程中切屑的厚度发生了变化,越到中间段切屑层越薄,加工出来的工件出现两头细中间粗的腰鼓形误差,如图7.14a所示。这是由于工件的刚度小,因而一受到切削力就会朝着与刀具相反的方向变形,越到中间段变形越大,实际背吃刀量也就越小,所以产生腰鼓形误差。这种现象称为工件的"让刀"。镗孔时的变形如图7.14b所示。在另外一些场合,工件的刚度很大,在切削力的作用下工件并没有产生变形,却也产生了"让刀"现象。例如,在旧车床上加工刚度很大的工件时,若粗车一刀后再精车,有时不但不把刀架横向进给一点,反而要把它反向退回一点,否则可能使实际背吃刀量过多而不能满足加工精度和表面粗糙度的要求。这是因为,机床使用日久,其某些与加工尺寸有关的部分(如头座、尾座或刀架等)在切削力作用下产生了受力变形。粗车时切削力大,则受力变形也大,引起了刀具相对于工件的"让刀"。粗车完毕后,受力变形回复,这时即使不进刀,甚至把刀架退回一点,刀尖仍然可以切到金属。在这种情况下,控制加工精度问题,实际上主要是控制工艺系统受力变形问题。

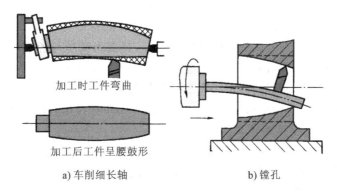

a) 车削细长轴　　　　　　　　b) 镗孔

图 7.14　工艺系统受力变形产生的加工误差

由此可见,工艺系统的受力变形是机械加工精度中一项重要的原始误差,它不但严重影响加工后工件的精度,也影响表面质量,还限制切削用量和生产效率的提高。

1. 工艺系统刚度

刚度是指材料或构件抵抗变形的能力。物理学上的定义是:物体在受力方向上产生单位弹性变形所需要的力称为刚度。工艺系统受力变形通常是弹性变形,可以用工艺系统刚度的概念来表达工艺系统抵抗变形的能力。一般来说,工艺系统抵抗变形的能力越大,加工精度越高。

工艺系统的刚度 K 定义为:平行于基面并与机床主轴中心线垂直的切削分力 F_y 对工艺系统在该方向上的变形 y 的比值,其数学表达式为

$$K_{xt} = F_y/y$$

式中　F_y——切削力在 y 方向上的分力(N);

　　　　y——系统在切削力 F_x、F_y、F_z 共同作用下在 y 方向上的变形(mm)。

1)工件、刀具的刚度

当工件、刀具的形状比较简单时,其刚度可用材料力学的有关公式进行近似计算,结果与实际情况很接近。例如,装夹在卡盘中的棒料以及压紧在车床方刀架上的车刀刚度,可按悬臂梁受力变形的公式计算,即

$$y_1 = \frac{F_y L^3}{3EI}, \quad K_1 = \frac{F_y}{y_1} = \frac{3EI}{L^3}$$

如果支承在两顶尖之间加工的棒料，支承在前后立柱之间的镗刀杆，可用两支点简支梁受力变形的公式计算，即

$$y_2 = \frac{F_y L^3}{48EI}, \quad K_2 = \frac{F_y}{y_2} = \frac{48EI}{L^3}$$

式中　　L——工件（刀具）的悬伸长度（mm）；

　　　　E——材料的拉压弹性模量（N/mm²）；

　　　　I——工件（刀具）的截面惯性矩（mm⁴）；

　　　　y_1——外力作用在梁端点时的最大位移（mm）；

　　　　y_2——外力作用在梁中点时的最大位移（mm）。

2）机床部件、夹具的刚度

对于由若干个零件组成的机床部件及夹具，其受力变形与各零件间的接触刚度和部件刚度有关，由于结构复杂，其刚度很难用公式计算得到，目前主要用实验方法测定。测定方法有单向静载测定法和三相静载测定法。因为夹具一般总是固定在机床上使用的，可视其为机床的一部分，一般情况下不单独讨论它的刚度。

3）工艺系统总刚度的计算

机械加工时，机床的有关部件如夹具、刀具和工件在切削力的作用下，都有不同程度的变形，导致切削刃和加工表面在 y 方向的相对位置发生变化，产生了加工误差。故工艺系统总变形量为

$$y = y_{jc} + y_{dj} + y_{jj} + y_{gj}$$

根据刚度的概念，有

$$K_{jc} = \frac{F_y}{y_{jc}}, \quad K_{dj} = \frac{F_y}{y_{dj}}, \quad K_{jj} = \frac{F_y}{y_{jj}}, \quad K_{gj} = \frac{F_y}{y_{gj}}$$

式中　　y_{jc}、y_{dj}、y_{jj}、y_{gj}——机床、刀具、夹具、工件的变形量（mm）；

　　　　K_{jc}、K_{dj}、K_{jj}、K_{gj}——机床、刀具、夹具、工件的刚度（N/mm）。

因此，工艺系统刚度 K_{xt} 计算的一般式为

$$\frac{1}{K_{xt}} = \frac{1}{K_{jc}} + \frac{1}{K_{dj}} + \frac{1}{K_{jj}} + \frac{1}{K_{gj}}$$

即工艺系统刚度的倒数等于系统各组成环节刚度的倒数之和。因此，当已知工艺系统各组成环节的刚度时，即可求出系统刚度。用刚度一般式求解系统刚度时，应针对具体情况进行具体分析。例如，外圆车削时，车刀本身在切削力作用下沿切向（误差非敏感方向）的变形对加工件的影响很小，可忽略不计；又如，镗孔时，镗杆的受力变形严重地影响着加工精度，而工件（主要是箱体零件）的刚度一般较大，其受力变形很小，也可忽略不计。

2. 影响机床部件刚度的因素

实测机床部件刚度得出的结论表明，其变形与作用力不成线性关系，且当载荷去除后，变形不能恢复到起点。这说明不仅存在弹性变形，还存在塑性变形，而且机床部件的实际刚度远比想象的小。反映了机床部件的受力变形和单个零件的受力变形

是大有区别的,后者是零件本身的弹性变形,而前者则除了零件本身的弹性变形外,还有其他因素引起的变形。

(1)接触表面的接触变形　　零件表面总存在着宏观的几何形状误差和微观的表面粗糙度,所以零件之间接触表面的实际接触面积只是理论接触表面的以下部分,并且真正处于接触状态的,又只是这一小部分的一些凸峰,如图 7.15 所示。当外力作用时,这些接触点处产生了较大的接触应力和接触变形,其中既有表面层的弹性变形,又有局部的塑性变形。这就是部件刚度曲线不是直线而是复杂曲线的原因,也是部件刚度远比同尺寸实体的刚度要低得多的原因。接触表面塑性变形的最后结果造成了上述的残余变形,在多次加载卸载循环以后,接触状态才趋于稳定。另外,接触点之间存在着油膜,经过几次加载后,油膜才能排除,这一现象也影响残余变形的性质。这种现象在滑动轴承副中最为显著。

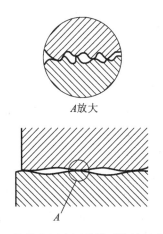

图 7.15　接触表面表面质量对接触刚度的影响

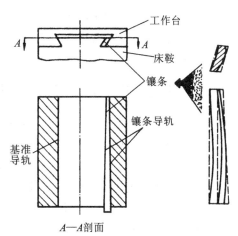

图 7.16　刚度较差的零件——镶条

(2)薄弱零件本身的变形　　在部件中,个别薄弱的零件对部件刚度影响很大,图 7.16 所示为刀架和其他溜板中常用的镶条。由于其结构薄而长,再加上不易做得平直,因而在外力作用下,镶条容易发生很大的变形,使刀架的刚度大为降低。图7.17所示的轴承套和轴颈、壳体的接触情况。由于轴承套本身的形状误差而形成局部接触,在外力 F 的作用下,轴承套就像弹簧一样产生了较大的变形,使其部件的刚度大为降低。只有在薄弱环节完全压平以后,部件的刚度才逐渐提高。

(3)接触表面间间隙的影响　　在刚度试验中,在正反两个方向施加载荷便可发现间隙对变形的影响,如图 7.18 所示。在加工过程中,如果是单向受力,使零件始终靠在一边,那么间隙对位移没有什么影响。但如果像镗刀、行星式内圆磨头那样受力方向经常改变,间隙引起的位移对加工精度的影响则很重要。

(4)接触表面之间的摩擦　　零件接触表面间的摩擦力对接触刚度的影响在载荷变动时较为显著。加载时,摩擦力阻止变形增大,而卸载时,摩擦力又阻止变形的恢

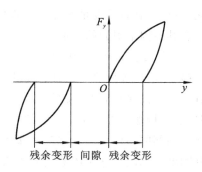

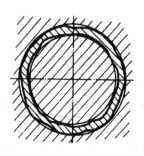

图 7.17　刚度较差的零件——薄壁套筒　　　　图 7.18　正反加载卸载变形曲线

复。变形的不均匀增减引起加工误差,同时也是造成刚度曲线中加载与卸载曲线不重合的原因之一。

（5）联接件紧固力的影响　机器和部件中的许多零件是用螺钉等联接起来的,当开始施加外载荷时,载荷小于螺钉所产生的紧固力,变形较小,刚度较大;当载荷大于螺钉所产生的紧固力时,螺钉将变形,因此变形较大,刚度较小。

7.3.2　工艺系统受力变形对加工精度的影响

如前所述,在切削力作用下,工艺系统变形将产生加工误差,其影响不可忽视。

1. 误差的常见形式

1）由于受力点位置的变化而产生的工件形状误差

工艺系统的刚度除了受到各组成部分刚度的影响之外,还有一个很大的特点,就是刚度随着受力点位置的变化而变化。现以在车床顶尖间加工光轴为例说明这个问题。先假定工件短而粗,刚度很大,它在受力状态下的变形比机床、夹具、刀具的变形小,甚至可以忽略不计,这时工艺系统的总位移完全取决于机床头座、尾座(包括顶尖)和刀架的位移,如图 7.19a 所示。当车刀走到图示位置时,在切削力的作用下(图上只表示出 F_y),头座由点 A 移到点 A',位移为 y_{tz};尾座由点 B 移到点 B',位移为 y_{wz};刀架由点 C 移到点 C',位移为 y_{dj}。此时工件的轴心线由 AB 移到 $A'B'$,在切削点处的位移为

$$y_x = y_{tz} + \delta_x$$

由于
$$\delta_x = (y_{wz} - y_{tz})\frac{x}{l}$$

所以
$$y_x = y_{tz} + (y_{wz} - y_{tz})\frac{x}{l}$$

设 F_A、F_B 为 F_y 所引起的在头座、尾座处的作用力,则

$$F_A = F_y\frac{l-x}{l}, \quad F_B = F_y\frac{x}{l}$$

把 $y_{tz} = \dfrac{F_A}{K_{tz}}$、$F_{wz} = \dfrac{F_B}{k_{wz}}$ 代入上式,得

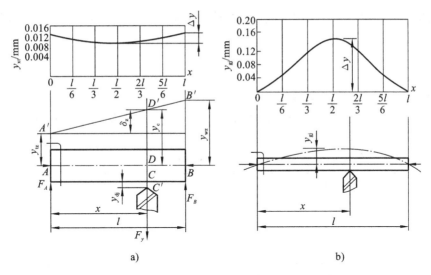

图 7.19　工艺系统的变形随施力点位置的变化情况

$$y_x = \frac{F_y}{K_{tz}} \left(\frac{l-x}{l} \right)^2 + \frac{F_y}{K_{wz}} \left(\frac{x}{l} \right)^2$$

又因

$$y_{dj} = \frac{F_y}{K_{dj}}$$

故工艺系统的总位移为

$$y_{xt} = y_x + y_{dj} = F_y \left[\frac{1}{K_{dj}} + \frac{1}{K_{tz}} \left(\frac{l-x}{l} \right)^2 + \frac{1}{K_{wz}} \left(\frac{x}{l} \right)^2 \right]$$

工艺系统的刚度由下式求得：

$$y_{xt} = \frac{F_y}{K_{xt}} = \frac{1}{\dfrac{1}{K_{dj}} + \dfrac{1}{K_{tz}} \left(\dfrac{l-x}{l} \right)^2 + \dfrac{1}{K_{wz}} \left(\dfrac{x}{l} \right)^2}$$

例 7.2　设某车床头座的刚度为 $K_{tz} = 60000$ N/mm，尾座的刚度为 $K_{wz} = 50000$ N/mm，刀架的刚度为 $K_{dj} = 40000$ N/mm，径向切削力 $F_y = 300$ N，两顶尖间的距离为 600 mm，问：沿工件长度上工艺系统的最大位移为多大？

解　工件各点变形如下（计算过程略）：

x	0 （头座位置）	$\frac{1}{6}l$	$\frac{1}{3}l$	$\frac{1}{2}l$ （工件中间）	$\frac{2}{3}l$	$\frac{5}{6}l$	l
y_{xt}/mm	0.0125	0.0111	0.0104	0.0103	0.0107	0.0118	0.0135

可见，最大位移发生在尾座处，为 0.0135 mm。工件轴向最大直径误差（鞍形）为

$$(y_{wz} - y_{l/2}) \times 2 = (0.0135 - 0.0103) \text{ mm} \times 2 = 0.0064 \text{ mm}$$

再假定工件细而长，刚度很小，机床、夹具、刀具在受力下的变形可以忽略不计，则工艺系统的位移完全取决于工件的变形，如图 7.19b 所示。当车刀走到图示位置

时,在切削力作用下工件的中心线产生弯曲。根据材料力学的计算公式,在切削点处的位移为

$$y_{gj} = \frac{F_y}{3EI} \cdot \frac{(l-x)^2 x^2}{l}$$

例 7.3　某车床径向切削力 $F_y = 300$ N,工件的弹性模量 $E = 2 \times 10^5$ N/mm²,工件尺寸为 $\phi 30$ mm×600 mm,问:沿工件长度上的位移为多大? 加工后的最大直径为多大?

解　工件上各特征点位移计算结果如下(计算过程略):

x	0 (头座位置)	$\frac{1}{6}l$	$\frac{1}{3}l$	$\frac{1}{2}l$ (工件中间)	$\frac{2}{3}l$	$\frac{5}{6}l$	l
y_{xt}/mm	0	0.052	0.132	0.17	0.132	0.052	0

故工件轴向最大直径误差(鼓形)为 0.17×2 mm=0.34 mm,比例 7.2 所示情况的误差要大 50 倍。

以上两例的分析可以推广到一般情况,即工艺系统的总位移为图 7.19a 和图 7.19b 的位移的叠加,即

$$y_{xt} = \frac{F_y}{K_{xt}} = F_y \left[\frac{1}{K_{dj}} + \frac{1}{K_{tz}} \left(\frac{l-x}{l} \right)^2 + \frac{1}{K_{wz}} \left(\frac{x}{l} \right)^2 + \frac{(l-x)^2 x^2}{3EIl} \right]$$

$$K_{xt} = \frac{1}{\frac{1}{K_{dj}} + \frac{1}{K_{tz}} \left(\frac{l-x}{l} \right)^2 + \frac{1}{K_{wz}} \left(\frac{x}{l} \right)^2 + \frac{(l-x)^2 x^2}{3EIl}}$$

由此可见,工艺系统的刚度在沿工件轴向的各个位置是不同的,所以加工后工件各个横截面上的直径尺寸也不相同,造成了加工后工件的形状误差(如锥形、鼓形、鞍形等)。

图 7.20 所示为在不同的机床上加工时工艺系统受力变形随施力点的变化而变化的情况。

2)由于切削力变化而产生的工件形状误差——误差复映规律

在切削加工中,毛坯余量和材料硬度的不均匀,会引起切削力大小的变化。工艺系统受力大小变化,变形也相应发生变化,从而产生工件的尺寸误差和形状误差。

如图 7.21 所示,车削一个具有椭圆形状误差的毛坯,刀具调整到一定的背吃刀量。由于毛坯的形状误差,在工件每转一转中,背吃刀量在最大值 a_{p1} 与最小值 a_{p2} 之间变化。假设毛坯材料的硬度是均匀的,那么 a_{p1} 处的切削力 F_{p1} 最大,相应的变形 y_1 也最大,a_{p2} 处的切削力 F_{p2} 最小,相应的变形 y_2 也最小。由此可见,当车削具有圆度误差的毛坯时,工艺系统受力变形而使工件产生相应的圆度误差,而且毛坯是偏心的,加工后的工件仍然略有偏心。工艺系统受力变形的变化而使毛坯误差引起工件上产生相应加工误差的现象称为误差复映,所引起的加工误差称为复映误差。

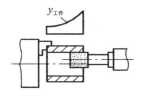

a) 磨内孔时工件的变形

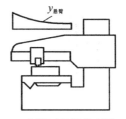

b) 刨削时悬臂的变形

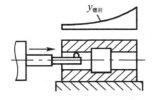

c) 镗孔时镗杆的变形(镗杆进给)

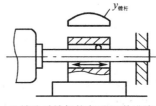

d) 镗孔时镗杆的变形(工件进给)

图 7.20　工艺系统受力变形随施力点位置变化而变化的情况

毛坯圆度最大误差为

$$\Delta_{\text{毛}} = a_{\text{p1}} - a_{\text{p2}}$$

车削后工件的圆度误差为

$$\Delta_{\text{工}} = y_1 - y_2$$

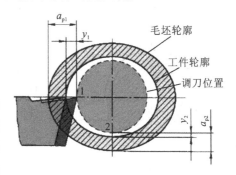

图 7.21　车削时的误差复映

如上所述,$\Delta_{\text{毛}}$ 越大,则 $\Delta_{\text{工}}$ 越大。$\Delta_{\text{工}}$ 与 $\Delta_{\text{毛}}$ 的比值 ε 称为误差复映系数,它表征误差复映的程度。误差复映系数 ε 与工艺系统刚度 K_{xt} 有关,K_{xt} 越大,则 ε 就越小,即毛坯误差复映到工件上的相应误差就越小。

当加工过程分成几次走刀进行时,每次走刀的复映系数为 $\varepsilon_1、\varepsilon_2、\varepsilon_3、\cdots$,则总的复映系数等于各次走刀的复映系数的乘积,即 $\varepsilon_{\text{总}} = \varepsilon_1\varepsilon_2\varepsilon_3\cdots$。由于工艺系统变形 y_{xt} 总是小于背吃刀量 a_{p},即 $\Delta_{\text{工}}$ 总是小于 $\Delta_{\text{毛}}$,因此复映系数 ε 总小于 1,经过几次走刀后,ε 降到很小,加工误差也就降到允许的范围以内。

3) 其他作用力引起的加工误差

(1) 夹紧力所引起的加工误差　工件在安装时,工件刚度较小或夹紧力作用点和方向不当,会引起工件产生相应的变形,造成加工误差。常见的例子是用自定心卡盘夹持薄壁套筒镗孔。夹紧后,套筒如图 7.22a 所示,成为棱圆状。虽然镗出的孔成正圆形(见图 7.22b),但松开后套筒的弹性变形使孔产生了三角棱圆形(见图 7.22c)。为了减小夹紧力对加工精度的影响,在生产中常采用宽爪夹持(见图7.22d)或加开口过渡换套的工艺措施(见图7.22e)。

(2) 重力引起的加工误差　工艺系统中有关零部件自身重力所引起的相应变形,如龙门刨床、龙门铣床刀架横梁的变形,镗床镗杆自重下垂而变形,摇臂钻床的摇

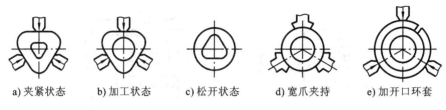

| a) 夹紧状态 | b) 加工状态 | c) 松开状态 | d) 宽爪夹持 | e) 加开口环套 |

图 7.22　夹紧力对加工精度的影响

臂在主轴箱自重作用下的变形,各种机床工作台的挠曲变形等,都会造成加工误差。

（3）惯性力造成的加工误差　　在高速切削时,如果工艺系统中有不平衡的高速旋转的构件(比如夹具、工件和刀具等)存在,就会产生离心力 F_Q。离心力在工件的每一转中不断改变方向,当不平衡质量的离心力 F_Q 大于切削力 F_P 时,车床主轴轴颈和轴套内孔表面的接触点就会不停地变化,轴套孔的圆度误差将传给工件的回转轴心,从而引起加工误差。如图 7.23 所示,车削一个不平衡的工件,当离心力 F_Q 与切削力 F_P 反向时,工件被推向刀具,使背吃刀量增大(见图 7.23a);当离心力与切削力同向时,工件被拉离刀具,使背吃刀量减小(见图 7.23b)。结果造成了工件的圆度误差。

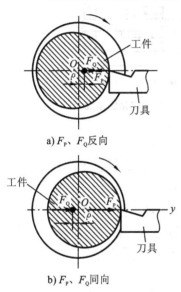

a) F_P、F_Q 反向

b) F_P、F_Q 同向

图 7.23　惯性力对加工精度的影响

例 7.4　设工件重力 $W = 100$ N,主轴转速 $n = 1000$ r/min,不平衡质量 m 到旋转中心的距离 $L = 5$ mm,工艺系统的刚度 $K_{xt} = 30000$ N/mm,问:离心力的影响造成工件半径上的加工误差为多大?

解　离心力为

$$F_Q = mL\omega^2 = \frac{W}{g}\rho\left(\frac{2\pi n}{60}\right)^2 = \frac{100}{9800} \times 5 \times \left(\frac{2 \times \pi \times 1000}{60}\right)^2 \text{ N} = 558.93 \text{ N}$$

工件半径上的加工误差为

$$\Delta_r = \delta_{max} - \delta_{min} = \frac{F_P + F_Q}{K_{xt}} - \frac{F_P - F_Q}{K_{xt}} = \frac{2F_Q}{K_{xt}} = \frac{2 \times 558.93}{30000} \text{ mm} = 0.037 \text{ mm}$$

周期性的惯性力还常常引起工艺系统的强迫振动,影响被加工零件的表面质量。因此,机械加工中若遇到偏心质量较大时,应采取有效措施,如可采用"双重平衡"方法来消除。

4）传动力的影响

在车床或磨床上加工轴类零件时,常用单爪拨盘带动工件旋转,如图 7.24 所示。传动力在拨盘的每一转中不断改变方向,有时与切削力同向,有时与切削力反向,造成与惯性力相似的加工误差。因此,在加工精密零件时应采用双爪拨盘或柔性连接装置带动工件旋转。

2. 减少工艺系统受力变形的措施

1) 提高工艺系统刚度

提高工艺系统刚度应从提高其各组成部分薄弱环节的刚度入手,才能取得事半功倍的效果。提高工艺系统刚度的途径主要有四条。

(1) 提高接触刚度　一般部件的刚度都是接触刚度低于实体零件的刚度,所以提高接触刚度是提高工艺系统刚度的关键。减少组成件数,提高接触面的

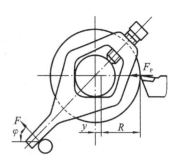

图 7.24　单爪拨盘带动
工件旋转

表面质量,均可减小接触变形,提高接触刚度。常用的方法是改善工艺系统中主要零件接触面的配合质量,如机床导轨副、锥体与锥孔、顶尖与中心孔等配合面采用刮研与研磨,以提高配合表面的形状精度,减小表面粗糙度,使实际接触面积增大,从而有效地提高接触刚度。

对于相配合的零件,可以通过在接触面间适当预紧,消除间隙,增大实际接触面积,减小受力后的变形量。该措施常用在各类轴承的调整中。

(2) 提高工件的刚度　在加工中心,工件本身的刚度较小,特别是叉架、细长轴等零件容易变形。在加工这类工件时,提高工件的刚度是提高加工精度的关键。其主要措施是缩小切削力的作用点到支承点之间的距离,以提高工件在切削时的刚度。图 7.25a 所示为车削较长工件时采用中心架增加支承,图 7.25b 所示为车细长轴时采用跟刀架增加支承,以提高工件的刚度。

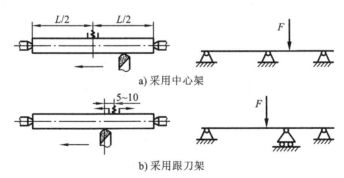

a) 采用中心架

b) 采用跟刀架

图 7.25　车削细长轴时提高工件刚度的措施

(3) 提高机床部件的刚度　在切削加工中,有时由于机床部件刚度不足而产生变形和振动,影响加工精度和生产效率的提高,所以加工时常采用增加辅助装置、减少悬伸长度、增大刀杆直径等措施来提高机床部件的刚度。图 7.26a 所示为在转塔车床上采用固定导向支承套;图 7.26b 所示为采用装在主轴孔内的转动导向支承套,并用加强杆与导向支承套配合来提高机床部件的刚度。

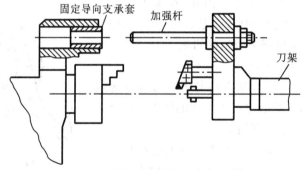

a) 采用固定导向支承套

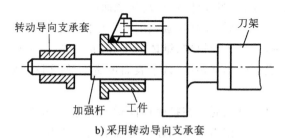

b) 采用转动导向支承套

图 7.26　提高机床部件刚度的措施

（4）合理的装夹方式和加工方法　加工刚度小的工件时,采用合理的装夹方式和加工方法以提高工件的刚度,改变夹紧力的方向,让夹紧力均匀分布等,都是减小夹紧变形的有效措施。图 7.27 所示为在铣床上加工角铁零件的装夹方式,图 7.27a 所示的立式装夹的工艺系统的刚度显然没有图 7.27b 所示的卧式装夹的高,所以采用后一种装夹方式可以增大切削用量和提高生产效率。

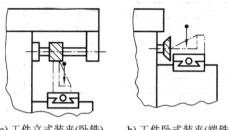

a) 工件立式装夹(卧铣)　　b) 工件卧式装夹(端铣)

图 7.27　在铣床上加工角铁零件的装夹方式

在平面磨床上磨削薄片工件时,可以在工件下方衬以橡胶垫,或衬以厚油、环氧树脂等,以提高工件的刚度。某企业把低熔合金(熔点为 80 ℃)灌入开窗孔的套筒或开槽鼓轮等工件的空间中,冷凝后两者成为一个实体,避免了工件夹紧时和切削中的受力变形。全部工序完成后,熔去低熔点合金,即可得到合格的零件。

2）减小切削力及其变化

改善毛坯制造工艺,合理选择刀具的几何参数,增大前角和主偏角,合理选用刀具材料,对工件材料进行适当的热处理以改善材料的加工性能,减小刀具与工件材料之间的摩擦等措施,都可以使切削力减小。为控制和减小切削力的变化幅度,应尽量使同一批工件的材料性能和加工余量保持均匀。

7.4　工艺系统受热变形引起的加工误差

7.4.1　工艺系统的热变形及其热源

1. 工艺系统的热变形

机械加工中,工艺系统在各种热源的作用下会产生一定的热变形,工艺系统热变形对加工精度的影响比较大。工艺系统热源分布的不均匀性及各环节结构、材料的不同,使工艺系统各部分的变形产生差异,从而破坏了刀具与工件的准确位置及运动关系,产生了加工误差。特别是在精密加工和大件加工中,由热变形引起的加工误差有时可占工件总误差的 $40\%\sim70\%$。

为减少受热变形对加工精度的影响,通常需要预热机床以获得热平衡,或降低切削用量以减少切削热和摩擦热,或在粗加工后停机以待热量散发后再进行精加工,或增加工序(使粗、精加工分开)等。工艺系统热变形不仅影响加工精度,而且还影响生产效率。随着高精度、高效率及自动化加工技术的发展,工艺系统热变形的问题日益突出。

2. 工艺系统的热源

1）内部热源

(1) 切削热　切削过程中,切削金属层的弹性、塑性变形及刀具、工件切屑间摩擦消耗的能量绝大多数转化为切削热,并以不同的比例传给工件、刀具、切屑及周围的介质。

(2) 摩擦热　机床中的各种运动副,如导轨副、齿轮副、丝杠副、蜗杆副、轴承,离合器等,在相对运动时因摩擦而产生热。机床的各种动力源如液压系统、电动机等,工作时也要产生能量消耗而发热。这些是机床热变形的主要热源。

(3) 派生热源　切削中的部分切削热由切屑、切削液传给机床床身,摩擦热由润滑油传到机床各处,从而使机床产生热变形。这部分热源称为派生热源。此外,油池也是重要的派生热源之一。

2）外部热源

(1) 环境温度　一般来说,工作地周围环境温度随气候冷暖、昼夜温差而变化,也受局部室温差、热冷风、空气流动及地基温度变化等的影响,这种环境温度的差异有时也会影响加工精度。如加工大型精密零件往往需要较长的时间(有时甚至需要几个昼夜),由于温差使工艺系统热变形变化,从而产生加工误差。

　　(2) 热辐射　阳光、照明灯、暖气设备及人体等对机床的热辐射也会随不同时间、不同照射位置有所不同,引起机床各部分不同的温升和变形。

7.4.2　工艺系统热变形对加工精度的影响

1. 机床热变形对加工精度的影响

　　机床在工作过程中受到内外热源的影响,各部分的温度将逐渐升高。由于机床热源的分布不均匀和机床结构的复杂性,机床各部分将发生不同程度的热变形,这破坏了机床原有的几何精度,从而降低了机床的加工精度。而且各类机床的结构和工作条件相差很大,不同类型的机床,其主要热源各不相同,热变形对加工精度的影响也不相同。

　　车床的主要热源是主轴箱轴承的摩擦热和主轴箱中油池的发热,由此导致主轴箱和床身的温度上升,造成机床主轴抬高或倾斜。这种热变形对刀具呈水平安装的普通车床影响甚微,但对刀具竖直安装的自动车床和转塔车床来说,对工件加工精度的影响不容忽视。

　　磨床的主要热源是高速回转的砂轮主轴的摩擦热及液压系统的发热。一般外圆磨床产生热变形使砂轮架向工件方向趋近并使床身上下温升不等,导致工作台在水平面内外移,在竖直面内上凸,使工件直径产生误差。此外,因头座温升高于尾座,导致工件轴承与砂轮轴线倾斜,产生圆柱度误差。

　　对大型机床,如导轨磨床、外圆磨床、龙门铣床等的长床身部件,其温差的影响也是很显著的。一般由于温度分层变化,床身上表面温度比床身的底面温度高,形成温差,因此床身将产生弯曲变形,表面呈中凸状。

　　图 7.28 所示为几种机床在工作状态下热变形的大概趋势。机床本身产生的热变形,引起了刀具和工件相对位置的变化,从而产生不同的加工误差。

2. 工件热变形对加工精度的影响

　　机械加工过程中,工件产生热变形主要是由切削热引起的。对于精密零件,周围环境温度变化和日光、取暖设备等外部热源对工艺系统的局部辐射也不容忽视。不同的材料、不同的形状尺寸、不同的加工方法,工件的受热变形也不相同。如加工铜、铝等有色金属工件时,由于膨胀系数大,其热变形尤为显著。

　　在车削或磨削轴类零件时,一般是均匀受热,温度逐渐升高,可近似看成是均匀受热的情况。工件均匀受热后直径逐渐增大,增大部分将被刀具切去,故工件冷却后主要产生尺寸误差。

　　磨削细长精密丝杠时,工件的受热伸长引起的螺距累积误差会严重影响加工精度。其绝对伸长量可用下式计算:

$$\Delta l = \alpha_l \Delta t$$

式中　Δl——温度变化造成的绝对伸长量(mm);

　　　　α_l——材料的线胀系数(K^{-1});

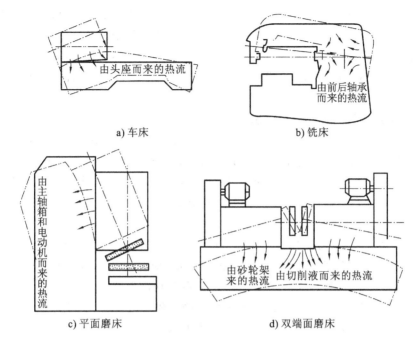

a) 车床　　　　　　　　　　　　　　b) 铣床

c) 平面磨床　　　　　　　　　　　d) 双端面磨床

图 7.28　几种机床热变形的趋势

Δt——温度变化量(℃)。

例 7.5　磨削加工长度为 2 m 的丝杠,每一次走刀丝杠温度升高 3 ℃,钢材的线胀系数 $\alpha_l = 1.17 \times 10^{-5} \mathrm{K}^{-1}$,试问:丝杠的伸长量为多大?

解　丝杠的伸长量为

$$\Delta l = \alpha_l \Delta t = (1.17 \times 10^{-5} \times 2000 \times 3)\ \mathrm{mm} = 0.07\ \mathrm{mm}$$

6 级丝杠的螺距累积误差在全长上不允许超过 0.02 mm,由此可见热变形的危害性。

细长轴在顶尖之间车削时,如果两顶尖之间的距离不能调节,工件受热伸长后会造成弯曲变形,故通常需要在尾座上安装弹性顶尖。

磨削床身导轨面时,由于工件的加工面与底面的温差所引起的热变形较大,它影响了导轨的直线度。

平面磨削、刨削和铣削加工时,工件单面受热,上、下面间产生温差而引起热变形,此为工件不均匀受热情况,导致工件向上凸起,凸起部分被工具切去。当加工完冷却后,加工表面就产生了中凹,造成了几何形状误差。

工件的凸起量 f 的大小可按下式估算:

$$f \approx \frac{\alpha_l^2 \Delta t}{8H}$$

式中　l——工件长度(mm);

　　　H——工件厚度(mm)。

在粗加工中,由于热变形后的工件还需要经过进一步的加工,一般可以不考虑其对加工精度的影响。但在流水线、自动生产线以及工序集中的场合下,应予以足够重视,否则粗加工的热变形将影响到精加工。为了避免工件热变形对加工精度的影响,在安排工艺过程时,应尽可能把粗加工与精加工分开,以使工件粗加工后有足够的冷却时间。

3. 刀具热变形对加工精度的影响

使刀具产生热变形的热源主要是切削热。由于刀具体积小,热容量小,故在切削加工中刀具切削部分的温升很大。粗加工时,刀具热变形对加工精度的影响一般可以忽略不计,但对于加工要求较高的零件,刀具热变形将使加工表面产生尺寸误差或形状误差。例如利用高速钢刀具车削时,刃部的温度可达 700~800 ℃,刀具热伸长量可达 0.03~0.05 mm。

加工大型工件时,刀具热变形往往造成几何形状误差。如车削长轴时,可能由于刀具热伸长而产生锥度。为了减小刀具的热变形,应合理选择切削用量和刀具几何参数,并给予充分冷却和润滑,以减少切削热,降低切削温度。

4. 减少工艺系统热变形对加工精度影响的主要措施

(1) 减少热源及其发热量　凡是能够从主机分离出去的热源,如电动机、变速箱、液压装置和油箱等应尽可能分离出去;采用隔热部件和机床大件隔离;对于不能分离的热源,如主轴轴承、丝杠副、高速运动的导轨副等,在可从结构、润滑等方面改善摩擦条件,减少发热。例如,采用静压轴承、静压导轨,改用低黏度的润滑油、锂基润滑脂,或使用循环润滑、油雾润滑等措施。

(2) 加强冷却,提高散热能力　使用大流量切削液或喷雾等方法冷却,可以带走大量的热量,采用强制冷却法控制机床的热变形。目前,大型数控机床、加工中心机床普遍采用冷冻机对润滑油、切削液进行强制冷却,以加强冷却效果。

(3) 保持工艺系统的热平衡　当工艺系统达到热平衡状态时,热变形趋于稳定,加工精度易于保证。因此,为了尽快使机床进入热平衡状态,可以在加工工件前,使机床作高速空运转,当机床在较短时间内达到热平衡之后,再将机床速度转换成工作速度进行加工。

(4) 控制环境温度　精密机床应当安装在恒温车间,其恒温精度一般控制在 ±1 ℃以内,精密级为 ±0.5 ℃以内。恒温车间平均温度一般为 20 ℃,冬季取 17 ℃,夏季取23 ℃。

7.5　内应力引起的加工误差

7.5.1　内应力的产生

内应力是指当外部载荷去除后仍残存在工件内部的应力,也称残余应力。残余应力产生的实质原因是在热或力的作用下,使金属内部宏观或微观组织发生了不均匀的体积变化。

　　具有这种内应力的零件处于一种不稳定的相对平衡状态,内部组织具有恢复到稳定的、没有内应力的状态的倾向,一旦环境条件产生变化,如环境温度改变、继续进行切削加工、受到撞击等,甚至在常温下较长时间存放,内应力的暂时平衡就会被打破而重新分布。带来的宏观现象是零件发生变形,原有的精度被破坏了。如果把具有内应力的零件装配成机器,它在机器的使用过程中也会发生变形,影响整台机器的质量。

　　零件内应力产生的原因主要是毛坯制造和热处理、冷矫直及冷加工。

1. 毛坯制造和热处理过程中的残余应力

　　在铸造、锻压、焊接等毛坯制造过程中,零件壁厚的不均匀,使得各部分热胀冷缩不均匀以及金相组织转变时的体积变化,毛坯内部产生相当大的残余应力。毛坯的结构越复杂,壁厚越不均匀,散热条件差别越大,毛坯内部产生的内应力也越大。内应力暂时处于相对平衡状态,变形缓慢,当切去一层金属后,内应力重新分布,工件就明显出现了变形。

　　图 7.29 所示为一内外壁厚相差较大、模拟机床床身的铸件。浇注后,铸件将逐渐冷却至室温。由于 A 壁和 C 壁比较薄,散热较快,所以冷却也较快;B 壁较厚,冷却较慢。当 A 壁和 C 壁从塑性状态冷却至弹性状态时(约 620 ℃),B 壁的温度还比较高,仍处于塑性状态。所以,A 壁和 C 壁收缩时,B 壁不起牵制作用,铸件内部不产生内应力。但当 B 壁冷却到弹性状态时,A 壁和 C 壁的温度已经降低很多,收缩速度变得很慢,而这时 B 壁收缩较快,就受到了 A 壁和 C 壁的阻碍,使 B 壁受到拉应力,A 壁和 C 壁受到压应力,形成了相互平衡的状态。

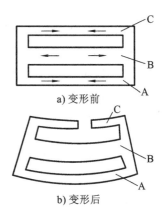

a) 变形前

b) 变形后

图 7.29　铸件内应力引起的变形

　　如果在 C 壁上开一个缺口,如图 7.29b 所示,则 C 壁的压应力消失。铸件在 B 壁和 A 壁的内应力作用下,B 壁收缩,A 壁膨胀,发生弯曲变形,直至内应力重新分布,达到新的平衡为止。可见,各种铸件都难免产生冷却不均匀而形成残余应力。

2. 冷矫直产生的内应力

　　一些刚度较小、容易变形的轴类零件,常采用冷矫直的方法使之变直。如丝杠一类的细长轴经车削后,棒料在轧制过程中产生的内应力会重新分布,使轴产生弯曲变形,如图 7.30a 所示。冷矫直就是在原有变形的相反方向加力 F,使工件向反方向弯曲,产生塑性变形,以达到矫直的目的。在力 F 的作用下,工件内部的应力分布如图 7.30b 所示,即在轴心线以上的部分产生了压应力(用“-”号表示),在轴心线以下部分产生了拉应力(用“+”号表示),在轴心线和上下两条虚线之间是弹性变形区域,应力分布成直线,在直线以外是塑性变形区域,应力分布成曲线。当外力 F 去除以后,弹性变形部分本来可以完全恢复,但因塑性变形部分恢复不了,内外层金属就起了互相牵制的作用,产生了新的内应力平衡状态,如图 7.30c 所示。再加工一次后,又会产生新的弯曲变形。对要求较高的零件,就需要在高温时效后进行低温时效的后续工序中来克服这个不稳定的缺点。为了从根本上消除冷矫直带来的不稳定,对于 6 级以上的高精度丝杠根本不允许像普通精度丝杠那样采用冷矫直工艺,而采用加大毛坯加工余量,经过多次切削和时效处理来消除内应力,或采用热矫直工艺。热矫直是结合正火处理进行的,即工件在正火温度下,放到平台上用手动压力机进行矫直。

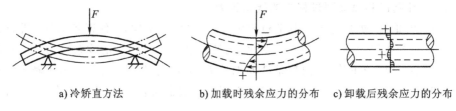

a) 冷矫直方法　　　　　b) 加载时残余应力的分布　　c) 卸载后残余应力的分布

图 7.30　矫直引起的内应力

3. 切削加工中产生的内应力

进行切削加工时,工件在切削力和摩擦力的作用下,表层金属产生塑性变形,引起体积改变,从而产生内应力。这种内应力的分布状况由加工时的工艺因素决定。

内部有内应力的工件在切去表面的一层金属后,残余应力要重新分布,从而引起工件的变形。为此,在拟订工艺规程时,要将加工划分为不同阶段进行,以使粗加工后内应力重新分布所产生的变形在精加工阶段去除。

在大多数情况下,特别是高速切削、强力切削、磨削等,热的作用大于力的作用,热的作用占主要地位。磨削加工中,表层拉力严重时会产生裂纹。

4. 工件热处理时的内应力

工件在进行热处理时,由于金相组织产生变化而引起体积变化,或工件各处温度不同,冷却速度不一,工件会产生内应力。例如,普通合金钢淬火后,工件有时会有残留奥氏体组织。它是一个不稳定的组织,影响尺寸稳定性,这就是相变产生的内应力。淬火后进行冰冷处理可以消除残留奥氏体。一般淬火时表层多产生压应力,有时压应力很大,甚至超过材料强度极限,这将使零件表面产生裂纹。

7.5.2　减小内应力的措施

1. 合理设计零件结构

在零件的结构设计中,应尽量简化结构,特别是箱体类、叉架类零件,应尽可能做到壁厚均匀,结构对称,以减小在毛坯制造中产生的内应力。

2. 增加时效处理工序

对于采用铸、锻、焊工艺制造的毛坯,为消除制造中的内应力、稳定组织和尺寸,并为机械加工做好准备,在机械加工前多增加时效热处理工序。

时效处理工序分为自然时效和人工时效两种。自然时效处理就是在毛坯制造之后(精密零件有时还安排在粗、精加工之间)把工件毛坯放置一定时间,利用温度的自然变化,经过多次热胀冷缩,使工件内部组织产生微观变化,从而达到减小或消除内应力目的。

人工时效处理分为高温时效和低温时效两种。高温时效是将工件放置在加热炉内加热到 $500\sim680$ ℃保温 $4\sim6$ h,使金属原子获得大的能量而加速运动,原子组织重新排列,然后随炉缓慢冷却至 $100\sim200$ ℃出炉,再在空气中自然冷却。此方法一般适合处理毛坯,在粗加工后进行。低温时效是将工件加热到 $200\sim300$ ℃保温 $3\sim6$ h后取出,在空气中自然冷却。低温时效一般适合在半精加工后进行。人工时效比自然时效见效快,但投资大、设备大、能源消耗多,在大批大量生产中多用人工时效。

也有采用振动时效代替人工时效处理的。它是让工件受到激振器的敲击,或工件在滚筒中回转互相撞击,使其在一定的振动强度下,引起工件金属内部组织的转变,一般振动 $30\sim50$ min 即可消除大部分内应力。这种方法节省能源、简便、效率高,为许多企业所采用,其缺点是噪声较大,适用于中小型零件及有色金属件。

3. 合理安排工艺过程

将粗加工、精加工分开在不同工序中进行,使粗加工后有足够的时间变形,让残余应力重新分布,以减少对精加工的影响。对于粗加工、精加工需要在一道工序中完成的大型工件,也应在粗加工后松开工件,让工件的变形恢复后,再用较小的夹紧力夹紧工件,进行精加工。适当选用切削用量,"小吃刀量,多次走刀",以减小切削力。尽量不采用冷矫直工序。

7.6　机械加工中的振动

1. 振动对机械加工的影响

各种切削加工过程中都将产生振动,一般情况下对加工过程都是有害的。主要影响有以下几个方面:

① 影响加工的表面粗糙度。振动频率低时会产生波度,频率高时会产生微观不平度。

② 影响生产效率。加工中产生振动,限制了切削用量的进一步提高,严重时甚至使切削不能继续进行。

③ 影响刀具寿命。切削过程中的振动可能使刀尖切削刃崩碎,特别是韧性差的刀具材料,如硬质合金、陶瓷等,要注意减振问题。

④ 对机床、夹具等不利。振动使机床、夹具等零件的连续部分松动,间隙增大,刚度减小,精度降低,同时使用寿命缩短。

振动对机械加工有不利的一面,但又可以利用振动来更好地切削,如振动磨削、振动研磨抛光、超声波加工等,都是利用振动来提高表面质量或生产效率。

根据机械加工中振动的原因,振动可以分为自由振动、强迫振动和自激振动等三大类。

2. 自由振动

自由振动是当系统所受的外界干扰力去除后系统本身的衰减振动。由于工艺系统受一些偶然因素的作用,如外界传来的冲击力、机床传动系统中产生的非周期性冲击力、加工材料的局部硬点等引起的冲击力等,系统的平衡被破坏,只靠其弹性恢复力来维持的振动属于自由振动。振动的频率就是系统的固有频率。由于工艺系统的阻尼作用,这类振动会很快衰减,对加工的影响较小。

3. 强迫振动

强迫振动是由外界周期性的干扰力所支持的不衰减振动。

1)切削加工中产生强迫振动的原因

切削加工中产生强迫振动的原因可从机床、刀具和工件三方面分析。

① 机床中某些零件的制造精度不高,会使机床产生不均匀运动而引起振动。如齿轮的周节误差和周节累积误差、主轴与轴承之间的间隙过大、传动带接头太粗等,都会引起振动。

② 多刃、多齿刀具(如铣刀等)切削时,由于刃口高度的误差,容易产生振动。

③ 被切削的工件表面上有断续表面或表面余量不均匀、硬度不一等,都会在加工中引起振动。如车削或磨削有键槽的外圆就会产生强迫振动。

2)强迫振动的特点

① 稳态过程是谐振,干扰力是维持振动的原因。

② 强迫振动的频率等于干扰力的频率。

③ 振幅大小取决于激振力、系统刚度、阻尼系数和激振力频率与系统固有频率之比。阻尼越小,振幅越大,谐波响应轨迹的范围大。

④ 在共振区,较小的频率变化会引起较大的振幅和相位角的变化。

3)消除强迫振动的措施

强迫振动对切削加工的影响较大。减小和消除强迫振动对切削加工影响的措施如下:

① 减小激振力,减小传动机构的缺陷,提高传动链的工作稳定性;对于往复运动部件,应采用较平稳的换向机构。

② 调整振源频率,避开共振区。当干扰力的频率接近于系统某一固有频率时,就会发生共振。所以可以通过调整刀具和工件等的转速,尽可能使旋转件的频率远离机床有关元件的固有频率。

③ 提高工艺系统刚度、连接部件的接触刚度、预加载荷减小轴承间隙、采用内阻尼较大的材料制造某些部件。

④ 隔振是在振动传递的路线上设置隔振材料,使由内、外振源所激起的振动不

能传递到刀具和工件上。某些动力源如电动机、油泵等最好与机床分开,用软管连接,或者用隔振材料(如橡胶、弹簧、软木等)与机床隔开。为了消除系统外的振源的影响,常在机床周围挖防振沟。工艺系统本身的干扰振源,如工件本身的不平衡,加工余量不均匀、工件材料的材质不均匀,以及加工表面不连续及刀齿的断续切削等引起的周期性切削冲击振动,可采用阻尼器或减振器减振。

4. 自激振动

在没有周期性干扰力作用的情况下,由振动系统本身产生的交变力所激发和维持的振动,称为自激振动。切削过程中产生的自激振动又称为颤振。

1) 自激振动的原理

金属切削过程中自激振动的原理如图 7.31 所示。切削过程产生的交变力 ΔF,以此激励工艺系统;工艺系统产生振动位移 ΔY,再反馈给切削过程,维持振动的能量来源于机床的能源。

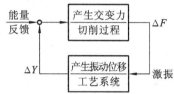

图 7.31　机床自激振动系统

2) 自激振动的特征

① 机械加工中的自激振动是在没有周期性外力干扰下所产生的振动,这一点与强迫振动有原则上的区别。维持自激振动的能量来自电动机,电动机除了供给切除切屑的能量外,还通过切削过程把能量传输给振动系统,使机床系统产生振动。

② 自激振动的频率接近于系统的某一固定频率,或者说,颤振频率取决于振动系统的固有频率。这一点与强迫振动不同,不取决于外界干扰力的频率。

③ 自激振动不因有阻尼存在而衰减为零。自激振动由振动系统本身的参数决定,与自由振动显著不同。自由振动受阻尼作用将迅速衰减,而自激振动不会因阻尼存在而衰减。

3) 减小或消除自激振动的措施

(1) 合理选择切削用量　在中等切削速度时(如切削时 $v_c = 20 \sim 60$ r/min)最容易发生颤振,因此选择高速或低速切削可避免颤振。一般多采用高速切削,除可避免振动之外,还可提高生产效率和减小零件的表面粗糙度。增大进给量可使振幅减小,因此在零件表面粗糙度允许的情况下,选择较大的加工进给量有利于抑制颤振。选择背吃刀量时要注意切削宽度对振动的影响,取较小的切削深度可减小自激振动。

(2) 合理选择刀具的几何参数　适当增大前角 γ_o、主偏角 κ_r 能减小切削力而减小振动。但当 $\kappa_r > 90°$ 后,振幅又有所增大。后角 α_o 减小使振动有明显减弱,但不能太小,以免后面与加工表面之间产生摩擦,反而引起振动。刀尖圆弧半径增大时切削力随之增大,因此为减小振动,应取较小的刀尖圆弧半径,但这会使刀具耐用度降低和表面粗糙度增大,故应综合考虑。

（3）提高工艺系统的减振性

① 提高机床的减振性。机床的减振性往往是占主导地位的，可以从增大机床的刚度、合理安排各部件的固有频率、增大其阻尼以及提高加工和装配的质量等来提高其减振性。图 7.32 所示为薄壁封砂结构床身，它具有显著的阻尼特性，能有效提高机床的减振性。

② 提高刀具的减振性。提高刀具的抗弯曲与抗扭转刚度、高的阻尼系数，因此要求增大刀杆等的刚度、弹性模量和阻尼系数。例如，硬质合金虽弹性模量较高，但阻尼性能较差，所以可以和钢组合使用，如图 7.33 所示的组合刀杆，就能发挥钢和硬质合金两者的优点。

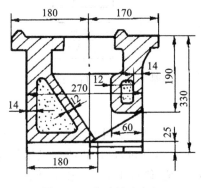

图 7.32　薄壁封砂床身

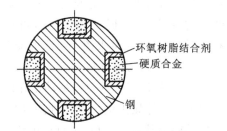

图 7.33　钢与硬质合金的组合刀杆

图 7.34 所示为削扁镗杆，x_1—x_1 是削扁镗杆的小刚度主轴，x_2—x_2 是削扁镗杆的大刚度主轴。理论分析与实验结果表明，方位角 α（α 为加工表面法向 y 与镗杆削边垂线的夹角）对镗孔系统的稳定性具有重要影响。图 7.34b 所示削扁镗杆的小刚度主轴的方位角 α 介于切削力 F 与 y 方向的夹角 β 范围内，容易产生振型耦合型颤振。图 7.34c 所示削扁镗杆的小刚度主轴的方位角 α 落在 F 与 y 方向的夹角 β 范围之外，可避免发生振型耦合型颤振。

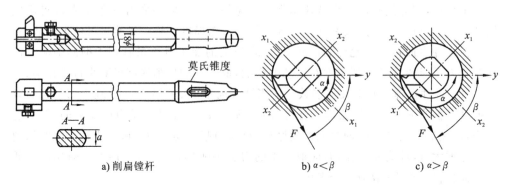

a）削扁镗杆　　　　　　b）$\alpha < \beta$　　　　　　c）$\alpha > \beta$

图 7.34　削扁镗杆及方位角的影响

③增大工件安装时的刚度。

（4）使用消振装置　图 7.35 所示为车床上使用的冲击减振器,螺钉上套有质量块、弹簧和套,当车刀发生强烈振动时,质量块就在减振器和螺钉头部之间作往复运动,产生冲击,吸收能量。图 7.36 所示为镗孔用的冲击减振器,冲击块安置在镗杆的空腔中,它与空腔的间隙保持在 0.05～0.10 mm。当镗杆发生振动时,冲击块将不断撞击镗杆吸收振动能量。经过使用证明,这些装置都具有很好的减振作用,并可在一定范围内调整,使用也较方便。

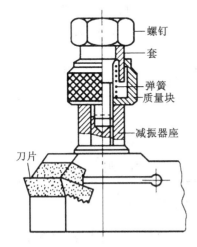

图 7.35　车床上使用的冲击减振器

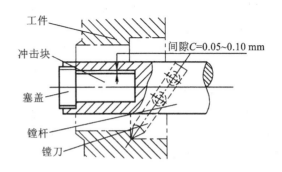

图 7.36　镗孔用的冲击减振器

7.7　提高加工质量的主要工艺措施

机械加工过程中,由于工艺系统存在各种原始误差,不同程度地反映为工件的加工误差。因此,设法直接控制原始误差是保证和提高机械加工质量、保证精度的有效措施。

1. 减小或消除原始误差

提高工件加工时所使用的机床、夹具、刀具及量具的精度,以及控制工艺系统的受力、受热变形等,均可以直接减小原始误差。为有效地提高加工精度,应根据不同情况对主要的原始误差采取措施加以消除。对精密零件的加工,应尽量提高所用机床的几何精度、增大其刚度并控制加工过程中的热变形;对刚度较小零件的加工,主要是尽量减小工件的受力变形;对成形面零件的加工,主要是提高成形刀具的形状精度及刀具的安装精度。

例如,在车床上加工细长轴时,因工件刚度小,容易产生弯曲变形和振动,主要误差因素是:径向切削力顶弯工件而产生的"让刀"现象,轴向力在顺向进给时压弯工件,高速回转的离心力甩弯工件并使之产生振动,切削热作用使工件产生热伸长增大了轴向力等。为减小和消除这些误差,通常采用下列措施:

① 采用跟刀架、中心架，减小径向力的影响；

② 采用反向进给切削法，使轴向力的压缩作用变为拉伸作用，同时，采用弹性顶尖，消除工件的弯曲变形；

③ 采用较大的主偏角（$\kappa_r = 93°$）车刀，减小径向力和径向颤动；

④ 在卡盘的卡爪上夹持小圆柱，以减小定位误差。

2. 采用误差补偿法抵消原始误差

误差补偿法是指人为造成一种误差去抵消加工过程中的原始误差。例如，在精密丝杠车床上采用的螺距校正装置，在螺纹磨床上采用的温度校正尺，在齿轮机床采用的传动链校正装置等，都采用了误差补偿法。又如，数控机床采用的滚珠丝杠，为了消除热伸长的影响，在精磨时有意将丝杠的螺距加工得小一些，装配时预加载荷拉伸，使螺距拉大到标准螺距，产生的拉应力用来吸收丝杠发热引起的热应力。再如，在精加工龙门铣床的横梁导轨时，预加载荷使其弯曲，使刮削加工后的导轨床身产生向上凸的几何形状误差，则在装配后就能够补偿因横梁和立铣头重力作用而产生的下凹变形，如图 7.37 所示。

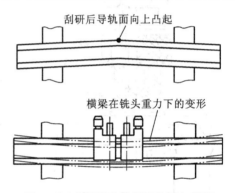

图 7.37　龙门铣床横梁的变形与刮削

在加工过程中对工件预加载荷（见图 7.38），使工件在变形状态下进行加工，加工以后满足技术要求，同时使加工时的条件与装配、使用的条件一致，从而达到加工精度要求。例如，在有的机床床身导轨的精加工时，预先将等重量的液压油箱、横向进给机构及前罩等部件安装在床身上再进行磨削，就能防止磨削后的床身导轨装上部件后产生变形。

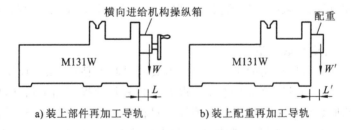

a) 装上部件再加工导轨　　　　b) 装上配重再加工导轨

图 7.38　在床身上预加载荷再磨削导轨

3. 转移原始误差

对工艺系统的原始误差，也可在一定条件下，使其转移到不影响加工精度的方面或误差的非敏感方向。例如，大型龙门铣床的横梁较长，常常由于主轴箱等部件重力的作用而产生弯曲和扭转组合变形。使用时横梁的变形往往是主要原始误差之一。为消除此项原始误差的影响，从机床结构上可再增添一根主要承受主轴箱部件重力的附加梁,如图 7.39 所示。又如,箱体零件孔系的加工,单件小批生产时采用精密量棒和千分表实现精密坐标定位,成批生产时采用镗模夹具进行加工。这些都是将机床原有的几何误差转移到不影响加工精度方面的实例。再如,对具有分度或转位的多工位加工,若将切削刀具安装到适当位置,使分度、转位误差处于零件加工表面的切线方向,则可显著减轻其影响。立轴转塔车床采用竖直装刀,就是将原始误差转移到非敏感方向的实例(见图7.40)。

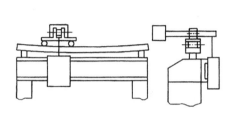 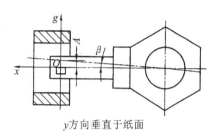

y方向垂直于纸面

图 7.39 增加附加梁转移变形   图 7.40 转塔车床的"立刀"安装法

7.8 加工误差的统计分析

实际生产中,影响加工误差的因素错综复杂,加工误差往往是多种因素综合影响的结果,而且其中的不少因素对加工的影响是随机性的。因此在很多情况下,仅靠单因素分析方法来分析加工误差是不够的,还必须运用数理统计的方法对加工误差数据进行处理和分析,从中发现误差形成规律,从而找出影响加工误差的主要因素。这就是加工误差的统计分析法。

7.8.1 加工误差的分类

根据一批工件加工误差出现的规律,误差可分为系统性误差与随机性误差两类,前者又可分为常值系统性误差和变值系统性误差两种。

1. 系统性误差

(1)常值系统性误差 在同一条件下顺序加工一批工件,其大小和方向皆不变的误差称为常值系统性误差。原始误差和机床、夹具、刀具的制造误差(如铰刀、钻头直径大小的误差)、一次调整误差(如自动车床的对刀误差等)以及工艺系统静力变形引起的误差,均属于常值系统性误差。常值系统性误差可以通过对工艺装备进行相应的维修、调整,或采取针对性的措施来加以消除。

(2)变值系统性误差 在同一条件下顺序加工一批工件,其大小和方向遵循某一规律变化的误差称为变值系统性误差。例如,刀具的磨损引起的加工误差、机床和刀具或工件的受热变形引起的加工误差等,使一批工件的尺寸依次逐渐变大或变小,这类误差均属于变值系统性误差。变值系统性误差若能掌握其大小和方向随时间变化的规律,就可以通过自动连续、周期性补偿等措施来加以控制。

2. 随机性误差

在同一条件下顺序加工一批工件,有些误差的大小和方向是无规则变化着的,这些误差称为随机性误差。由于它总是在某一确定范围内变动,因此具有一定的统计规律。例如,加工余量不均匀或材料硬度不均匀引起的毛坯复映误差、夹紧力时大时小引起的夹紧误差、定位误差、多次调整误差、残余应力引起的变形误差等,均属于随机性误差。

随机性误差是不可避免的,但可以从工艺上采取措施,如提高工艺系统刚度、提高毛坯加工精度使加工余量均匀,对毛坯进行热处理使硬度均匀,对工件进行时效处理消除内应力等,来控制和缩小其影响。

7.8.2 误差的统计分析法

以生产现场对工件检测的结果为依据,运用数理统计的方法对这些结果进行分析和处理,从中找出误差变化规律。这种方法称为统计分析法。

1. 分布曲线法

1)实际分布图——直方图

在相同条件下加工出来的一批工件,尺寸总是在一定的范围内变动,这种现象称为尺寸分散,其分散范围就是实测的最大尺寸与最小尺寸之差。

例如,现有一批工件的铰孔加工,尺寸为 $\phi 10H7(\phi 10^{+0.018}_{0}$ mm$)$,将这批工件的加工尺寸测量出来,按照孔径尺寸分散范围分组摆放,可以直观地看出工件尺寸的分布状况,如图 7.41 所示。测量每个工件的加工尺寸,把测得的数据记录下来,按尺寸大小将整批工件进行分组,则每一组中的零件尺寸处于一定的范围内。同一尺寸间隔内的零件数称为频数,频数与该批零件总数之比称为频率。以零件尺寸为横坐标,以频数或频率为纵坐标,可得到该道工序工件加工实际尺寸曲线,也称为密度直方图,如图 7.42 所示。由图可知:

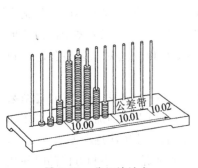

图 7.41 分组统计盘

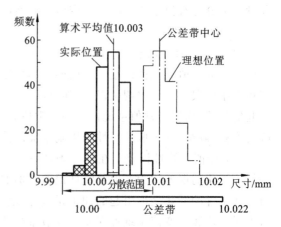

图 7.42 铰孔后孔径尺寸分布直方图

① 中间的工件较多,两边的逐渐减少。分散范围＝工件最大尺寸－工件最小尺寸＝(10.01－9.994) mm＝0.016 mm,这批工件尺寸的算术平均值为 10.003 mm,基本上处于分散范围的中心。

② 尺寸分散范围小于公差带[公差带＝(10.022－10.00) mm＝0.022 mm],表明该工序能够满足公差要求。

③ 部分工件尺寸超出公差带之外(网格部分)成为废品,原因是尺寸分散中心(即工件尺寸算术平均值 10.003 mm)偏离了公差带中心(10.011 mm)。如果能够将工件尺寸整体偏大 0.008 mm(例如,可把铰刀直径加大 0.008 mm),使尺寸分散中心与公差带中心重合,继而使分布图右移到理想位置,则可使整批工件尺寸都落在公差带之内。

④ 如果将所取样本中的工件数进一步增加,组距进一步缩小,直方图将更接近于光滑的曲线,其极限情况就是理论分布曲线——正态分布曲线。

2) 理论分布曲线——正态分布曲线

实践证明,机械加工中,工件的尺寸误差是很多相互独立的大量微小随机性误差综合作用的结果。如果其中没有一个随机性误差是起决定作用的,则加工后工件的尺寸将呈正态分布。例如,机床上用调整法一次加工出来的一批零件,其尺寸误差是由很多相互独立的随机性误差综合作用的结果,当被测量的一批零件的数量足够大而尺寸间隔非常小时,则所绘出的实际分布曲线非常接近于正态分布曲线。研究加工误差问题时,常用正态分布曲线近似地代替实际分布曲线。

如图 7.43 所示,正态分布曲线的数学表达式为

$$y(x) = \frac{1}{\sigma\sqrt{2\pi}}e^{\frac{-(x-\bar{x})^2}{2\sigma^2}} \quad (-\infty < x < +\infty, \sigma > 0)$$

式中　$y(x)$——纵坐标,表示工件的概率密度;

　　　x——横坐标,表示工件的尺寸或误差;

　　　$\bar{x}$——工件尺寸的算术平均值,也是正态分布曲线的对称中心,$\bar{x} = \frac{1}{n}\sum_{i=1}^{n}x_i$;

　　　σ——工序的标准偏差,均方根偏差,$\sigma = \sqrt{\frac{1}{n}\sum_{i=1}^{n}(x_i - \bar{x})^2}$。

正态分布曲线有以下一些特点:

① 曲线以 $x = \bar{x}$ 对称,靠近 $\bar{x}$ 的工件尺寸出现的概率较大,远离 $\bar{x}$ 的工件尺寸出现的概率较小。

② 曲线在 $x = \bar{x} \pm \sigma$ 处出现拐点,该两点之间曲线上凸,该两点之外曲线下凹。

③ 正态分布的数学模型有两个特征参数。一是算术平均值 $\bar{x}$,只影响曲线的位置,而不影响曲线的形状(见图 7.44a);另一个是均方根偏差(标准偏差)σ,只影响曲线的形状,而不影响曲线的位置(见图 7.44b)。均方根偏差越大,曲线越平坦,精度就越差。

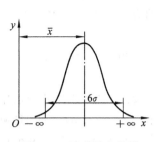

图 7.43　正态分布曲线

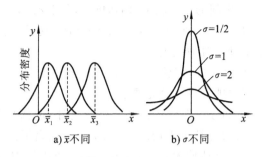

a) $\bar{x}$ 不同　　　　　b) σ 不同

图 7.44　$\bar{x}$、σ 值对正态分布曲线的影响

④ 曲线与 x 轴围成的面积代表了全部零件数（即 100%），故其面积等于 1。其中 $x = \bar{x} \pm 3\sigma$ 范围内的面积占 99.73%，即 99.73% 的工件尺寸落在 $\pm 3\sigma$ 范围内，仅有 0.27% 的工件在此范围之外。因此，取正态分布曲线的分布范围为 $\pm 3\sigma$，工艺上称为 6σ 准则。生产上感兴趣的往往不是工件为某一尺寸的概率是多大，而是加工工件尺寸落在某一区间的概率是多大。对于某一规定的 x 范围的曲线面积，可以由下式求得：

$$F(x) = \frac{1}{\sigma \sqrt{2\pi}} \int_0^x e^{-\frac{x^2}{2\sigma^2}} dx$$

令 $z = \dfrac{x}{\sigma}$，有
$$\varphi(z) = \frac{1}{\sqrt{2\pi}} \int_0^z e^{-\frac{z^2}{2}} dz$$

z 值一定时，函数 $\varphi(z)$ 的数值等于加工尺寸在 x 范围的概率。在实际计算时，可以直接采用前人已经做好的积分表（见表 7.1）。

3）非正态分布曲线

在机械加工中，工件实际尺寸的分布情况，有时也出现并不近似于正态分布。例如，将两次调整下加工出的工件混在一起测量，则其分布曲线将如图 7.45a 所示的双峰曲线。实质上是两组正态分布曲线（如虚线所示）的叠加，也就是在随机性误差中混入了变值系统误差。又如磨削活塞销，如果砂轮磨损较快而没有自动补偿，工件的实际尺寸分布将成平顶形，如图 7.45b 所示。再如，工艺系统在远未达到热平衡状态而加工时，由于热变形开始较快，以后渐慢，直至稳定为止，则工件尺寸的实际分布也出现不对称状态。不分正负的形位误差，如端面圆跳动、径向圆跳动等的分布曲线，也呈不对称性，称之为偏态分布，即是加工误差偏向于接近于零的一边，如图 7.45c 所示。

4）正态分布曲线的应用

（1）确定加工方法的精度　对于给定的加工方法，由于其加工尺寸的分布近似服从正态分布，其分散范围为 $\pm 3\sigma$，即 6σ，在多次统计的基础上，可计算出 σ，则 6σ 即为所选加工方法的加工精度。

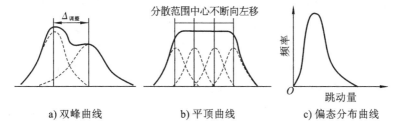

a) 双峰曲线　　　　　　　　b) 平顶曲线　　　　　　　c) 偏态分布曲线

图 7.45　随机性误差和系统性误差而形成的分布曲线

表 7.1　$\varphi(z) = \dfrac{1}{\sqrt{2\pi}} \displaystyle\int_0^z e^{-\frac{z^2}{2}} \, dz$ **的数值表**

z	$F(z)$	z	$F(z)$	z	$F(z)$	z	$F(z)$	z	$F(z)$
0.00	0.0000	0.23	0.0910	0.46	0.1772	0.88	0.3106	1.85	0.4678
0.01	0.0040	0.24	0.0948	0.47	0.1808	0.90	0.3159	1.90	0.4713
0.02	0.0080	0.25	0.0987	0.48	0.1844	0.92	0.3212	1.95	0.4744
0.03	0.0120	0.26	0.1023	0.49	0.1879	0.94	0.3264	2.00	0.4772
0.04	0.0160	0.27	0.1064	0.50	0.1915	0.96	0.3315	2.10	0.4821
0.05	0.0199	0.28	0.1103	0.52	0.1985	0.98	0.3365	2.20	0.4861
0.06	0.0239	0.29	0.1141	0.54	0.2054	1.00	0.3413	2.30	0.4893
0.07	0.0279	0.30	0.1179	0.56	0.2123	1.05	0.3531	2.40	0.4918
0.08	0.0319	0.31	0.1217	0.58	0.2190	1.10	0.3643	2.50	0.4938
0.09	0.0359	0.32	0.1255	0.60	0.2257	1.15	0.3749	2.60	0.4953
0.10	0.0398	0.33	0.1293	0.62	0.2324	1.20	0.3849	2.70	0.4965
0.11	0.0438	0.34	0.1331	0.64	0.2389	1.25	0.3944	2.80	0.4974
0.12	0.0478	0.35	0.1368	0.66	0.2454	1.30	0.4032	2.90	0.4981
0.13	0.0517	0.36	0.1406	0.68	0.2517	1.35	0.4115	3.00	0.49865
0.14	0.0557	0.37	0.1443	0.70	0.2580	1.40	0.4192	3.20	0.49931
0.15	0.0596	0.38	0.1480	0.72	0.2642	1.45	0.4265	3.40	0.49966
0.16	0.0636	0.39	0.1517	0.74	0.2703	1.50	0.4332	3.60	0.499841
0.17	0.0675	0.40	0.1554	0.76	0.2764	1.55	0.4394	3.80	0.499928
0.18	0.0714	0.41	0.1591	0.78	0.2823	1.60	0.4452	4.00	0.499968
0.19	0.0753	0.42	0.1628	0.80	0.2881	1.65	0.4506	4.50	0.499997
0.20	0.0793	0.43	0.1664	0.82	0.2939	1.70	0.4554	5.00	0.49999997
0.21	0.0832	0.44	0.1700	0.84	0.2995	1.75	0.4599		
0.22	0.0871	0.45	0.1736	0.86	0.3051	1.80	0.4641		

（2）判断加工误差的性质　如果实际分布曲线基本符合正态分布曲线,则说明加工过程中无变值系统性误差(或影响甚小)。此时,若分布中心 $\bar{x}$ 与公差带中心 T_m 重合,则加工过程中没有常值系统性误差;否则,存在常值系统性误差,其大小为 $|T_m-\bar{x}|$ 。如实际分布与正态分布有较大出入,则可根据分布图初步判断变值系统性误差的类型,分析误差产生的原因,并采取积极措施加以抑制或消除。

（3）判断工序能力及其等级　工序能力是指工序能否稳定地加工出合格产品的能力。把公差带 T 与 6σ 的比值称为该工序的工序能力系数 C_p ,即

$$C_p = T/(6\sigma)$$

C_p 用来判断生产能力。

根据工序能力系数 C_p 的大小,可将工序能力分为五个等级:①$C_p>1.67$ 为特级,说明工序能力过高,允许有异常波动,不一定经济;②$1.67{\geqslant}C_p>1.33$ 为一级,说明工序能力足够,可以允许一定的波动;③$1.33{\geqslant}C_p>1.00$ 为二级,说明工序能力勉强,必须密切注意;④$1.00{\geqslant}C_p>0.67$ 为三级,说明工序能力不足,可能出现少量不合格品;⑤$0.67{\geqslant}C_p$ 为四级,说明工序能力很差,必须加以改进。一般情况下,工序能力不应低于二级。

必须指出,$C_p>1$ 只是保证不产生不合格品的必要条件,但不是充分条件。要保证不出现不合格品,还必须保证调整的正确性。如果加工中有常值性系统误差,即 $\bar{x}$ 与 T_m 不重合,这是只有当 $C_p>1$ 和 $T-2|\bar{x}-T_m|>6\sigma$ 两个条件同时满足时,才能确保不出现不合格品。

（4）估算合格率、废品率　下面举例说明。

例 7.6　在无心外圆磨床上磨削销轴外圆,要求外径 $d=12^{-0.016}_{-0.043}$ mm,抽取一批零件,经实测后发现尺寸分散中心比公差带中心大 0.0035 mm,$\sigma=0.005$ mm,其尺寸分布符合正态分布。

① 分析该工序的工序能力。

② 作该工序的实际尺寸分布图。

③ 这批工件的废品率和合格品率各是多少?

④ 说明是哪种性质的误差。

⑤ 为消除不合格品,应采取哪些改进措施?

解　① 计算工序能力系数,即

$$C_p = \frac{T}{6\sigma} = \frac{0.027}{6\times0.005} = 0.9$$

该工序的工序能力等级为三级,工序能力不够,必然会产生不合格品。

② 作尺寸分布曲线图。公差带中心为

$$(11.984+11.957)/2=11.9705$$

曲线中心(尺寸分散中心)为

$$\bar{x}=(11.9705+0.0035) \text{ mm}=11.974 \text{ mm}$$

曲线范围(±3σ)为 11.959～11.989
mm,按一定比例绘制正态分布曲线图
(见图 7.46)。由图可见,实际尺寸的
左边界在最小极限尺寸内,而右边界
超出了最大极限尺寸,有不合格品出
现。

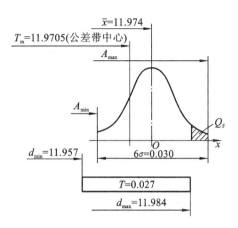

③ 求废品率和合格品率,有

$$z = \frac{x - \bar{x}}{\sigma} = \frac{11.984 - 11.974}{0.005} = 2$$

查表,得

$$F(z) = 0.4772$$

图 7.46　无心外圆磨削销轴的误差分布曲线

废品率为

$$Q_F = 0.5 - F(z) = 0.5 - 0.4772$$
$$= 0.0228 = 2.28\%$$

合格品率为

$$Q_H = 0.5 + F(z) = 0.5 + 0.4772 = 0.9772 = 97.72\%$$

④ 出现的是常值系统性误差。产生废品的主要原因在于工序能力不足和有常
值系统性误差 Δ_c,且

$$\Delta_c = |\bar{x} - \bar{x}_\delta| = |11.974 - 11.9705| \ mm = 0.0035 \ mm$$

⑤ 整改措施是:将磨轮与导轮之间距离减小 $\Delta_c/2$,提高工序能力,选择精度高的
机床加工。

2. 点图分析法

用分布图分析法研究加工误差的前提是工艺过程必须是稳定的。它不能反映零
件加工的先后顺序,也不能反映误差的变化趋势。一批工件只是加工结束后才能得
出尺寸分布情况,因而不能在加工过程中起到及时控制质量的作用。加工中,由于随
机性误差和系统性误差同时存在,在没有考虑到工件加工先后顺序的情况下,很难把
随机性误差和变值系统性误差区分开来。为了克服这些不足,在生产实践中常用点
图分析法。

1) 个值点图法

在一批零件的加工过程中,按加工顺序的先后逐个测量零件的尺寸,以零件序号
为横坐标,以零件尺寸(或误差)为纵坐标,可作出如图 7.47a 所示的散点图。该点图
反映了每个工件尺寸(或误差)变化与加工时间的关系,称为个值点图。

假如把点图上的上下极限点包络成两根平滑的曲线,并作出这两根曲线的平均
值曲线,如图 7.47b 所示。个值点图反映了工件逐个的尺寸变化与加工时间的关系。
若点图上的上、下极限点包络成两根平滑的曲线,并作这两根曲线的平均值曲线
OO',就能较清楚地揭示出加工过程中误差的性质及其变化趋势。

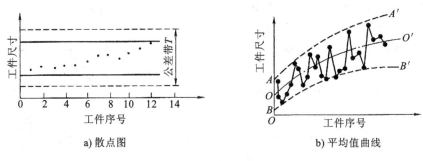

a) 散点图　　　　　　　　　　b) 平均值曲线

图 7.47　个值点图

平均值曲线 OO' 表示每一瞬时的分散中心,反映了变值系统性误差随时间变化的规律。其起始点 O 位置的高低表明常值系统性误差的大小。整个几何图形将随常值系统性误差的大小不同,而在垂直方向处于不同位置。上限 AA' 与下限 BB' 间的宽度表示在随机性误差作用下加工过程的尺寸分散范围,反映了随机性误差的变化规律。

2)$\bar{x}$-R 点图法(平均值-极差点图法)

$\bar{x}$-R 是平均值 $\bar{x}$ 控制图和极差 R 控制图联合使用时的统称。设以顺次加工的 m 个工件为一组,则每一样组的平均值 $\bar{x}$ 和极差 R 为

$$\bar{x} = \frac{1}{m}\sum_{i=1}^{m} x_i$$

$$R = x_{\max} - x_{\min}$$

式中　$x_{\max}$、$x_{\min}$——同一组中工件的最大尺寸、最小尺寸。

以样组序号为横坐标,分别以 $\bar{x}$ 和 R 为纵坐标,就可以分别作出 $\bar{x}$ 点图和 R 点图,如图 7.48 所示。$\bar{x}$ 点图主要反映系统性误差及其变化趋势,R 点图反映随机性误差及其变化趋势,这两个点图必须联合使用才能控制整个工序过程。

当判断某一工序是否稳定时,需要在 $\bar{x}$-R 点图上加上中心线及上下控制线。中心线的位置可按下式计算:

$\bar{x}$ 点图的中心线为　　　　　　　$$\bar{\bar{x}} = \frac{\sum_{i=1}^{m}\bar{x}_i}{k}$$

R 点图的中心线为　　　　　　　$$\bar{R} = \frac{\sum_{i=1}^{m}R_i}{k}$$

式中　k——组数;

　　　$\bar{x}$——第 i 组的平均值;

　　　R_i——第 i 组的极差。

控制线的位置可按下列公式求得:

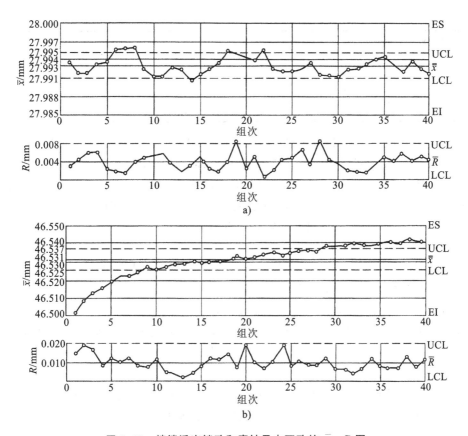

图 7.48 精镗活塞销孔和磨轴承内环孔的 $\bar{x} - R$ 图

$\bar{x}$ 点图的上控制界限为

$$\text{UCL} = \bar{\bar{x}} + A\bar{R}$$

$\bar{x}$ 点图的下控制界限为

$$\text{LCL} = \bar{\bar{x}} - A\bar{R}$$

R 点图的上控制界限为

$$\text{UCL} = D_1\bar{R}$$

R 点图的下控制界限为

$$\text{LCL} = D_2\bar{R}$$

式中 A、D_1、D_2——系数,按表 7.2 查取。

图 7.48a 是精镗活塞销孔的 $\bar{x}$-R 图。$\bar{x}$ 点图中共有 6 个数据点超出控制线,R 点图中有 2 个点超出控制线,说明工序是稳定的,虽然根据这批工件尺寸计算出的 6σ 并没有超过公差带 T(数据从略)。需要着重指出的是:加工质量是否符合公差要求与加工过程是否稳定不是一回事,但既然加工过程中包含不稳定因素,就不能等闲视之,如果放任自流,迟早会出现超差而产生废品。

表 7.2　A、D_1、D_2 的值

每组件数 m	4	5	6	7	8
A	0.73	0.58	0.48	0.42	0.37
D_1	2.28	2.11	2.00	1.92	1.86
D_2	0	0	0	0.075	0.136

图 7.48b 是一台半自动内圆磨床上加工轴承内环孔的 $\bar{x}$-R 点图。图中的点有明显上升趋势,这是热变形影响的典型现象。任何一种产品图上的点总是有波动的,但要区别两种不同的情况:第一种情况是只有随机的波动,属正常波动,这表明过程是稳定的;第二种情况为异常波动,这表明工艺过程是不稳定的。一旦出现异常波动,就要及时寻找原因,使这种不稳定趋势得到消除。

3)正常波动和异常波动

在点图上作出中心线和上、下控制线后,就可根据图中点的情况判断工艺过程是否稳定,即波动状态是否属于正常。

若点图中的点同时满足以下三个条件:①没有点跳出控制线外,②大部分点在中心线附近上、下波动,只有少部分点靠近控制线,③点没有明显的规律性,波动是正常的,说明该工艺过程稳定。当点图中的点跳出控制线之外或排列有缺陷时,则说明该工艺过程异常。

与工艺过程加工误差分布图分析法比较,点图分析法的特点是:所采用的样本是顺序小样本,能在工艺过程进行中及时提供主动控制的资料,简单方便。

思考题与习题

7.1　何谓加工精度?加工精度包括哪些内容?

7.2　研究零件的加工精度有何实际意义?

7.3　为何将机床、刀具、夹具和工件四要素称为机械加工工艺系统?系统误差包括哪些内容?

7.4　说明加工精度、加工误差、公差概念的异同。零件的尺寸精度高,其质量就好吗?举例说明提高加工精度的主要工艺措施有哪些。

7.5　影响加工精度的因素有哪些。

7.6　零件的表面质量包括哪些内容?它们对零件的使用性能各有什么影响?

7.7　冷作硬化对零件的耐磨性和疲劳强度有何影响?

7.8　举例说明提高零件加工质量的工艺措施有哪些。

7.9　何谓工艺系统刚度?工艺系统刚度有何特点?影响工艺系统刚度的因素有哪些?

7.10　试分析在车床上加工时产生下述误差的原因:

① 在车床上镗孔时,引起被加工孔的圆度误差和圆柱度误差;

② 在车床自定心卡盘上镗孔时,引起内孔与外圆的同轴度、端面与外圆的垂直度误差。

7.11　车削细长轴可以采取哪些工艺措施来减小其形状误差?

7.12　何谓误差复映?可以采取哪些工艺措施来减小误差复映对加工精度的影响?

7.13　设已知一工艺系统的误差复映系数为 0.25,工件在本工序前有圆柱度误差 0.45 mm。若本工序形状精度要求公差为 0.01 mm,问:至少需要几次走刀才能使工件形状精度满足要求?

7.14　如图 7.49 所示,横磨法加工一刚度很大的工件,设横向磨削力 $F_p=100$ N,头座刚度 $K_{tz}=50000$ N/mm,尾座刚度 $K_{wz}=40000$ N/mm。试分析加工后工件的形状,并计算形状误差。

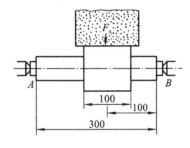

图 7.49　题 7.14 图

7.15　有一批轴类零件,车削完毕后测量,发现整批零件呈现如图 7.50 所示的几何形状误差,试分析产生各误差的原因。哪种情况是由机床刚度不足造成的?

7.16　在车床上车削细长轴时,常采取一些必要的工艺措施,其目的是什么?

7.17　如图 7.51 所示,工件安装在车床自定心卡盘上钻孔,钻头安装在尾座上。加工后测量发现孔径偏大。试分析造成孔径偏大的可能原因。

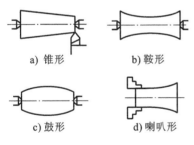

a) 锥形　　　　　　b) 鞍形

c) 鼓形　　　　　　d) 喇叭形

图 7.50　题 7.15 图

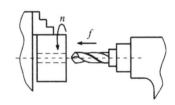

图 7.51　题 7.17 图

7.18　在磨床上精磨外圆时,通常在最后几个行程中需进行“无火花磨削”(或称“光磨”),即在砂轮无横向(工件径向)进给的情况下进行纵向(工件轴向)进给,反复磨削,直至无火花,最后停止磨削。有人说,采用该磨削方式只是为了减小工件的表面粗糙度,对吗?

7.19　在粗加工铸造、锻造或焊接的工件毛坯之前,为何常要进行时效处理?在精加工之前为什么常要对顶尖孔进行修研?

7.20　对加工一个孔来讲,铰孔和镗孔两种方法中,哪一种不但可提高孔径精度,还能纠正孔位的偏差?

7.21　某工件上需加工孔,要求孔的直径为 10 ± 0.1 mm,使用 $\phi10$ mm 的钻头,在一定的切削用量下采用钻孔加工。加工一批零件后,实测各零件得知:其尺寸分散符合正态分布规律,误差曲线分布中心 $\bar{x}=10.04$ mm,分散范围为 $\sigma=0.03$ mm。

(1) 这种加工方法的随机误差、常值系统性误差各是多少?

(2) 这种加工方法工艺能力是否足够?

(3) 可修复的废品率是多少? 采取什么措施可以有效防止出现不可修复废品?

7.22　在自动车床上车削一批小轴,尺寸要求为 $\phi 30_{-0.12}^{\ 0}$ mm,加工后尺寸呈正态分布,$\sigma=0.02$ mm,尺寸分布中心比公差带中心大 0.03 mm。

(1) 工序能力系数,分析工序能力情况是否足够?

(2) 作尺寸分布曲线图。

(3) 求废品率和合格率。

(4) 试说明是什么性质的误差。

(5) 若不允许有不合格品,应采取何种措施?

7.23　机械加工过程中会遇到哪些类型的振动? 对机械加工质量会产生哪些影响? 哪种振动类型对加工质量影响最大? 如何减轻振动对机械加工质量的影响?

第 8 章

机械装配工艺基础

8.1 概述

装配就是把加工好的零件按一定的顺序和技术要求组合到一起,成为一部完整的机器(或产品)的过程。它必须可靠地实现机器(或产品)设计的功能。机器的装配工作一般包括装配、调整、检验、试车等。它不仅是制造机器所必需的最后阶段,也是对机器的设计思想、零件的加工质量和机器装配质量的总检验。

1. 机械装配的基本概念

任何机器都是由零件、套件、组件、部件等组成的。为保证有效地进行装配工作,通常将机器划分为若干能进行独立装配的部分,称为装配单元。

零件是组成机器的基本单元,它是由金属或其他材料制成的。零件一般都预先装成套件、组件、部件后才安装到机器上。常见的零件有齿轮、轴等。

在一个基准零件上,装上一个或若干个零件构成套件。它是最小的装配单元,如汽车发动机连杆小头孔压入衬套后再经精镗孔加工,得到的就是套件。

在一个基准零件上,装上若干套件及零件构成组件。如机床主轴箱中,在基准轴件上装上齿轮、套、垫片、键及轴承的组合件称为组件。

在一个基准零件上,装上若干组件、套件和零件构成部件。部件在机器中能完成一定的、完整的功用,例如车床的主轴箱装配就是部件装配。

在一个基准零件上,装上若干部件、组件、套件和零件就成为整个机器,把零件和部件装配成最终产品的过程称为总装。例如,卧式车床就是以床身为基准零件,装上主轴箱、进给箱、溜板箱等部件及其他组件、套件、零件所组成。

2. 装配精度

(1) 尺寸精度 尺寸精度包括相关零部件的距离精度和配合精度,如减速机安装后齿轮与端面与箱体内壁的间隙、轴承的轴向间隙、机床主轴箱中滑移齿轮与花键槽间隙、某些过盈装配的过盈量等。

(2) 位置精度 位置精度包括相关零部件间的同轴度、平行度、垂直度等,如机床主轴箱装配后,其相关轴间中心距的尺寸精度和同轴度、平行度、垂直度等。

(3) 相对运动精度 产品中有相对运动的零部件间在运动方向和相对运动速度上的精度,如机床溜板箱在导轨上的移动精度、溜板移动对主轴中心线的平行度等。

（4）接触精度　接触精度常以接触面积的大小及接触点的分布来衡量。

3. 装配精度与零件精度的关系

各种机器或部件都是由许多零件有条件地装配在一起的。各个相关零件的误差累积起来，就反映到装配精度上，因此，机器的装配精度受零件特别是关键零件的加工精度影响很大。例如图 8.1 所示的卧式车床导轨，要保证尾座移动对溜板移动的平行度要求，在加工其导轨面时，首先要保证床身上溜板移动的导轨面与尾座移动导轨面相互平行。又如图 8.2 所示，卧式车床装配后主轴锥孔轴线和尾座顶尖套锥孔中心线对床身导轨有等高度要求，后尾座中心可高于主轴中心，但一般不得超过 0.06 mm。若不考虑其他因素，该精度要求由床身、主轴箱、尾座和底板等零件的加工精度确定。

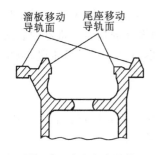

图 8.1　卧式车床导轨　　　　图 8.2　车床主轴线与尾座中心线的等高装配

为了合理地确定零件的加工精度，必须对零件精度和装配精度的关系进行综合分析。而进行综合分析的有效手段就是建立和分析产品的装配尺寸链。

8.2　装配尺寸链

1. 装配尺寸链的基本概念

在机器的装配关系中，由相关零件的尺寸或相互位置关系所组成的尺寸链称为装配尺寸链。根据尺寸链定义，封闭环是尺寸链中最后形成的尺寸，而装配精度（封闭环）是零部件装配后才最后形成的尺寸或位置关系。所以，装配所要保证的装配精度或技术要求就是装配尺寸链的封闭环。在装配关系中，对装配精度有直接影响的零部件的尺寸和位置关系，都是装配尺寸链的组成环。如同工艺尺寸链一样，装配尺寸链的组成环也分为增环和减环。图 8.3 所示为孔轴零件的装配关系，装配后要求轴孔间有一定间隙，则该间隙 A_0 即为封闭环，它由孔尺寸 A_1 和轴尺寸 A_2 装配间接保证。其中 A_1 为增环，A_2 为减环。

从设计的角度来看，装配精度（封闭环）是确定零件加工精度要求的依据。

2. 装配尺寸链的查找方法

首先根据装配精度要求确定封闭环，再取封闭环两端的任一个零件为起点，沿装配精度要求的位置方向，以装配基准面为查找的线索，分别找出影响装配精度要求的相关零件(组成环),直至找到同一基准零件,甚至是同一基准表面为止。

装配尺寸链也可从封闭环的一端开始,依次查找相关零部件直至封闭环的另一端,也可以从共同的基准面或零件开始,分别查到封闭环的两端。

在查找装配尺寸链时,应注意一些相关问题。

1) 装配尺寸链应进行必要的简化

机械产品的结构通常都比较复杂,对装配精度有影响的因素很多,查找尺寸链时,在保证装配精度的前提下,可以不考虑那些影响较小的因素,使装配尺寸链适当简化。

图 8.2 所示为卧式车床主轴线与尾座套筒中心线等高装配,影响该项装配精度的因素有:主轴锥孔中心线至床身导轨距离 A_1;尾座底板厚度 A_2;尾座顶尖套锥孔中心线至尾座底板距离 A_3;主轴滚动轴承外圆与内孔的同轴度误差 e_1;尾座顶尖套锥孔与外圆的同轴度误差 e_2;尾座顶尖套与尾座孔配合间隙引起的向下偏移量 e_3;床身上安装主轴箱和尾座的平导轨间的高度差 e_4。

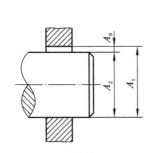

图 8.3 孔轴零件的装配关系

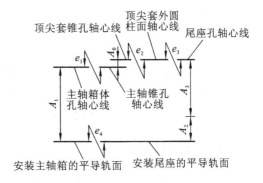

图 8.4 车床主轴与尾座套筒中心线等高装配尺寸链

画出的装配尺寸链如图 8.4 所示。由于 e_1、e_2、e_3、e_4 的值相对 A_1、A_2、A_3 的误差是较小的,故装配尺寸链可简化为图 8.2 所示的尺寸链。但若在精确装配中,应计入对装配精度有影响的所有因素。

2) 装配尺寸链组成的"一件一环"原则

在装配精度既定的条件下,组成环数越少,则各组成环所分配到的公差值就越大,零件加工越容易、越经济。在查找装配尺寸链时,每个相关的零部件只应有一个尺寸作为组成环列入装配尺寸链,即将连接两个装配基准面间的位置尺寸直接标注在零件图上。这样组成环的数目就等于有关零部件的数目,即"一件一环",这就是装配尺寸链的最短路线(环数最少)原则。

3) 装配尺寸链的"方向性"

在同一装配结构中,在不同位置方向都有装配精度的要求时,应按不同方向分别建立装配尺寸链。例如蜗杆副,为保证正常啮合,要同时保证蜗杆副两轴线间的距离精度、垂直度精度和蜗杆轴线与蜗轮中心平面的重合精度。这是三个不同位置方向的装配精度,因而需要在三个不同方向分别建立尺寸链。

3. 装配尺寸链的计算方法

装配方法与装配尺寸链的计算方法密切相关。同一项装配精度采用不同装配方法时,其装配尺寸链的计算方法也不相同。装配尺寸链的计算可分为正计算和反计算。正计算是指已知有关零件相关尺寸(组成环)的精度,计算或检验及其装配能达到的精度(封闭环)。正计算通常用于设计中的校核。反计算是指已知其装配精度(封闭环),计算各有关零件的相关尺寸(组成环)的精度。反计算多用于设计中或用来测绘零件工作图。

计算的具体步骤有:①建立装配尺寸链,也就是根据封闭环查明组成环,并绘出装配尺寸链图;②确定达到装配精度的方法,也称为解装配尺寸链的方法;③完成必要的计算,最终确定经济可行的零件加工公差和偏差。

正确建立装配尺寸链很重要,它是计算装配尺寸链的必要条件。容易出现的问题是把不相干的尺寸排列到尺寸链中,其原因是没有注意运用装配基准的概念,还缺乏装配的实践知识。

8.3　保证装配精度的方法

在设计装配体结构时,就应当考虑到采用什么装配方法,因为装配方法直接影响装配尺寸链的解法、装配工作组织、零件加工精度、产品的成本。常用的装配方法有完全互换装配法、选择装配法、修配法和调节法。

8.3.1　完全互换装配法

把机器中每个零件各自按照零件工作图的技术要求加工合格后,不经任何选择、修配和调整而进行装配,并能达到装配精度的要求。这种方法称为完全互换装配法,其实质是通过控制零件的加工误差来保证机器的装配精度。

完全互换装配法装配的特点是:装配质量稳定可靠,装配过程简单,生产效率高,易于实现机械化、自动化,便于组织流水作业和零部件的协作与专业化生产,有利于产品的维护和零部件的更换。但当装配精度要求较高尤其是零件数目较多时,零件难以按经济精度加工。完全互换装配法常用于高精度少环尺寸链或低精度多环尺寸链的大量生产装配中。

完全互换装配法计算有两种方法:极值法和概率法。概率法多用于大批大量生产中。此时假定加工出的各零件尺寸的分布符合正态分布、各环的尺寸分散中心与各自的公差带中点重合、各环的公差值又包容其尺寸分散范围、封闭环的平均尺寸等于增环平均尺寸之和减去减环的平均尺寸之和,这样加工出的零件也能满足完全互换的要求。

例 8.1　如图 8.3 所示的孔轴配合,已知轴的直径为 $A_2 = 40^{-0.025}_{-0.050}$ mm,孔的直径为 $A_1 = 40^{+0.039}_{0}$ mm,装配后要求间隙为 0.025～0.10 mm,现校核能否保证这一装配

关系。

解　此为正计算问题,用极值法计算。

①画装配尺寸链图,确定封闭环。装配尺寸链如图 8.3 所示,轴孔装配后形成的间隙 A_0 即为封闭环,即 $A_0 = 0^{+0.10}_{+0.025}$ mm。

②判断增、减环。A_1 为增环,A_2 为减环。

③计算封闭环的基本尺寸,有

$$A_0 = A_1 - A_2 = 0$$

④计算封闭环的极限偏差并校核,求出封闭环的公差,有

$$ES'_0 = ES_1 - EI_2 = [+0.039 - (-0.050)] \text{ mm} = +0.089 \text{ mm}$$

$$EI'_0 = EI_1 - ES_2 = [0 - (-0.025)] \text{ mm} = +0.025 \text{ mm}$$

得封闭环为
$$A'_0 = 0^{+0.089}_{+0.025} \text{ mm}$$

即按完全互换装配法的孔轴的间隙为 $0.025 \sim 0.089$ mm,在 $0.025 \sim 0.10$ mm 之内,故封闭环的公差为

$$T'_0 = ES'_0 - EI'_0 = (+0.089 - 0.025) \text{ mm} = 0.064 \text{ mm}$$

原设计公差 $T_0 = 0.075$ mm,可见公差值也较接近,所以满足设计要求。

8.3.2　选择装配法

选择装配法是将尺寸链中组成环的公差放大到经济可行程度,然后选择合适的零件进行装配,以保证规定的装配精度要求。实际生产中还可分成各种不同情况。

(1) 直接选配　从配对的零件群中选择两个符合规定要求的零件进行装配。这种方法劳动量大,与工人的技术水平和测量方法有关。

(2) 分组互换　将装配的零件按公差预先进行分组,同一组号的零件便可按互换的原则装配。这是生产中常用的方法,分组愈多,则所获得的装配质量愈高。

(3) 分组选配　分组后再成对选配零件,可比分组互换法获得更高的质量。

(4) 分组选配后研配　对特别精密的装配(如圆柱面或圆锥面的配合要求密封性),在进行分组选配后,往往还采用装配接触表面相互研磨的方法,以保证密合。

现以汽车发动机活塞销与活塞销孔的装配为例,说明分组装配法的原理和方法。

图 8.5 所示为活塞销与活塞的装配,按技术要求,销的直径 d 与销孔直径 D 在冷态装配时要求有 $0.0025 \sim 0.0075$ mm 的过盈量 y,即

$$y_{\min} = d_{\min} - D_{\max} = +0.0025 \text{ mm}$$

$$y_{\max} = d_{\max} - D_{\min} = +0.0075 \text{ mm}$$

因此封闭环公差为

$$T_0 = y_{\max} - y_{\min} = (+0.0075 - 0.0025) \text{ mm} = 0.005 \text{ mm}$$

如果采用完全互换装配法,则销与销孔的平均公差仅为 0.0025 mm。由于销通常为标准件,按基轴制决定极限偏差,销孔作为协调环,则

$$d = 28^{\ 0}_{-0.0025} \text{ mm}, \quad D = 28^{-0.0050}_{-0.0075} \text{ mm}$$

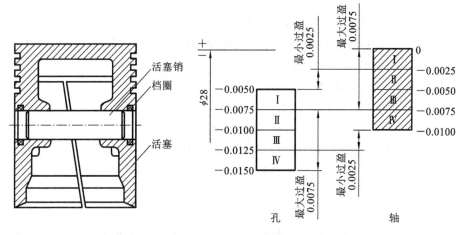

图 8.5   活塞与活塞销的装配(分组装配法实例)

显然,制造这样高精度的销和销孔既困难又不经济。在生产实际中,采用分组装配法,可将销和销孔的公差在相同方向上放大四倍(采用上偏差不变,变动下偏差),即

$$d' = 28_{-0.010}^{\ 0} \text{ mm}, \quad D' = 28_{-0.015}^{-0.005} \text{ mm}$$

使轴的公差由 $T_d = 0.0025$ mm 扩大到 $T'_d = 0.010$ mm,孔的公差由 $T_D = 0.0025$ mm 扩大到 $T'_D = 0.010$ mm,其加工的难度大大降低。

然后,将孔、轴分别按尺寸大小分为四组,分开放置,以便进行分组装配,并保证每组装配后的配合公差(封闭环公差)等于原设计要求的值($T_d = 0.005$ mm)。具体分组如表 8.1 所示。

表 8.1   活塞销与活塞销孔直径分组

组别	活塞销直径 $\phi 28_{-0.015}^{\ 0}$ /mm	活塞销孔直径 $\phi 28_{-0.015}^{-0.005}$ /mm	配 合 情 况	
			最小过盈/mm	最大过盈/mm
I	$\phi 28_{-0.0025}^{\ 0}$	$\phi 28_{-0.0075}^{-0.0050}$		
II	$\phi 28_{-0.0050}^{-0.0025}$	$\phi 28_{-0.0100}^{-0.0075}$		
III	$\phi 28_{-0.0075}^{-0.0050}$	$\phi 28_{-0.0125}^{-0.0100}$	-0.0025	-0.0075
IV	$\phi 28_{-0.0100}^{-0.0075}$	$\phi 28_{-0.0150}^{-0.0125}$		

这样,使零件的加工难度降低,同时保证了装配质量。可见,分组装配法的关键是保证分组后各对应组的配合性质和精度都满足装配精度的要求。此外,还需满足如下几点:

① 配合件的公差范围应相等,零件公差增大时要朝着同一方向,分组数与公差扩大的倍数应相等。

② 为保证零件分组后在装配时各组数量相匹配,应使配合件的尺寸分布为相同的对称分布(如正态分布),否则将使各组相配零件数量不等,造成一些零件的积压浪费。

③ 配合件的表面粗糙度、相互位置精度不能随公差放大而任意放大。

④ 分组数不宜过多,零件尺寸公差只要放大到经济精度即可,否则会因零件的测量、分组和保管工作量增大而使生产组织工作复杂,甚至造成生产过程混乱。

分组选配法适用于大批大量生产中组成环少而装配精度特别高的情况。

8.3.3　修配法

在单件小批生产中,当装配精度要求高、组成环数目较多时,若按完全互换装配法装配,会因组成环公差要求过严而造成加工困难,若采用分组装配法,又会因零件数量少、种类多而难以进行。常采用修配法来保证装配精度的要求。

修配法是用钳工或机械加工的方法修整产品某个有关零件的尺寸以获得规定装配精度的方法。这样产品中其他有关零件就可以按照经济加工精度进行制造。这种方法常用于产品结构比较复杂(或尺寸链环数较多)、产品精度要求高及单件小批生产等情况。

作为计算尺寸链的一种方法,修配法就是修配尺寸链中某一预定组成环的尺寸,使封闭环达到规定的精度。通常所选择的修配件应是容易进行修配加工,并且对其他尺寸链没有影响的零件。如车床尾座安装(见图 8.2)时,选底板为修配件,即可保证顶尖中心线与主轴锥孔轴线的等高度;又如孔轴配合,用平键联接,对平键的修配是为保证其与键槽的配合间隙。

修配法的主要优点是既可放宽组成环的制造公差,又能保证装配精度。其缺点是增加了一道修配工序,对工人技术要求较高。计算修配法装配尺寸链的主要原则是:在保证修配量足够且最小的原则下计算修配环的尺寸。

作为修配环的零件被修配后,对封闭环的影响有两种情况。

① 若随着修配环尺寸的修配(减小)而封闭环尺寸变大,则在未修配时的封闭环最大极限尺寸 $A_{0\,max}$ 不应大于原装配技术要求的封闭环最大极限尺寸 $A'_{0\,max}$,否则将有可能发生不够修配而出现废品。为使修配量最少,封闭环的实际最大极限尺寸 $A_{0\,max}$ 应等于装配要求所规定的最大尺寸 $A'_{0\,max}$,即 $A_{0\,max} = A'_{0\,max}$。于是

$$A'_{0\,max} = \sum_{i=1}^{m} \overrightarrow{A}_{i\,max} - \sum_{i=m+1}^{n-1} \overleftarrow{A}_{i\,min} = A_{0\,max} \tag{8.1}$$

式中　$\displaystyle\sum_{i=1}^{m} \overrightarrow{A}_{i\,max}$——所有增环最大极限尺寸之和;

$\displaystyle\sum_{i=m+1}^{n-1} \overleftarrow{A}_{i\,min}$——所有减环最小极限尺寸之和。

当规定修配环的公差,则有

$$\vec{A}_{修\min} = \vec{A}_{修\max} - T_修 \tag{8.2}$$

式中　$\vec{A}_{修\max}$——修配环的最大极限尺寸；

　　　　$\vec{A}_{修\min}$——修配环的最小极限尺寸。

由式(8.1)、式(8.2)可以推导出求修配环最大、最小极限尺寸的有关公式。

② 若随着修配环尺寸的修配(减小)而封闭环尺寸变小，则在未修配时的封闭环最小极限尺寸不应小于原装配技术要求的封闭环最小极限尺寸，即 $A_{0\min} = A'_{0\min}$，否则也会发生不够修配而出现废品的情况。于是

$$A'_{0\min} = \sum_{i=1}^{m} \vec{A}_{i\min} - \sum_{i=m+1}^{n-1} \overleftarrow{A}_{i\max} = A_{0\min} \tag{8.3}$$

当规定修配环的公差 $T_修$，则有

$$\vec{A}_{修\max} = \vec{A}_{修\min} + T_修 \tag{8.4}$$

由式(8.3)、式(8.4)可以推导出求修配环最大、最小极限尺寸的有关公式。

在图 8.2 所示的车床主轴中心与尾座中心等高的装配尺寸链中，若以底板为修配环，当底板减小时，封闭环尺寸将变小，即为此种情况。

现以某齿轮装配为例说明修配环的计算过程。

例 8.2　图 8.6 所示为一齿轮装配的尺寸链。已知 $A_1 = 146^{+0.26}_{0}$ mm，$A_2 = A_6 = 3^{0}_{-0.012}$ mm，$A_3 = 73^{0}_{-0.20}$ mm，$A_5 = 62^{0}_{-0.20}$ mm。装配后要求轴向间隙为 0.4～0.8

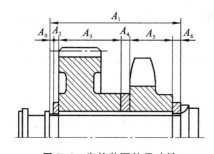

图 8.6　齿轮装配的尺寸链

mm。若各零件按经济精度加工，并选 A_4 为修配环，其公差为 $T_4 = 0.2$ mm，求 A_4 的尺寸及修配量。

解　① 画尺寸链如图 8.6 所示，则 A_1 为增环，A_2、A_3、A_4、A_5、A_6 为减环。封闭环为 $A_0 = 0.4～0.8$ mm，即 $T_0 = 0.4$ mm。

② 选定减环 A_4 为修配环。修配时，由于减环减小时能使封闭环增大，因此修配环的最小极限尺寸和最大极限尺寸分别为

$$\overleftarrow{A}_{修\min} = \overleftarrow{A}_{4\min} = \sum_{i=1}^{m} \vec{A}_{i\max} - \sum_{i=m+1}^{n-2} \overleftarrow{A}_{i\min} - A_{0\max}$$
$$= (146.26 - 2.888 - 72.8 - 61.8 - 2.888 - 0.8) \text{ mm}$$
$$= 5.084 \text{ mm}$$
$$\overleftarrow{A}_{修\max} = \overleftarrow{A}_{修\min} + T_修 = (5.084 + 0.2) \text{ mm} = 5.284 \text{ mm}$$

得

$$\overleftarrow{A}_4 = 5^{+0.284}_{-0.084} \text{ mm}$$

③ 修配量为

$$X = \sum_{i=1}^{n-1} T_i - T_0 = (0.26 + 0.012 + 0.2 + 0.2 + 0.2 + 0.12 - 0.4) \text{ mm}$$
$$= 0.448 \text{ mm}$$

8.3.4　调节法（调整法）

对于精度要求高且组成环数又较多的产品和部件，在不能用互换法进行装配时，除了用分组互换法和修配法外，还可用调节法来保证装配精度。

调节法的特点也是按经济加工精度确定零件的公差。由于每一个组成环的公差取得较大，装配部件就必然会超差。为了保证装配精度，需改变一个零件的位置（动调节法），或选定一个（或几个）适当尺寸的调节件（也称补偿件）加入尺寸链（固定调节法），来补偿这种影响。

动调节法是通过移动或旋转来改变零件的位置，可较方便地达到装配精度。固定调节法是在尺寸链中选定一个或加入一个零件作为调节环。作为调节环的零件是按一定尺寸间隙级别制成的一组专门零件，根据装配时的需要，选用其中的某一级别的零件来做补偿，从而保证所需的装配精度。通常使用的调节件有垫圈、垫片、轴套等。

最后需要说明的是：利用尺寸链分析计算装配精度，仅考虑了零件尺寸和公差的影响，实际上，零件的几何形状和表面间的位置误差也会影响封闭环。不过零件的形状误差一般都在规定的公差范围以内，可以不予考虑。至于表面位置误差，除零件图上特别标明者外，一般也可忽略不计。

此外，在分析计算中没有考虑由结构刚度不足所引起的弹性变形、温度变形以及使用过程中零件的磨损。在实际计算时应根据实际情况予以适当的考虑。

8.4　装配工艺规程的制订

装配工艺规程对保证装配质量、提高装配生产效率、缩短装配周期、减轻工人劳动强度、缩短装配占地面积、降低生产成本等都有重要的影响。它取决于装配工艺规程的合理性。

装配工艺规程的主要内容是：①分析产品图样，划分装配单元，确定装配方法；②拟订装配顺序，划分装配工序；③计算装配时间定额；④确定各工序装配技术要求，制订质量检查方法和选择检查工具；⑤选择和设计装配过程中所需的工具、夹具和专用设备。

1. 制订装配工艺规程的原则

① 保证产品装配质量，力求提高质量，以延长产品的使用寿命；

② 合理安排装配顺序和工序，尽量减少钳工手工劳动量，缩短装配周期，提高装配效率；

③ 尽量减少装配占地面积，提高单位面积的生产效率；

④ 尽量减少装配工作所占的成本。

2. 制订装配工艺规程的原始资料

（1）产品的装配图及验收技术标准　产品的装配图应包括总装图和部件装配

图,应能清楚表现出所有零件相互连接的位置关系和总体结构;零件的编号;装配时应保证的尺寸;配合件的配合性质及精度;装配的技术要求;零件的明细表;等等。为了在装配时对某些零件进行补充机械加工和核算装配尺寸链,有时还需要某些零件图作为参考。

（2）产品的生产纲领　产品的生产纲领不同,生产类型也不同,从而使得装配工艺规程的组织形式、工艺方法和工艺过程的划分及工艺装备及手工劳动所占的比例均有较大的不同。

（3）生产条件　在制订装配工艺规程时,应了解现有的装配工艺设备、工人的技术水平、装配车间面积等。

3. 制订装配工艺过程的步骤

根据上述原则和原始资料,可以按下列步骤制订装配工艺规程:

① 研究产品的装配图及验收技术条件。

② 确定装配方法与组织形式。

③ 划分装配单元,确定装配顺序。

④ 划分装配工序。装配工艺过程是由站、工序、工步和操作组成的。

⑤ 确定工序的时间定额。它是按装配工作标准时间来确定的。装配工作的时间定额包括基本时间及辅助时间,即工序时间、工作地点服务时间即工人必需的间歇时间,一般按工序时间的百分数来计算。

⑥ 整理和编写装配工艺规程文件。

⑦ 制订产品检测与试验规范。

4. 装配元件系统图

在装配工艺规程设计中,划分装配工序常采用绘制装配元件系统图。装配元件系统图是用图解法说明产品零件和合件的装配程序及各装配单元的组成零件。在设计装配车间时可以根据它来组织装配单元的平行装配,并可合理地按照装配顺序布置工作地点,将装配过程的运输工作量减至最小。

装配元件系统图有多种形式,图8.7为较常见的一种。其中,图a为产品的装配单元系统图,该图绘出直接进入产品总装的装配单元;图b为部件的装配单元系统图,该图同样只绘出直接进入部件装配的装配单元。其绘制方法如下:先画一条较粗的横线,横线右端箭头指向表示装配单元的长方格,横线左端为表示基准件的方格。再按装配顺序从左向右,将装入装配单元的零件或组件引出,表示零件的长方格在横线上方,表示组件或部件的长方格在横线下方。其中,长方格的上方注明装配单元名称,左下方填写装配单元的编号,右下方填写装配单元的数量。

除此之外,还有组件和合件的装配单元系统图。对于结构较简单、组成零部件较少的产品,可把产品所有零件与部件、组件的装配单元系统图合绘在一起(对绘制方法比较熟悉以后,连线可以不画箭头),成为产品装配单元系统合成图(见图8.8)。

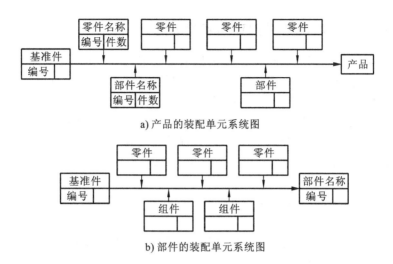

a) 产品的装配单元系统图

b) 部件的装配单元系统图

图 8.7　装配元件系统图格式

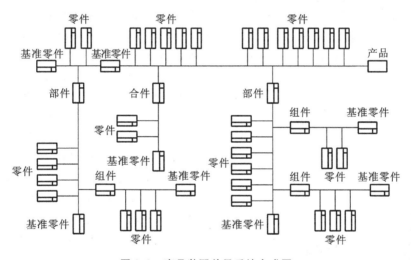

图 8.8　产品装配单元系统合成图

8.5　机器的装配结构工艺性

机器的装配结构工艺性的定义是:机器结构能保证装配过程中使相互连接的零部件不用或少用修配和机械加工,用较少的工作量和较少的时间将机器装配起来,并能确保产品的精度要求。

机器的装配结构工艺性对机器的整个生产过程有很大的影响。装配过程时间的长短、耗用的劳动量的大小、成本的高低以及机器使用质量的优劣等,在很大程度上取决于它本身的装配结构工艺性。根据机器的装配实践和装配工艺的需要,对机器结构的装配工艺性有相应的要求。

8.5.1　机器结构应能分成独立的装配单元

为了最大限度地缩短机器的装配周期,有必要把机器分成若干独立的装配单元,使许多装配工作同时平行进行。这是评定机器结构装配工艺性的重要标志之一。例如,卧式车床是由主轴箱、进给箱、溜板箱、刀架、尾座和床身等部件组成的。这些独立的部件装配完之后,可以在专门的试验台上检验或试车,待合格后再送去总装。

把机器划分成独立装配单元,对装配过程的好处有:

① 可组织平行装配作业,各单元装配互不妨碍,缩短了装配周期,便于多厂协作生产。

② 机器的有关部件可以预先进行调整和试车,各部件以较完善的状态进入总装,既可保证总机的装配质量,又可减少总装配的工作量。

③ 机器局部结构改进后,整个机器只是局部变动,使机器改装起来方便,也有利于产品的改进和更新换代。

④ 有利于机器的维护检修,给重型机器的包装、运输带来很大方便。

另外,有些精密零件,不能在使用现场进行装配,而只能在特殊环境(如高度洁净、恒温等)下进行装配及调整,然后作为部件进入总装配。例如,精密丝杠车床的丝杠就是在特殊的环境下装配的,目的是保证机器的精度。

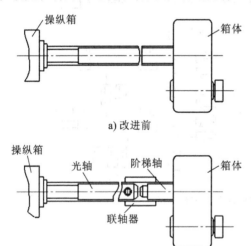

a) 改进前

b) 改进后

图 8.9　转塔车床快速行程轴结构的改进

图 8.9 所示为转塔车床快速行程轴的两种结构。如图 a 所示,机床的快速行程轴的一端装在箱体内,轴上装有一对圆锥滚子轴承和一个齿轮,轴的另一端装在拖板上的操纵箱内,这种结构装配起来很不方便,装配工艺性较差。为此,将快速行程轴拆分成两个零件(见图 b),一段为带螺纹的较长的光轴,另一段为较短的阶梯轴,两轴用联轴器联接起来。这样,箱体、操纵箱便成为两个独立的装配单元,分别平行装配。而且由于长轴被拆分为两段,其机械加工也较原来更容易了。

如图 8.10 所示为轴上零件的装配结构。当轴上齿轮直径大于箱体轴承孔时(见图 a),轴上零件需依次在箱内装配。当齿轮直径小于轴承孔时(见图 b),轴上零件可在组装成组件后,一次装入箱体内,从而简化装配过程,缩短装配周期。

图 8.11 所示为传动齿轮箱的装配结构。若将图 a 所示的传动齿轮组改成图 b 所示的单独齿轮箱结构,则可采取整箱装配的方法,既提高了装配的生产效率又便于检测和维修。

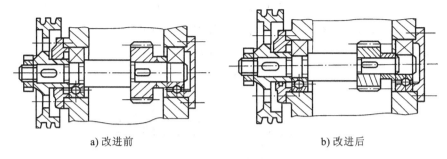

　　　　a) 改进前　　　　　　　　　　　　　　　b) 改进后

图 8.10　轴上零件装配结构的改进

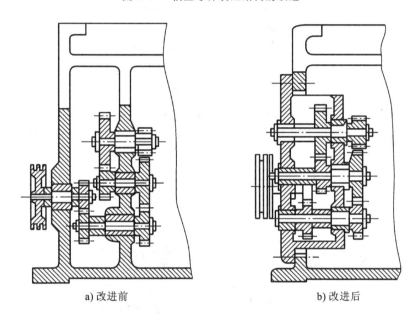

　　　　a) 改进前　　　　　　　　　　　　　　　b) 改进后

图 8.11　传动齿轮箱装配结构的改进

8.5.2　减少装配时的修配工作量和机械加工量

　　大批大量生产中一般不采用修配及机械加工来实现装配,但在单件小批生产中,特别是大型、重型机械制造中,有相当部分产品采用修配法来保证装配精度。另外,由于重型机械产品生产批量小,相当于试制品,因而设计时必然有些考虑不周之处在装配时才能发现。此时就需要采用修配某个或某几个零件进行补救,以保证装配精度要求。修配工作不仅要求较高的技术,而且多半是手工操作,既费工时又难以确定工作量。因此,在机器结构设计时,应尽量把装配工作量减少到最低限度。例如,采用滚动轴承的传动装置取代滑动轴承的传动装置就可达到此目的,因为滑动轴承的配合间隙、接触斑点及垂直度等大部分要靠装配时修刮轴瓦来达到,而滚动轴承则一般不需要修配。

图 8.12 所示为轴套紧固方式的改进。图 a 所示为螺钉紧固方式,在装配时必须在箱体上钻孔和攻螺纹,有时由于位置关系还必须用加长的工具才能进行加工。若将结构改成图 b 所示的固定板固定方式,上述缺点可以消除。

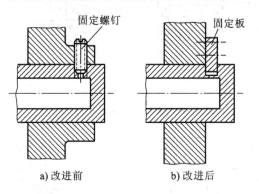

a) 改进前　　　　　　　　b) 改进后

图 8.12　紧固方式的改进

为了减少装配时的工作量,首先要尽量减少不必要的配合面,因为配合面过多、过大,零件尺寸公差要求就严格,零件制造困难就大,而且必然增加了装配工作量。

图 8.13 所示为车床主轴箱与床身的装配结构。若采用图 a 所示山形导轨定位,装配时基准面修刮工作量会很大;若采用图 b 所示平导轨定位,则装配工艺得到明显的改善。

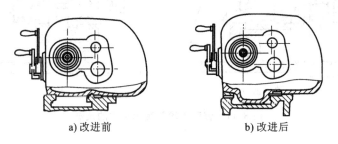

a) 改进前　　　　　　　　b) 改进后

图 8.13　主轴箱与床身装配结构的改进

图 8.14 所示为锥齿轮两种不同的轴向定位结构形式。图 a 是采用修配轴肩的方式调整锥齿轮的啮合间隙,改为图 b 所示由削边圆销定位结构后,只需修刮圆销的削面就可以调整锥齿轮的啮合间隙。显然,改进后的修配工作量要小得多。

在机器结构设计上,采用调整装配法代替修配法,可以从根本上减小修配工作量。如图 8.15a 所示的普通车床改进前的纵溜板后压板结构,为了保证连接质量,需要对压板进行修配。改为图 8.15b 所示结构后,在压板和床身平面间插入附加的可调整镶条,就避免了装配时的修配工作。

图 8.16 所示为轴润滑结构的改进。图 a 所示的结构需要在组合装体上配钻油孔,使装配产生机械加工工作量;图 b 所示的结构改为在轴套上预先钻好油孔,由此消除了装配时的机械加工工作量。

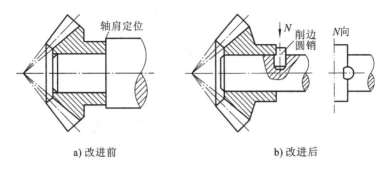

a) 改进前　　　　　　　　　　　　　　　b) 改进后

图 8.14　锥齿轮轴向定位结构的改进

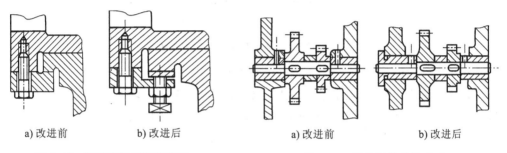

a) 改进前　　　b) 改进后　　　　　　　a) 改进前　　　　　b) 改进后

图 8.15　车床溜板后压板装配　　　　图 8.16　轴润滑结构的改进
　　　　　结构的改进

8.5.3　机器结构应便于装配和拆卸

　　机器的结构设计应使装配工作简单、方便。如图 8.17a 所示结构,两个轴承要同时装入箱体孔中去,既不好观察,又没有导向,装配十分困难。若改成图 8.17b 所示结构,让右面的轴承先装入,当进入 3～5 mm 后,左面轴承也开始进入孔中,装配就简单多了。

　　从这个例子可知,凡是一组零件有几个要求配合之处,不应该设计为几个配合表面同时进入基准零件的配合孔中,而应依次装入。

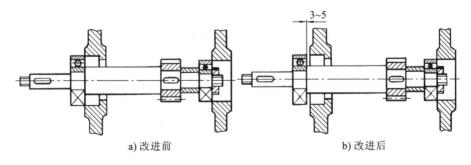

a) 改进前　　　　　　　　　　　　　　b) 改进后

图 8.17　零件相互位置对装配的影响

图 8.18 所示为车床床身、油盘和床腿的装配。图 8.18a 的设计者为了外形美观,将固定螺栓放置在床腿空腔内,这就使得装配工作难以进行。改为图 8.18b 所示结构后,将螺栓置于箱体外侧,装配非常方便。

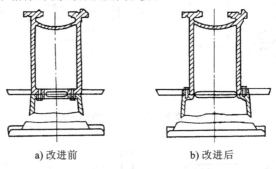

a) 改进前　　　　　　　　　　　b) 改进后

图 8.18　车床床身、油盘和床腿装配方案的改进

在机器结构设计中,有时会出现考虑不周的情况。如图 8.19a、b 所示,螺栓孔中心与箱体侧壁距离太近,扳手进不去或旋转范围不够,无法拧紧螺栓,其原因是没有按规定的尺寸设计。图 8.19c 是由于螺栓长度 L_0 大于箱体凹入部分的尺寸 L,螺栓无法装入箱体螺孔中。若螺栓过短又会造成拧入深度不够,联接不牢固。

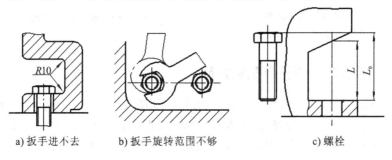

a) 扳手进不去　　　　b) 扳手旋转范围不够　　　　　c) 螺栓

图 8.19　设计时应考虑装配空间和联接牢固

机器在使用过程中,某些零件常需拆卸下来检修,所有的易损件都要考虑拆卸方便问题。图 8.20a 所示结构的轴承很难拆卸下来,改为图 8.20b 所示结构后就能拆卸了。

图 8.21 所示为一锥齿轮的装配结构,为了方便用调整垫片调整间隙,在锥齿轮上设计一个螺纹孔,用拔销器就可以将锥齿轮取出。

图 8.22 所示为定位销孔的结构,图 a 销孔没开通,定位销很难取出,如改为图 b 所示的通孔结构,就便于拆卸了。

图 8.23 所示为圆柱销的装配。由于销与孔的加工精度较高,若采用图 8.23a 所示结构,装配时孔内的空气无法排除,使得销的安装十分困难,即使装入,拆卸也很难。图 8.23b 所示结构为通孔,装拆都比较容易;图 8.23c 所示结构开了排气孔,容易装配。

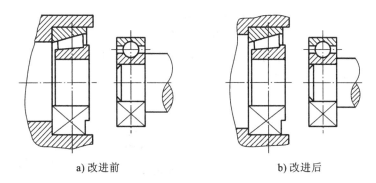

a) 改进前　　　　　　　　　　b) 改进后

图 8.20　设计时应考虑装配后的拆卸问题

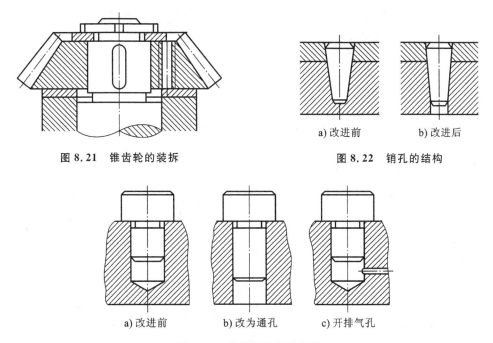

图 8.21　锥齿轮的装拆

a) 改进前　　　　　　b) 改进后

图 8.22　销孔的结构

a) 改进前　　　　　b) 改为通孔　　　　　c) 开排气孔

图 8.23　圆柱销的装拆问题

　　以上所列举的实例在生产中经常见到,因此在机器设计中应引起足够的重视。

8.6　圆柱齿轮减速器装配实例

　　减速器是工程上广泛使用的典型设备,其结构和装配过程都具有一定的代表性。工程中使用的减速器种类较多,本节主要讨论圆柱齿轮减速器中的螺纹联接、滚动轴承、齿轮传动副的装配过程。

　　图 8.24 为圆柱齿轮减速器的结构图。其主要装配技术要求有:

　　① 箱体剖分面、各接触面及密封处均不允许漏油,剖分面处不允许垫任何垫片。

　　② 滚动轴承的轴向间隙为 0.25～0.40 mm。

③ 轮齿啮合侧隙为 0.204～0.316 mm。

④ 用涂色法检验齿面接触斑点,按齿高不小于 40%,按齿长不小于 50%。

⑤ 作空载正反向运转试验各 1 h,要求传动平稳、噪声小,联接和固定处不松动。

针对以上技术要求,装配时需采取相应工艺措施。

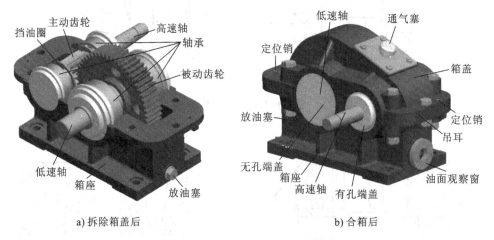

a) 拆除箱盖后　　　　　　　　　　　　　　　b) 合箱后

图 8.24　圆柱齿轮减速器结构图

8.6.1　螺栓联接的装配

为保证被联接件的受压均匀及相互间紧密贴合,装配时应采取以下措施:

① 根据被联接件的形状及螺栓分布情况,按一定顺序逐次(一般为两次或三次)拧紧螺栓(螺钉)。如有定位销,则最好先从定位销附近的螺栓开始。图 8.25 所示的螺栓编号即为拧紧螺栓时应有的拧紧顺序。

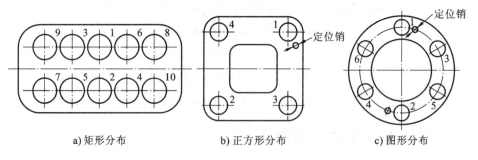

a) 矩形分布　　　　　　　b) 正方形分布　　　　　　　c) 图形分布

图 8.25　拧紧螺栓时的顺序

② 控制预紧力,使螺栓组均匀预紧。对一般紧固螺栓联接,如图 8.23 中联接箱座与箱盖的螺栓组,通常只要求预紧均匀和联接牢靠,并无预紧力大小的严格规定,此时可使用普通扳手或气动、电动扳手拧紧螺栓,其拧紧程度凭操作者的经验控制;在某些重要场合,如高压容器上机体与机盖的螺栓联接,为避免泄漏,应严格控制各

螺栓(螺钉)的预紧力大小,此时宜用限力扳手或测力扳手来拧紧螺栓。

为保证螺纹联接的强度,螺栓杆部应避免弯曲变形,螺栓头部和螺母底面应与被联接件均匀接触。在变载荷和振动情况下工作的螺纹联接,常有自动松脱而导致发生事故的可能,为此应正确选择和合理安装防松装置。某些重要的螺纹联接还需保证一定的配合要求。此时,装配前应按螺纹中径径向分组。一般情况下,凭操作者的经验进行选择。

8.6.2　滚动轴承的装配

滚动轴承的装配顺序和装配、调整方法与轴承类别和配合性质有关。

例如,圆柱齿轮减速器中通常采用的深沟球轴承,其内圈与外圈不可分离,轴承内圈与轴颈的配合比其外圈与箱体孔(剖分式)的配合更紧。装配时先将齿轮、封油板及滚动轴承等与轴装成轴组件,再将轴组件装入箱体。当采用压入法装配滚动轴承时,不允许通过滚动体传递压力(见图 8.26a)。因工作要求或结构上的需要,有些部件或产品的轴承外圈与壳体孔之间需较紧的配合,此时若为整体式壳体孔,装配时应将一端轴承先压入壳体孔(见图 8.26b),再通过另一侧壳体孔将一端轴颈装入该轴承中;另一端轴承可采用图 8.26c 所示的方法同时将其内圈和外圈装入轴颈和壳体孔中。除压力装配法外,还可利用材料热胀冷缩性质,将轴承内圈热胀、外圈冷缩或轴颈冷缩、壳体孔热胀等方法进行装配。其加热温度不得超过 100 ℃(宜在 60～100 ℃的油中热胀),冷却的温度不得低于－80 ℃。

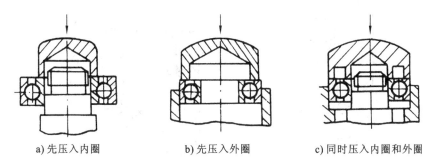

a) 先压入内圈　　　　　b) 先压入外圈　　　　　c) 同时压入内圈和外圈

图 8.26　用压入法装配深沟球轴承

向心球轴承在轴承制造时已规定了不同组级的径向游隙,装配时不能调整,只能在设计时合理选择。对于两端固定式支承的情况,为了补偿轴的热伸长,装配时应在轴承外圈端面留一不大的轴向间隙 Δa(一般为 0.2～0.4 mm),如图 8.27 所示(Δa很小,通常不画出)。

圆锥滚子轴承能够承受较大的轴向力,所以是斜齿圆柱齿轮减速器中通常采用的轴承。其内、外圈是分开安装的,其径向间隙 Δr 与轴向间隙 Δa 之间存在一定的几何关系,即 $\Delta r = \Delta a \tan\alpha$。式中,$\alpha$ 为轴承外圈内滚道对轴承中心线的夹角(接触角),一般为 11°～16°(对大锥角圆锥滚子轴承,$\alpha = 25$°～29°)。因此,通过调整轴向游

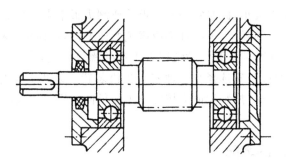

图 8.27　两端固定式支承的轴向间隙（游隙不可调式轴承）

隙 Δa 即可调整径向游隙 Δr，Δa 可按所需的 Δr 由几何关系式求出，其值一般比较小，以便保证轴承回转时的稳定性。

　　向心球轴承和圆锥滚子轴承的轴向间隙通常采用垫片或螺纹件调整。图 8.28a 所示为用垫片调整轴向间隙的情况。调整时先将端盖顶紧轴承外圈，并测出端盖与箱体轴承座端面之间的间隙 δ，再把厚度为 $\delta+\Delta a$ 的垫片组塞于缝隙之中，拧紧端盖螺钉，即可获得所需的轴向间隙 Δa；图 8.28b 所示为使用螺纹件调整轴承游隙的方法，调整时先将螺钉（或螺母）拧紧至轴向游隙消除为止，而后再退回到所需轴向间隙 Δa 的位置，最后锁紧防松装置。

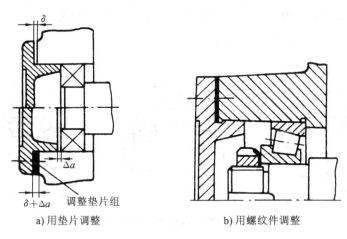

a) 用垫片调整　　　　　　　　　　　　　　b) 用螺纹件调整

图 8.28　轴承轴向间隙调整结构

　　有些结构因受空间位置的限制需选用滚针轴承。这种轴承各滚针精密地排列在内、外圈之间的沟道内，之间没有保持架隔离，滚针如图 8.29 所示。各滚针在圆周上的总间隙 $K_1=0.5\sim1.5$ mm，轴向间隙 $K_2=0.2\sim0.4$ mm，径向间隙 K_3 一般比较大，约相当于滑动轴承的直径。当安装轴承的空间很小时，也可采用一种无内外圈的滚针轴承，其工作面即为配合偶件本身的内、外表面。图 8.30 所示为在配合偶件内安装滚针的一种装置，其中特制的工艺轴比实际轴颈的直径小 $0.1\sim0.2$ mm，装配时，为使滚针装入后不致散开，先在工艺轴和包容件（图 8.30 中为齿轮）之间的间隙内涂一层黄油,而后依次放入滚针,如图 8.30a 所示,装完后再按照图 8.30b 所示的方法将轴颈装入齿轮的孔中,并同时推出工艺轴,此时,由于两侧挡板的阻拦,滚针仍留在孔中。

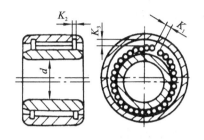

图 8.29 滚针轴承的间隙调整

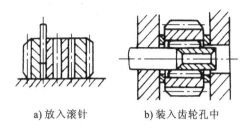

a) 放入滚针　　　b) 装入齿轮孔中

图 8.30 无内外圈滚针轴承的装配

8.6.3 圆柱齿轮传动的装配

圆柱齿轮加工和齿轮副安装误差对传动性能的影响主要有传递运动准确性、传动平稳性、载荷分布均匀性及齿轮副的侧隙等。其中传递运动准确性和载荷分布均匀性在装配时可通过某些工艺措施得到一定程度的提高,但传动平稳性和齿轮副侧隙大小基本上决定于轮齿和有关零件的加工精度(前者主要由齿形误差和基节偏差所决定,后者由齿厚和中心距偏差所决定),一般在装配时难以调整。

为了防止产生过大的运动误差,装配时应首先将齿轮正确地安装在轴头上,然后按图 8.31所示的方法检查齿圈径向跳动和端面跳动。检查齿圈端面跳动时,测量端面应与齿轮装配基面平行,或直接测量装配基面。

对运动准确性要求较高、传动比为 1 或为整数的一对齿轮传动,可根据周节累积误差的分布情况圆周定向装配,使误差得到一定程度

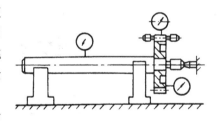

图 8.31 齿圈径向跳动和端面
跳动的检查方法

的补偿。例如,有一对在同一台机床上精加工、齿数均为 22(即传动比为 1)齿轮,它们的周节累积误差的分布情况近乎相同,如图 8.32 所示。如果将一齿轮的 0 号齿与另一齿轮的 11 号齿对合装配,则此对齿轮传动的运动误差将大为减小,其长周期的转角误差曲线如图 8.33 所示。实际装配时完全对合往往有困难,如齿轮与轴用花键联接时,只能使两齿轮周节累积误差曲线中的峰与谷靠近。对于单键联接,若批量较大时,则需进行选配;若为单件小批生产,则首先应径向定向,并在轴与齿轮上打上径向标记,而后卸下齿轮加工键槽,最后按径向标记重新装上齿轮。

齿轮副装配后,通常还需要检查齿面接触斑点的位置和面积(面积用百分数表示),以判断齿轮传动的载荷分布均匀性是否符合要求。检查方法是,在齿面上涂一层极薄的颜料,并且在从动件轻微制动下转动主动件,而后沿齿长和齿高方向测量接

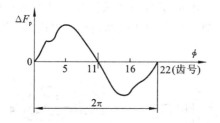

图 8.32　单个齿轮的周节累积误差曲线

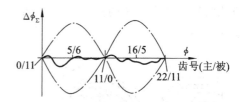

图 8.33　齿轮传动的长周期转角误差曲线

触斑点。

　　图 8.34 所示为渐开线圆柱齿轮传动常见的接触斑点分布情况,其中图 a 所示为正常接触,图 b 和图 c 所示分别为单向角接触和相对角接触。这主要是由两齿轮中心线不平行所造成的,可查找两中心线不平行的原因加以纠正。例如,加强轴及其支承件的刚度,在中心距允许范围内刮削轴瓦或调整轴承座的位置等。图 d 所示为偏齿顶接触,是由支承孔加工误差过大、两齿轮间的中心距超出规定范围所致,装配时一般难以纠正。图 e 所示为沿齿向游离接触,各齿面的接触斑点从一端逐渐移至另一端,这说明齿轮装配基面与回转轴线不垂直,可卸下齿轮,修整基面予以纠正。沿齿高游离接触是由齿圈径向跳动过大所致,可卸下齿轮重新正确安装。以上所采用的纠正接触斑点的措施,都是调整齿轮的啮合位置。除此之外,对齿面进行刮研或跑合也可在一定程度上纠正接触斑点。

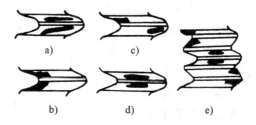

图 8.34　渐开线圆柱齿轮传动的接触斑点分布

　　齿轮副的侧隙是指两啮合齿非工作齿面间的最小距离,作为一项综合性指标,一般在装配时应予检查。侧隙的检查方法有两种:

　　① 用铅丝检查,即在齿面两端平行放置两段铅丝(铅丝直径不宜超过最小侧隙的三倍),转动齿轮挤压铅丝,测量铅丝最薄处的厚度,即为侧隙大小;

　　② 用百分表检查,即将齿轮副中的一个齿轮固定不动.另一齿轮的齿面沿其齿圈切向位置与百分表测头相接触,晃动此齿轮,则百分表上读出的晃动数即为该齿轮副的侧隙大小。

8.6.4　减速器的装配过程

　　减速器的装配工艺系统如图 8.35 所示,其装配过程简要说明如下:

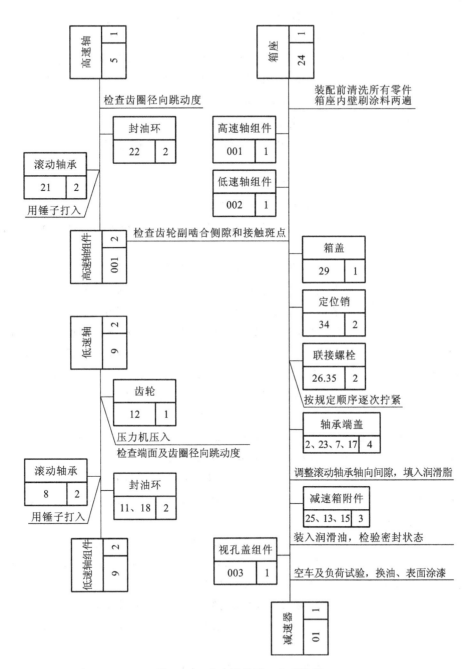

图 8.35　减速器装配工艺系统图

① 装配前用汽油清洗滚动轴承及其他运动零件。箱体内不允许有任何杂物存在,内壁需涂上不被机油侵蚀的涂料。

② 总装前需完成高速轴组件、低速轴组件及视孔盖组件等的装配工作。

③ 选择箱座作为总装的基准件。

④ 安装箱盖时,应先装好定位销,而后按规定顺序逐次装配并拧紧联接螺栓。

⑤ 箱盖与箱座间的接合面需密封,不得漏油。允许涂以密封油或水玻璃,但不允许使用任何其他填料。必要时可进行铲刮,以改善接合面的密封情况。

⑥ 装配后箱体表面涂灰色或绿色油漆。

⑦ 箱体内装齿轮润滑油至规定高度。轴承空间内装润滑脂至 $1/3 \sim 1/2$。

思考题与习题

8.1　什么叫做装配? 装配的基本内容有哪些?

8.2　装配精度一般包括哪些内容? 装配精度与零件的加工精度有何关系和区别?

8.3　保证装配精度的方法有哪些? 各适用于哪种场合?

8.4　装配尺寸链的封闭环是如何确定的? 与工艺尺寸链的封闭环有何区别?

8.5　某工厂在加工装配一种液压阀时,因阀芯与阀体孔的配合精度要求较高,该厂把阀体孔的最后研磨工序放在装配中进行,即由装配工人手工研磨阀体孔后并由该工人立即装配,达到装配精度者,便打好标记,不合精度者继续研磨。而另一工厂对同样产品采用先在机床上机械加工,对阀体孔进行研磨,然后转入装配车间,先测量阀芯和阀体并进行分组,然后装配。试分析两工厂各采用了何种装配方法来保证精度要求。并说明两种方法的适用场合及优缺点。

8.6　已知轴的直径为 $80_{-0.10}^{0}$ mm,与直径为 $80_{0}^{+0.20}$ mm 的孔配合。试用完全互换法分别计算其封闭环的工程尺寸、公差及其分布位置。

8.7　减速器中某轴上零件的尺寸为 $A_1 = 40$ mm、$A_2 = 36$ mm、$A_3 = 4$ mm,要求装配后齿轮轴向间隙 $A_4 = 0_{-0.10}^{+0.25}$ mm,结构如图 8.36a 所示。试用极值法分别确定 A_1、A_2、A_3 的公差及其分布位置。

8.8　如图 8.36b 所示齿轮箱部件中,要求装配后的轴向间隙 $A_0 = 0_{-0.2}^{+0.7}$ mm。有关零件基本尺寸是:$A_1 = 122$ mm,$A_2 = 28$ mm,$A_3 = 5$ mm,$A_4 = 140$ mm,$A_5 = 5$ mm。用完全互换法确定各组成环零件尺寸的公差及上下偏差。

8.9　如图 8.2 所示普通车床装配,要求尾架中心线比主轴中心线高 $0 \sim 0.06$ mm,已知:$A_1 = 160$ mm,$A_2 = 30$ mm,$A_3 = 130$ mm,现采用修配法装配时,试确定各组成环公差及其分布。

8.10　试分析图 8.37 中所示结构在装配结构工艺性上存在哪些问题? 并说明如何进行改进。

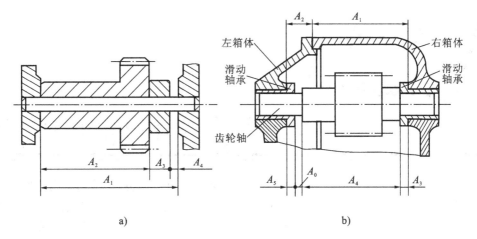

图 8.36　减速器中有关零件装配结构

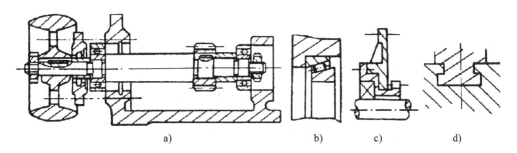

图 8.37　分析装配结构工艺性问题

第9章

典型零件的加工实例

机器中的零件有各种不同的类型,制造时要针对其具体特征,采用适当的加工工艺,根据零件的使用功能、形状及其他特征将其分类。具有某些共同特征的零件,其加工工艺也具有一定的特征和规律。本章主要对典型零件的加工工艺进行分析。

9.1 轴类零件的加工

9.1.1 概述

轴是机械加工中常见的典型零件之一。它在机械中主要用来支承齿轮、带轮、凸轮以及连杆等传动件,以传递转矩。按结构形式不同,轴可分为阶梯轴、锥度芯轴、光轴、空心轴、曲轴、凸轮轴、偏心轴、丝杠等,如图 9.1 所示。其中阶梯轴应用较广,其加工工艺能较全面地反映轴类零件的加工规律和共性。

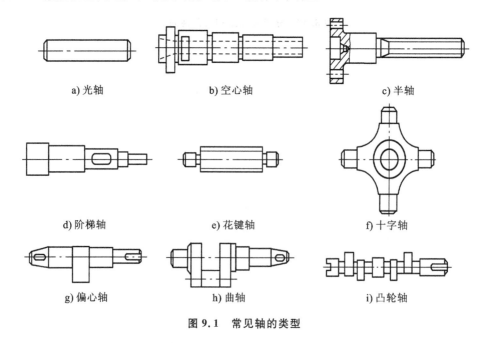

a) 光轴   b) 空心轴   c) 半轴

d) 阶梯轴   e) 花键轴   f) 十字轴

g) 偏心轴   h) 曲轴   i) 凸轮轴

图 9.1 常见轴的类型

1. 轴类零件技术要求

（1）尺寸精度　轴类零件的主要表面常为两类：一类是与轴承的内圈配合的轴颈，即支承轴颈，用于确定轴的位置并支承轴，尺寸精度要求较高，公差等级通常为 IT5～IT7；另一类为与各类传动件配合的轴颈，即配合轴颈，其尺寸精度稍低，公差等级通常为 IT6～IT9。

（2）几何形状精度　几何形状精度主要指轴颈表面、外圆锥面、锥孔等重要表面的圆度、圆柱度，其误差一般应限制在尺寸公差范围内，对于精密轴，需在零件图上另行规定。

（3）相互位置精度　相互位置精度包括内外表面、重要轴面的同轴度、圆的径向跳动、重要端面对轴心线的垂直度、端面间的平行度等。保证配合轴颈相对于支承轴颈的同轴度，是轴类零件相互位置精度的普遍要求。

（4）表面粗糙度　轴的加工表面都有粗糙度的要求，一般根据加工的可能性和经济性来确定。支承轴颈的 $Ra＝0.2～1.6\ \mu m$，配合轴颈的 $Ra＝0.4～3.2\ \mu m$。

（5）其他　热处理、倒角、倒棱及外观修饰等要求。

2. 轴类零件的材料和毛坯

轴类零件材料常用 45 钢，并根据不同的工作要求采用不同的热处理工艺（如正火、调质、淬火等），以获得一定的强度、韧度和耐磨性。中等精度而转速较高的轴可选用 40Cr、35MnB 等合金调质钢，这类钢经调质和表面淬火处理后，具有较高的综合力学性能。精度较高的轴可选用滚动轴承钢 GCrl5、弹簧钢 65Mn 以及低变形的 CrMn 钢或 CrWMn 钢等，这类钢经调质和表面淬火及其他热处理后，具有较高的耐磨性和疲劳强度。高速、重载条件下工作的轴可选用 20CrMnTi、20Mn2B、20Cr 等合金渗碳钢或 38CrMoAl 渗氮钢。合金渗碳钢经渗碳淬火处理后，具有很高的表面硬度、耐磨性、冲击韧度，但热处理变形较大；渗氮钢经调质和表面渗氮处理后，具有很高的心部强度，优良的耐磨性及疲劳强度，热处理变形却很小。目前，由于球墨铸铁具有较高的强度和塑性，尤其是屈强比（屈服强度与抗拉强度之比）优于锻钢，所以球墨铸铁正在逐步取代锻钢来制造曲轴。

轴类毛坯常用圆棒料和锻件，大型轴或结构复杂的轴多采用铸件。毛坯经过加热锻造后，金属内部纤维组织沿表面均匀分布，获得较高的抗拉、抗弯及抗扭强度，所以，一般比较重要的轴的毛坯都采用锻件。

3. 轴类零件的热处理

锻造毛坯需安排预先热处理工序。通常是在机械加工前，安排正火或退火处理（多为碳质量分数大于 0.7％ 的碳钢或合金钢），使钢材内部晶粒细化，消除锻造应力，降低硬度，改善切削加工性能。

中间热处理多为调质或正火。一般安排在粗车之后、半精车之前，以获得良好的综合力学性能。对于加工余量较小的轴也可以将调质处理安排在粗车前进行。

对于轴颈表面硬度和耐磨性要求高的轴类零件，通常以表面淬火（渗碳钢为渗碳淬火)作为最终热处理。表面淬火或渗碳淬火一般安排在精加工之前,这样可以纠正因淬火引起的局部变形。但渗氮处理由于加热温度较低,变形小,且渗层薄,应在精加工之后超精加工之前进行。

精度要求较高的轴在局部淬火或粗磨之后,还需要进行低温时效处理(通常是在160 ℃的油中进行长时间的保温时效),以便消除磨削所产生的内应力、淬火内应力和尽可能消除残留奥氏体,防止加工后变形。

4. 轴类零件的加工顺序安排

除了应遵循加工顺序安排的一般原则,如先粗后精、先主后次等,还应注意:

① 外圆表面加工顺序应为,先加工大直径外圆,再加工小直径外圆,以免一开始就降低了工件的刚度。

② 轴上的花键、键槽等表面的加工应在外圆精车或粗磨之后、精磨外圆之前进行,以保证精车或粗磨时具有完整的外圆面,并使在加工键槽时碰伤的表面能在精磨时修磨掉。

轴上普通平键的键槽通常是在立式铣床上用专用键槽铣刀加工。轴上矩形花键通常采用铣削和磨削加工,产量大时常用花键滚刀在花键铣床上加工。以外径定心的花键轴,通常只磨削外径,而内径铣出后不必进行磨削,但如经过淬火而使花键扭曲变形过大时,也要对侧面进行磨削加工。以内径定心的花键,其内径和键侧均需进行磨削加工。

③ 轴上的螺纹一般有较高的精度,如安排在局部淬火之前进行加工,淬火后产生的变形会影响螺纹的精度。因此螺纹加工宜安排在工件局部淬火之后进行。

5. 轴类零件在机械加工时的安装方式

1) 采用两中心孔定位装夹

一般以重要的外圆面作为粗基准定位,加工出中心孔,再以轴两端的中心孔为定位精基准;尽可能做到基准统一、基准重合、互为基准,并实现一次安装加工多个表面。轴两端中心孔模拟了轴设计的径向基准,在机械加工中,中心孔是加工各外圆统一的定位基准和检验基准,它自身质量非常重要。其准备工作也相对复杂,常常以支承轴颈定位,车(钻)中心锥孔;再以中心孔定位,精车外圆;以外圆定位,粗磨锥孔;以中心孔定位,精磨外圆;最后以支承轴颈外圆定位,精磨(刮研或研磨)锥孔,使锥孔的各项精度达到要求。

中心孔分为 60°、75°和 90°三种锥度,其中后两种带有 120°护锥,通常用来加工大型零件。中心孔的加工采用专用的中心孔钻头,修磨中心孔时采用专用的中心孔油石砂轮。

2) 用外圆表面定位装夹

对于空心轴或短小轴等不可能用中心孔定位的情况,可用轴的外圆面定位、夹紧并传递转矩。一般采用自定心卡盘、单动卡盘等通用夹具,或采用各种高精度的自定心专用夹具,如液性塑料薄壁定心夹具、膜片卡盘等。

3）用各种堵头或锥堵芯轴定位装夹

加工空心轴的外圆表面时,在加工过程中,作为定位基准的中心孔因钻出通孔而消失。为了在通孔加工后还能用中心孔作为定位基准,工艺上常采用以下三种方法:

① 当中心通孔直径较小时,可直接在孔口倒出宽度不大于 2 mm 的 60°内锥面来代替中心孔;

② 当轴有圆柱孔时,可采用图 9.2a 所示的锥堵,取 1∶500 锥度;当轴孔锥度较小时,取锥堵锥度与工件两端定位孔锥度相同;

③ 当轴通孔的锥度较大时,可采用带锥堵的芯轴,简称锥堵芯轴,如图 9.2b 所示。

使用锥堵或锥堵芯轴时应注意,一般中途不得更换或拆卸,直到精加工完各处加工面、不再使用中心孔时再拆卸。

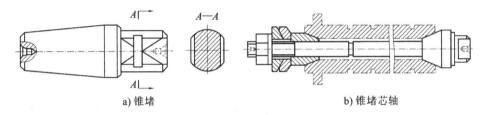

a) 锥堵　　　　　　　　　　b) 锥堵芯轴

图 9.2　锥堵与锥堵芯轴

6. 轴类零件的检验

1）加工中的检验

自动测量装置作为辅助装置安装在机床上,在不影响加工的情况下,根据测量结果和信号处理的基本原理,主动地控制机床的工作过程,对生产过程进行预测预报及必要调整,如改变进给量,自动补偿刀具磨损,自动退刀、停车等,使之适应加工条件的变化,防止产生废品。这种检验方式称为主动检验。主动检验属在线检测,在机械制造中的应用越来越广。

2）加工后的检验

工件的尺寸精度单件小批生产中一般用外径千分尺检验,大批大量生产中常采用光滑极限量规检验,长度大而精度高的工件可用比较仪检验。表面粗糙度可用粗糙度样板检验,要求较高时则用光学显微镜或轮廓仪检验。圆度误差可用千分尺测出的工件同一截面内直径的最大差值之半来确定,也可用千分表借助 V 形架来测量,若条件许可,可用圆度仪检验。圆柱度误差通常用千分尺测出同一轴向剖面内最大与最小值之差的方法来确定。主轴相互位置精度检验一般以轴两端顶尖孔或工艺锥堵上的顶尖孔为定位基准,在两支承轴颈上方分别用千分表测量。

7. 细长轴工艺特点及加工工艺措施

长度与直径比大于 20 的轴称为细长轴,如车床上的丝杠、光杠,液压缸的活塞杆等。由于细长轴刚度较小,在加工中极易产生弯曲变形,出现"让刀"现象,还容易产

生振动,切削加工难以保证良好的加工精度和表面质量。为此,在生产中常采用下列措施来解决上述问题:

(1) 改进工件的装夹方法　在车削细长轴时,一般均采用"一头夹、一头顶"的装夹方法,如图 9.3 所示。同时在卡盘的每个卡爪上横向垫入一直径为 3～4 mm 的小圆棒,使工件与卡爪之间的夹持为点接触。在尾座上采用弹性顶尖,这样到某个工件受切削热而伸长时,顶尖能轴向伸缩,以补偿工件的变形,减少工件的弯曲和振动。

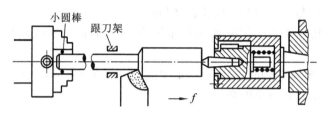

图 9.3　细长轴的加工

(2) 采用中心架或跟刀架　中心架和跟刀架为车床的通用夹具,在使用刀具切削刚度较小的工件时起支承作用。中心架固定安装在床身上,而跟刀架则安装在刀架溜板上,随溜板一道作纵向移动。

中心架和跟刀架与工件接触处的支承块一般用耐磨的球墨铸铁或灰铸铁制成,加工中需不断向接触处加润滑油,以减小摩擦力并避免擦伤工件表面。采用中心架和跟刀架能抵消加工时径向切削分力的影响,从而减少切削振动和工件的变形,但必须仔细调整,使中心架和跟刀架的中心与机床顶尖中心保持一致。

(3) 采用车削细长轴的车刀　车削细长轴的车刀一般前角和主偏角较大,前角较大可以使车削轻快,主偏角较大(一般选择 90°～93°),可以减小径向切削分力,从而减少工件的振动和弯曲。粗车用刀在前刀面上开有断屑槽,能很好地断屑。精车用刀常有一定的负刃倾角,使切屑流向待加工表面。

(4) 采用反向进给方式　车削细长轴时,常使车刀向尾架方向作进给运动,如图 9.3 所示。这样刀具施加于工件上的进给力方向朝向尾座,工件已加工部分受轴向拉伸,而工件的轴向变形由尾座上的弹性顶尖来补偿,这样就可以大大减少工件的弯曲变形。

(5) 采用无横向进给磨削　在磨削细长轴时,在磨削力的影响下,工件很容易弯曲变形,使得工件的实际磨削深度减小,磨削后的工件直径变大,工件中心部分变形最大,磨去的余量最少。所以加工后工件呈两头小中部大的腰鼓形。为了消除变形,获得正确的几何形状和尺寸精度,磨削细长轴时必须进行多次无横向进给磨削,直至完全没有火花为止。

(6) 零件应合理存放　细长轴在存放和运输时,应防止由于自重而引起的塑性弯曲变形,以保持良好的精度。

9.1.2　轴类零件的加工工艺分析

本节以蜗杆减速器传动轴的加工为例作轴类零件的加工工艺分析。

1. 结构及技术条件分析

如图 9.4 所示,蜗轮传动轴为没有中心通孔的阶梯轴,轴上安装了蜗轮、平键、齿轮、轴承及挡圈、隔套、锁紧螺母等零件,轴上开有平键键槽,两轴端设有螺纹。在工作中既承受弯曲载荷又承受扭转载荷。

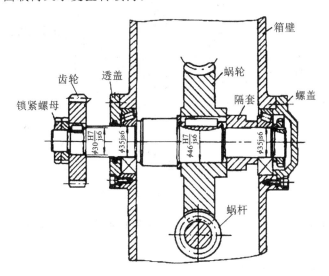

图 9.4　蜗轮传动轴部件安装结构简图

如图 9.5 所示,该轴轴颈 M、N,外圆面 P、Q 及轴肩 G、H、I 有较高的尺寸精度和形状位置精度,并有较小的表面粗糙度。通常采用调质钢圆棒料或锻件经调质热处理,以获得较好的综合力学性能。

2. 加工工艺过程分析

1) 确定主要表面加工方法和加工方案

传动轴大多是回转表面,主要是采用车削和外圆磨削。由于该轴主要表面 M、N、P、Q 的尺寸公差等级较高(IT6),表面粗糙度较小($Ra=0.8\ \mu m$),最终加工应采用磨削。其加工方案可选择为:粗车—半精车—磨削。

2) 划分加工阶段

该轴加工划分为三个加工阶段,即粗车(粗车外圆、钻中心孔),半精车(半精车各处外圆、轴肩和修研中心孔等),粗精磨各处外圆。各加工阶段大致以热处理为界。

3) 选择定位基准

最常用的轴类零件的定位基准是两中心孔。因为轴类零件各外圆表面、螺纹表面的同轴度及端面对轴线的垂直度是相互位置精度的主要项目,而这些表面的设计基准一般都是轴的中心线,所以采用两中心孔定位就能符合基准重合原则。而且,多

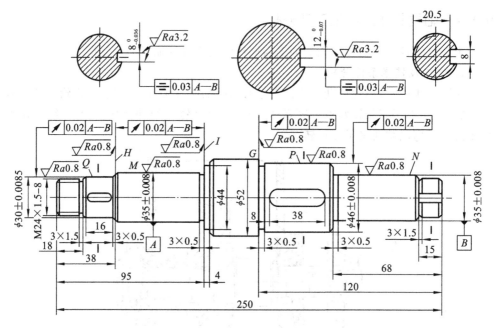

图 9.5　传动轴零件工作图

数工序都采用中心孔作为定位基准,能最大限度地加工出多个外圆,这也符合基准统一原则,能够保证各阶梯段的同轴度。

本例传动轴的定位基准选择:

① 粗加工采用自定心卡盘装夹毛坯外圆,车端面、钻中心孔,即以外圆表面作为粗基准。但必须注意,粗基准只能使用一次。一般不能用毛坯外圆装夹两次钻两端中心孔,而应该以毛坯外圆作粗基准,先加工一个端面,钻中心孔,车出一端外圆;然后以已车过的外圆作基准,用自定心卡盘装夹,车另一端面,钻中心孔。如此加工中心孔才能保证两中心孔同轴。

大批大量生产以外圆表面为定位基准,采用专用机床两端同时车端面、钻中心孔。

② 半精加工和精加工采用双顶尖定位方式,即以两端中心孔为定位基准。

4) 热处理工序的安排

若采用锻件毛坯,必须安排退火或正火处理作为预先热处理。该轴毛坯为热轧钢,可不安排预先热处理;中间热处理采用调质处理,放在粗车后、半精车前进行,以使粗车产生的内应力得以在调质处理中消除;不需安排表面淬火等最终热处理工序。

5) 制订机械加工工艺路线

根据以上分析,制订该传动轴的机械加工工艺路线如下:

下料—车两端面、钻中心孔—粗车各外圆—调质—修研中心孔—半精车各外圆、车槽、倒角—车螺纹—划键槽加工线—铣键槽—修研中心孔—磨削—检验。

6）加工尺寸和切削用量确定

传动轴磨削余量可取 0.5 mm，半精车余量可取 1.5 mm。加工尺寸可由此而定，见该轴加工工艺卡的工序内容。

车削用量的选择，单件小批生产时，可根据加工情况由工人确定；一般可根据《机械加工工艺手册》或《切削用量手册》中选取。

7）制订机械加工工艺过程

定位精基准面中心孔应在粗加工之前加工，在调质之后和磨削之前各需安排一次修研中心孔的工序。调质之后修研中心孔为的是消除中心孔的热处理变形和氧化皮，磨削之前修研中心孔为的是提高定位精基准面的精度和减小锥面的表面粗糙度。拟订传动轴的加工工艺过程时，在考虑主要表面加工的同时，还要考虑次要表面的加工。在半精加工 φ52 mm、φ44 mm 及两端螺纹 M24×1.6 mm 外圆时，应车到图样规定的尺寸，同时加工出各退刀槽、倒角和螺纹；三个键槽应在半精车后以及磨削之前铣削加工出来，这样可保证铣键槽时有较精确的定位基准，又可避免在精磨后铣键槽时破坏已精加工的外圆表面。

在制订机械加工工艺过程时，应考虑检验工序的安排、检查项目及检验方法的确定。

8）传动轴机械加工工艺过程工序简图

为了表达清楚各工序的内容及要求，其减速器传动轴加工工艺过程及工序简图如表 9.1 所示。

表 9.1　减速器传动轴加工工序简图

工序号	工种	工序内容	加工简图	工艺设备
1	下料	φ60×260	—	锯床
2	车	自定心卡盘夹持工件，车端面见平，钻中心孔用尾架顶尖顶住，粗车三个台阶，直径、长度均留余量2	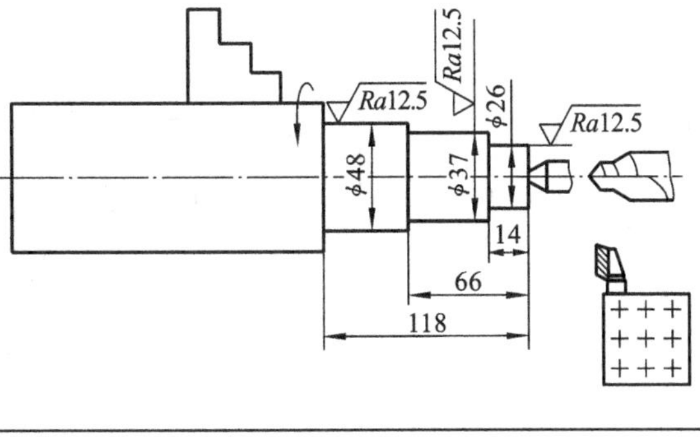	卧式车床

工序号	工种	工序内容	加工简图	工艺设备
2	车	掉头,用自定心卡盘夹持工件另一端,车端面保证总长250,钻中心孔,用尾架顶尖顶住,粗车另外四个台阶,直径、长度均留余量2		卧式车床
3	热处理	调质处理24～38HRC	—	—
4	钳	修研两端中心孔		
5	车	双顶尖装夹,半精车三个台阶,螺纹大径车至$\phi24^{+0.1}_{-0.2}$,长16,其余两个台阶直径留余量0.5,车槽三个,倒角三处		卧式车床

工序号	工种	工序内容	加工简图	工艺设备
5	车	掉头,用双顶尖装夹,半精车另外五个台阶、ϕ52、ϕ44 到规定尺寸,螺纹大径车至 $\phi24_{-0.2}^{+0.1}$、长 18,其余两个台阶分别半精车至 ϕ35.5、ϕ30.5		卧式车床
6	车	用双顶尖装夹,车一端螺纹 M24×1.5-6g,掉头,用双顶尖装夹,车另一端螺纹 M24×1.5-6g		
7	钳	划线,划两处键槽线和一处止动垫圈槽加工线	—	—
8	铣	铣两处键槽和一个止动垫圈槽,键槽深度多加工 0.25,保证外圆磨削后键槽深度能达到设计尺寸		立式铣床

续表

工序号	工种	工序内容	加工简图	工艺设备
9	钳	修研两端中心孔		卧式车床
10	磨	磨外圆 Q、M 两外圆,并用砂轮端面靠磨 H、I 两端面		外圆磨床
		掉头,磨 P 和 N 两外圆,靠磨 G 两端面	—	—
11	检	检验	—	—

9.2　箱体零件的加工

9.2.1　概述

　　箱体类零件通常作为箱体部件装配时的基准零件。它将一些轴、套、轴承和齿轮等零件装配起来,使其保持正确的相互位置关系,以传递转矩或改变转速来完成规定的运动。因此,箱体类零件的加工质量对机器的工作精度、使用性能和寿命都有直接的影响。

　　箱体零件结构复杂,壁薄且不均匀,加工部位多,加工难度大。箱体零件的主要技术要求有:轴颈支承孔孔径精度及相互之间的位置精度、定位销孔的精度与孔距精度、主要平面的精度、表面粗糙度等。

　　箱体零件材料常采用灰铸铁,汽车、摩托车的曲轴箱材料常采用铝合金,其毛坯一般采用铸件,因曲轴箱是大批大量生产,且毛坯的形状复杂,故采用压铸工艺将镶套与箱体铸成一体。压铸的毛坯精度高,加工余量小,有利于机械加工。为减小毛坯铸造时产生的残余应力,箱体铸造后应进行人工时效。

9.2.2　箱体零件的加工工艺分析

　　本节以减速器箱体为例作箱体类零件的加工工艺分析。

1. 箱体类零件特点

　　为了制造与装配的方便,一般减速箱体常做成可剖分的,如图 9.6 所示,这种箱体在矿山、冶金、起重运输机械及其他传动机械中应用广泛。剖分式箱体也具有一般箱体的结构特点,如壁薄、中空、形状复杂,加工表面多为平面和孔等。

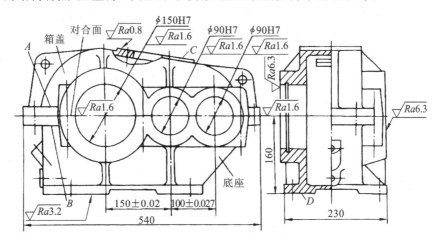

图 9.6　减速器箱体结构简图

　　减速器箱体的主要加工表面可归纳为三类:①主要平面,如箱盖的对合面和顶部方孔端面、底座的底面和对合面、轴承孔的端面等。②主要孔,如轴承孔($\phi150H7$、$\phi90H7$)及孔内环槽等。③其他加工部分,如连接孔、螺孔、销孔、斜油标孔以及孔的凸台面等。

2. 工艺过程设计应考虑的问题

　　根据减速器箱体可剖分的特点和各加工表面的要求,在编制工艺过程时应注意以下问题:

　　(1)加工过程的划分　整个加工过程可分为两大阶段,即先对箱盖和底座分别进行加工,然后再对装合好的整个箱体进行加工。为兼顾效率和精度,孔和面的加工还需粗、精分开。

　　(2)箱体加工工艺的安排　安排箱体的加工工艺,应遵循先面后孔的工艺原则。对剖分式减速器箱体还应遵循合箱后再镗孔的原则,因为对合面是重要平面,是加工其他表面的基准面,且加工对合面是保证合箱的前提。另外,镗轴承孔时,必须以箱体的底面为定位基准,所以箱体的底面也必须先加工好。

(3) 箱体加工中的装夹　箱体的体积、重量较大,故应尽量减少工件的运输和装夹次数。为了保证各加工表面的位置精度,应在一次装夹中尽量多加工一些表面,工序安排应相对集中。箱体零件上相互位置要求较高的孔系和平面,应尽量集中在同一工序中加工,以减少安装误差的影响,保证其相互位置精度要求。

(4) 合理安排时效工序　一般在毛坯铸造之后安排一次人工时效即可;对一些高精度或形状特别复杂的箱体,应在粗加工之后再安排一次人工时效,以消除粗加工产生的内应力,保证箱体加工精度的稳定性。

3. 剖分式减速器箱体加工定位基准的选择

(1) 粗基准的选择　一般箱体零件的粗基准都用它上面的重要孔和另一个相距较远的孔作为粗基准,以保证孔加工时余量均匀。剖分式箱体最先加工的是箱盖或底座的对合面。由于箱体的轴承孔分布在箱盖和底座两个不同部分上,因而在加工箱盖或底座的对合面时,无法以轴承孔的毛坯面、而是以凸缘的不加工面作为粗基准,即箱盖以凸缘面 A,底座以凸缘面 B 为粗基准(见图 9.6)。因为凸缘面是不加工平面,因此可保证对合面加工凸缘的厚薄较为均匀,减少合箱时对合面的变形。

(2) 精基准的选择　常以箱体零件的装配基准或专门加工的一面两孔定位,使得基准统一。剖分式箱体的对合面与底面(装配基面)有一定的尺寸精度和相互位置精度要求;轴承孔轴线应在对合面上,与底面也有一定的尺寸精度和相互位置精度要求。为了保证这几项要求,加工底座的对合面时,应以底面为精基准,使对合面加工时的定位基准与设计基准重合;箱体装合后加工轴承孔时,仍以底面为主要定位基准,并与底面上的两定位孔组成典型的一面两孔定位方式。这样,轴承孔的加工,其定位基准既符合基准统一原则,也符合基准重合原则,有利于保证轴承孔轴线与对合面的重合度及与装配基准面的尺寸精度和平行度。

4. 分离式减速器箱体加工的工艺过程

表 9.2~表 9.4 所列为某厂在小批生产条件下加工图 9.6 所示减速器箱体的机械加工工艺过程。生产类型为小批,毛坯种类为铸件,材料牌号为 HT200。

表 9.2　减速器箱体的箱盖的机械加工工艺过程

序号	工序名称	工 序 内 容	工艺设备
1	铸造	铸造毛坯	—
2	热处理	人工时效	退火炉或振动退火装置
3	油漆	喷涂底漆	—
4	划线	根据凸缘面 A 划对合面加工线;划顶部 C 面加工线;划轴承孔两端面加工线	划线平台

续表

序号	工序名称	工序内容	工艺设备
5	刨削	粗刨对合面	牛头刨床或龙门刨床（多件加工）
		粗、精刨方孔端面 C 及两轴承孔侧面	
		精刨对合面	
6	划线	划中心十字线，各连接孔、销钉孔、螺孔、吊装孔加工线	划线平台
7	钻削	按划线钻各连接孔，并锪平；钻各螺孔的底孔、吊装孔	摇臂钻床
8	钳工	攻各螺孔螺纹；铲刮对合面	—
9	检验	按图样要求检验	—

表 9.3　减速器箱体的底座的机械加工工艺过程

序号	工序名称	工序内容	工艺设备
1	铸造	铸造毛坯	—
2	热处理	人工时效	退火炉或振动退火装置
3	油漆	喷涂底漆	—
4	划线	根据凸缘面 B 划对合面加工线；划底面 D 加工线；划轴承孔两端面加工线	划线平台
5	刨削	粗刨对合面	牛头刨床或龙门刨床（多件加工）
		粗、精刨底面 D 及两轴承孔侧面	
		精刨对合面	
6	划线	划中心十字线；底面各安装孔、油塞孔、油标孔加工线	划线平台
7	钻削	按划线钻底面上各安装孔、油塞底孔、油标孔，各孔端面锪平	摇臂钻床
8	钳工	攻各螺孔螺纹；铲刮对合面	—
9	检验	按图样要求检验	—

表 9.4　减速器箱体合箱后的机械加工工艺过程

序号	工序名称	工序内容	工艺设备
1	合箱	将箱盖和底座对准合拢夹紧，配钻、铰两定位销孔，打入锥销，根据箱盖配钻箱座对合面的连接孔、锪沉孔	—
2	清理	拆开箱盖和底座，清除对合面的毛刺和切屑后，重新装配箱体；打入锥销、拧紧螺栓	—
3	铣削	粗、精铣轴承孔端面	端面铣床

序号	工序名称	工 序 内 容	工艺设备
4	镗削	粗、精镗轴承孔;切轴承孔内环槽	卧式镗床
5	钳工	去毛刺、清洗、打标记	—
6	油漆	涂敷各不加工外表面	—
7	检验	按图样要求检验	—

5. 箱体零件的检验

表面粗糙度通常用目测或样板比较法检验,只有当表面粗糙度很小时才考虑使用光学测量仪。

孔的尺寸精度一般用塞规检验,单件小批生产时可用内径千分尺或内径千分表检验,若精度要求很高可用气动量仪检验。

平面的直线度用平尺和塞尺或水准仪与桥板检验。

平面的平面度用自准直仪或水准仪与桥板检验,也可涂色检验。

同轴度一般工厂常用检验棒检验。

孔间距和孔轴线平行度可根据孔距精度的高低,分别使用游标卡尺或千分尺检验,也可用量块检验。

三坐标测量机可同时对零件的尺寸、形状和位置等进行高精度的测量。

9.3　套筒类零件的加工

9.3.1　概述

套筒类零件是机械中一种常见的零件,如支承转轴的各种形式的滑动轴承、夹具上引导刀具的导向套、发动机缸套或缸体、液压缸的缸体等,它的应用范围很广。由于其功用不同,套筒类零件的结构和尺寸有很大差异,但其仍有共同点,如零件的主要表面为同轴度要求较高的内、外圆表面,零件壁的厚度较薄且易变形,零件的长度一般大于直径等。

1. 套筒类零件的技术要求

套筒类零件的主要表面是孔和外圆,其主要技术要求如下:

(1) 孔的技术要求　孔是套筒类零件起支承或导向作用的最主要表面,通常与运动的轴、刀具或活塞相配合。孔的直径尺寸公差等级一般为 IT7,精密轴套可达 IT6,气缸和液压缸由于与其配合的活塞上有密封圈,要求较低,通常取 IT9。孔的形状精度应控制在孔径公差以内,一些精密套筒控制在孔径公差的 $1/3 \sim 1/2$,甚至更严。对于长的套筒,除了圆度要求以外,还应注意孔的圆柱度。为了保证零件的功用和提高其耐磨性,孔的表面粗糙度 Ra 为 $1.6 \sim 0.16~\mu m$,要求高的精密套筒表面粗糙度 Ra 可达 $0.04~\mu m$。

（2）外圆表面的技术要求　外圆是套筒类零件的支承面,常以过盈配合或过渡配合与箱体或机架上的孔相连接。外径尺寸公差等级通常为 IT6～IT7,其形状精度控制在外径公差以内,表面粗糙度 Ra 为 $3.2～0.63\ \mu m$。

（3）孔与外圆的同轴度要求　当孔的最终加工是将套筒装入箱体或机架后进行时,套筒内外圆间的同轴度要求较低;若最终加工是在装配前完成的,则同轴度要求较高,一般为 $\phi(0.01～0.05)\ mm$。

（4）孔轴线与端面的垂直度要求　套筒类零件的端面（包括凸缘端面）若在工作中承受载荷,或在装配和加工时作为定位基准,则端面与孔轴线的垂直度要求较高,一般为 $0.01～0.05\ mm$。

2. 套筒类零件的材料与毛坯

套筒类零件一般用钢、铸铁、铝合金、青铜或黄铜制成。有些滑动轴承采用双金属结构,以离心铸造法在钢或铸铁内壁上浇注巴氏合金等轴承合金材料,既可节省贵重的有色金属,又能提高轴承的使用寿命。

套筒零件毛坯的选择与其材料、结构、尺寸及生产批量有关。孔径小的套筒一般选择热轧或冷拉棒料,也可采用实心铸件;孔径较大的套筒常选择无缝钢管或带孔的铸件、锻件;大量生产时,可采用冷挤压和粉末冶金等先进的毛坯制造工艺,既提高生产效率,又节约材料。

大多数套筒类零件在加工过程中都需插入热处理工艺,目的在于消除内应力及改善力学性能和切削性能,一般安排在粗加工之前或粗加工之后精加工之前。对于强度要求较高的零件则需要在粗加工之后半精加工之前进行调质处理,以改善金属组织,提高零件的力学性能。对于由厚钢板弯曲焊接而成的套筒件毛坯,则更需在粗加工之前和之后两次进行稳定性回火,以充分消除内应力,防止精加工后继续变形。

9.3.2　套筒类零件的加工工艺分析

一般套筒类零件机械加工中的主要工艺问题是保证内外圆的相互位置精度（即保证内外圆表面的同轴度以及轴线和端面的垂直度要求）和防止变形。

1. 保证相互位置精度的方法

要保证内外圆表面间的同轴度以及轴线与端面的垂直度要求,通常可采用下列三种工艺方案。

① 在一次安装中加工内外圆表面与端面。这种工艺方案由于消除了安装误差对加工精度的影响,因而能保证较高的相互位置精度。在这种情况下,影响零件内外圆表面间的同轴度和孔轴线与端面的垂直度的主要因素是机床精度。该工艺方案一般用于零件结构允许在一次安装中,加工出全部有位置精度要求的表面的场合。为了便于装夹工件,其毛坯往往采用多组合的棒料,一般安排在自动车床或转塔车床等工序较集中的机床上加工,图 9.7 所示的衬套零件就是采用这一方案的典型零件,其加工工艺过程如表 9.5 所示。

表 9.5　棒料毛坯机械加工工艺过程

序号	工 序 内 容	定位基准
1	车端面、粗车外圆表面、粗车孔、半精车或精车外圆、精车孔、倒角、切断	外圆表面、端面
2	加工另一端面、倒角	外圆表面
3	钻润滑油孔	外圆表面
4	加工油槽、精加工外圆表面	外圆表面

　　② 全部加工分在几次安装中进行，先加工孔，然后以孔为定位基准加工外圆表面。用这种工艺方案加工套筒，由于孔精加工常采用拉孔、滚压孔等工艺方案，生产效率较高，同时可以解决镗孔和磨孔时因镗杆、砂轮杆刚度小而引起的加工误差。当以孔为基准加工套筒的外圆时，常用刚度较小的小锥度芯轴安装工件。小锥度芯轴结构简单，易于制造，芯轴用两顶尖安装，其安装误差很小，因此可获得较高的位置精度。如图 9.8 所示的轴套即可采用这一方案加工，其加工工艺过程如表 9.6 所示。

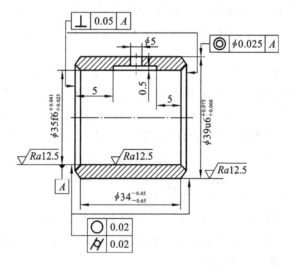

图 9.7　衬套零件

表 9.6　单件毛坯轴套的机械加工工艺过程

序号	工 序 内 容	定位基准
1	粗加工端面、钻孔、倒角	外圆
2	粗加工外圆及另一端面、倒角	孔
3	半精加工孔（扩孔或镗孔）、精加工端面	外圆
4	精加工孔	孔及端面
5	精加工外圆及端面	内孔

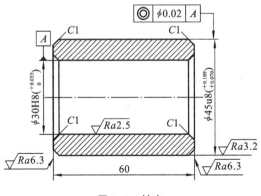

图 9.8 轴套

③ 全部加工分在几次安装中进行,先加工外圆,然后以外圆表面为定位基准加工内孔。工艺方案符合互为基准原则。如用一般自定心卡盘夹紧工件,则因卡盘的偏心误差较大会降低工件的同轴度,故需采用定心精度较高的夹具,以保证工件获得较高的同轴度。较长的套筒一般多采用这种加工方案。

2. 防止变形的方法

薄壁套筒在加工过程中,往往由于夹紧力、切削力和切削热的影响而引起变形,致使加工精度降低。需要热处理的薄壁套筒,如果热处理工序安排不当,也会造成不可校正的变形。防止薄壁套筒的变形,需要采取必要的措施。

1) 减小夹紧力对变形的影响

① 夹紧力不宜集中于工件的某一部分,应使其分布在较大的面积上,以使工件单位面积受的压力较小,从而减小其变形。例如工件外圆用卡盘夹紧时,可以采用软卡爪,用来增加卡爪的宽度和长度,如图 9.9 所示。同时软卡爪应采取自镗的工艺措施,以减小安装误差,提高加工精度。图 9.10 所示为用开缝套筒装夹薄壁工件,由于开缝套筒与工件接触面大,夹紧力均匀分布在工件外圆上,不易产生变形。当薄壁套筒以孔为定位基准时,宜采用涨开式芯轴。

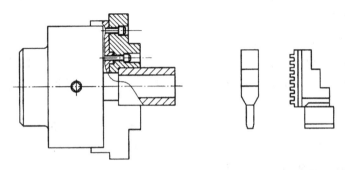

图 9.9 采用软卡爪装夹工件

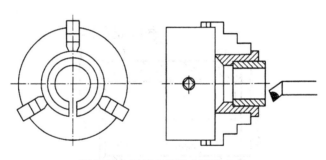

图 9.10　开缝套筒装夹薄壁工件

　　② 采用轴向夹紧工件的夹具。如图 9.11 所示,由于工件靠螺母端面沿轴向夹紧,故夹紧力产生的径向变形极小。

　　③ 在工件上做出增大刚度的辅助凸边,加工时采用特殊结构的卡爪夹紧,如图 9.12 所示。当加工结束时,将凸边切去。

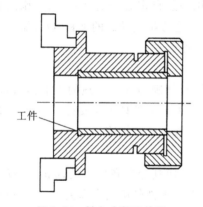

图 9.11　轴向夹紧工件图

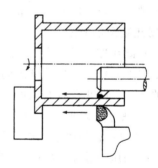

图 9.12　辅助凸边的作用

　　2) 减少切削力对变形的影响

　　常用的方法有下列几种:①减小径向力,通常可借助增大刀具的主偏角来达到;②内外表面同时加工,使径向切削力相互抵消;③粗、精加工分开进行,使粗加工时产生的变形能在精加工中得到纠正。

　　3) 减少热变形引起的误差

　　工件在加工过程中受切削热后要膨胀变形,从而影响工件的加工精度。为了减少热变形对加工精度的影响,应在粗、精加工之间留有充分的冷却时间,并在加工时注入足够的切削液。

　　热处理对套筒变形的影响也很大,除了改进热处理方法外,在安排热处理工序时,应安排在精加工之前进行,以使热处理产生的变形在以后的工序中得到纠正。

3. 典型套筒类零件加工工艺

　　如图 9.13 所示的轴承套,材料为 ZQSn5Pb5Zn5,每批数量为 200 件。

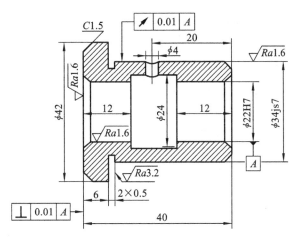

图 9.13　轴承套

1）轴承套的技术条件和工艺分析

该轴承套属于短套筒，材料为锡青铜。其主要技术要求为：ϕ34js7 外圆对 ϕ22H7 孔的径向圆跳动公差为 0.01 mm；左端面对 ϕ22H7 孔轴线的垂直度公差为 0.01 mm。轴承套外圆尺寸公差等级为 IT7，采用精车可以满足要求；内孔尺寸公差等级也为 IT7，采用铰孔可以满足要求。内孔的加工方案为：钻孔—车孔—铰孔。

由于外圆对内孔的径向圆跳动要求在 0.01 mm 以内，用软卡爪装夹无法保证。因此精车外圆时应以内孔为定位基准，使轴承套在小锥度芯轴上定位，用两顶尖装夹。这样可使加工基准和测量基准一致，容易达到图样要求。

车铰内孔时，应与端面在一次装夹中加工出，以保证端面与内孔轴线的垂直度在 0.01 mm 以内，零件为单件小批生产，可以是单件加工，亦可多件加工，单件加工生产效率低，原材料浪费多（每件都要有工件备装夹长度），由于零件材料为锡青铜，且直径不大，为了节省材料，可采用 3～5 件同时加工较为合适。

2）轴承套的加工工艺

表 9.7 所示为轴承套的加工工艺过程。粗车外圆时，可采取同时加工五件的方法来提高生产率。

表 9.7　轴承套的加工工艺过程

序号	工序名称	工 序 内 容	定位与夹紧
1	备料	棒料，按五件合一加工下料	—
2	钻中心孔	车端面、钻中心孔；调头车另一端面，钻中心孔	自定心卡盘卡外圆
3	粗车	车外圆 ϕ42 长度为 6.5，车外圆 ϕ34js7 为 ϕ35，车退刀槽 2×0.5，取总长 40.5，车分割槽 ϕ20×3，两端倒角 C1.5，五件同时加工，尺寸均相同	中心孔

续表

序号	工序名称	工 序 内 容	定位与夹紧
4	钻	钻孔 $\phi 22H7$ 至 $\phi 21$	软爪夹 $\phi 42$ 外圆
5	车、铰	车端面,取总长 44 至规定尺寸;车内孔 $\phi 22H7$ 至 $\phi 22_{-0.05}^{0}$;车内槽 $\phi 24 \times 16$ 至规定尺寸;铰孔 $\phi 22H7$ 至规定尺寸;孔两端倒角	软爪夹 $\phi 42$ 外圆
6	精车	车外圆 $\phi 34js7$ 至规定尺寸	$\phi 22H7$ 芯轴
7	钻	钻径向油孔 $\phi 4$	$\phi 34$ 圆孔及端面
8	检查	—	—

9.4　圆柱齿轮的加工

9.4.1　概述

齿轮是机械工业的标志性零件,它是用来按规定的速比传递运动和动力的重要零件,在各种机器和仪器中应用非常普遍。

1. 圆柱齿轮结构特点和分类

齿轮的结构形状按使用场合和要求不同而不同,图 9.14 是常用圆柱齿轮的结构形式,其分为:盘类齿轮(见图 a,单齿轮,双联、三联齿轮)、套类齿轮(见图 b)、内齿轮(见图 c)、轴类齿轮(见图 d)、扇形齿轮(见图 e)、齿条(见图 f)等。

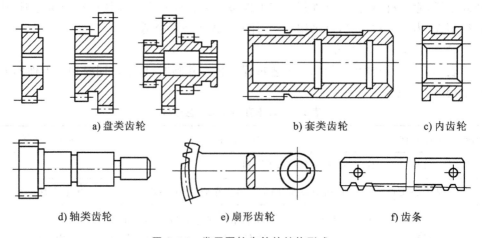

a) 盘类齿轮　　　　　　　　　b) 套类齿轮　　　　c) 内齿轮

d) 轴类齿轮　　　　　e) 扇形齿轮　　　　　f) 齿条

图 9.14　常用圆柱齿轮的结构形式

2. 圆柱齿轮的精度要求

齿轮自身的精度影响其使用性能和寿命,通常对齿轮的制造提出以下精度要求:

(1)运动精度 确保齿轮准确地传递运动和恒定的传动比,要求最大转角误差不能超过相应的规定值。

(2)工作平稳性 要求传动平稳,振动、冲击、噪声小。

(3)齿面接触精度 为保证传动中载荷分布均匀,齿面接触要求均匀,避免局部载荷过大、应力集中等造成过早磨损或折断。

(4)齿侧间隙 要求传动中的非工作面留有间隙以补偿温升、弹性形变和加工装配的误差,并利于润滑油的储存和油膜的形成。

3. 齿轮材料、毛坯和热处理

(1)材料选择 根据使用要求和工作条件选取合适的材料,普通齿轮材料可选用中碳钢和中碳合金钢,如牌号为 40、45、50、40MnB、40Cr、45Cr、42SiMn、35SiMn2MoV 等的钢;要求高的齿轮材料可选取牌号为 20Mn2B、18CrMnTi、30CrMnTi、20Cr 等的低碳合金钢;对于低速轻载的开式传动可选取牌号为 ZG40、ZG45 等的铸钢,或选取灰铸铁;非传力齿轮材料可选取尼龙、夹布胶木或塑料。

(2)齿轮毛坯 毛坯的选择取决于齿轮的材料、形状、尺寸、使用条件、生产批量等因素,常用的毛坯种类有:①铸铁件,用于受力小、无冲击、低速的齿轮;②棒料,用于尺寸小、结构简单、受力不大的齿轮;③锻坯,用于高速重载齿轮,大批大量生产中通常采用模锻工艺;④铸钢坯,用于结构复杂、尺寸较大、受有一定的冲击振动载荷,并不宜锻造的齿轮。

(3)齿轮热处理 在齿轮加工工艺过程中,热处理工序的位置安排十分重要,它直接影响齿轮的力学性能及切削加工的难易程度。一般在齿轮加工中有两种热处理工序:

① 毛坯的热处理。为了消除锻造和粗加工造成的残余应力、改善齿轮材料内部的金相组织和切削加工性能,在齿轮毛坯加工前后通常安排正火或调质等预先热处理或中间热处理。

② 齿面的热处理。为了提高齿面硬度、增加齿轮的承载能力和耐磨性而进行的齿面高频淬火、渗碳、渗氮和氮碳共渗等热处理工序。一般安排在滚齿、插齿、剃齿之后,珩齿、磨齿之前。

9.4.2 圆柱齿轮齿形的加工工艺分析

1. 轮齿面加工方法的分类

(1)成形法 成形法是指用和被切齿轮齿槽形状相符的成形刀具切出齿面的方法,如铣齿、拉齿和成形磨齿等,均可使用成形法。

(2)展成法 展成法是指齿轮刀具与工件按齿轮副的啮合关系作展成运动切出齿面的方法,工件的齿面由刀具的切削刃包络而成,如滚齿、插齿、剃齿、磨齿和珩齿等,均可使用展成法。

2. 圆柱齿轮齿面加工方法选择

齿轮齿面的精度要求大多较高,加工工艺复杂,选择加工方案时应综合考虑齿轮的结构、尺寸、材料、精度等级、热处理要求、生产批量及工厂加工条件等。常用的齿面加工方案如表 9.8 所示。

表 9.8　齿面加工方案

齿面加工方案	齿轮精度等级	齿面粗糙度 $Ra/\mu m$	适 用 范 围
铣齿	9 级以下	6.3～3.2	单件修配生产中,加工低精度的外圆柱齿轮、齿条、锥齿轮、蜗轮
拉齿	7 级	1.6～0.4	大批大量生产 7 级内齿轮,外齿轮拉刀制造复杂,故少用
滚齿	8 级、7 级	3.2～1.6	各种批量生产中,加工中等质量外圆柱齿轮及蜗轮
插齿	8 级、7 级	1.6	各种批量生产中,加工中等质量的内、外圆柱齿轮、多联齿轮及小型齿条
滚(或插)齿—淬火—珩齿		0.8～0.4	用于齿面淬火的齿轮
滚齿—剃齿	7 级、6 级	0.8～0.4	主要用于大批大量生产
滚齿—剃齿—淬火—珩齿	7 级、6 级	0.4～0.2	主要用于大批大量生产
滚(插)齿—淬火—磨齿	6～3 级	0.4～0.2	用于高精度齿轮的齿面加工,生产效率低,成本高
滚(插)齿—磨齿	6～3 级	0.4～0.2	用于高精度齿轮的齿面加工,生产效率低,成本高

3. 圆柱齿轮零件加工工艺过程示例

圆柱齿轮的加工工艺过程一般应包括齿轮毛坯加工、齿面加工、热处理工艺及齿面的精加工。在编制齿轮加工工艺过程中,常因齿轮结构、精度等级、生产批量以及生产环境的不同,而采用各种不同的方案。

图 9.15 为一倒挡齿轮零件图。表 9.9 列出了该齿轮的机械加工工艺过程。其技术要求是:①齿面热处理 45～52HRC;②未注明倒角 C1;③齿圈径向跳动公差

0.08 mm;④材料 45 钢。

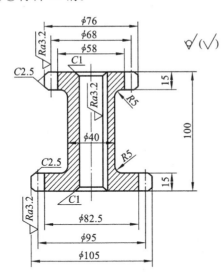

齿轮基本参数:

齿轮编号	1	2
模数	4	5
齿数	17	19
压力角α	20°	20°
精度等级	8GK	8GK

图 9.15 倒挡齿轮零件图

表 9.9 倒挡齿轮加工工艺过程

工序号	工序名称	工 序 内 容	工艺设备
1	下料	棒料,尺寸 $\phi75\times100$	锯床
2	锻造	锻造尺寸:各边留加工余量 7	模锻设备
3	热处理	正火	加热炉等
4	粗车	夹工件一端,粗车右端各部尺寸及端面,端面见平即可,外圆各部留加工余量 3~4,钻孔 $\phi16$,掉头,夹工件已加工外圆,并按外圆找正,加工左端各部,车端面,保证总长 103,其余各部留加工余量 3~4	卧式车床
5	热处理	调质处理 28~32HRC	加热炉等
6	半精车	夹左端,外圆找正,半精车右端各部,车端面保证齿轮宽度(尺寸 15)车至 17,其余各部留加工余量 1.5;掉头,夹工件已加工外圆,找正,车端面,保证总长 102,齿轮宽度(尺寸 15)车至 17,其余各部留加工余量 1.5	卧式车床
7	精车	夹工件左端,车右端各部,至图样尺寸,保证总长 100,精车内径(或铰孔)至 $\phi20^{+0.027}_{0}$;掉头,夹工件右端,按精加工外圆找正,车左端各部尺寸至图样要求,$\phi40$ 处平滑接刀	卧式车床
8	划线	划键槽线	—

续表

工序号	工序名称	工 序 内 容	工 艺 设 备
9	插键槽	以 $\phi105$ 外圆及大端面定位装夹工件,插键槽	B5020,组合夹具
10	插齿	以内孔及端面定位,装夹工件,插齿轮 1($m=4,z=17$);掉头,以内孔及端面定位,装夹工件,插齿轮 2($m=5,z=19$)	Y5120A,芯轴
11	钳	修锉毛刺	—
12	热处理	齿部高频感应加热淬火 45～52HRC	高频感应加热炉等
13	检验	按图样检查工件各部尺寸及精度	—

图 9.16 为一直齿圆柱齿轮零件图,其机械加工工艺过程列于表 9.10。

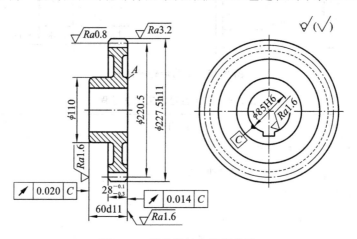

图 9.16　直齿圆柱齿轮零件图

表 9.10　直齿圆柱齿轮加工工艺过程

工序号	工序名称	工 序 内 容	定 位 基 准
1	锻造	毛坯锻造	—
2	热处理	正火	—
3	粗车	粗车外形、各处留加工余量 2	外圆和端面
4	精车	精车各处,内孔至 8,留磨削余量 0.2,其余至尺寸	外圆和端面
5	滚齿	滚切齿面,留磨齿余量 0.25～0.3	内孔和端面 A
6	倒角	倒角至尺寸(倒角机)	内孔和端面 A
7	钳工	去毛刺	—
8	热处理	齿面 52HRC	—
9	插键槽	至尺寸	内孔和端面 A

工序号	工序名称	工 序 内 容	定 位 基 准
10	磨平面	靠磨大端面 A	内孔
11	磨平面	平面磨削 B 面	端面 A
12	磨内孔	磨内孔至 $\phi85H5$	内孔和端面 A
13	磨齿	齿面磨削	内孔和端面 A
14	检验	终结检验	—

从以上两例可以看出,编制齿轮加工工艺过程大致可划分如下几个阶段:

① 齿轮毛坯如锻件、棒料或铸件的形成。

② 粗加工、半精加工,切除较多的余量,精加工形成齿轮外形尺寸,为保证齿轮的加工精度奠定基础。

③ 滚、插齿形,是齿面粗加工的主要方法。

④ 热处理调质、渗碳淬火、齿面高频淬火等,调质处理通常为齿轮的中间热处理,渗碳淬火、齿面高频感应加热淬火等为最终热处理,各种淬火后都应及时进行相应的回火处理。

⑤ 精加工精修基准、精加工齿面(磨、剃、珩、研齿和抛光等)。

思考题与习题

9.1　常用的轴类零件有哪些种类?各有何功用?

9.2　为什么对轴类零件的支承轴颈和其他表面的精度提出严格要求?

9.3　轴类零件常用材料有哪几种?对于不同的材料在加工的各个阶段中穿插的热处理工序有哪些?

9.4　轴类零件常用的毛坯有哪几种?对于不同的毛坯材料在加工前的热处理有何不同?

9.5　试分析轴类零件加工工艺过程中如何体现"基准统一""基准重合"原则。它们在保证零件精度要求中起什么样的重要作用?

9.6　何谓细长轴?细长轴的车削加工具有哪些特点?在细长轴的加工中用哪些工艺措施保证其加工精度?

9.7　在三台车床上分别加工三批工件的外圆表面,加工后经测量,三批工件分别产生了如图 9.17 所示的形状误差,试分析产生上述形状误差的主要原因。

9.8　箱体类零件的结构特点及主要技术要求有哪些?这些要求对保证箱体类零件的作用和性能有何影响?

9.9　箱体类零件加工有何特点?试拟订箱体类零件加工工艺路线的原则。

9.10　箱体类零件加工前是否需要热处理?安排热处理的目的是什么?

9.11　如何选择剖分式减速器箱体加工的粗基准和精基准(将箱盖和箱体底座

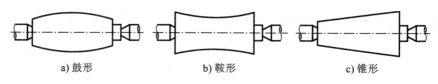

a) 鼓形　　　　　　　b) 鞍形　　　　　　　c) 锥形

图 9.17　题 9.7 图

分开分析)？

9.12　加工剖分式减速器箱体时,为何要合箱后再加工两端面轴承孔? 一般采用何种加工方法加工轴承孔?

9.13　薄壁套类零件加工的工艺特点有哪些?

9.14　按图 9.18a 所示的装夹方式在外圆磨床上磨削薄壁套筒,卸下工件后发现工件成鞍形,如图 9.18b 所示,试分析产生该形状误差的原因。

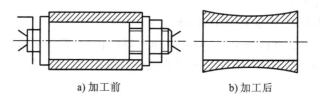

a) 加工前　　　　　　　b) 加工后

图 9.18　题 9.14 图

9.15　滚齿和插齿加工各自的特点和适用范围如何?

9.16　齿轮的典型加工工艺过程分为哪几个阶段? 齿形加工方案主要取决于哪些因素?

9.17　齿轮加工如何选择定位基准?

9.18　如图 9.19 所示的阶梯轴,现以单件小批和大批大量生产为例,试分析两种不同加工方法的加工过程。

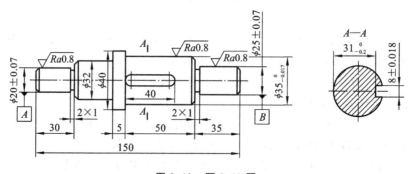

图 9.19　题 9.18 图

9.19　某传动轴如图 9.5 所示,试根据表 9.1 编制机械加工工艺过程。

9.20　某齿轮轴如图 9.20 所示,试分析该齿轮的机械加工工艺特点,编制其机械加工工艺路线和机械加工工艺过程卡片。

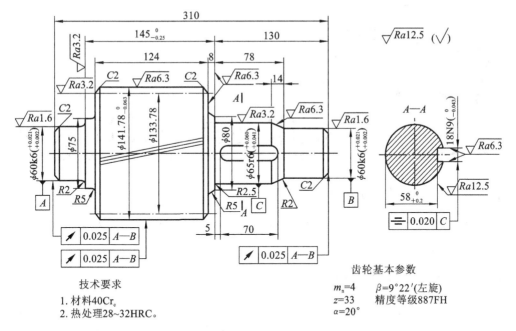

图 9.20　题 9.20 图

技术要求

1. 材料40Cr。
2. 热处理28~32HRC。

齿轮基本参数

$m_n=4$　　　$\beta=9°22'$(左旋)
$z=33$　　　精度等级887FH
$\alpha=20°$

第 10 章

机床夹具的设计原理

10.1 机床夹具的概述

机床夹具是在机械制造过程中用来固定加工对象,使之具有正确位置,以接受加工或检测并保证加工要求的机床附加装置,简称为夹具。

10.1.1 机床夹具的组成

虽然机床夹具种类繁多,但它们的工作原理基本上是相同的。将各类夹具中作用相同的结构或元件加以概括,可得出夹具一般所共有的几个组成部分,这些组成部分既相互独立又相互联系。

(1) 定位支承元件 定位支承元件的作用是确定工件在夹具中的正确位置并支承工件,是夹具的主要功能元件之一,如图 10.1 所示铣床夹具中的锯齿头支承钉和

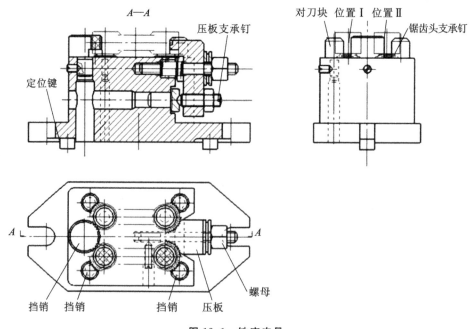

图 10.1 铣床夹具

挡销。定位支承元件的定位精度直接影响工件加工精度。

（2）夹紧装置　夹紧元件的作用是将工件压紧夹牢，并保证在加工过程中工件的正确位置不变，如图 10.1 所示铣床夹具中的压板。

（3）连接元件　连接元件将夹具与机床连接并确定夹具对机床主轴、工作台或导轨的相互位置，如图 10.1 所示铣床夹具中的定位键。

（4）对刀元件和导向元件　对刀元件和导向元件的作用是保证工件加工表面与刀具之间的正确位置。用来确定刀具在加工前正确位置的元件称为对刀元件，如图 10.1 所示铣床夹具中的对刀块。用来确定刀具位置并引导刀具进行加工的元件称为导向元件，如钻床夹具中的快换钻套。

（5）其他装置或元件　根据加工需要，有些夹具上还设有分度装置、靠模装置、上下料装置、工件顶出机构、电动扳手和平衡块，以及标准化了的其他连接元件等。

（6）夹具体　夹具体是夹具的基体骨架，用来配置、安装各夹具元件使之组成一整体。常用的夹具体为铸件结构、锻造结构、焊接结构和装配结构，形状有回转体形和底座形等形状。

上述各组成部分中，定位元件、夹紧装置、夹具体是夹具的基本组成部分。

10.1.2　机床夹具的分类

机床夹具的种类很多，形状千差万别。为了设计、制造和管理的方便，往往按某一属性进行分类。

1. 按夹具的通用特性分类

按这一分类方法，常用的夹具有通用夹具、专用夹具、可调夹具、组合夹具和自动线夹具等五大类。它反映夹具在不同生产类型中的通用特性，因此是选择夹具的主要依据。

（1）通用夹具　通用夹具是指结构、尺寸已规格化，且具有一定通用性的夹具，如自定心卡盘、单动卡盘、台虎钳、万能分度头、中心架、电磁吸盘等。其特点是适用性强、不需调整或稍加调整即可装夹一定形状范围内的各种工件。这类夹具已商品化，且成为机床附件。采用这类夹具可缩短生产准备周期，减少夹具品种，从而降低生产成本。其缺点是夹具的加工精度不高，生产效率也较低，且较难装夹形状复杂的工件，故适用于单件小批生产。

（2）专用夹具　专用夹具是针对某一工件的某一工序的加工要求而专门设计和制造的夹具。其特点是针对性极强，没有通用性。在产品相对稳定、批量较大的生产中，常用各种专用夹具，可获得较高的生产效率和加工精度。专用夹具的设计制造周期较长，随着现代多品种及中、小批生产的发展，专用夹具在适应性和经济性等方面已产生许多问题。

（3）可调夹具　可调夹具是针对通用夹具和专用夹具的缺陷而发展起来的一类新型夹具。对不同类型和尺寸的工件，只需调整或更换原来夹具上的个别定位元件和夹紧元件便可使用。它一般又分为通用可调夹具和成组夹具两种。通用可调夹具的使用范围大,适用性广,加工对象不太固定。成组夹具是专门为成组工艺中某组零件设计的,调整范围仅限于本组内的工件。可调夹具在多品种小批生产中得到广泛应用。

(4) 成组夹具　成组夹具是在成组加工技术基础上发展起来的一类夹具。它是根据成组加工工艺的原则,针对一组形状相近的零件专门设计的,也是具有通用基础件和可更换调整元件组成的夹具。从外形上看,这类夹具与可调夹具不易区别,但它具有使用对象明确、设计科学合理、结构紧凑、调整方便等优点。

(5) 组合夹具　组合夹具是按某道工序的加工要求,由一套预先制造好的标准元件组装成的“专用夹具”。标准元件具有不同的形状、规格和功能,使用时可按工件的加工要求,选用适当的元件,以组装成各种“专用夹具”。组合夹具在使用上具有专用夹具的优点,使用后可将元件拆卸、清洗、入库,留待组装新的夹具。因此,组合夹具有组装迅速、生产准备周期短、元件能反复使用、可减少专用夹具数量等优点,适用于加工多品种工件、单件小批生产和新产品的试制等场合。

(6) 自动线夹具　自动线夹具一般分为两种:一种为固定式夹具,它与专用夹具相似;另一种为随行夹具,使用中夹具随着工件一起运动,并将工件沿着自动线从一个工位移至下一个工位进行加工。

2. 按夹具使用的机床分类

这是专用夹具设计所用的分类方法。按使用的机床分类,可把夹具分为车床夹具、铣床夹具、钻床夹具、镗床夹具、磨床夹具、齿轮加工机床夹具、数控机床夹具等。

3. 按夹具动力源来分类

按夹具夹紧动力源可将夹具分为手动夹具和机动夹具两大类。为减轻劳动强度和确保安全生产,手动夹具应有扩力机构与自锁性能。常用的机动夹具有气动夹具、液动夹具、气液联动夹具、电动夹具、磁力夹具、真空夹具和离心力夹具等。

10.1.3　机床夹具的功用

在机床上加工工件时,必须用夹具装好夹牢工件。将工件装好,就是在机床上确定工件相对于刀具的正确位置,这一过程称为定位。将工件夹牢,就是对工件施加作用力,使之保持已有的正确位置,这一过程称为夹紧。从定位到夹紧的全过程,称为装夹或安装。机床夹具的主要功能就是完成工件的装夹工作。工件装夹情况的好坏,将直接影响工件的加工精度。工件的装夹方法有找正装夹法和夹具装夹法两种。

找正装夹法是以工件的有关表面或专门划出的线痕作为找正依据,用划针或指示表进行找正,将工件正确定位,然后将工件夹紧,进行加工。如图10.2所示,在铣削连杆状零件的上下两平面时,若批量不大,则可在机用台虎钳中,按侧边划出的加工线痕,用划针找正。这种安装方法简单,不需专门设备,但精度不高,生产效率低,因此多用于单件小批生产。

夹具装夹法是靠夹具将工件定位、夹紧，以保证工件相对于刀具、机床的正确位置。图10.1 所示为铣削连杆状零件的上下两平面所用的、双位置的专用铣床夹具。毛坯先放在位置 I 上铣出第一端面（A 面），然后将此工件翻过来放入位置 II 铣出第二端面（B 面）。夹具中可同时装夹两个工件。

图 10.3 所示为专供加工轴套零件上 $\phi6H9$ 径向孔的钻床夹具。工件以内孔及其端面作为定位基准，通过拧紧螺母将工件牢固地压在定位元件上。

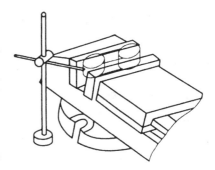

图 10.2　在机用台虎钳上找正和
装夹连杆状零件

通过以上实例分析，可知用夹具装夹工件的方法有以下几个特点：

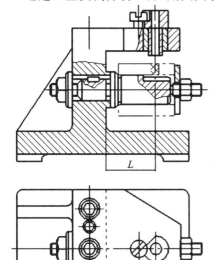

图 10.3　钻轴套零件上 $\phi6H9$
径向孔的钻床夹具

① 工件在夹具中的正确定位，是通过工件上的定位基准面与夹具上的定位元件相接触而实现的，因此不再需要找正便可将工件夹紧。

② 由于夹具预先在机床上已调整好位置（也有在加工过程中再进行找正的），因此，工件通过夹具相对于机床也就有了正确的位置。

③ 通过夹具上的对刀装置，保证了工件加工表面相对于刀具的正确位置。

④ 装夹基本上不受工人技术水平的影响，能比较容易和稳定地保证加工精度。

⑤ 装夹迅速、方便，能减轻劳动强度，显著地减少辅助时间，提高生产效率。

⑥ 能扩大机床的工艺范围。例如，要镗削图 10.4 所示机体零件上的阶梯孔，若没有卧式镗床和专用设备，可设计一夹具在车床上加工。

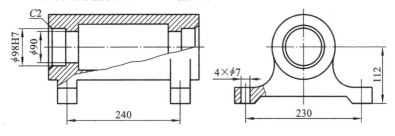

图 10.4　机体零件简图

10.2　工件在夹具中的定位

10.2.1　工件定位的基本原理

1. 自由度的概念

由刚体运动学可知,一个自由刚体,在空间有且仅有六个自由度。图 10.5 所示的工件,它在空间的位置是任意的,即:它既能沿 Ox、Oy、Oz 三个坐标轴移动,称为移动自由度,分别表示为 $\vec{x}$、$\vec{y}$、$\vec{z}$;又能绕 Ox、Oy、Oz 三个坐标轴转动,称为转动自由度,分别表示为 $\hat{x}$、$\hat{y}$、$\hat{z}$。

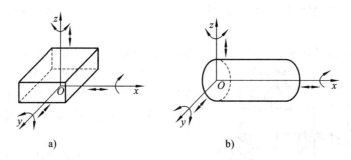

图 10.5　工件的六个自由度

2. 六点定位原则

由上可知,如果要使一个自由刚体在空间有一个确定的位置,就必须设置相应的六个约束,分别限制刚体的六个运动自由度。在讨论工件的定位时,工件就是自由刚体。如果工件的六个自由度都加以限制了,工件在空间的位置也就完全被确定下来了。因此,定位实质上就是限制工件的自由度。

分析工件定位时,通常是用一个支承点限制工件的一个自由度。用合理设置的六个支承点,限制工件的六个自由度,使工件在夹具中的位置完全确定,这就是六点定位原则。

例如,在如图 10.6a 所示的矩形工件上铣削半封闭式矩形槽时,为保证加工尺寸 A,可在其底面设置三个不共线的支承点 1、2、3,如图 10.6b 所示,限制工件的三个自由度 $\hat{x}$、$\vec{y}$、$\hat{z}$;为了保证尺寸 B,侧面设置两个支承点 4、5,限制 $\vec{x}$、$\hat{z}$ 两个自由度;为了保证尺寸 C,端面设置一个支承点 6,限制 $\vec{y}$ 自由度。于是工件的六个自由度全部被限制了,实现了六点定位。在具体的夹具中,支承点是由定位元件来体现的。如图 10.6c 所示,设置了六个支承钉。

为了实现圆柱体工件(见图10.7a)的完全定位,可在外圆柱表面上,设置四个支承点 1、3、4、5 限制 $\vec{y}$、$\vec{z}$、$\hat{y}$、$\hat{z}$ 四个自由度;槽侧设置一个支承点 2,限制 $\hat{x}$ 一个自由度;端面设置一个支承点 6,限制 $\vec{x}$ 一个自由度。为了在外圆柱面上设置四个支承点一般采用 V 形架,如图 10.7b 所示。

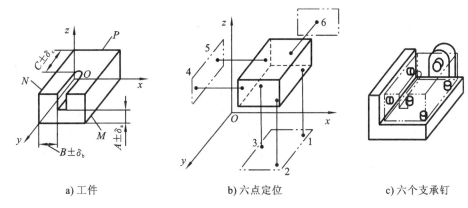

a) 工件　　　　b) 六点定位　　　　c) 六个支承钉

图 10.6　矩形工件定位

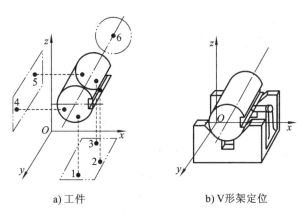

a) 工件　　　　b) V形架定位

图 10.7　圆柱形工件定位

通过上述分析,说明了六点定位原则的几个主要问题。

① 定位支承点是从定位元件抽象而来的。在夹具的实际结构中,定位支承点是通过具体的定位元件体现的,即支承点不一定用点或销的顶端,而常用面或线来代替。根据数学概念可知,两个点决定一条直线,三个点决定一个平面,即一条直线可以代替两个支承点,一个平面可以代替三个支承点。在具体应用时,还可用窄长的平面(条形支承)代替直线,用较小的平面来代替点。

② 定位支承点与工件定位基准面始终保持接触,才能起到限制自由度的作用。

③ 分析定位支承点的定位作用时,不考虑力的影响。工件的某一自由度被限制,是指工件在某个坐标方向有了确定的位置,并不是指工件在受到使其脱离定位支承点的外力时不能运动。使工件在外力作用下不能运动,要靠夹紧装置来完成。

3. 工件定位中的几种情况

(1) 完全定位　完全定位是指不重复地限制了工件的六个自由度的定位。当工件在 x、y、z 三个坐标方向均有尺寸要求或位置精度要求时,一般采用这种定位方式,如图 10.6 所示。

（2）不完全定位　根据工件的加工要求,有时并不需要限制工件的全部自由度,这样的定位方式称为不完全定位。图 10.8a 所示为在车床上加工通孔,根据加工要求,不需限制 $\vec{x}$ 和 $\hat{x}$ 两个自由度,所以用自定心卡盘夹持限制其余四个自由度,就可以实现四点定位。图 10.8b 所示为平板工件磨平面,工件只有厚度和平行度要求,只需限制三个自由度,在磨床上采用电磁工作台就能实现三点定位。由此可知,工作在定位时应该限制的自由度数目应由工序的加工要求而定,不影响加工精度的自由度可以不加限制。采用不完全定位可简化定位装置,因此不完全定位在实际生产中也广泛应用。

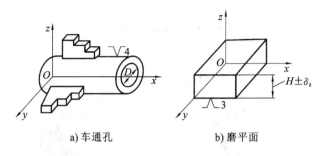

a) 车通孔　　　　　b) 磨平面

图 10.8　不完全定位示例

（3）欠定位　根据工件的加工要求,应该限制的自由度没有完全被限制的定位称为欠定位。欠定位无法保证加工要求,因此,在确定工件在夹具中的定位方案时,决不允许有欠定位的现象产生。在图 10.6 中,如不设端面支承 6,则在一批工件上半封闭槽的长度就无法保证;若缺少侧面两个支承点 4、5 时,则尺寸 B 和槽与工件侧面的平行度均无法保证。

（4）过定位　夹具上的两个或两个以上的定位元件重复限制同一个自由度的现象称为过定位。如图 10.9a 所示,要求加工平面对 A 面的垂直度公差为 0.04 mm。若用夹具的两个大平面实现定位,那工件 A 面被限制 $\vec{x}$、$\vec{y}$、$\hat{z}$ 三个自由度,B 面被限制了 $\hat{x}$、$\vec{y}$、$\vec{z}$ 三个自由度,其中 $\vec{y}$ 自由度被 A、B 面同时重复限制。由图可见,当工件处于加工位置 I 时,可保证垂直度要求;而当工件处于加工位置 II 时不能保证此要求。这种随机的误差造成了定位的不稳定,严重时会引起定位干涉,因此应该尽量避免和消除过定位现象。消除或减少过定位引起的干涉一般有两种方法:一是改变定位元件的结构,如缩小定位元件工作面的接触长度,或者减小定位元件的配合尺寸、增大配合间隙等;二是控制或者提高工件定位基准之间以及定位元件工作表面之间的位置精度。若把定位的面接触改为线接触(见图 10.9b),则消除了引起过定位的自由度 $\vec{y}$。

4. 定位基准的基本概念

在研究和分析工件定位问题时,定位基准的选择是一个关键问题。定位基准就

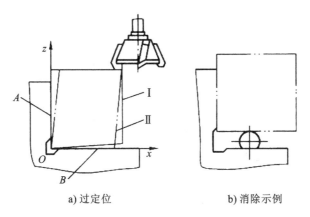

a) 过定位　　　　　　　　b) 消除示例

图 10.9　过定位及消除方法示例

是在加工中用作定位的基准。一般说来,工件
的定位基准一旦被选定,则工件的定位方案也
基本上被确定。定位方案是否合理,直接关系
到工件的加工精度能否保证。如图10.10所示,
轴承座是用底面 A 和侧面 B 来定位的。因为
工件是一个整体,当 A 面和 B 面的位置一确
定, $\phi 20H7$ 内孔轴线的位置也确定了。 A 面和
B 面就是轴承座的定位基准。

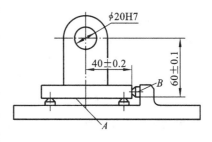

图 10.10　工件的定位基准

　　工件定位时,作为定位基准的点和线,往往由某些具体表面体现出来,这种表面
称为定位基面。例如用两顶尖装夹车削轴时,轴的两中心孔就是定位基面。但它体
现的定位基准则是轴的轴线。根据定位基准所限制的自由度数,可将基准面分为以
下几种:

　　(1) 主要定位基准面　图 10.6 中的 xOy 平面设置三个支承点限制了工件的三
个自由度,这样的平面称为主要定位基面。一般应选择较大的表面作为主要定位基
面。

　　(2) 导向定位基准面　图 10.6 中的 yOz 平面设置两个支承点,限制了工件的两
个自由度,这样的平面或圆柱面称为导向定位基准面。该基准面应选取工件上窄长
的表面,而且两支承点间的距离应尽量远些,以保证对 $\vec{z}$ 的限制精度。由图 10.11 可
知,由于支承销的高度误差 Δh,造成工件的转角误差 $\Delta \theta$。显然, L 越长,转角误差 $\Delta \theta$
就越小。

　　(3) 双导向定位基准面　限制工件四个自由度的圆柱面称为双导向定位基准
面,如图 10.12a 所示。

　　(4) 双支承定位基准面　限制工件两个移动自由度的圆柱面称为双支承定位基
准面,如图 10.12b 所示。

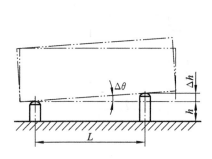

图 10.11　导向定位支承与转角误差的关系

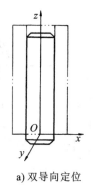

a) 双导向定位

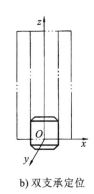

b) 双支承定位

图 10.12　工件定位

（5）止推定位基准面　限制工件一个移动自由度的表面称为止推定位基准面。图 10.6 中的 xOz 平面上只设置了一个支承点，它只限制了工件沿 y 轴方向的移动。在加工过程中，工件有时要承受切削力和冲击力等，可以选取工件上窄小且与切削力方向相对的表面作为止推定位基准面。

（6）防转定位基准面　限制工件一个转动自由度的表面称为防转定位基准面。图 10.7 中轴的通槽侧面设置了一个防转销，它限制了工件沿 y 轴的转动，减小了工件的角度定位误差。防转支承点距离工件安装后的回转轴线应尽量远些。

10.2.2　常见的定位方式和定位元件

1. 对定位元件的基本要求

工件在夹具中要想获得正确定位，首先应正确选择定位基准，其次应选择合适的定位元件。工件定位时，工件定位基准和夹具的定位元件接触形成定位副，以实现工件的六点定位。为了准确定位，对定位元件有以下基本要求：

（1）限位基面应有足够的精度　定位元件的表面具有足够的精度，才能保证工件的定位精度。

（2）限位基面应有较好的耐磨性　定位元件的工作表面经常与工件接触和摩擦，容易磨损，因此要求定位元件限位表面的耐磨性要好，以保持夹具的使用寿命和定位精度。

（3）支承元件应有足够的强度和刚度　定位元件在加工过程中受工件重力、夹紧力和切削力的作用，因此要求定位元件应有足够的刚度和强度，避免使用中变形和损坏。

（4）定位元件应有较好的工艺性　定位元件应力求结构简单、合理，便于制造、装配和更换。

（5）定位元件的结构形状应便于清除切屑　定位元件的结构和工作表面形状应有利于清除切屑，以防切屑嵌入夹具内影响加工和定位精度。

2. 工件以平面定位所用元件

工件以平面作为定位基准时,所用定位元件一般可分为基本支承和辅助支承两类。基本支承用来限制工件的自由度,具有独立定位的作用。辅助支承用来加强工件的支承刚度,不起限制工件自由度的作用。

1) 基本支承

基本支承有固定、可调、自位三种形式,它们的尺寸结构已系列化、标准化,可在有关夹具设计手册中查找。这里主要介绍它们的结构特点及使用场合。

(1) 固定支承　定位元件装在夹具上后,一般不再拆卸或调节,有支承钉与支承板两种。支承钉一般用于工件的三点支承或侧面支承。其结构有 A 型(平头)、B 型(球头)、C 型(齿纹)三种,如图 10.13 所示。

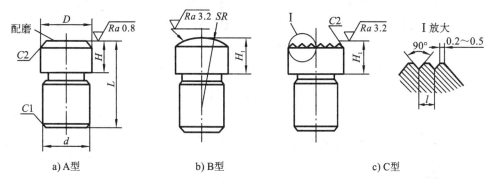

a) A型　　　　　　　　b) B型　　　　　　　　c) C型

图 10.13　支承钉

A 型支承钉与工件接触面大,常用于定位平面较光滑的工件,即适用于精基准。B 型、C 型支承钉与工件接触面小,适用于粗基准平面定位。C 型齿纹支承钉的突出优点是定位面间摩擦力大,可阻碍工件移动,加强定位稳定性,但齿纹槽中易积屑,一般常用于粗糙表面的侧面定位。

这类固定支承钉的材料一般为碳素工具钢 T8,并经热处理至 $55\sim60$HRC。与夹具体采用 H7/r6 过盈配合,当支承钉磨损后,较难更换。若需更换支承钉时应加衬套,如图 10.14 所示。衬套内孔与支承钉采用 H7/js6 过渡配合。当支承平面较大,而且是精基准平面时,往往采用支承板定位,以增加工件刚度及稳定性。

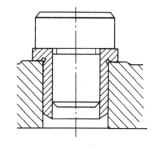

图 10.14　衬套的应用

图 10.15 所示为支承板,分为 A 型(光面)、B 型(凹槽)两种。A 型结构简单,但沉头螺钉清理切屑较困难,一般用于侧面支承。B 型支承板开了斜凹槽,排屑容易,可防止切屑留在定位面上,一般作水平面支承,用螺钉与夹具体固定。支承板的材料一般为 20 钢,并渗碳淬硬至 $55\sim60$HRC,渗碳深度 $0.8\sim1.2$ mm。当支承板尺寸较小时,也可用碳素工具钢。

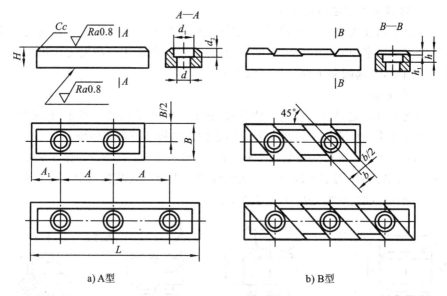

a) A型　　　　　　　　　　　b) B型

图 10.15　支承板

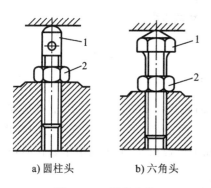

a) 圆柱头　　　b) 六角头

图 10.16　调节支承

（2）调节支承　在工件定位过程中,支承钉的高度需要调整时,采用图 10.16 所示的调节支承。图 10.17a 中工件毛坯为铸件,加工过程中,一般先铣 B 面,再以 B 面定位镗双孔。为了保证镗孔工序有足够和均匀的余量,最好先以毛坯孔为粗基准定位,但装夹不太方便。此时可将 A 面置于调节支承上,通过调整调节支承的高度来保证 B 面与两毛坯孔中心的距离 H_1、H_2,对于毛坯尺寸比较准确的小型工件,有时每批仅调整一次,这样对一批工件来说,调节支承就相当于固定支承。

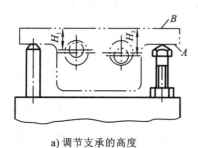

a) 调节支承的高度

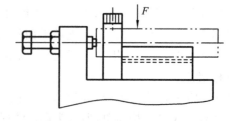

b) 调节支承钉的伸出长度

图 10.17　调节支承的应用

在同一夹具上加工形状相似而尺寸不等的工件时,也常采用调节支承。如图 10.17b 所在轴上钻径向孔。对于孔至端面的距离不等的几种工件,只要调整支承钉的伸出长度便都可适用。

（3）自位支承　在工件定位过程中,能自动调整位置的支承称为自位支承或浮动支承。图 10.18a、b 所示为两点式自位支承,图 10.18c 所示为三点式自位支承。这类支承的工作特点是:支承点的位置能随着工件定位基面的位置不同而自动调节,定位基面压下其中一点,其余点便上升,直至各点都与工件接触。接触点数的增加,提高了工件的装夹刚度和稳定性,但其作用仍相当于一个固定支承,只限制工件的一个自由度。

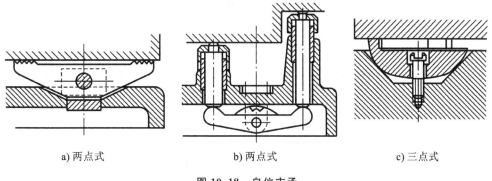

a) 两点式　　　　　　　　b) 两点式　　　　　　　c) 三点式

图 10.18　自位支承

2）辅助支承

辅助支承用来提高工件的装夹刚度和稳定性,不起定位作用。如图 10.19 所示,工件以内孔及端面定位钻右端小孔。若右端不设支承,工件装夹好后右边为一悬臂,刚度小。若在 A 处设置固定支承,属不可用重复定位,有可能破坏左端的定位。在这种情况下,宜在右端设置辅助支承。工件定位时,辅助支承是浮动的（或可调的）,待工件夹紧后再固定下来,以承受切削力。

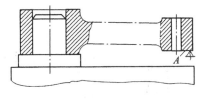

图 10.19　辅助支承的应用

（1）螺旋式辅助支承　如图 10.20a 所示,螺旋式辅助支承的结构与调节支承相近,但操作过程不同,前者不起定位作用,后者起定位作用,且结构上螺旋式辅助支承不用螺母锁紧。

（2）自动调节式辅助支承　如图 10.20b 所示,弹簧推动滑柱与工件接触,转动手柄通过顶柱锁紧滑柱,使其承受切削力等外力。此结构的弹簧力应能推动滑柱,但不能顶起工件,不会破坏工件的定位。

（3）推引式辅助支承　如图 10.20c 所示,工件定位后,推动手轮使滑销与工件联接后转动手轮使斜模开槽部分胀开而锁紧。

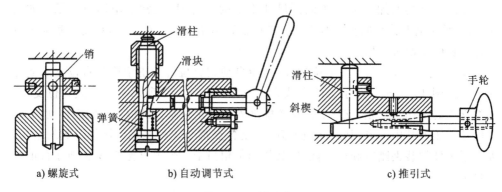

a) 螺旋式　　　　　　b) 自动调节式　　　　　　　　c) 推引式

图 10.20　辅助支承

3. 工件以圆柱表面定位所用元件

1) 定位销

图 10.21a 所示为固定式定位销,图 10.21b 所示为可换式定位销。A 型为圆柱销,B 型为菱形销,其尺寸如表 10.1 所示。定位销直径 D 为 3~10 mm 时,为避免在

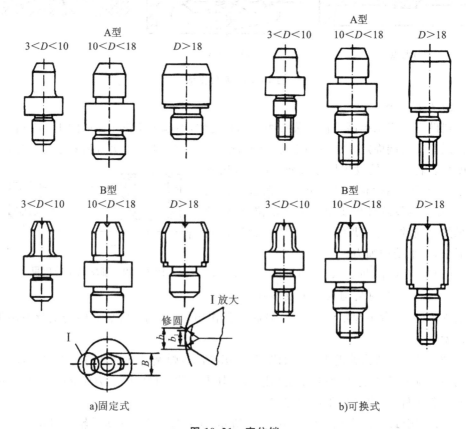

a)固定式　　　　　　　　　　　　　　　　b)可换式

图 10.21　定位销

使用中折断或热处理时淬裂,通常把根部倒成圆角 R。夹具体上应有沉孔,使定位销的圆角部分沉入孔内而不影响定位。大批大量生产时,为了便于定位销的更换,可采用可换式定位销。为便于工件装入,定位销的头部有 15° 的倒角。定位销的参数可查有关的夹具标准或夹具手册。

表 10.1　菱形销的尺寸

D	>3~6	>6~8	>8~20	>20~24	>24~30	>30~40	>40~50
B	$d-0.5$	$d-1$	$d-2$	$d-3$	$d-4$	$d-5$	
b_1	1	2	3			4	5
b	2	3	4	5		6	8

注　D 为菱形销限位基面直径。

2) 圆柱芯轴

图 10.22a 所示为间隙配合芯轴。芯轴的限位基面一般按 h6、g6 或 f7 制造,其装卸工件方便,但定心精度不高。为了减少因配合间隙而造成的工件倾斜,工件常以孔和端面联合定位,因而要求工件定位孔与定位端面之间、芯轴限位圆柱面与限位端面之间都有较高的垂直度,最好能在一次装夹中加工出来。

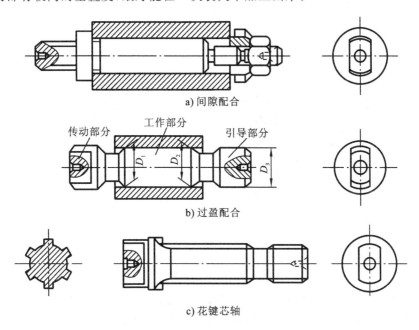

a) 间隙配合

b) 过盈配合

c) 花键芯轴

图 10.22　圆柱芯轴

图 10.22b 所示为过盈配合芯轴,由引导部分、工作部分、传动部分组成。引导部分的作用是使工件迅速而准确地套入芯轴,其直径 D_3 按 e8 制造,其基本尺寸等于工件孔的最小极限尺寸,其长度约为工件定位孔长度的一半。工作部分的直径按 r6 制

造,其基本尺寸等于孔的最大极限尺寸。当工件定位孔的长度与直径之比 $L/d>1$ 时,芯轴的工作部分应稍带锥度,这时,直径 D_1 按 r6 制造,其基本尺寸等于孔的最大极限尺寸;直径 D_2 按 h6 制造,其基本尺寸等于孔的最小极限尺寸。这种芯轴制造简单,定心准确,不用另设夹紧装置,但装卸工件不便且容易损伤工件定位孔,因此,多用于定心精度要求高的精加工。

图 10.22c 所示为花键芯轴,用来加工以花键孔定位的工件。当工件定位孔的长径比 $L/D>1$ 时,工作部分可稍带锥度。设计花键芯轴时,应根据工件的不同定心方式来确定定位芯轴的结构,其配合可参考上述两种芯轴。芯轴在机床上的常用安装方式如图 10.23 所示。

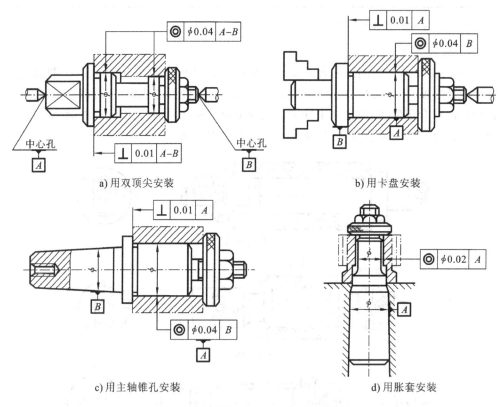

a) 用双顶尖安装   b) 用卡盘安装

c) 用主轴锥孔安装   d) 用胀套安装

图 10.23　芯轴在机床上的安装方式

为保证工件的同轴度要求,设计芯轴时,夹具总图上应标注芯轴各限位基面之间、限位圆柱面与顶尖孔或锥柄之间的位置精度要求,其同轴度可取工件相应同轴度的 $1/3\sim1/2$。

4. 工件以外圆柱面定位所用元件

1) V 形块

不论定位基面是否经过加工,不论是完整的圆柱面还是局部圆弧面都可以采用

V 形块定位。其优点是对中性好,能使工件的定位基准轴线对中在 V 形块两斜面的对称平面上,而不受定位基面直径误差的影响,并且安装方便。

　　图 10.24 所示为常用的 V 形块。图 10.24a 用于较短工件的精基准定位;图 10.24b用于较长工件的粗基准(或阶梯轴)定位;图 10.24c 用于工件两段精基准面相距较远的场合。如果定位工件直径与长度较大,则 V 形块不必做成整体钢件,而采用铸铁底座镶淬火钢垫(见图 10.24d)。

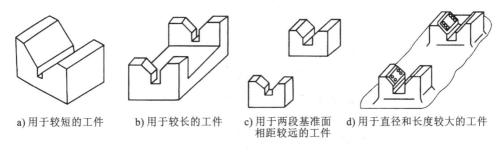

a) 用于较短的工件　　b) 用于较长的工件　　c) 用于两段基准面　　d) 用于直径和长度较大的工件
　　　　　　　　　　　　　　　　　　　　　相距较远的工件

图 10.24　V 形块

　　V 形块有固定式也有活动式。图 10.25 所示为加工连杆孔时的定位方式,活动 V 形块限制工件的一个转动自由度,其沿 V 形块对称面方向的移动可以补偿工件因毛坯尺寸变化而对定位的影响,同时,还兼有夹紧的作用。固定式 V 形块在夹具体上的装配,一般用螺钉和两个定位销联接,定位销孔在装配调整后配铰,然后打入定位销。

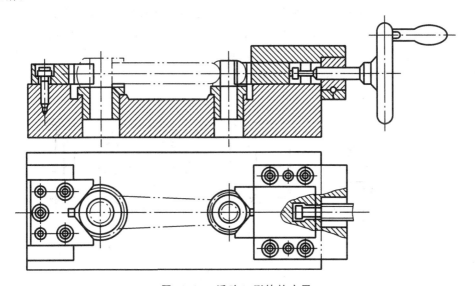

图 10.25　活动 V 形块的应用

　　V 形块的主要参数有:①V 形块的设计芯轴直径 D,即工件定位基面的平均尺寸,其轴线是 V 形块的限位基准;②V 形块两限位基面间的夹角 α,有 $60°$、$90°$ 和

120°，以 90°应用最广；③V 形块的高度 H；④V 形块的定位高度 T，即 V 形块的限位基准至 V 形块底面的距离；⑤V 形块的开口尺寸 N。

α 为 90°V 形块的典型结构和尺寸均已标准化。设计非标准 V 形块时，可参考图 10.26 的有关尺寸进行计算。

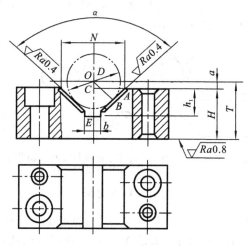

图 10.26　V 形块的结构尺寸

设计 V 形块时，D 已确定，H、N 等参数可参照设计标准选取，但 T 必须计算。

2）定位套

图 10.27 所示为常用的几种定位套。其内孔轴线是限位基准，内孔面是限位基面。为了限制工件沿轴向的自由度，常与端面联合定位。用端面作为主要限位面时，应控制套的长度，以免夹紧时工件产生不允许的变形。定位套结构简单、容易制造，但定心精度不高，故只适用于精定位基面。

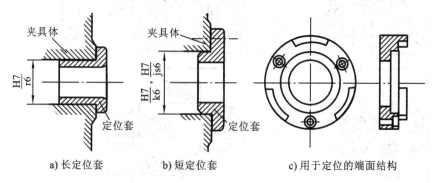

a) 长定位套　　　　b) 短定位套　　　　c) 用于定位的端面结构

图 10.27　常用定位套

3）半圆套

图 10.28 所示为半圆套，其中下面的半圆套是定位元件，上面的半圆套起夹紧作用。这种定位方式主要用于大型轴类零件及不便于轴向装夹的零件。定位基面的尺

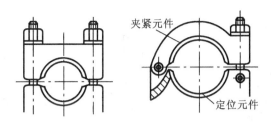

图 10.28　半圆套

寸公差等级不低于 IT8,半圆套的最小内径应取工件定位基面的最大直径。

10.3　定位误差的分析与计算

　　六点定位原则解决了消除工件自由度的问题,即解决了工件在夹具中位置"定与不定"的问题。但是,由于一批工件逐个在夹具中定位时,各个工件所占据的位置不完全一致,即出现工件位置定得"准与不准"的问题。如果工件在夹具中所占据的位置不准确,加工后各工件的加工尺寸必然大小不一,形成误差。这种只与工件定位有关的误差称为定位误差,用 Δ_D 表示。

　　在工件的加工过程中,产生误差的因素很多,定位误差仅是加工误差的一部分,为了保证加工精度,一般限定定位误差不超过工件加工误差 T 的 $1/5 \sim 1/3$,即

$$\Delta_D \leqslant (1/5 \sim 1/3)T$$

10.3.1　定位误差的组成

　　工件逐个在夹具中定位时,各个工件的位置不一致的原因主要是基准不重合,而基准不重合又分为两种情况:一是定位基准与限位基准不重合,产生基准位移误差;二是定位基准与工序基准不重合,产生基准不重合误差。

　　1. 基准位移误差 Δ_Y

　　由于定位副的制造误差或定位副配合间所导致的定位基准在加工尺寸方向上最大位置变动量,称为基准位移误差,用 Δ_Y 表示。不同的定位方式,基准位移误差的计算方式也不同。

　　如图 10.29 所示,工件以圆柱孔在芯轴上定位铣键槽,要求保证尺寸内 $b^{+\delta_b}_0$ 和 $a^{0}_{-\delta_a}$。其中尺寸 $b^{+\delta_b}_0$ 由铣刀保证,尺寸 $a^{0}_{-\delta_a}$ 由芯轴中心调整的铣刀位置保证。如果工件内孔直径与芯轴外圆直径做成完全一致的,作无间隙配合,即孔的轴线与轴的轴线位置重合,不存在因定位引起的误差。但实际上,芯轴和工件内孔都有制造误差,工件套在芯轴上必然会有间隙,孔的轴线与轴的轴线位置不重合,导致这批工件的加工尺寸 H 中附加了工件定位基准变动误差。其变动量即为最大配合间隙。可按下式计算:

$$\Delta_Y = (D_{\max} - d_{\min})/2 = (\delta_D + \delta_d)/2$$

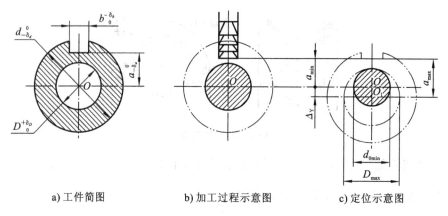

a) 工件简图   b) 加工过程示意图   c) 定位示意图

图 10.29 基准位移产生定位误差

式中　Δ_Y——基准位移误差（mm）；

　　　D_{max}——孔的最大直径（mm）；

　　　d_{min}——轴的最小直径（mm）；

　　　δ_D——工件孔的最大直径公差（mm）；

　　　δ_d——圆柱芯轴和圆柱定位销的直径公差（mm）。

基准位移误差的方向是任意的。减小定位配合间隙，即可减小基准位移误差 Δ_Y 值，以提高定位精度。

2. 基准不重合误差 Δ_B

如图 10.30 所示，加工尺寸 h 的基准是外圆柱面的母线上，但定位基准是工件圆柱孔中心线。这种由于工序基准与定位基准不重合所导致的工序基准在加工尺寸方向上的最大位置变动量，称为基准不重合误差，用 Δ_B 表示。此时除定位基准位移误差外，还有基准不重合误差。在图 10.30 中，基准位移误差应为 $\Delta_Y = (\delta_D + \delta_{d0})/2$，基准不重合误差则为

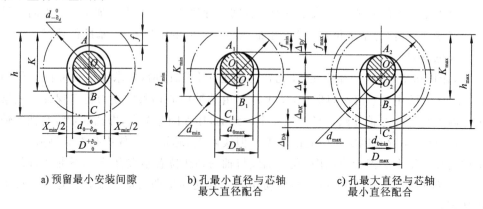

a) 预留最小安装间隙   b) 孔最小直径与芯轴   c) 孔最大直径与芯轴
　　　　　　　　　　　　　 最大直径配合 　　　　　　　　最小直径配合

图 10.30 基准不重合误差

$$\Delta_B = \delta_d / 2$$

式中　Δ_B——基准不重合误差(mm);

　　　δ_d——工件的最大外圆面积直径公差(mm)。

因此,尺寸 h 的定位误差为

$$\Delta_D = \Delta_Y + \Delta_B = (\delta_D + \delta_{d0})/2 + \delta_d/2$$

　　计算基准不重合误差时,应注意判别定位基准和工序基准。当基准不重合误差由多个尺寸影响时,应将其在工序尺寸方向上合成。

　　基准不重合误差的一般计算式为

$$\Delta_B = \sum \delta_i \cos\beta$$

式中　δ_i——定位基准与工序基准间的尺寸链组成环的公差(mm);

　　　β——δ_i的方向与加工尺寸方向的夹角(°)。

10.3.2　定位误差的计算

　　计算定位误差时,可以分别求出基准位移误差和基准不重合误差,再求出它们在加工尺寸方向上的矢量和;也可以按最不利情况,确定工序基准的两个极限位置,根据几何关系求出这两个位置的距离,将其投影到加工方向上,求出定位误差。

　　1. $\Delta_B = 0$、$\Delta_Y \neq 0$ 时

　　当 $\Delta_B = 0$、$\Delta_Y \neq 0$ 时,产生的定位误差来自基准位移误差,因此只要计算出 Δ_Y 即可,即

$$\Delta_D = \Delta_Y$$

　　例 10.1　如图 10.31 所示,用单角度铣刀铣削斜面,求加工尺寸为(39±0.04) mm 的定位误差。

　　解　由图 10.31 可知,工序基准与定位基准重合,$\Delta_B = 0$。

　　根据 V 形槽定位的计算公式,得到沿 z 方向的基准位移误差为

$$\Delta_Y = \frac{\delta_d}{2} \cdot \frac{1}{\sin\frac{\alpha}{2}} = \frac{T}{2} \cdot \frac{1}{\sin 45°}$$

$$= \frac{0.04}{2} \times 1.414 = 0.028 \text{ mm}$$

将 Δ_Y 投影到加工尺寸方向,则

　　$\Delta_D = \Delta_Y \cos 30° = 0.028 \times 0.866 \text{ mm} = 0.024 \text{ mm}$

　　2. $\Delta_B \neq 0$、$\Delta_Y = 0$ 时

　　当 $\Delta_B \neq 0$、$\Delta_Y = 0$ 时,产生的定位误差来自基准不重合误差 Δ_B,因此只要计算出 Δ_B 即可,即

$$\Delta_D = \Delta_B$$

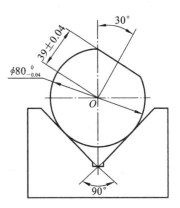

图 10.31　定位误差计算示例之一

　　例 10.2　如图 10.32 所示,以 B 面定位,铣工件上的台阶面 C,需要保证尺寸 (20 ± 0.15) mm,求加工尺寸为 (20 ± 0.15) mm 的定位误差。

　　解　由图 10.32 可知,以 B 面定位加工面 C 时,B 面与支承接触好,$\Delta_\mathrm{Y}=0$。

　　由图 10.32a 可知,工序基准是 A 面,定位基准是 B 面,故基准不重合。按 $\Delta_\mathrm{B}=\sum\delta_i\cos\beta$,得

$$\Delta_\mathrm{D}=\Delta_\mathrm{B}=\sum\delta_i\cos\beta=0.28\cos0^\circ \text{ mm}=0.28 \text{ mm}$$

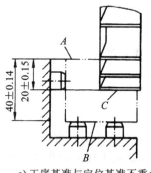

a) 工序基准与定位基准不重合

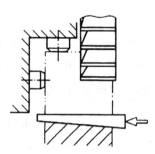

b) 工序基准与定位基准重合

图 10.32　定位误差计算示例之二

　　而加工尺寸 (20 ± 0.15) mm 的公差为 0.30 mm,留给其他的加工误差仅为 0.02 mm,在实际加工中难以保证。为保证加工要求,可在前工序加工 A 面时,提高加工精度,减小工序基准与定位基准之间的联系尺寸的公差值。

　　也可以改为如图 10.32b 所示的定位方案,使工序基准与定位基准重合,则定位误差为零。但改为新的定位方案后,工件需从下向上夹紧,夹紧方案不够理想,且使夹具结构复杂。

　　3. $\Delta_\mathrm{B}\neq0$、$\Delta_\mathrm{Y}\neq0$ 时

　　当 $\Delta_\mathrm{B}\neq0$、$\Delta_\mathrm{Y}\neq0$ 时,造成定位误差的原因是相互独立的因素(δ_d、δ_D、δ_i 等),因此应将两项误差相加,即

$$\Delta_\mathrm{D}=\Delta_\mathrm{B}+\Delta_\mathrm{Y}$$

图 10.30 所示即属此类情况。

　　综上所述,工件在夹具上定位时,因定位基准发生位移、定位基准与工序基准不重合产生定位误差。基准位移误差和基准不重合误差分别独立、互不相干,它们都使工序基准位置产生变动。定位误差包括基准位移误差和基准不重合误差。当无基准位移误差时,$\Delta_\mathrm{Y}=0$;当定位基准与工序基准重合时,$\Delta_\mathrm{B}=0$;若两项误差都没有,则 $\Delta_\mathrm{D}=0$。

　　分析和计算定位误差的目的,是为了对定位方案能否保证加工要求,有一个明确的定量概念,以便对不同定位方案进行分析比较,同时也是在决定定位方案时的一个重要依据。

10.4 工件在夹具中的夹紧

在机械加工过程中,工件会受到切削力、离心力、惯性力等的作用。为了保证在这些外力作用下,工件仍能在夹具中保持已由定位元件所确定的加工位置,而不致发生振动和位移,在夹具结构中必须设置一定的夹紧装置将工件可靠地夹牢。

工件定位后,将工件固定并使其在加工过程中保持定位位置不变的装置称为夹紧装置,如图 10.33 所示。

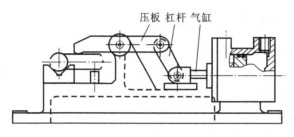

图 10.33 夹紧装置的组成

10.4.1 夹紧装置的组成

(1) 动力源装置 动力源装置是产生夹紧作用力的装置,分为手动夹紧和机动夹紧两种。手动夹紧的动力源来自人力,用时比较费时费力。为了改善劳动条件和提高生产效率,目前在大批大量生产中均采用机动夹紧。机动夹紧的动力源来自气动、液动、气液联动、电磁、真空等动力夹紧装置。图 10.33 中的气缸就是一种动力源装置。

(2) 传力机构 传力机构是介于动力源和夹紧元件之间传递动力的机构。传力机构的作用是:①改变作用力的方向;②改变作用力的大小;③具有一定的自锁性能,以便在夹紧力消失后仍能保证整个夹紧系统处于可靠的夹紧状态。第③点在手动夹紧时尤为重要。图 10.33 中的杠杆就是传力机构。

(3) 夹紧元件 夹紧元件是直接与工件接触完成夹紧动作的最终执行元件。图 10.33 中的压板就是夹紧元件。

10.4.2 夹紧装置的基本要求

在夹紧工件的过程中,夹紧作用的效果会直接影响工件的加工精度、表面粗糙度以及生产效率。因此,设计夹紧装置应遵循以下原则:

(1) 工件不移动原则 夹紧过程中,应不改变工件定位后所处的正确位置。

(2) 工件不变形原则 夹紧力的大小要适当,既要保证夹紧可靠,又应使工件在夹紧力的作用下不产生加工精度所不允许的变形。

(3) 工件不振动原则 对刚度较小的工件应进行断续切削,在不宜采用气缸直接压紧的情况下,应提高支承元件和夹紧元件的刚度,并使夹紧部位靠近加工表面,以避免工件和夹紧系统的振动。

(4) 安全可靠原则　夹紧传力机构应有足够的夹紧行程,手动夹紧要有自锁性能,以保证夹紧可靠。

(5) 经济实用原则　夹紧装置的自动化和复杂程度应与生产纲领相适应,在保证生产效率的前提下,其结构应力求简单,便于制造、维修,工艺性能好,操作方便、省力,使用性能好。

10.4.3　基本夹紧机构

机床夹具中所使用的夹紧机构绝大多数都是利用斜面将模块的推力转变为夹紧力来夹紧工件的。其中最基本的形式就是直接利用有斜面的模块(楔块),偏心轮、凸轮、螺钉等不过是楔块的变种。

1. 斜楔夹紧机构

斜楔是夹紧机构中最基本的增力和锁紧元件。斜楔夹紧机构是利用模块上的斜面直接或间接(如用杠杆)等将工件夹紧的机构,如图 10.34 所示。

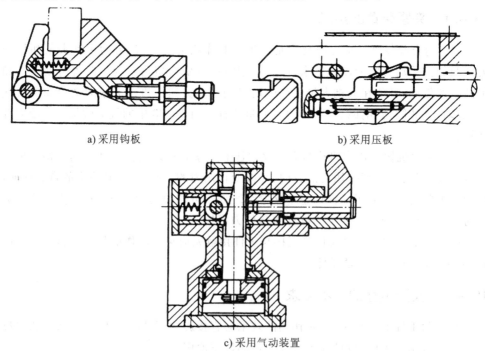

a) 采用钩板　　　　　　　　　b) 采用压板

c) 采用气动装置

图 10.34　斜楔夹紧机构

选用斜楔夹紧机构时,应根据需要确定斜角 α。凡有自锁要求的模块夹紧,其 α 必须小于 $2\varphi(\varphi$ 为摩擦角),为可靠起见,通常取 $\alpha=6°\sim8°$。在现代夹具中,斜楔夹紧机构常与气压、液压传动装置联合使用,由于气压和液压可保持一定压力,模块斜角

α不受此限,可取更大些,一般在 15°～30°内选择。斜楔夹紧机构结构简单,操作方便,但传力系数小,夹紧行程短,自锁能力差。

2. 螺旋夹紧机构

由螺钉、螺母、垫圈、压板等元件组成,采用螺旋直接夹紧或与其他元件组合实现夹紧工件的机构,统称为螺旋夹紧机构。螺旋夹紧机构不仅结构简单、容易制造,而且自锁性能好、夹紧可靠,夹紧力和夹紧行程都较大,是夹具中用得最多的一种夹紧机构。

1) 简单螺旋夹紧机构

这种装置有两种形式。图 10.35a 所示机构的螺杆直接与工件接触,容易使工件受损害或移动,一般只用于毛坯和粗加工零件的夹紧。图 10.35b 所示机构的螺钉头部常装有浮动压块,可防止螺杆夹紧时带动工件转动和损伤工件表面,螺杆上部装有手柄,夹紧时不需要扳手,操作方便、迅速。当工件夹紧部分不宜使用扳手,且夹紧力要求不大时,可选用这种机构。简单螺旋夹紧机构的缺点是夹紧动作慢,工件装卸费时。为了克服这一缺点,可以采用如图 10.36 所示的快速螺旋夹紧机构。

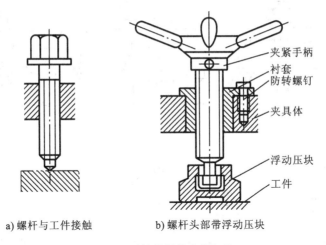

a) 螺杆与工件接触　　　b) 螺杆头部带浮动压块

图 10.35　简单螺旋夹紧机构

2) 螺旋压板夹紧机构

在夹紧机构中,结构形式变化最多的是螺旋压板机构,常用的螺旋压板夹紧机构如图 10.37 所示。选用时,可根据夹紧力的大小、工作高度尺寸的变化、夹具上夹紧机构允许占有的部位和面积进行选择。例如,当夹具中只允许夹紧机构占很小面积,而夹紧力又要求不很大时,可选用如图 10.37a 所示的螺旋钩形压板夹紧机构。又如,工件夹紧高度变化较大的单件小批生产,可选用如图 10.37e、f 所示的通用压板夹紧机构。

3. 偏心夹紧机构

偏心夹紧机构是由偏心元件直接夹紧或与其他元件组合而实现对工件夹紧的机

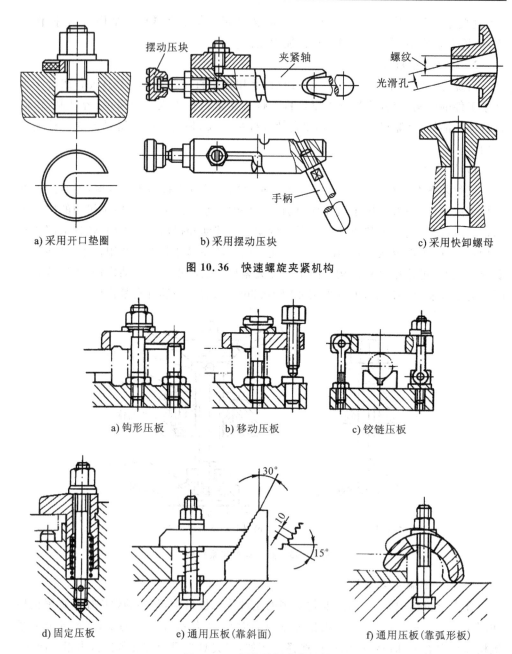

a) 采用开口垫圈　　　　b) 采用摆动压块　　　　c) 采用快卸螺母

图 10.36　快速螺旋夹紧机构

a) 钩形压板　　　　b) 移动压板　　　　c) 铰链压板

d) 固定压板　　　e) 通用压板(靠斜面)　　　f) 通用压板(靠弧形板)

图 10.37　螺旋压板夹紧机构

构,它是利用转动中心与几何中心偏移的圆盘或轴作为夹紧元件。它的工作原理也是基于斜楔的工作原理,近似于把一个斜楔弯成圆盘形,如图 10.38a 所示。偏心元盘一般有圆偏心和曲线偏心两种类型,圆偏心元盘因结构简单、容易制造而得到广泛应用。

偏心夹紧机构结构简单、制造方便,与螺旋夹紧机构相比,还具有夹紧迅速、操作方便等优点;其缺点是夹紧力和夹紧行程均不大,自锁能力差,振动较大,故一般适用于夹紧行程及切削负荷较小且平稳的场合。在实际使用中,偏心圆盘直接作用在工件上的偏心夹紧机构不多见。偏心夹紧机构一般多和其他夹紧元件联合使用,如图 10.38b 所示就是偏心压板夹紧机构。

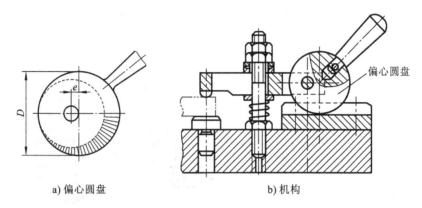

a) 偏心圆盘　　　　　　　　　　b) 机构

图 10.38　偏心压板夹紧机构

10.4.4　定心夹紧机构

在工件定位时,常常将工件的定心定位和夹紧结合在一起,这种机构称为定心夹紧机构。其特点是:①定位和夹紧是同一元件;②元件之间有精确的联系;③能同时等距离地移向或退离工件;④能将工件定位基准的误差对称地分布开来。常见的定心夹紧机构有利用斜面作用的定心夹紧机构、利用杠杆作用的定心夹紧机构及利用薄壁弹性元件的定心夹紧机构等。

1. 斜面作用的定心夹紧机构

属于此类夹紧机构的有螺旋式、偏心式、斜楔式以及弹簧夹头等。图 10.39a 所示为螺旋式定心夹紧机构,图 10.39b 所示为偏心式定心夹紧机构,图 10.39c 所示为楔式(锥面)定心夹紧机构。

弹簧夹头也属于利用斜面作用的定心夹紧机构,图 10.40 所示为弹簧夹头。

2. 杠杆作用的定心夹紧机构

图 10.41 所示的车床自定心卡盘即属此类夹紧机构。气缸力作用于拉杆,拉杆带动滑块左移,通过三个钩形杠杆同时收拢三个夹爪,对工件进行定心夹紧。夹爪的张开是靠滑块上的三个斜面推动的。

图 10.42 所示为齿轮齿条传动的定心夹紧机构。气缸(或其他动力)通过拉杆推动右端钳口时,通过齿轮齿条传动,使左面钳口同步向心移动夹紧工件,使工件在 V 形块中自动定心。

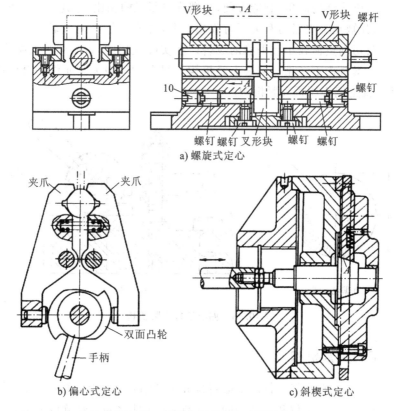

a) 螺旋式定心

b) 偏心式定心

c) 斜楔式定心

图 10.39　斜面作用的定心夹紧机构

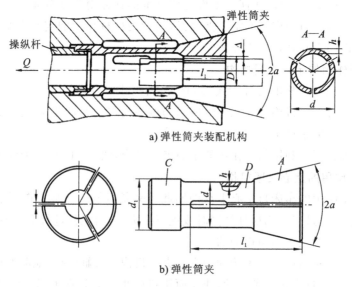

a) 弹性筒夹装配机构

b) 弹性筒夹

图 10.40　弹簧夹头

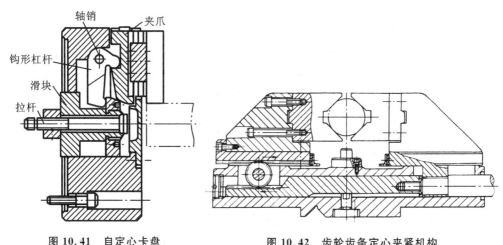

图 10.41　自定心卡盘　　　　　　　　　图 10.42　齿轮齿条定心夹紧机构

3. 弹性定心夹紧机构

弹性定心夹紧机构是利用弹性元件受力后的均匀变形实现对工件的自动定心的。根据弹性元件的不同,有鼓膜式夹具、碟形弹簧夹具、液性塑料薄壁套筒夹具及折纹管夹具等。图 10.43 所示为鼓膜式夹具。图 10.44 所示为液性塑料定心夹具。

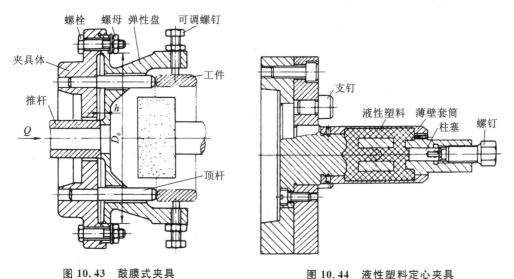

图 10.43　鼓膜式夹具　　　　　　　　　图 10.44　液性塑料定心夹具

10.5　专用夹具的设计方法

夹具设计一般是在零件的机械加工工艺过程制订之后按照某一工序的具体要求进行的。制订工艺过程,应充分考虑夹具实现的可能性,而设计夹具时,如确有必要也可以对工艺过程提出修改意见。夹具的设计质量的高低,应以能否稳定地保证工件的加工质量,生产效率、成本高低,排屑是否方便,操作是否安全、省力,制造、维护是否容易等为其衡量指标。

1. 专用夹具的基本要求

（1）保证加工精度　保证加工精度的关键，首先在于正确地选定定位基准、定位方法和定位元件，必要时还需进行定位误差分析，还要注意夹具中其他零部件的结构对加工精度的影响，确保夹具能满足工件的加工精度要求。

（2）提高生产效率　专用夹具的复杂程度应与生产纲领相适应，应尽量采用各种快速高效的装夹机构，保证操作方便，缩短辅助时间，提高生产效率。

（3）良好的工艺性能　专用夹具的结构应力求简单、合理，便于制造、装配、调整、检验、维修等。专用夹具的制造属于单件生产，当最终精度由调整或修配保证时，夹具上应设置调整和修配结构。

（4）良好的使用性能　专用夹具的操作应简便、省力、安全可靠。在客观条件允许且又经济适用的前提下，应尽可能采用气动、液动等机械化夹紧装置，以减轻操作者的劳动强度，同时还应排屑方便。必要时可设置排屑结构，防止切屑破坏工件的定位和损坏刀具，防止切屑的积聚带来大量的热量而引起工艺系统变形。

（5）良好的经济性　专用夹具应尽可能采用标准元件和标准结构，力求结构简单、制造容易，以降低夹具的制造成本。因此，设计时应根据生产纲领对夹具方案进行必要的技术经济分析，以提高夹具在生产中的经济效益。

2. 专用夹具的设计步骤

步骤 1　明确设计任务与收集设计资料。首先，夹具设计是在已知生产纲领的前提下，研究被加工零件的零件图、工序图、工艺规程和设计任务书，对工件进行工艺分析。其内容主要是了解工件的结构特点、材料，确定本工序的加工表面、加工要求、加工余量、定位基准和夹紧表面及所用的机床、刀具、量具等。其次，夹具设计应根据设计任务收集有关资料，如机床的技术参数，夹具零部件的国家标准、专业标准和企业标准，各类夹具图册、夹具设计手册等，还可收集一些同类夹具的设计图样，并了解其工装制造水平，作为参考。

步骤 2　拟订夹具结构方案与绘制夹具草图。①确定工件的定位方案，设计定位装置；②确定工件的夹紧方案，设计夹紧装置；③确定对刀或导向方案，设计对刀或导向装置；④确定夹具与机床的连接方式，设计连接元件及安装基面；⑤确定和设计其他装置及元件的结构形式，如分度装置、预定位装置及吊装元件等；⑥确定夹具体的结构形式及夹具在机床上的安装方式；⑦绘制夹具草图，并标注尺寸、公差及技术要求。

步骤 3　进行必要的分析计算。工件的加工精度较高时，应进行工件加工精度分析。有动力装置的夹具，需计算夹紧力。当有几种夹具方案时，可进行经济分析，选用经济效益较高的方案。

步骤 4　审查方案与改进设计。夹具草图画出后，应征求有关人员的意见，并送有关部门审查，然后根据反馈的意见对夹具方案作进一步修改。

步骤 5　绘制夹具装配总图。夹具的总装配图应按国家制图标准绘制,绘图比例尽量采用 1∶1,主视图按夹具面对操作者的方向绘制,总图应把夹具的工作原理、各种装置的结构及其相互关系表达清楚。夹具总图的绘制次序如下:①用双点画线将工件的外形轮廓、定位基面、夹紧表面及加工表面绘制在各个视图的合适位置上(在总图中,工件可看作透明体,不遮挡后面夹具上的线条);②依次绘出定位装置、夹紧装置、对刀或导向装置、其他装置、夹具体及连接元件和安装基面;③标注必要的尺寸、公差和技术要求;④编制夹具明细表及标题栏。

步骤 6　绘制夹具零件图。夹具中的非标准零件均要画零件图,并按夹具总图的要求,确定零件的尺寸、公差及技术要求。

3. 夹具总图的绘制

步骤 1　遵循国家制图标准,通常选取操作位置为主视图,以便使所绘制的夹具总图具有良好的直观性;视图剖面应尽可能少,但必须能够清楚地表达夹具各部分的结构。

步骤 2　用双点画线绘出工件轮廓外形、定位基准和加工表面。将工件轮廓线视为透明体,并用网纹线表示出加工余量。

步骤 3　根据工件定位基准的类型和主次,选择合适的定位元件,合理布置定位点,以满足定位设计的相容性。

步骤 4　根据定位对夹紧的要求,按照夹紧五原则选择最佳夹紧状态及技术经济合理的夹紧系统,画出夹紧工件的状态。对空行和较大的夹紧机构,还应用双点画线画出放松位置,以表示与其他部分的关系。

步骤 5　围绕工件的几个视图依次绘出对刀、导向元件以及定向键等。

步骤 6　最后绘制夹具体及连接元件,把夹具的各组成元件和装置连成一体。

步骤 7　确定并标注有关尺寸。主要有以下五类尺寸:

① 夹具的轮廓尺寸,即夹具的长、宽、高尺寸。若夹具上有可动部分,应包括可动部分极限位置所占的空间尺寸。

② 工件与定位元件的联系尺寸,常指工件以孔在芯轴或定位销上(或工件以外圆在内孔中)定位时,工件定位表面与夹具上定位元件间的配合尺寸。

③ 夹具与刀具的联系尺寸,指用来确定夹具上对刀、导引元件位置的尺寸。对于铣、刨床夹具,是指对刀元件与定位元件的位置尺寸;对于钻、镗床夹具,是指钻(镗)套与定位元件间的位置尺寸,钻(镗)套之间的位置尺寸,以及钻(镗)套与刀具导向部分的配合尺寸等。

④ 夹具内部的配合尺寸,它们与工件、机床、刀具无关,主要是为了保证夹具装置能满足规定的使用要求。

⑤ 夹具与机床的联系尺寸,指用于确定夹具在机床上正确位置的尺寸。对于车床、磨床夹具,主要是指夹具与主轴端的配合尺寸;对于铣床、刨床夹具,是指夹具上的定向键与机床工作台上的 T 形槽的配合尺寸。标注尺寸时,常以夹具上的定位元

件作为相互位置尺寸的基准。

尺寸公差的确定分为两种情况：一是夹具上定位元件之间，对刀、导引元件之间的尺寸公差，直接对工件上相应的加工尺寸发生影响，因此可根据工件的加工尺寸公差确定，一般可取工件加工尺寸公差的 1/3~1/5；二是定位元件与夹具体的配合尺寸公差，夹紧装置各组成零件间的配合尺寸公差等，应根据其功用和装配要求，按一般公差与配合原则决定。

步骤 8　规定总图上应控制的精度项目，标注相关的技术条件。夹具的安装基面、定向键侧面以及与其相垂直的平面（称为三基面体系）是夹具的安装基准，也是夹具的测量基准，因而应该以此作为夹具的精度控制基准来标注技术条件。

在夹具总图上应标注的技术条件（位置精度要求）有：①定位元件之间或定位元件与夹具体底面间的位置要求，其作用是保证工件加工面与工件定位基准面间的位置精度；②定位元件与连接元件（或找正基面）间的位置要求；③对刀元件与连接元件（或找正基面）间的位置要求；④定位元件与导引元件的位置要求；⑤夹具在机床上安装时的位置精度要求。

上述技术条件是保证工件相应的加工要求所必需的，其数量应取工件相应技术要求规定值的 1/3~1/5。当工件没注明要求时，夹具上的那些主要元件间的位置公差，可以按经验取为（100：0.02）~（100：0.05）mm，或在全长上不大于 0.03 mm。

步骤 9　编制零件明细表和标题栏，写明夹具名称及零件明细表所规定的内容。

10.6　钻床夹具的设计特点

10.6.1　钻床夹具的主要类型

在钻床上进行孔的钻、扩、铰、锪、攻螺纹加工所用的夹具，称为钻床夹具，简称钻模。钻模是用钻套引导刀具进行加工的，使用钻模有利于保证被加工孔对其定位基准和各孔之间的尺寸精度和位置精度，显著提高生产效率。

钻模的种类繁多，根据被加工孔的分布情况和钻模板的特点，一般分为固定式、回转式、移动式、翻转式、盖板式和滑柱式等几种类型。

1. 固定式钻模

在使用固定式钻模过程中，夹具和工件在机床上的位置固定不变。它常用来在立式钻床上加工较大的单孔或在摇臂钻床上加工平行孔系。在立式钻床上安装钻模时，一般先将装在主轴上的定尺寸刀具（精度要求高时用芯轴）伸入钻套中，以确定钻模的位置，然后将其紧固。这种加工方式的钻孔精度较高。

2. 回转式钻模

回转式钻模使用较多，它用来加工同一圆周上的平行孔系或分布在圆周上的径向孔。它包括立轴、卧轴和斜轴回转三种基本形式。由于回转台已经标准化，故回转式夹具的设计，在一般情况下是设计专用的工作夹具和标准回转台联合使用，必要时才设计专用的回转式钻模。图 10.45 所示为一套专用回转式钻模,用其加工工件均布的径向孔。

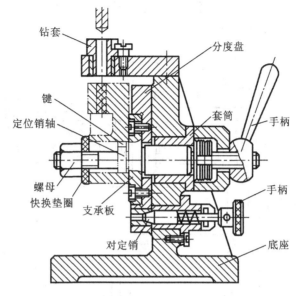

图 10.45　专用回转式钻模

3. 翻转式钻模

翻转式钻模主要用来加工中、小型工件分布在不同表面上的孔,图 10.46 所示为加工套筒上四个径向孔的情形。工件以内孔及端面在台肩销上定位,用快换垫圈和螺母夹紧。钻完一组孔后,翻转 60° 钻另一组孔。该夹具的结构比较简单,但每次钻孔都需找正钻套相对钻头的位置,所以辅助时间较长,而且翻转费力。因此,夹具连同工件的总重量不能太大,其加工批量也不宜过大。

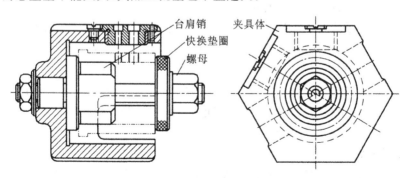

图 10.46　翻转式钻模

4. 移动式钻模

移动式钻模用来钻削中小型工件同一表面上的多个孔,图 10.47 所示为加工连杆大、小头上的孔的情形。工件以端面及大、小头圆弧面作为定位基面,在定位套、固定 V 形块及活动 V 形块上定位。先通过手轮推动活动 V 形块压紧工件,然后转动手轮带动螺钉转动,压迫钢球使两片半圆键向外胀开而锁紧。V 形块带有斜面,使工件在夹紧分力作用下与定式钻位套贴紧。通过移动钻模,使钻头分别在两个钻套中导入,从而加工工件上的两个孔。

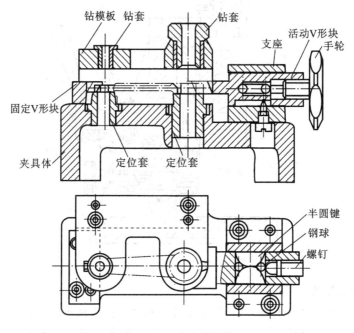

图 10.47　移动式钻模

5. 盖板式钻模

盖板式钻模没有夹具体,钻模板上除钻套外,一般还装有定位元件和夹紧装置,只要将它覆盖在工件上即可进行加工。

图 10.48 所示为加工车床溜板箱上多个小孔的盖板式钻模。在钻模盖板上不仅装有钻套,还装有定位用的圆柱销、削边销和支承钉。因钻小孔的钻削力矩小,故未设置夹紧装置。

盖板式钻模结构简单,一般多用来加工大型工件上的小孔。因夹具在使用时经常搬动,故盖板式钻模所产生的重力不宜超过 100 N。为了减轻重量,可在盖板上设置加强肋而减小其厚度,设置减重窗孔或用铸铝件。

6. 滑柱式钻模

滑柱式钻模是一种带有升降钻模板的通用可调夹具,图 10.49 所示为手动滑柱式钻模的通用结构,由夹具体,三根滑柱,钻模板和传动、锁紧机构组成。使用时,只要根据工件的形状、尺寸和加工要求等具体情况,专门设计制造相应的定位、夹紧装置和钻套等,装在夹具体的平台和钻模板上的适当位置,就可用于加工。转动手柄,经过齿轮齿条的传动和左右滑柱的导向,便能顺利地带动钻模板升降,将工件夹紧或

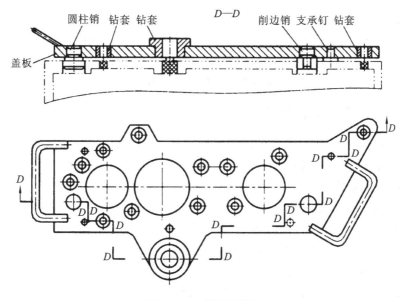

图 10.48　盖板式钻模

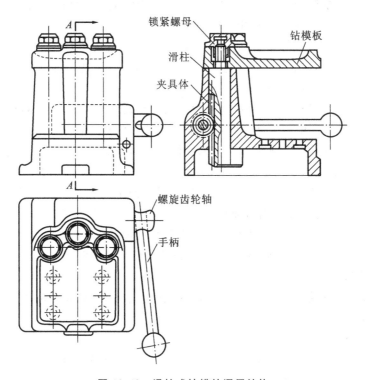

图 10.49　滑柱式钻模的通用结构

松开。

这种手动滑柱钻模的机械效率较低,夹紧力不大,此外,由于滑柱和导孔为间隙配合(一般为 H7/f7),因此被加工孔的垂直度和孔的位置尺寸难以达到较高的精度。但是其自锁性能好,结构简单,操作迅速,具有通用可调的优点,所以不仅广泛使用于大批大量生产,而且也已推广到小批生产中。它适用于一般中小件加工。

10.6.2　钻床夹具的设计要点

钻模的主要特点是都有一个安装钻套的钻模板。钻套和钻模板是钻模的特殊元件。钻套装配在钻模板或夹具体上,其作用是确定被加工孔的位置和引导刀具加工。

1. 钻套的类型

(1) 固定钻套　固定钻套如图 10.50a、b 所示,它分为 A、B 两种类型。钻套安装在钻模板或夹具体中,其配合为 H7/n6 或 H7/r6。固定钻套的结构简单,钻孔精度高,适用于单一钻孔工序和小批生产。

(2) 可换钻套　可换钻套如图 10.50c 所示。当工件为单一钻孔工序的大批大量生产时,为便于更换磨损的钻套,选用可换钻套。钻套与衬套之间采用 F7/m6 或 F7/k6 配合,衬套与钻模板之间采用 H7/n6 配合。当钻套磨损后,可卸下螺钉,更换新的钻套。螺钉能防止加工时钻套的转动,或退刀时随刀具自行拔出。

(3) 快换钻套　快换钻套如图 10.50d 所示。当工件需钻、扩、铰多工序加工时,为能快速更换不同孔径的钻套,应选用快换钻套。快换钻套的有关配合同可换钻套一样。更换钻套时,将钻套削边转至螺钉处,即可取钻套。削边的方向应考虑刀具的旋向,以免钻套随刀具自行拔出。

以上三类钻套已标准化,其结构参数、材料、热处理方法等,可查阅有关手册。

(4) 特殊钻套　由于工件形状或被加工孔位置的特殊性,需要设计特殊结构的钻套。图 10.51 所示是几种特殊钻套的结构。图 10.51a 所示为加长钻套,在加工凹面上的孔时使用,为减少刀具与钻套的摩擦,可将钻套引导高度 H 以上孔径放大。图 10.51b 所示为斜面钻套,用来在斜面或圆弧面上钻孔,排屑空间的高 $h < 0.5$ mm,可增大钻头刚度,避免引偏或折断。图 10.51c 所示为小孔距钻套,用圆销确定钻套位置。图 10.51d 所示为兼有定位与夹紧功能的钻套,在钻套与衬套之间,一段为圆柱间隙配合,一段为螺纹联接,钻套下端为内锥面,可使工件定位。

2. 钻模板

钻模板是供安装钻套用的,应有一定的强度和刚度,以防止变形而影响钻套的位置和引导精度。

3. 夹具体

为减小夹具底面与机床工作台的接触面积,使夹具放置平稳,一般都在相对钻头送进方向的夹具体上设置四个支脚。

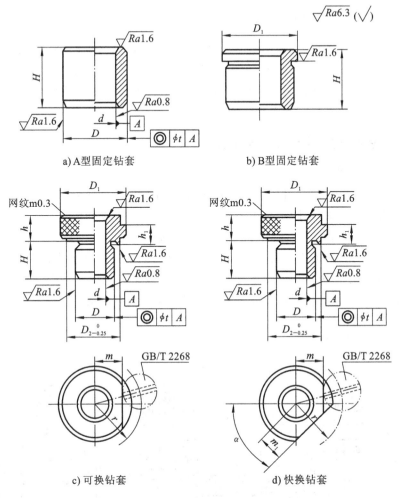

a) A型固定钻套　　　　b) B型固定钻套

c) 可换钻套　　　　d) 快换钻套

图 10.50　标准钻套

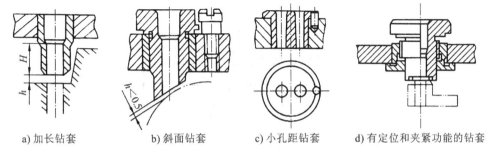

a) 加长钻套　　b) 斜面钻套　　c) 小孔距钻套　　d) 有定位和夹紧功能的钻套

图 10.51　特殊钻套

10.7　镗床夹具设计特点

镗床夹具又称镗模,主要用来加工箱体、支架类零件上的孔或孔系,它不仅在各类镗床上使用,也可在组合机床、车床及摇臂钻床上使用。镗模与钻模的结构相似,一般用镗套作为导向元件引导镗孔刀具或镗杆进行镗孔。镗套按照被加工孔或孔系的坐标位置布置在镗模支架上。

10.7.1　镗床夹具的典型结构形式

1. 双支承镗模

双支承镗模上有两个引导镗刀杆的支承,镗杆与机床主轴采用浮动连接,镗孔的位置精度由镗模保证,消除了机床主轴回转误差对镗孔精度的影响。

(1) 前后双支承镗模　图 10.52 所示为镗削车床尾座孔的镗模,镗模的两个支承分别设置在刀具的前方和后方,镗刀杆和主轴之间通过浮动接头连接。工件以底面、槽及侧面在定位板及可调支承钉上定位,限制六个自由度。采用联动夹紧机构,拧紧夹紧螺钉,压板的同时将工件夹紧。镗模支架上装有滚动回转镗套,用以支承和引导镗刀杆。镗模以底面 A 作为安装基面安装在机床工作台上,其侧面设置找正基面 B,因此可不设定位键。

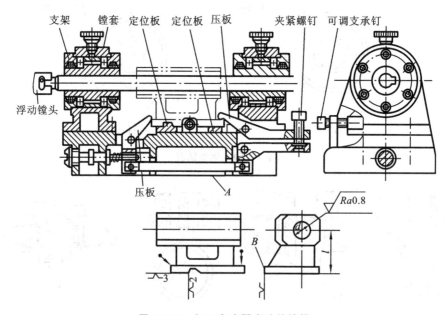

图 10.52　加工车床尾座孔的镗模

前后双支承镗模应用十分普遍,一般用于镗削孔径较大,孔的长径比 $L/D>1.5$ 的通孔或孔系,其加工精度较高,但更换刀具不方便。当工件同一轴线上孔数较多,且两支承间距离 $L>10d(d$ 为镗杆直径)时,在镗模上应增加中间支承,以提高镗杆刚度。

（2）后双支承镗模　　图 10.53 所示为采用后双支承镗模镗孔的情形。两个支承设置在刀具的后方，镗杆与主轴浮动连接。为保证镗杆的刚度，镗杆的悬伸长度 L_1 应小于 $5d$，为保证镗孔精度，两个支承的导向长度 L 应大于 $(1.25\sim1.5)L_1$。采用后双支承镗模可在箱体的一个壁上镗孔，此类镗模便于装卸工件和刀具，也便于观察和测量。

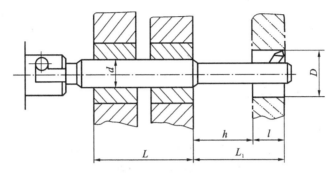

图 10.53　用后双支承镗模镗孔

2. 单支承镗模

单支承镗模只有一个导向支承，镗杆与主轴采用固定连接。安装镗模时，应使镗套轴线与机床主轴轴线重合。主轴的回转精度将影响键孔的精度。根据支承相对刀具的位置，单支承镗模又可分为两种。

（1）前单支承镗模　　图 10.54 所示为采用前单支承镗模镗孔的情形。镗模支承设置在刀具的前方，主要用来加工孔径 $D>60$ mm、加工长度 $L<D$ 的通孔。一般镗杆的导向部分直径 $d<D$。因导向部分直径不受加工孔径大小的影响，故在多工步加工时，可不更换镗套。这种布置也便于在加工中观察和测量。但在立镗时，切屑会落入镗套，应设置防屑罩。

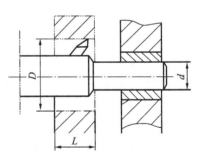

图 10.54　用前单支承镗模镗孔

（2）后单支承镗模　　图 10.55 所示为采用后单支承镗模镗孔的情形。镗套设置在刀具的后方，用于立镗时，切屑不会影响镗套。当镗削 $D<60$ mm、$L<D$ 的通孔或盲孔（见图 10.55a）时，可使镗杆导向部分的尺寸 $d>D$。这种形式的镗杆刚度大，加工精度高，装卸工件和更换刀具方便，多工步加工时可不更换镗杆。当加工孔长度 $L=(1\sim1.25)D$（见图 10.55b）时，应使镗杆导向部分直径 $d<D$，以便镗杆导向部分可进入加工孔，从而缩短镗套与工件之间的距离 h 及镗杆的悬伸长度 L_1。为便于刀具及工件的装卸和测量，单支承镗模的镗套与工件之间的距离 h 一般在 $20\sim80$ mm 之间，常取 $h=(0.5\sim1.0)D$。

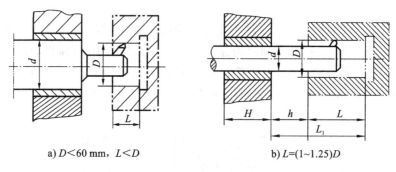

a) $D<60\,mm$, $L<D$　　　　　　　b) $L=(1{\sim}1.25)D$

图 10.55　用后单支承镗模镗孔

10.7.2　镗床夹具的设计要点

1. 导引方式及导向支架

镗杆的引导方式分为单、双支承引导。单支承时,镗杆与机床主轴采用刚性连接,主轴回转精度影响镗孔精度,故适于小孔和短孔的加工。双支承时,镗杆和机床主轴采用浮动连接。所镗孔的位置精度取决于镗模两导向孔的位置精度,而与机床主轴精度无关。镗模导向支架主要用来安装镗套和承受切削力。因要求其有足够的刚度及稳定性,故在结构上一般应有较大的安装基面和必要的加强肋;而且支架上不允许安装夹紧机构来承受夹紧反力,以免支架变形而破坏精度。

2. 镗套

镗套结构对于被镗孔的几何形状、尺寸精度以及表面粗糙度有很大影响,因为镗套结构决定了镗套位置的准确度和稳定性。常用的镗套有以下两种形式:

(1) 固定式镗套　固定式镗套与钻套的结构基本相似,它固定在镗模支架上而不能随镗杆一起转动,因此镗杆和镗套之间有相对运动,存在摩擦。固定式镗套外形尺寸小,结构紧凑,制造简单,容易保证镗套中心位置的准确度,但固定式镗套只适用于低速加工。

(2) 回转式镗套　回转式镗套在镗孔过程中是随镗杆一起转动的,所以镗杆与镗套之间无相对转动,只有相对移动。高速镗孔时可以避免镗杆与镗套发热而咬死,改善了镗杆的磨损状况。由于回转式镗套要随镗杆一起转动,所以镗套必须另用轴承支承。按所用轴承形式的不同,回转式镗套可分为滑动镗套(见图 10.56a)和滚动镗套(见图 10.56b)。

3. 镗杆和浮动接头

镗杆是镗模中一个重要部分。镗杆直径 d 及长度主要是根据所镗孔的直径 D 及刀具截面尺寸 $B{\times}B$ 来确定的。镗杆直径 d 应尽可能大,其双导引部分的 $L/d{\leqslant}10$ 为宜;而悬伸部分的 $L/d{\leqslant}4$ 为宜,以使其有足够的刚度来保证加工精度。用来固定镗套的镗杆引进结构有整体式和镶条式两种。当双支承镗模镗孔时,镗杆与机床

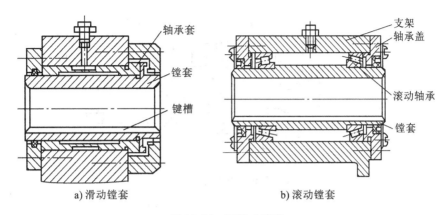

a) 滑动镗套　　　　　　　　　　　　　　b) 滚动镗套

图 10.56　回转式镗套

主轴通过浮动接头而浮动连接。

10.8　铣床夹具设计特点

10.8.1　铣床夹具的主要类型及结构形式

1. 铣床夹具的主要类型

铣床夹具按使用范围,可分为通用铣夹具、专用铣夹具和组合铣夹具三类。按工件在铣床上加工的运动特点,可分为直线进给夹具、圆周进给夹具、沿曲线进给夹具(如仿形装置)三类。还可按自动化程度和夹紧动力源的不同(如气动、电动、液动)以及装夹工件数量的多少(如单件、双件、多件)等进行分类。其中,最常用的分类方法是按通用、专用和组合进行分类。

2. 铣床通用夹具的结构形式

铣床常用的通用夹具主要有平口虎钳,它主要用来装夹长方形工件,也可用来装夹圆柱形工件。

机用平口虎钳的结构组成如图 10.57 所示。机用平口虎钳是通过台虎钳体固定在机床上。固定钳口(及钳口铁)起竖直定位作用,台虎钳体上的导轨平面起水平定位作用。活动座、螺母、丝杠(及方头)和紧固螺钉可作为夹紧元件。回转底座和定位键分别起角度分度和夹具定位作用。固定钳口上钳口铁的上平面和侧平面也可作为对刀部位,但需用对刀规和塞尺配合使用。

3. 典型铣床专用夹具结构形式

(1) 铣削键槽用的简易专用夹具　图 10.58 所示为铣削键槽用的简易专用夹具。该夹具用来铣削工件上的半封闭键槽。夹具中,V 形块是夹具体兼定位件,它使工件在装夹时轴线位置必在 V 形面的角平分线上,从而起到定位作用。对刀块同时也起到端面定位作用。压板、螺栓及螺母是夹紧元件,它们用来阻止工件在加工过程中受切削力而产生的移动和振动。对刀块除对工件起轴向定位外,主要用以调整

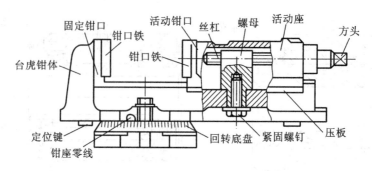

固定钳口　钳口铁　活动钳口　丝杠　螺母　活动座　方头

台虎钳体　钳口铁

定位键　回转底盘　紧固螺钉　压板

钳座零线

图 10.57　机用平口虎钳

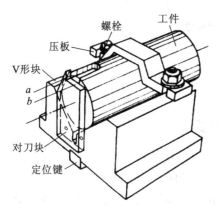

螺栓　工件

压板

V形块

a

b

对刀块

定位键

图 10.58　铣削键槽用的简易专用夹具

铣刀和工件的相对位置。对刀面 *a* 通过铣刀周刃对刀,调整铣刀与工件的中心对称位置;对刀面 *b* 通过铣刀端面刃对刀,调整铣刀端面与工件外圆(或水平中心线)的相对位置。定位键在夹具与机床间起定位作用,使夹具体即 V 形块的 V 形槽的方向与工作台纵向进给方向平行。

(2)加工壳体用的铣床夹具　图 10.59 所示为加工壳体侧面棱边所用的铣床夹具。工件以端面、大孔和小孔作定位基准,定位元件为支承板和安装在其上的大圆柱销和菱形销。夹紧装置是采用螺旋压板的联动夹紧机构。操作时,只需拧紧螺母,就可使左右两个压板同时夹紧工件。夹具上还有对刀块,用来确定铣刀的位置。两个定向键用来确定夹具在机床工作台上的位置。

10.8.2　铣床夹具的设计要点

铣床夹具与其他机床夹具的不同之处是,它通过定位键在机床上定位,用对刀装置决定铣刀相对于夹具的位置。

1. 铣床夹具的安装

铣床夹具在铣床工作台上的安装位置,直接影响被加工表面的位置精度,因而在设计时必须考虑其安装方法,一般是在夹具底座下面装两个定位键。定位键的结构尺寸已标准化,应按铣床工作台的 T 形槽尺寸选定,它和夹具底座以及工作台 T 形槽的配合为 H7/h6、H8/h8。两定位键的距离应力求最大,以利提高安装精度。

图 10.60 所示为定位键的安装情形。夹具通过两个定位键嵌入到铣床工作台的同一条 T 形槽中,再用 T 形螺栓和垫圈、螺母将夹具体紧固在工作台上,所以在夹具体上还需要提供两个穿 T 形螺栓的耳座。如果夹具宽度较大时,可在同侧设置两个

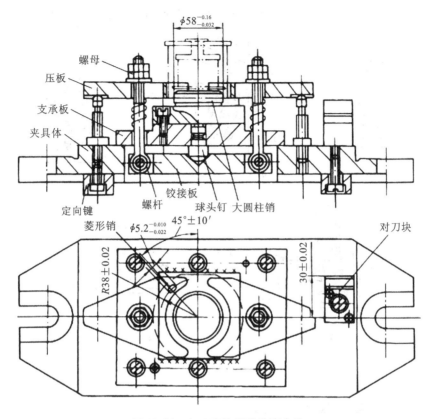

图 10.59　加工壳体用的铣床夹具

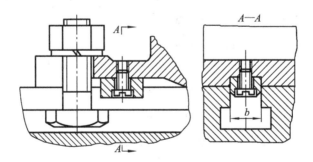

图 10.60　定位键的安装

耳座,两耳座的距离要和铣床工作台两个 T 形槽间的距离一致。

2. 铣床夹具的对刀装置

铣床夹具在工作台上安装好了以后,还要调整铣刀对夹具的相对位置,以便于进行定距加工。为了使刀具与工件被加工表面的相对位置能迅速而正确地对准,在夹具上可以采用对刀装置。对刀装置是由对刀块和塞尺等组成,其结构尺寸已标准化。各种对刀块的结构,可以根据工件的具体加工要求进行选择。图 10.61 为对刀装置的使用简图。常用的塞尺有平塞尺和圆柱塞尺两种,其形状如图 10.62 所示。

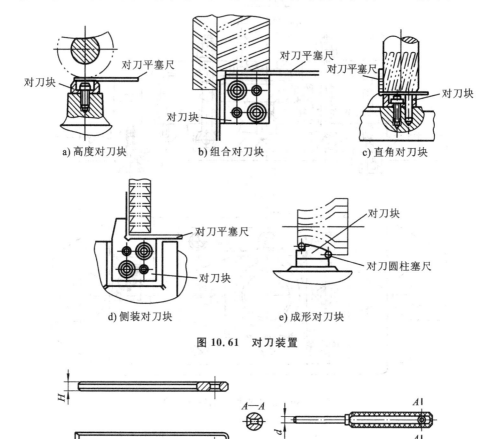

图 10.61　对刀装置

图 10.62　对刀塞尺

　　由于铣削时切削力较大,振动也大,所以夹具体应有足够的强度和刚度,还应尽可能降低夹具的重心,工件待加工表面应尽可能靠近工作台,以提高夹具的稳定性,通常夹具体的高宽比 $H/B=1\sim1.25$ 为宜。

10.9　车床夹具设计特点

10.9.1　车床夹具的主要类型

　　车床主要用于加工零件的内圆柱面、外圆柱面、圆锥面、回转成形面、螺纹以及端平面等。上述各种表面都是围绕机床主轴的旋转轴线而形成的,根据这一加工特点和夹具在机床上安装的位置,将车床夹具分为以下两种:

（1）安装在车床主轴上的夹具　这类夹具中,除了各种卡盘、顶尖等通用夹具或其他机床附件外,往往根据加工的需要设计各种芯轴或其他专用夹具,加工时夹具随机床主轴一起旋转,随切削刀具作进给运动。

（2）安装在滑板或床身上的夹具　对于某些形状不规则和尺寸较大的工件,常常把夹具安装在车床滑板上,刀具则安装在车床主轴上作旋转运动,夹具作进给运动。加工回转成形面的靠模属于此类夹具。按使用范围不同,车床夹具可分为通用夹具、专用夹具和组合夹具三类。

生产中需要设计且用得较多的是安装在车床主轴上的各种夹具,故本节只介绍该类夹具的结构特点。

10.9.2　车床专用夹具的典型结构

1. 芯轴类车床夹具

芯轴宜用于以孔作定位基准的工件,用结构简单而常被采用。按照与机床主轴的连接方式,芯轴可分为顶尖式芯轴和锥柄式芯轴。

图 10.63 所示为顶尖式芯轴,工件以孔口 60° 角定位车削外圆表面。旋转螺母,回转顶尖套左移,从而使工件定心夹紧。顶尖式芯轴结构简单,夹紧可靠,操作方便,适用于加工内、外圆无同轴度要求,或只需加工外圆的套筒类零件。被加工工件的内径一般在 32～100 mm 范围内,长度在 120～780 mm 范围内。

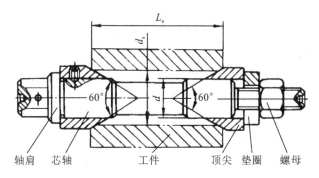

轴肩　芯轴　　工件　　顶尖　垫圈　螺母

图 10.63　顶尖式芯轴

图 10.64 所示为锥柄式芯轴,仅能加工短的套筒或盘状工件。锥柄式芯轴应和机床主轴锥孔的锥度相一致。锥柄尾部的螺纹孔是当承受力较大时用拉杆拉紧芯轴用的。

2. 角铁式车床夹具

角铁式车床夹具常用来加工壳体、支座、接头等类零件上的圆柱面及端面,其特点是具有类似角铁的夹具体,如图 10.65 所示,工件以一平面和两孔为基准在夹具倾斜的定位面和两个销子上定位,用两只钩形压板夹紧,被加工表面是孔和端面。为了便于在加工过程中检验所切端面的尺寸,靠近加工面处设计有测量基准面。此外,夹

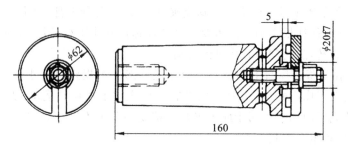

图 10.64 锥柄式芯轴

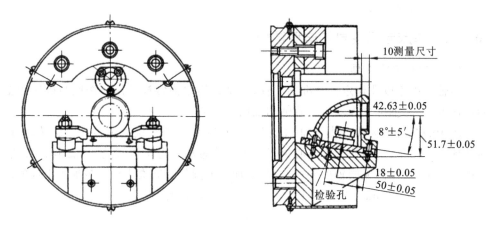

图 10.65 角铁式车床夹具

具上还装有配重和防护罩。

图 10.66 所示为用来加工气门杆的端面的夹具。工件以细的外圆柱面为基准，这就很难采用自定心装置，于是夹具就采用半圆孔定位，那么夹具体必然成角铁状。

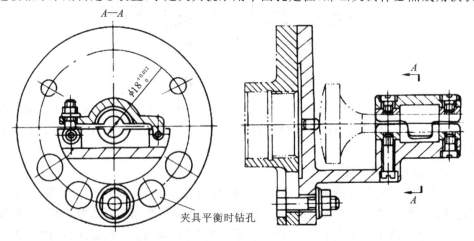

图 10.66 加工气门杆的角铁式夹具

为了 使夹具平衡,该夹具采用了在重的一侧钻平衡孔的办法。

由此可见,角铁式车床夹具主要应用于两种情况:①形状较特殊,被加工表面的轴线要求与定位基准面平行或成一定角度的情况;②工件的形状虽不特殊,但不宜设计成对称式夹具的情况。

10.9.3　车床夹具的设计要点

1. 车床夹具在机床主轴上的安装方式

车床夹具与机床主轴的配合表面之间必须有一定的同轴度和可靠的连接,其通常的连接方式有以下两种:

(1) 夹具通过主轴锥孔与机床主轴连接　当夹具体两端有中心孔时,夹具安装在车床的前后顶尖上。夹具体带有锥柄时,夹具通过莫氏锥柄直接安装在主轴锥孔中,并用螺栓拉紧。这种安装方式的安装误差小,定心精度高,适用于小型夹具,一般 $D < 140$ mm 或 $D < (2 \sim 3)d$。

(2) 夹具通过过渡盘与机床主轴连接　径向尺寸较大的夹具,一般用过渡盘安装在主轴的头部,过渡盘与主轴配合处的形状取决于主轴前端的结构。过渡盘常作为车床附件备用。设计夹具时,应按过渡盘凸缘确定夹具的止口尺寸。没有过渡盘时,可将过渡盘与夹具体合成一个零件设计,也可采用通用花盘来连接主轴与夹具。具体做法是:将花盘装在机床主轴上,临床车一刀端面,以消除花盘的端面安装误差,并在夹具体外圆上制一段找正圆,用来保证夹具相对主轴轴线的径向位置。

2. 找正基面的设置

为了保证车床夹具的安装精度,安装时应对夹具的限位表面进行仔细找正。若夹具的限位面为与主轴同轴的回转面,则直接用限位表面找正它与主轴的同轴度。若限位面偏离回转中心,则应在夹具体上专门制一孔(或外圆)作为找正基面,使该面与机床主轴同轴,同时,它也作为夹具的设计、装配和测量基准。

为保证加工精度,车床夹具的设计中心(即限位面或找正基面)对主轴回转中心的同轴度应控制在 $\phi 0.01$ mm 以内,限位端面(或找正端面)对于主轴回转中心的跳动量也不应大于 0.01 mm。

3. 定位元件的设置

设置定位元件时应考虑使工件加工表面的轴线与主轴轴线重合。对于回转体或对称零件,一般采用芯轴或定心夹紧式夹具,以保证工件的定位基面、加工表面和主轴三者的轴线重合。

对于壳体、支架、托架等形状复杂的工件,由于被加工表面与工序基准之间有尺寸和相互位置要求,所以各定位元件的限位表面应与机床主轴旋转中心具有正确的尺寸和位置关系。

为了获得定位元件相对于机床主轴轴线的准确位置,有时采用"临床加工"的方法,即限位面的最终加工就在使用该夹具的机床上进行,加工完之后夹具的位置不再变动,避免了很多中间环节对夹具位置精度的影响。如采用不淬火自定心卡盘的卡爪,装夹工件前,先对卡爪"临床加工",以提高装夹精度。

4. 夹紧装置的设置

车床夹具的夹紧装置必须安全可靠。夹紧力必须克服切削力、离心力等外力的作用,且自锁可靠。对高速切削的车、磨夹具,应进行夹紧力克服切削力和离心力的验算。若采用螺旋夹紧机构,一般要加弹簧垫圈或使用锁紧螺母。

5. 夹具的平衡

应采取平衡措施来消除回转不平衡产生的振动现象。常采用配重法来达到车床夹具的静平衡。在平衡配重块上应开有弧形槽,以便调整至最佳平衡位置后用螺钉固定;也可采用在夹具体上加工减重孔来达到平衡。

6. 夹具的结构要求

① 结构要紧凑,悬伸长度要短。车床夹具的悬伸长度过大,会加剧主轴轴承的磨损,同时引起振动,影响加工质量。因此,夹具的悬伸长度 L 与轮廓直径 D 之比应控制如下:直径小于 150 mm 的夹具,$L/D \leqslant 2.5$;直径为 150~300 mm 的夹具,$L/D \leqslant 0.9$;直径大于 300 mm 的夹具,$L/D \leqslant 0.6$。

② 车床夹具的夹具体应制成圆形,夹具上(包括工件在内)的各元件不应伸出夹具体的轮廓之外,当夹具上有不规则的突出部分,或有切削液飞溅及切屑缠绕时,应加设防护罩。

③ 夹具的结构应便于工件在夹具上的安装和测量,切屑能顺利排出或清理。

思考题与习题

10.1　何谓机床夹具? 机床夹具由哪几部分组成? 每个组成部分起何作用?

10.2　机床夹具的功用是什么?

10.3　何谓定位? 何谓夹紧? 为何说定位不等于夹紧?

10.4　何谓"六点定位原理"?

10.5　有人说:工件装夹在夹具中,凡是有六个定位支承点,即为完全定位,凡是超过六个定位支承点就是过定位,不超过六个定位支承点,就不会出现过定位。这种说法对吗? 为什么?

10.6　试分析图 10.67 中各定位元件所限制的自由度数。

10.7　图 10.68 所示连杆在夹具中定位,定位元件分别为支承平面、短圆柱销和固定短 V 形块。试分析图中所示定位方案的合理性并提出改进方法。

10.8　图 10.69a 所示为铣键槽工序的加工要求,已知轴径为 $80_{-0.10}^{\ 0}$ mm,试分别计算图 10.69b、c 所示两种定位方案的定位误差。

10.9　图 10.70 所示活塞以底面和止口定位(活塞的周向位置靠拔活塞销孔定位),镗活塞销孔,要求保证活塞销孔轴线相对于活塞轴线的对称度为 0.01 mm,已知止口与短销配合尺寸为 $\phi 95 H7/f6$ mm,试计算此工序针对对称度要求的定位误差。

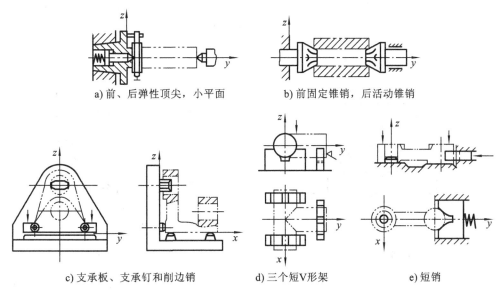

a) 前、后弹性顶尖，小平面　　　　　b) 前固定锥销，后活动锥销

c) 支承板、支承钉和削边销　　　d) 三个短V形架　　　e) 短销

图 10.67　题 10.6 图

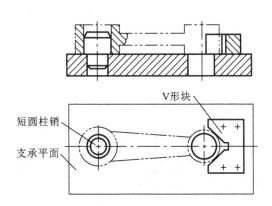

V形块

短圆柱销

支承平面

图 10.68　题 10.7 图

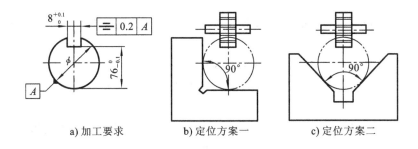

a) 加工要求　　　　　b) 定位方案一　　　　　c) 定位方案二

图 10.69　题 10.8 图

10.10　按图 10.71 所示定位方式铣轴平面,要求保证尺寸 A。已知 $d = 16_{-0.110}^{\ 0}$ mm,$B = 10_{0}^{+0.30}$ mm,$\alpha = 45°$,试求此工序的定位误差。

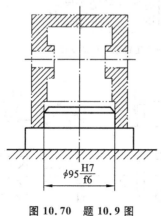

图 10.70　题 10.9 图

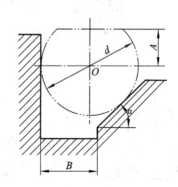

图 10.71　题 10.10 图

10.11　工件在夹具中夹紧的目的是什么?对夹紧装置有何基本要求?夹具中的夹紧装置由哪三部分组成?

10.12　如图 10.72 所示气动夹紧机构,夹紧工件所需的夹紧力 $F_J = 2000$ N,已知:气体压强 $p = 4 \times 10^5$ Pa,$\alpha = 15°$,$L_1 = 100$ mm,$L_2 = 200$ mm,$L_3 = 20$ mm,各相关表面的摩擦系数 $f = 0.18$,铰链轴 d 处的摩擦损耗按 5% 计算。问:需选用多大缸径的气缸才能将工件夹紧?

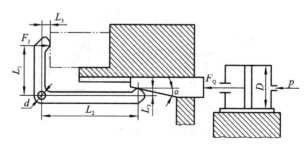

图 10.72　题 10.12 图

10.13　试论述斜楔、螺旋、偏心和各定心夹紧机构的特点及优缺点,举例说明它们的使用范围。

10.14　常用的钻模有哪几种形式?各应用在什么场合?

10.15　夹具设计有哪些步骤?在夹具总图上应当标注哪些尺寸公差和技术要求?

10.16　试分析比较可调支承、自位支承和辅助支承的作用和应用范围。

10.17　钻床夹具在机床上的位置是根据什么确定的?车床夹具在机床上的位置是根据什么确定的?

第 11 章

现代制造技术

11.1 概述

现代制造技术是传统制造技术不断吸收机械、电子、信息、材料、能源及现代管理等技术成果,将其综合应用于产品设计、制造、检测、管理、售后服务等机械制造全过程,实现优质、高效、低耗、清洁、灵活生产,取得理想技术经济效果的制造技术的总称。

1. 现代制造技术的特征

① 计算机技术、传感技术、自动化技术、新材料技术以及管理技术等与传统制造技术相结合,使制造技术成为一个能驾驭生产过程的物质流、信息流和能量流的系统工程。

② 传统制造技术一般单指加工制造过程的工艺方法,而现代制造技术则贯穿了从产品设计、加工制造到产品销售及使用维护等的全过程,成为"市场—产品设计—制造—市场"的大系统。

③ 传统制造技术的学科、专业单一,界限分明,而现代制造技术的各专业、学科间不断交叉、融合,其界限逐渐淡化甚至消失。

④ 生产规模的扩大以及最佳技术经济效果的追求,使现代制造技术比传统制造技术更加重视工程技术与经营管理的结合,更加重视制造过程组织和管理体制的简化及合理化,产生一系列技术与管理相结合的新的生产方式。

⑤ 发展现代制造技术的目的在于能够实现优质、高效、低耗、清洁、灵活生产,并取得理想的技术经济效果。

2. 现代制造技术的范畴和分类

现代制造技术包含了从产品设计、加工制造到产品销售、用户服务等整个产品生命周期全过程的所有相关技术,涉及设计、工艺、加工自动化、管理以及特种加工等多个领域。它不仅需要数学、力学等基础科学,还需要系统科学、控制技术、计算机技术、信息科学、管理科学以及社会科学。

现代制造技术所涉及的学科较多,所包含的技术内容较为广泛,1994 年美国联邦科学、工程和技术协调委员会将现代制造技术分为了三个技术群:① 主体技术群;② 支撑技术群;③ 制造技术环境。这三个技术群相互联系、相互促进,组成一个完整的体系,每个部分均不可缺少,否则就很难发挥预期的整体功能效益。图 11.1 所示为现代制造技术的体系结构。

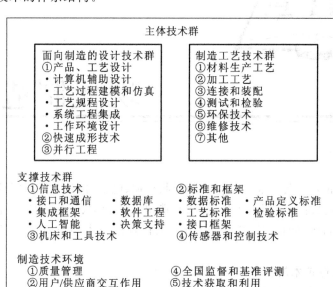

图 11.1　现代制造技术的体系结构

通常将现代制造技术归纳为如下几个大类:

(1)现代设计技术　现代设计技术是指根据产品功能要求,应用现代技术和科学知识,制订方案并使方案付诸实施的技术,它是一门多学科、多专业而且相互交叉的综合性很强的基础技术。它的重要性在于使机械产品设计建立在科学的基础上,促使产品由低级向高级转化,促进产品功能不断发展,质量不断提高。

(2)现代制造工艺技术　现代制造工艺技术包括精密和超精密加工技术、精密成形技术以及特种加工技术等。

(3)制造自动化技术　制造自动化技术是指用机电设备工具取代或放大人的体力,甚至取代和延伸人的部分智力,自动完成特定的作业,包括物料的存储、运输、加工、装配和检验等各个生产环节的自动化技术。

(4)现代管理技术　现代管理技术是指企业在整个生产经营活动中,为了使各种制造资源得到优化配置和充分利用,使企业的综合效益得到提高而采取的各种现代化管理理念、管理方法和技术的总称。它是现代制造技术体系中的重要组成部分,对企业的最终效益提高起着重要的作用。

(5)现代生产制造系统　现代生产制造系统面向企业生产全过程,将现代信息技术与生产技术相结合,体现出一种新思想、新哲理,其功能覆盖企业的预测、产品设计、加工制造、信息与资源管理直至产品销售和售后服务等各项活动,是制造业的综合自动化的新的模式。它包括计算机集成制造系统(CIMS)、敏捷制造系统(AMS)、智能制造系统(IMS)以及精益生产(LP)、并行工程(CE)等先进的生产组织管理和控制方法。

11.2　成组技术

　　机械制造业中,小批生产占有较大的比重。随着市场竞争日益加剧和科学技术的飞速发展,要求产品不断改进和更新,因此,多品种小批量生产方式将成为机械制造业的重要特征。但是传统的小批生产方式存在生产效率低、生产周期长、工装费用高、精度和质量难以保证等缺点。成组技术(GT)则能够适应市场需要,从根本上解决由于生产批量小、品种多而带来的各种问题。

　　成组技术是一种集工程技术与管理技术于一体的生产组织管理方法体系。它的原理是利用产品零件间的相似性将其分类分组,在生产时将同组零件集中进行加工,从而在不变动原有的工艺和设备的条件下,减少调整时间,取得提高效率、节省资源、降低成本的效果。其实质就是把分散的小批量汇集成大批量。

　　成组技术的主要内容有:

　　① 将各种产品的被加工零件按其几何形状、结构及加工工艺的相似性进行分类和分组;

　　② 根据各组零件的加工工艺要求,将机床划分为相应的若干组,并按各组零件的加工工艺过程布置各机床组内的机床,使零件组与机床组一一对应;

　　③ 将同组内的零件按共同的加工工艺过程,在同一机床组内稍加调整后加工出来。

　　实施成组技术,首先要把产品零件按零件分类编码系统进行分类成组,然后制订零件的成组加工工艺,设计工艺装备,建造成组加工生产线以及有关辅助装置。

　　1. 零件的分类编码系统

　　零件的分类编码系统是用数字和字母对零件特征进行标识和描述的一套特定的规则和依据。目前,国内外已有 100 多种分类编码系统,可以根据本企业的产品特点选择其中一种,或在某种编码系统基础上加以改进,以适应本单位的要求。

　　2. 零件分类成组的方法

　　零件分类成组的方法很多,大致可分为编码分类法和生产流程分类法两大类。

　　(1) 编码分类法　根据编码系统编制的零件代码代表了零件的一定特征。因此,利用零件代码就能方便地找到相同或相似特征的零件,形成零件族。原则上讲,代码完全相同的零件才能组成一个零件族,但这样会使零件族的数量很多,而每个族内的零件数都不多,达不到扩大批量、提高效率的目的。为此,应适当放宽相似性程度,做到合理分类。

　　(2) 生产流程分类法　零件编码分类法一般是以零件的结构形状和几何特征为依据建立的,但不能很好地体现零件加工工艺信息。生产流程分类法是以生产过程或以加工工艺过程为主要依据的零件分类成组方式。它通过相似的物料流找出相似的零件集合,并以生产实施或设备的对应关系来确定零件族,同时也能得到加工该族零件的生产工艺流程和设备组。其主要内容有:①工厂流程分析,建立车间与零件的对应关系;②车间流程分析,建立制造单元与零件的对应关系;③单元流程分析,建立加工设备与零件的对应关系;④单台设备流程分析,建立工艺装备与零件的对应关系。根据这些对应关系编制出各类关系中的最佳作业顺序,找出各个设备组与对应的零件族。

成组技术已广泛应用于设计、制造和管理等各个方面。它与数控加工技术相结合,大大推动了中小批量生产的自动化进程。成组技术也成了进一步发展计算机辅助设计(CAD)、计算机辅助工艺规程编制(CAPP)、计算机辅助制造(CAM)和柔性制造系统(FMS)等方面的重要基础。

11.3　计算机辅助设计与制造技术

计算机辅助设计与计算机辅助制造(CAD/CAM)技术产生于 20 世纪 50 年代后期发达国家的航空和军事工业中,随着计算机硬、软件技术和其他科学技术的进步与发展,CAD/CAM 技术日趋完善,应用范围不断扩大。今天的 CAD/CAM 已广泛应用于数值计算、工程绘图、工程信息管理、生产控制等设计生产的全过程中。它的应用领域已遍及电子、机械、造船、航空、汽车、建筑、纺织、轻工及工程建设等。CAD/CAM 技术对传统产业的改造、新兴产业的发展、设计制造信息自动化水平的提升、生产效率的提高、市场竞争能力的增强等均产生了巨大的影响。CAD/CAM 技术的发展与应用,彻底改变了传统的设计与制造方式,将现代工业中的设计和制造技术带到了一个崭新的阶段。

11.3.1　CAD/CAM 技术的定义

CAD/CAM 技术是一项利用计算机协助人完成产品设计与制造的现代技术。

计算机辅助设计(computer aided design,CAD)是指工程技术人员以计算机为辅助工具,完成产品设计构思和论证,产品总体设计,技术设计,零部件设计,有关零件的强度、刚度、热、电、磁的分析计算和绘图等工作,它表示了在产品设计和开发时直接或间接使用计算机的活动之总和。

计算机辅助制造(computer aided manufacturing,CAM)是指计算机在制造领域有关应用的统称,它又可分为广义 CAM 和狭义 CAM。狭义 CAM 仅包括计算机辅助编程数控加工指令,而广义 CAM 则包括应用计算机进行制造信息处理的全部工作。广义 CAM 的具体内容有:编制工艺规程和数控加工指令,制造控制数控机床、机器人等生产设备,安排生产计划和进度,进行车间工艺控制和质量控制等。

CAM 所需的信息和数据很多来自于 CAD,也有许多数据和信息对 CAD 和CAM 来说是共享的。实际上,CAD 的效率最终也多半是通过 CAM 来实现的。将CAD 和 CAM 作为一个整体来规划和开发,使这两个不同的功能模块的数据和信息相互传递和共享,用电子信息代替传统的工程图样连接设计和制造这两个生产部门,这就是所谓的 CAD/CAM 集成系统。理想的 CAD/CAM 集成系统如图 11.2 所示。

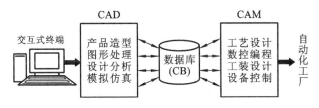

图 11.2　CAD/CAM 集成系统模式

　　CAD/CAM 集成技术是解决多品种、小批量、高效率生产的最有效途径,是实现自动化生产的基本要素,也是提高设计制造质量和生产率的最佳方法,是当今世界最引人注目的重大技术之一。

11.3.2　CAD/CAM 集成系统和软、硬件系统

1. CAD/CAM 集成系统

　　如图 11.3 所示,CAD/CAM 集成系统是建立在计算机硬件基础上,在操作系统和网络软件的支持下运行的一种计算机软件。数据库管理系统、图像系统、各种软件工具直接依赖于计算机操作系统和网络软件,形成 CAD/CAM 软件系统的支撑环境。

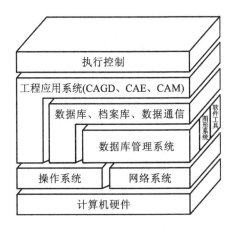

图 11.3　CAD/CAM 集成系统的总体结构

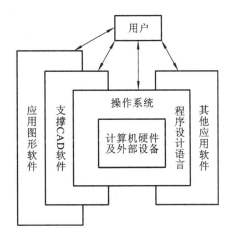

图 11.4　CAD/CAM 系统软件

2. CAD/CAM 软件系统

　　CAD/CAM 软件系统是 CAD/CAM 技术的关键,软件水平的高低决定了系统效率和使用的可操性。如图 11.4 所示,CAD/CAM 软件系统可分为系统软件、支持软件和应用软件三个不同的层次。

　　一般的 CAD/CAM 软件系统的特点表现以下几个方面:

（1）操作方便的程度　便于初学者掌握，操作简便实用。

（2）软件的集成化程度　CAD/CAM 软件系统是由多个功能模块组成的，如三维绘图、图形编辑、曲面造型、数控加工、有限元分析、仿真模拟、动态显示等。这些模块以工程数据库为基础，进行统一管理。

（3）CAD 功能　CAD 软件系统能设计制作出既满足设计使用要求又适合CAM 加工的零件模型。

（4）CAM 功能　CAM 功能提供一种交互式编程并产生加工轨迹的方法，它包括加工规划、刀具设定、工艺参数设置等内容。

（5）后处理程序及数控码输出　一般的 CAD/CAM 系统均使用后处理程序提供用户化的数控码输出，使用户能够灵活地使用不同的数控装置。

3．CAD/CAM 硬件系统

CAD/CAM 硬件系统通常是指构成计算机的设备实体。

1）CAD/CAM 硬件系统的组成

一个典型的 CAD/CAM 硬件系统的组成如图 11.5 所示，它包括：计算机主机；输入装置，如键盘、数字化仪、图形输入板、图形扫描仪等；输出装置，如打印机、绘图仪等；存储装置，如软盘、硬盘、光盘等；生产装备，如数控机床、机器人、物料装置、检

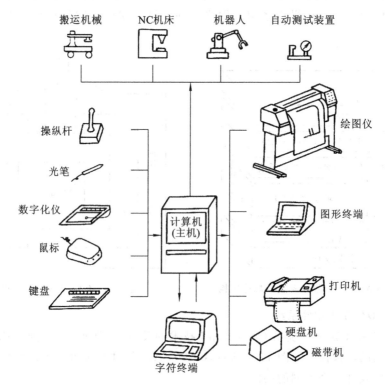

图 11.5　CAD/CAM 硬件系统的组成

测装置等;网络,用以将上述各个硬件连接起来,实现一定程度硬软件资源共享和与其他计算机系统的通信。

2) CAD/CAM 硬件系统的特点

① 输入和输出偏重于图形。在 CAD/CAM 系统中,首先要建立产品的几何模型,确定产品的形状和尺寸,并设计出产品的工程图。这些图形需要提供给生产、技术或管理的各个模块使用。为了提高图形处理速度,系统通常配置有高档的图形处理软件。

② 需要有足够大的外存容量。

③ 计算速度应满足人机交互实时性要求。

④ 具有较强的通信能力。集成系统是一个综合化的计算机系统,它既包括产品的各种设计和制造活动,又涉及制造过程的计划、管理和控制,这些工作通常是由位于不同工作地点的人员参加的,所以要求网络能确保不同计算机和控制装置连接后的通信和数据共享。

11.4　柔性制造技术

柔性制造技术是以数控技术为核心,集计算机技术、信息技术、机器人技术、检测技术、质量控制技术及现代生产管理技术为一体的现代制造技术。

国内外市场的激烈竞争,促使制造业以提高产品质量和生产效率、降低生产成本和保障及时交货作为竞争策略,以刚性自动化为基础的制造系统不能适应市场竞争对多品种、中小批量产品的需求。因此,自 20 世纪 70 年代以来,柔性自动化制造技术得到了迅速发展。作为这种技术具体应用的柔性制造系统(FMS)、柔性制造单元(FMC)和柔性制造自动线(FML)等柔性制造设备以及柔性制造工厂(FMF)应运而生,其中柔性制造系统(FMS)最具代表性。

1. 柔性制造系统的定义

目前,国际上对柔性制造系统尚无统一的定义。根据中华人民共和国国家军用标准有关"武器装备柔性制造系统术语"的定义,柔性制造系统(flexible manufacturing system,FMS)是数控加工设备、物料运储装置和计算机控制系统等组成的自动化制造系统,包括多个柔性制造单元,能根据制造任务或生产环境的变化迅速调整,适用于多品种、中小批量生产。

2. 柔性制造系统的特点

1) 柔性制造系统硬件的形式

① 两台以上的数控机床或加工中心以及其他加工设备,包括测量机、清洗机、动平衡机、各种特种加工设备等。

② 一套能自动装卸的运输系统,包括刀具储运和工件及原材料储运,具体结构可采用传输带、有轨小车、无轨小车、搬运机器人、上下料托盘站等。

③ 一套计算机控制系统及信息通信网络。

2）柔性制造系统软件的内容

① 柔性制造系统的运行控制系统；

② 柔性制造系统的质量保证系统；

③ 柔性制造系统的数据管理和通信网络系统。

3）柔性制造系统的功能

① 能自动管理零件的生产过程，自动控制制造质量，自动进行故障诊断及处理，自动进行信息收集及传输；

② 简单地改变软件或系统参数，便能制造出某一零件族的多种零件；

③ 物料必须自动运输和储存（包括刀具等工装和工件的自动运输）；

④ 能解决多机床条件下零件的混流加工，且无须额外增加费用；

⑤ 具有优化调度管理功能，能实现无人化或少人化加工。

3．柔性制造系统的一般组成

① 多工位的数控加工系统，由两台以上的数控机床、加工中心或柔性制造单元及其他加工设备如，测量机、清洗机、动平衡机和各种特种加工设备等所组成。

② 自动化的物料储运系统，包括传送带、有轨小车、搬运机器人、上下料托盘、交换工作台等机构，能对刀具、工件和原材料等物料进行自动装卸和运储。

③ 计算机控制的信息系统，能够实现对柔性制造系统的运行控制、刀具管理、质量控制，以及数据管理和网络通信等。

除上述三个主要组成部分外，柔性制造系统还包含冷却、排屑、刀具监控和管理等附属系统。图 11.6 所示为一典型的柔性制造系统，该系统包括四台卧式加工中心、三台立式加工中心、两台平面磨床、两台自动导向小车、两台检验机器人，以及自动化仓库、托盘站和装卸站等。在装卸站由人工将工件毛坯安装在托盘夹具上，然后

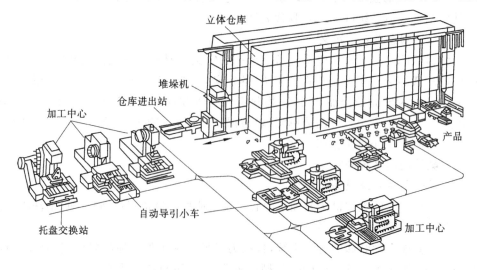

图 11.6　典型的柔性制造系统

由物料传送系统把毛坯连同托盘夹具输送到第一道工序的加工机床旁边,排队等候加工,一旦该加工机床空闲,就由自动上下料装置立即将工件送上机床进行加工,当每道工序加工完成后,物料传送系统便将该机床加工完成的半成品取出,并送至执行下一道工序的机床等候。如此不停地运行,直至完成最后一道加工工序为止。在这整个运作过程中,除了进行切削加工外,若有必要还需进行清洗、检验等工序,最后将加工结束的零件入库储存。

4. 柔性制造系统的优点

(1) 较强的柔性制造能力 柔性制造系统备有较多的刀具、夹具和数控加工程序,因而能接受各种不同的零件加工,柔性很高。

(2) 提高设备利用率 在柔性制造系统中,工件是安装在托盘上输送的,并通过托盘使工件快速地在机床上定位和夹紧,因此节省了工件装夹时间。此外,因借助计算机管理而使加工不同零件时的准备时间大为减少,从而可使机床利用率提高到75%~90%。

(3) 较少设备数量和占地面积 由于机床利用率的提高,在柔性制造系统中完成同样加工所需的机床数就会减少,占地面积也会减小。

(4) 操作工人数量较少 柔性制造系统除了由少数操作工人控制外,正常的工作完全由计算机自动控制。柔性制造系统通常实施 24 h 工作制,将靠人力完成的操作集中安排在白天进行,晚班除留个别人在计算机室看管外,系统完全在无人操作状态下工作,人员数量大大减少,生产效率大大提高。

(5) 产品质量提高 柔性制造系统比单机数控自动化水平高,工件装夹次数少,有助于提高加工质量。

(6) 减少在制品 柔性制造系统工件的加工工序合并,所需装夹次数和使用机床数减少,主要加工设备又都集中在同一个系统内,可利用计算机实现优化调度,所以柔性制造系统的在制品大为减少。

(7) 可以逐步实施计划 柔性制造系统生产线可分步实施建设,每一步的实施都能进行产品的生产,因为柔性制造系统的各个加工单元都具有相对独立性。

11.5 现代生产制造系统

自 20 世纪 70 年代以来,随着电子技术、信息技术和自动化技术的普及和应用,社会生产得到了快速的发展,同时市场的竞争也加剧了,这促使了一个统一的世界市场的形成。为此,制造企业已无法仅仅靠传统的途径提高制造过程的生产效率,还必须从总体策略、组织结构、技术水平、管理模式等方面适应市场竞争的新形势。因而,进入 80 年代后,计算机集成制造系统、并行工程、精益生产、敏捷制造、智能制造等许多新概念、新思想和新的生产模式不断出现。

11.5.1 计算机集成制造系统

1. 计算机集成制造和计算机集成制造系统的定义

计算机集成制造(computer intergrated manufacturing,CIM)是 1974 年美国学

者约瑟夫·哈林顿博士首先提出的,在实践过程中,其概念得到不断丰富和发展。计算机集成制造是一种组织、管理、运行企业生产的新哲理。它的内涵是借助计算机硬件,综合运用现代管理技术、制造技术、信息技术、自动化技术、系统工程技术等,将企业生产经营全过程中有关人、技术和管理三要素以及有关的信息流、物流和资金流有机地集成并优化运行,以实现产品的高质量、低成本、交货期短,服务好,提高企业对市场变化的应变能力和综合竞争能力。

计算机集成制造系统(computer integrated manufacturing system,CIMS)是基于计算机集成制造思想而构成的优化运行的企业制造系统,是计算机集成制造的具体体现。如果说计算机集成制造是一种企业组织生产的新哲理,而计算机集成制造系统则是一种工程技术系统。它是由一个多级计算机控制结构,配合一套将设计、制造和管理综合为一个整体的软件系统所构成的全盘自动化生产系统。

2. 计算机集成制造系统的构成

从功能角度考虑,一般认为计算机集成制造系统可由经营管理信息系统、工程设计自动化系统、制造自动化系统和质量保证系统四个应用分系统及计算机网络和数据库两个支撑分系统组成,如图 11.7 所示。

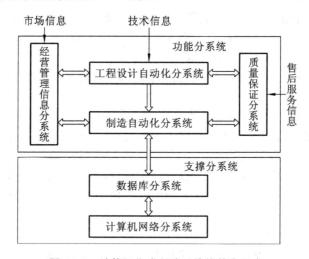

图 11.7　计算机集成制造系统的基本组成

(1) 经营管理信息系统　经营管理信息系统是计算机集成制造系统的神经中枢,指挥与控制着其他各部分有条不紊地工作,根据市场需求信息作出生产决策,确定生产计划和估算产品成本,同时作出物料、能源、设备、人员的计划安排,保证生产的正常运行。

(2) 工程设计自动化系统　工程设计自动化系统是指在产品开发过程中应用计算机技术,使产品开发活动更高效、更优质、更自动地进行。

(3) 制造自动化系统　制造自动化系统是计算机集成制造系统中信息流与物料流的结合点,它以柔性制造系统为基础,是计算机集成制造系统最终产生效益的集聚地,其功能包括生成作业计划,进行优化作业高度控制,生成工件、刀具、夹具需求计划,进行系统状态监控和故障诊断处理。

（4）质量保证系统　质量保证系统的作用主要是采集、存储、评价、处理存在于设计、制造过程中与质量有关的大量数据,构成一系列控制环,并通过这些控制环有效提高产品质量,提高产品在市场中的竞争能力。

（5）计算机网络系统　计算机网络系统提供计算机集成制造系统各功能分系统信息互通的硬件支撑,它是计算机集成制造系统信息集成的关键技术之一。

（6）数据库系统　数据库系统是保证计算机集成制造系统各功能应用系统之间信息交换和共享的基础。

3. 实施计算机集成制造系统的效益

计算机集成制造系统技术追求的是综合效益,即整体效益。由于系统高度集成,分系统之间的配合和参数配置得以更好地优化,各种生产要素的潜力得到更大的发挥,存在于企业生产中的各种资源浪费减到最少,从而可获得更好的经济效益。

此外,实施计算机集成制造系统以后,明显提高了企业新产品的开发能力和市场竞争能力。产品质量明显提高,生产效率提高,生产成本下降,产品交货期缩短,交货准时,价格合理,从而提高了企业的信誉。良好的信誉和强大的市场竞争力,可给企业带来不可量化的极大的经济效益。

11.5.2　精益生产

1. 精益生产的定义

精益生产（lean production,LP）又称精良生产,精是指质量高,益是指库存低。"精益生产"是美国的麻省理工学院的研究小组在做了大量的调查对比后,总结了以日本丰田汽车公司为代表的生产管理模式和制造方法后提出的。它的基本原理是不断改进,消除对资源的浪费,协力工作和沟通。不断改进是精益生产的指导思想,消除浪费是精益生产的目标,协力工作和沟通是实现精益生产的保证。

2. 精益生产的特点

（1）拉动式准时化生产　拉动式准时化生产以最终用户的需求为生产起点。强调物流平衡,追求零库存,要求上一道工序加工完的零件立即可进入下一道工序。

（2）全面质量管理　强调质量是生产出来而非检验出来的,由生产中的质量管理来保证最终质量。生产过程中对质量的检验与控制在每一道工序都进行。重在培养每位员工的质量意识,在每一道工序进行时注意质量的检测与控制,保证及时发现质量问题。

（3）团队工作法（team work）　每位员工在工作中不仅要执行上级的命令,更重要的是还要积极地参与,起到决策与辅助决策的作用,充分激发员工在工作中的创造精神。

（4）并行工程（concurrent engineering）　在产品的设计开发期间,将概念设计、结构设计、工艺设计、最终需求等结合起来,保证达到最快的生产速度和最好的产品质量。

3. 精益生产对制造业的影响

精益生产是以最少投入来获得成本低、质量高、产品投放市场快、用户满意为目标的一种生产方式。它与大量生产方式相比,人员、场地、设备、投资、新品开发周期、工程设计工时、现场存货量等投入都大大减少,废品率大为降低。

精益生产方式综合了单件生产和大量生产方式的优点,既避免了前者的高成本,又避免了后者的僵化,将对制造业产生重大的影响。

11.5.3　敏捷制造

1991 年美国里海大学受美国国防部委托,总结了上百家制造企业的研究成果后,在著名的《21 世纪制造企业战略》的报告中提出了敏捷制造(agile manufacturing,AM)的概念。敏捷制造与计算机集成制造系统的概念一样,是一种哲理,其思想的出发点是基于对多元化和个性化发展趋势的分析。敏捷制造的目标是制造系统有高的柔性和快速响应能力(即敏捷性),能在尽可能短的时间内向市场提供适销对路的产品,使之能在变幻莫测、竞争激烈的市场中具有高的竞争能力。

1. 敏捷制造的基本原理

敏捷制造是改变传统的大批大量生产,利用先进制造技术和信息技术对市场的变化作出快速响应的一种生产方式,通过可重用、可重组的制造手段与动态的组织结构和高素质的工作人员的组成,获得企业的长期经济效益。

敏捷制造的基本原理为:采用标准化和专业化的计算机网络和信息集成基础结构,以分布式结构连接各类企业,构成虚拟制造环境:以竞争合作为原则在虚拟制造环境内动态选择成员,组成面向任务的虚拟公司进行快速生产;系统运行目标是最大限度满足客户的需求。

2. 敏捷制造的特点

① 敏捷制造企业不仅能迅速设计、试制全新的产品,而且还易于吸收实际经验和工艺改革建议,不断改进老产品,具有对市场、对用户的快速响应能力,通过并行工作方式、快速原型制造、虚拟产品制造、动态联盟、创新的技术水平等措施来完成这一目标。

② 敏捷制造企业能在整个生命周期中满足用户要求:快速响应用户的需求,及时生产出所需产品;产品出售前逐件检查保证无缺陷;不断改进老产品,使用户使用产品所需的总费用最低;通过信息技术迅速、不断地为用户提供有关产品的各种信息和服务,使用户在整个产品生命周期内对所购买的产品有信心。

③ 敏捷制造企业的生产成本与生产批量无关,通过具有高度柔性、可重组、可扩充的设备和动态多变的组织方式,来满足产品多样化的需求,做到完全按订单生产。

④ 敏捷制造企业采用多变的动态组织结构。要提高对市场反映的速度和满足

用户的能力,必须以最快的速度把企业内部的优势和企业外部不同公司的优势集合在一起,集成为一个高度灵活的动态组织结构——虚拟公司。这种虚拟公司组织灵活,市场反应敏捷,自主独立完成项目任务,当所承接的产品或项目一旦完成,公司立即解体。

⑤ 敏捷制造企业通过所建立的基础结构,以实现企业经营目标。要赢得竞争,就必须充分利用分布在各地的各种资源,把生产技术、管理和起决定作用的人全面地集成到一个相互依赖、相互协调的系统中;要做到全面集成,就必须建立新的基础结构,包括各种物理的、信息的和社会的基础结构等。通过充分利用所建立的基础结构和先进的柔性可重组制造技术,实现企业的综合目标。

⑥ 敏捷制造企业把最大限度地调动、发挥人的作用作为强大的竞争武器。研究表明,影响敏捷制造企业竞争力最重要的因素是工作人员的技能和创造能力,而不是设备。所以敏捷制造企业极为注意充分发挥人的主动性与创造性,积极鼓励工作人员自己定向、自己组织和管理,通过不断进行职工培训和教育来提高工作人员的素质和创新能力,从而赢得竞争的胜利。

综上所述,敏捷制造就是由敏捷的员工用敏捷的工具,通过敏捷的生产过程制造敏捷的产品。

3. 敏捷制造的组成

敏捷制造是在全球范围内企业和市场的集成,目标是将企业、商业、学校、行政部门、金融等行业都用网络进行连通,形成一个与生活、制造、服务等密切相关的网络,实现面向网络的设计、制造、销售、服务。在这个网络上,存在有制造资源目录、产品目录、网上 CAD/CAM 等,一切可以上网的系统都将上网。在这种环境下的制造企业,将不再拘泥于固定的形式、集中的办公地点、固定的组织机构,而是以高度灵活的方式组织。当出现某种机遇时,以若干个具有核心资格的组织者,迅速联合可能的参加者形成一个新型的公司,从中获得最大的利润,当市场消失后迅速解散,参加新的重组,迎接新的机遇。在这种意义下敏捷制造应有两个方面的重要组成:敏捷制造的基础结构和敏捷的虚拟公司。敏捷制造的基础结构为形成虚拟公司提供环境和条件,敏捷的虚拟公司是实现对市场不可预期变化的响应。

1) 敏捷制造的基础结构

虚拟公司生成和运行所需要的必要条件决定了敏捷制造基础结构的构成。一个虚拟公司存在的必要环境包括四个方面:物理基础、法律保障、社会环境和信息支持技术。它们构成了敏捷制造的四个基础结构。

① 物理基础结构,是指虚拟公司运行所必需的厂房、设备、实施、运输、资源等必要条件,是指一个国家乃至全球范围内的物理设施。

② 法律基础结构,是指有关国家关于虚拟公司的法律和政策条文。具体来说,它应规定出如何组织一个法律上承认的虚拟公司,如何交易,利益如何分享,资本如何流动和获得,如何纳税,虚拟公司破产后如何还债,虚拟公司解散后如何善后,人员

如何流动等问题。

③ 社会基础结构,是指虚拟公司要生存和发展的社会环境的支持。虚拟公司的解散和重组、人员的流动是非常自然的事,这些都需要社会来提供职业培训、职业介绍的服务环境。

④ 信息基础结构,是指敏捷制造的信息支持环境,包括能提供各种服务网点、中介机构等一切为虚拟公司服务的信息手段。

2) 敏捷的虚拟公司

敏捷制造的核心是虚拟公司,而虚拟公司即为把不同企业不同地点的工厂或车间重新组织、协调工作的一个临时的团体。虚拟公司有四种类型:对一个机会作出反应而形成的聚集体,为寻求计划而形成的聚集体,供货链形式,投标财团。

通常以计划为聚集原因的虚拟公司是敏捷制造的主要类型。这种虚拟公司的生命周期包括:从变化中把握机遇,选择伙伴,经营过程设计和仿真,签订合同,形成虚拟公司,运行,解散和重构。

与现有的企业组织方式相比较,敏捷的虚拟公司具有以下几个明显的优点:

① 小企业可以通过分享其他合作者的资源完成过去只有大企业才能完成的工作,而大企业也能通过转包生产的方式在不需要大量投资的情况下迅速扩大它的生产能力和市场占有率。

② 由于合作者有着不同的专长,虚拟公司可以在经济和技术实力上很方便地超过它的所有竞争对手而赢得竞争。这也从另一角度降低了失败的风险。

③ 跨地区、跨国的合作使每一个合作者都有机会进入更广阔的市场。它们各自的资源也可以得到更充分的利用,取得局部最优基础上的全局最优。

4. 敏捷制造企业的系统框架

敏捷制造提出的时间很短,尚未形成一个公认的系统框架。我国学者提出的系统框架结构如图 11.8 所示。

11.5.4　并行工程技术

1. 并行工程的定义

长期以来,人们一直采用串行工程的方法从事产品的研制和开发。串行工程时序如图 11.9a 所示,即在前一个工作环节完成之后才开始后一个工作环节的工作,各个工作环节的作业在时序上没有重叠和反馈,即使有反馈,也是事后的反馈。这种作业方式不能在产品设计阶段就及早地考虑后续的工艺设计、制造、装配和质量保证等问题,致使各个生产环节前后脱节,设计改动量大,产品的开发周期长、成本高。

为了提高市场竞争力,以最快的速度设计生产出高质量的产品,20 世纪 80 年代末西方的一些工业国家出现了一种称为并行工程(concurrent engineering,CE)的生产方式。并行工程的定义有多种,其基本意思都是:对产品开发生命周期中的一切过程和活动,借助信息技术的支持,在集成的基础上实行并行交叉方式的作业,从而缩

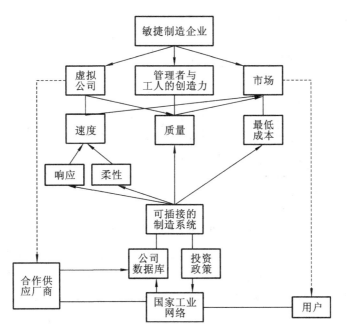

图 11.8　敏捷制造系统的框架结构

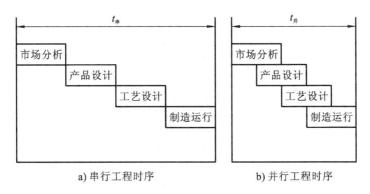

a) 串行工程时序　　　　　　　　　　b) 并行工程时序

图 11.9　串、并行工程时序的比较

短产品开发周期,加快产品投入市场的时间。并行工程时序如图 11.9b 所示。并行工程是一种富有先进制造哲理的系统集成化的现代生产方式。

2. 并行工程的运行模式

并行工程采用并行的方式,在产品设计阶段就集中产品研制周期中的各有关工程技术人员,同步地设计或考虑整个产品生命周期中的所有因素,对产品设计、工艺设计、装配设计、检验方式、售后服务方案等进行统筹考虑、协同进行(见图 11.10)。经系统的仿真和评估,对设计对象进行反复修改和完善,力争后续的制造过程一次成功。这样,设计阶段完成后一般能保证后面阶段如制造、装配、检验、销售和维护等活动顺利进行,但也要不断地进行信息反馈,如图 11.10 中的虚线所示。特殊情况下,也需要对设计方案甚至产品模型进行修改。

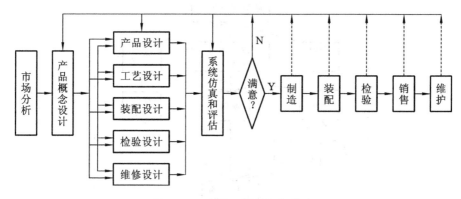

图 11.10　并行工程的运行模式

在并行工程运行模式下,每一个设计者可以像在传统的 CAD 工作站上一样进行自己的设计工作。借助于适当的通信工具,在公共数据库、知识库的支持下,设计者之间可以相互进行通信,根据目标要求既可随时应其他设计人员要求修改自己的设计,也可要求其他的设计人员响应自己的要求。通过协调机制,群体设计小组的多种设计工作可以并行协调地进行(见图 11.11)。

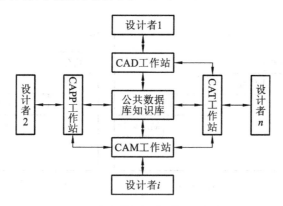

图 11.11　并行工程的设计网络

3. 并行工程与计算机集成制造系统的关系

计算机集成制造系统作为一种先进的制造系统,以信息集成为基本手段,以全企业的优化运行为目标,大大增强了企业的市场竞争力。但是,计算机集成制造系统的产品开发过程仍然采用的是按专业划分部门和递阶控制的传统方式。因此,尽管计算机集成制造系统实现了信息的连续传递和共享,减少了数据,使 CAD/CAPP/CAM 信息畅通并提高了产品设计效率,但未从根本上改变串行的产品开发流程和产品开发的组织结构,所以在缩短产品开发周期,提高一次性设计成功率上的效果并不显著。因此,将并行工程应用于计算机集成制造系统的环境,以计算机集成制造系统的信息集成为基础,在 CAD/CAPP/CAM 的集成框架下引入并行工程的理论和方法,会使计算机集成制造系统进一步完善,能更好地解决计算机集成制造系统中产品串行开发过程的问题。

此外,并行工程作为产品开发活动的集成方法,若以计算机集成制造系统的信息集成为基础,将能发挥更大的作用。它是以多功能小组形式开展活动的,小组的协同工作要求产品设计与开发的各环节应能实现信息共享,并能充分利用制造、质量等系统的信息,计算机集成制造系统环境正好为并行工程提供所要求的条件。

并行工程运行于 CIMS 需要有下述技术的支撑:

(1) 并行设计技术　将现有的产品开发过程转化成并行化过程模型,并对该模型进行优化和仿真,以此获得最短周期的产品开发过程。此外对具体产品开发活动所用资源进行协调、管理和冲突裁决,消除无效的等待时间,提高总体工作效率。

(2) 多功能小组(toom work)工作方式　为了使并行工程有效地运行,计算机集成制造系统必须建立适合多功能小组的工作方法和组织形式。通过多功能小组的优化组合,将各部门的人员从某种程度上集成起来,使计算机集成制造系统的组织形式更加紧凑与合理。

(3) 面向 X 的设计技术(DFX)　这里 X 可代表产品生命周期的各种因素,目前应用较为广泛的有面向制造设计(DFM)、面向装配设计(DFA)、面向价格设计(DFC)、面向用户设计(DFU)等技术,这些技术为计算机集成制造系统运用并行工程思想提供了物质基础。

综上所述,计算机集成制造系统作为制造系统为并行工程的应用提供了理想的集成环境,并行工程作为计算机集成制造系统的一种补充,从而能更好地解决 CIMS 产品串行开发过程的问题。

思考题与习题

11.1　简述 CAD/CAM 系统的含义。

11.2　综述 CAD/CAM 系统软件和硬件系统的基本组成。

11.3　综述 CAD/CAM 系统集成的关键技术。

11.4　说明柔性制造系统(FMS)的概念及组成。

11.5　柔性制造系统(FMS)的效益主要体现在哪几个方面?

11.6　什么是现代制造系统?

11.7　什么是计算机集成制造(CIM)和计算机集成制造系统(CIMS)?

11.8　什么是精益生产(LP)?

11.9　制造的基本原理和特点是什么?

11.10　为什么实行并行工程(CE)技术可提高制造效率?

第 12 章

先进制造加工与细微加工技术

12.1 光整加工与细微加工技术

随着生产和科学技术的迅猛发展,许多领域(如国防、航天航空、电子等)对产品的零件的加工精度和表面粗糙度要求越来越高,常用的传统加工方法已不能满足需要。于是,以提高精度和表面粗糙度要求为目标的光整加工和细微加工技术得到发展。

12.1.1 光整加工

常用的光整加工工艺主要有研磨、珩磨、超级光磨、镜面磨削、磨料喷射加工、抛光、刮研、滚压、挤压珩磨、振动光饰、离子溅射加工等。随着科学技术的发展,光整加工正处于不断完善和发展过程中。

1. 研磨

研磨可以作外圆、内孔及平面的光整加工。研磨方法简单,对设备要求不高,是光整加工中应用最广泛的工艺方法。通常发动机的汽缸内壁及活塞环、模具型腔和量具表面多采用研磨,许多零件修复的精加工也多采用研磨工艺。

1) 研磨加工的原理

研磨是用研具和研磨剂对工件表面进行光整加工的方法。图 12.1a 所示为内圆研磨,工件安装在车床上,用自定心卡盘装夹,卡盘低速旋转,手持研具往复运动并慢速(20~40 r/min)正反方向转动研具(手工研磨),研具与工件间加入磨粒和研磨剂。研磨不仅有机械切削作用还有物理作用,工件接触处的材料在压力和摩擦作用下产生塑性变形,研磨剂能使工件表面形成氧化层,加速研磨过程。研具在一定压力下进行复杂移动。图 12.1b 所示为平面研磨。

为了使研磨剂中的磨料能嵌入研具表面,充分发挥其切削作用,研具材料应比工件材料软。常用的研具材料为铸铁,也可以为铜、巴氏合金或硬木等。研磨剂由磨料、研磨液和辅助填料混合制成。

研磨分为手工研磨和机械研磨两种。手工研磨适用于单件小批生产,研磨质量与工人的技术熟练程度有关;机械研磨适用于成批生产,生产效率较高,研磨质量较稳定。研磨还分为粗研和精研。精研后,工件的尺寸与形状误差可达 1~3 μm,表面

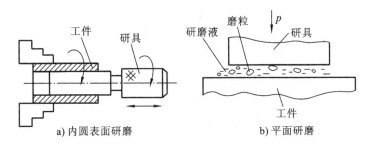

a) 内圆表面研磨　　　　　　　b) 平面研磨

图 12.1　研磨工艺

粗糙度 Ra 可达 $0.01\ \mu m$。但研磨不能提高位置精度。

2）研磨加工新工艺

（1）液中研磨　将超精密抛光的研具工作面和工件浸泡在研磨剂中进行，在充足的研磨液中，借助水波效果，利用游离的微细磨粒进行研磨加工，并对磨粒作用部分所产生的热有极好的冷却效果，对研磨时的微小冲击也有缓冲作用。

（2）磁力研磨　利用磁场作用，使磁极间的磁性磨料形成如刷子一样的研磨剂，被吸附在磁极的工作表面上，在磨料与工件的相对运动中实现对工件表面的研磨。这种加工方法不仅能对圆周表面、平面和棱边等进行研磨，还可以对凸凹不平的复杂曲面进行研磨。

（3）磁流体精密研磨　磁流体精密研磨技术是 20 世纪 90 年代发展起来的一种新技术，日本、美国对该技术贡献较大。磁流体为强磁粉末在液相中分散为胶态尺寸（$<0.015\ \mu m$）的胶态溶液，由磁感应产生流动性。其特性是：每一个粒子的磁力矩较大，不会因重力而沉降，磁化强度随磁场的增强而增大。非磁性的磨料混入磁流体置于磁场后，在磁流体浮力作用下压向旋转的工件而进行研磨。磁流体精研的方法又有磨粒悬浮式加工、磨料控制式加工及磁流体封闭式加工等，总的来说，该项技术目前尚处于实验室研究阶段。

2. 珩磨

珩磨是低速、大面积接触的磨削加工，是内外圆表面及齿形的光整加工方法之一，多用于内圆表面的精加工。珩磨的磨具是由几根油石组成的磨头。

如图 12.2 所示，加工时，油石本身有三种运动：正反方向旋转运动、往复运动及磨头向油石施加压力后的径向运动。由于油石的复杂运动，内孔表面形成较复杂的磨削轨迹。

3. 超级光磨

超级光磨也称超精加工，是外圆表面的光整加工方法，是减小工件表面粗糙度的有效方法之一，但修正尺寸、形状位置误差的能力很弱。

超精加工（见图 12.3）时，油石以较小的压力压向工件，在工件表面形成不重复的磨削轨迹。加工中有三种运动：工件低速转动、磨头轴向进给运动及磨头高速往复运动。

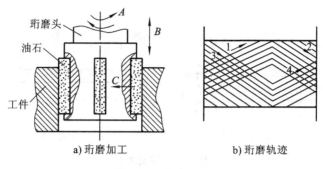

a) 珩磨加工　　　　　　b) 珩磨轨迹

图 12.2　珩磨工艺

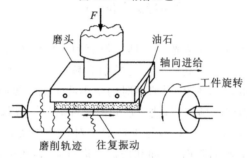

图 12.3　超级光磨工艺

加工过程经过四个阶段:强烈切削阶段、正常切削阶段、微弱切削阶段和自动停止切削阶段。

4. 镜面磨削

镜面磨削也是一种外圆表面光整加工的方法之一,如精密检验棒最后的精加工工序一般采用镜面磨削加工工艺。镜面磨削加工原理与普通外圆磨削基本相同,但它采用的是特殊砂轮(一般用橡胶作结合剂)。加工时使用极小的切削深度(1～2 μm)和极慢的工作台进给速度。镜面磨削生产效率较低,对机床的精度要求较高。

5. 抛光

抛光是利用机械、化学、电化学的方法对工件表面进行的一种微细加工,主要用来减小工件表面粗糙度,常用的方法有手工或机械抛光、超声波抛光、化学抛光、电化学抛光及电化学机械复合加工等。

机械抛光是利用高速旋转的涂有磨膏的抛光轮(用帆布或皮革制成的软轮),对工件表面进行光整加工的方法。抛光时,将工件压在高速旋转的抛光轮上,通过磨膏介质的化学作用使工件表面产生一层极薄的软膜,这就允许用比工件材料软的磨料进行加工,且不会在工件表面上留下划痕。此外,由于抛光轮转速很高,剧烈的摩擦使工件表层产生高温,表层被挤压而发生塑性流动,可填平表面原来的微观不平而获得很光亮的表面。图 12.4 为单轮双工位抛光机工作示意图。

软质磨粒机械抛光,也称弹性发射加工(elastic emission machining,EEM),使用一种软的(在微小压力下很容易发生变形)聚亚胺酯球作为抛光工具,同时控制旋转

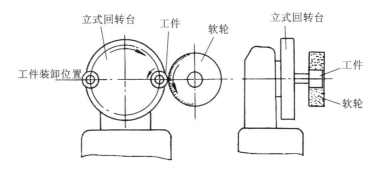

图 12.4　单轮双工位抛光机工作示意图

轴与加工工件的接触线保持 45°角。抛光时,朝垂直工件的方向施加恒载荷。研磨用微粉(粒径为亚微米级)与水混合,并强迫其在旋转的聚亚胺酯球面下方加工工件,保持球与工件间的距离稍大于微粉尺寸。磨粒原子的扩散作用和加速的微小粒子弹性射击的机械作用的综合,使得最小切除厚度可达原子级,而且被加工表面的晶格不变形,获得极小表面粗糙度和材质极纯的表面。

6. 光整加工的特点与应用

常用的几种光整加工工艺的特点与应用如表 12.1 所示。

表 12.1　光整加工工艺的特点与应用

工艺方法	加工工艺特点	应 用 举 例
研磨	① 设备和研具均较简单,成本低; ② 不仅能提高工件的表面质量,而且能提高工件的尺寸精度和形状精度; ③ 加工尺寸公差等级可达 IT5~IT3,表面粗糙度 Ra 可达 0.1~0.008 μm,圆度误差可达 0.025~0.001 μm; ④ 生产效率较低,研磨余量不应超过 0.03 mm	① 可研磨钢、铸铁、铜、铝、硬质合金、半导体材料、陶瓷、塑料等; ② 可加工内外圆柱面、圆锥面、平面、螺纹和齿形等形面; ③ 广泛用来加工各种精密零件,如精密量具(量规、量块等)、精密刀具、光学玻璃镜片及精密配合表面的终加工
珩磨	① 生产效率较高,加工余量一般为 0.02~0.15 mm; ② 能提高孔的表面质量、尺寸和形状精度,但不能提高位置精度; ③ 珩磨头结构复杂; ④ 加工尺寸公差等级可达 IT6~IT4,表面粗糙度 Ra 可达 0.8~0.05 μm,孔的圆度可达 5 μm	① 不宜加工塑性较好的有色金属件; ② 主要用于孔的光整加工,孔径范围为 ϕ(15~500) mm,孔深径比可达 10 以上; ③ 广泛用于大批大量生产中加工发动机的汽缸、液压装置的液压缸、气压装置的气缸、齿轮的齿面及各种炮管等

工艺方法	加工工艺特点	应用举例
超级光磨	① 设备简单,操作方便,自动化程度较高; ② 加工余量极小,一般为 3~10 μm; ③ 生产效率高; ④ 表面质量好,表面粗糙度 Ra 小于 0.012 μm,但不能提高工件的尺寸、形状、位置精度; ⑤ 经超级光磨的表面耐磨性较好	广泛用来加工外圆锥面、孔、平面、圆锥面和球面,轴类零件,滚动轴承的滚道及平面等
抛光	① 设备、工具及加工方法都较简单,加工成本低; ② 只能减小表面粗糙度,Ra 一般可达 0.1 ~0.012 μm,但不能提高尺寸精度和形状精度; ③ 劳动条件差; ④ 不留加工余量	可抛光任何曲面,主要用于零件的装饰加工和电镀前的预加工,重要零件修复后的精加工等

12.1.2　细微加工技术

细微加工技术又称为纳米加工技术,其含义是达到纳米级精度,包括纳米级尺寸精度、纳米级几何形状精度和纳米级表面粗糙度。

1. 纳米级机械加工技术

纳米级机械加工技术有单晶金刚石和立方氮化硼制作的单点刀具的超精密切削、金刚石和立方氮化硼磨料制作的磨具的超精密多点磨料加工,以及研磨、抛光、弹性发射加工等自由磨料加工或机械化学复合加工等。

目前,用金刚石刀具超精密切削加工金属和非金属,用于平面、圆柱面和非球曲面的镜面切削加工。能获得表面粗糙度 Ra 为 0.02~0.002 μm 的镜面。精细研磨刀具时,可切除 1 nm 厚的切屑。精密研磨抛光可以加工出表面粗糙度 Ra 为 0.01~0.002 μm 的镜面,成功地解决了用于激光核聚变系统和天体望远镜的大型抛物面镜的加工。目前,量块、光学平晶、高密度硬磁盘的涂层表面加工和大规模集成电路硅基片等,都是最后用精密研磨达到高质量表面的。

纳米级机械加工技术在航空航天、光学等领域的应用越来越广泛,正朝着更高精度方向发展。

2. 扫描隧道显微加工技术

扫描隧道显微加工技术是纳米加工技术中的新发展,可实现原子、分子的搬迁、去除、增添和排列重组,实现极限的精加工或原子级的精加工。

扫描隧道显微镜将非常尖锐的金属针(探针)接近试件表面至 1 nm 左右,施加电压产生隧道电流,隧道电流每隔 0.1 nm 变化一个量级。采用电流保持一定的工作方式,对试件表面进行扫描,即可分辨出表面结构。将扫描隧道显微镜(STM)用于纳米级光刻加工时,它具有极细的光斑直径(达原子级),可使加工特征和加工工具处于同一尺度。其次是所产生的二次电子对线宽影响很小,可以在大气甚至液体介质中工作。扫描隧道显微加工技术不仅可以进行单个原子的去除、添加和移动,而且可以进行扫描隧道显微镜光刻、探针尖电子束感应的沉淀和腐蚀等。

美国的 D. M. Eigler 等人在铂单晶的表面上,将吸附的一氧化碳分子用扫描隧道显微镜搬迁排列起来,构成一个身高仅 5 nm 的世界上最小的人的图样。用来构成这图样的一氧化碳分子间距离仅为 0.5 nm,人们称它为“一氧化碳小人”。

扫描隧道显微加工技术和扫描隧道显微测量技术在航空航天、军事科学领域、信息和微电子技术方面的应用具有十分广阔的前景。

3. 能量束加工技术

能量束加工是利用能量密度很高的激光束、电子束或离子束等去除工件材料的特种加工方法。此外,电解射流加工、电火花加工、电化学加工、分子束外延、物理和化学气相沉积等也属于能量束加工。离子束加工溅射去除、沉淀和表面处理,以及离子束辅助蚀刻亦是用于纳米级加工的研究开发方向。

能量束加工技术不是主要依靠机械能,而是主要用其他能量(如电、光、声、热等),因此属于特种加工范畴。

12.2　特种加工技术

第二次世界大战以后,由于尖端国防和航空航天科学研究的需要,一批具有高强度、高硬度、高韧性的新材料不断出现,产品向高精度、高速度、高温、高压、高可靠性、大功率、小型化等方向发展,对制造业提出了一系列需要迫切解决的新问题。特种加工就是在这种前提下产生和发展的。

12.2.1　概述

特种加工是指利用电、热、光、声、化学等能量或其组合进行去除金属或非金属材料的非传统加工方法的总称。特种加工与传统的机械加工的主要区别是:

① 主要依靠的不是机械能而是其他能量(电、化学、光、声、热等)去除金属材料。

② 加工工具和工件之间不存在显著的机械切削力,故加工的难易与工件硬度无关。

③ 各种加工方法可以适当复合、扬长避短,形成新的工艺方法,更突出其优越性,便于扩大应用范围。如目前的电解电火花加工(ECDM)、电解电弧加工(ECAM)就是两种特种加工复合而形成的新加工方法。

特种加工种类很多,按其能源和工作原理的不同可分为如下几类:

① 利用电能、热能加工,如电火花加工、电火花线切割加工、电子束加工、离子束加工、等离子束加工;

② 利用化学能、电化学能加工,如电解加工、电解磨削、阳极机械磨削;

③ 利用声能加工,如超声波加工;

④ 利用光、热能加工,如激光加工;

⑤ 利用压力能加工,如水射流加工。

随着科技发展的不断深入,特种加工的研究和发展将具有非常重要的价值。

12.2.2　常用的特种加工工艺

1. 电火花加工

电火花加工基于电火花腐蚀原理,是在工具电极与工件电极相互靠近时,极间形成脉冲性火花放电,在电火花通道中产生瞬时高温,使金属局部熔化甚至汽化,从而将金属蚀除下来。其加工原理如图 12.5 所示。

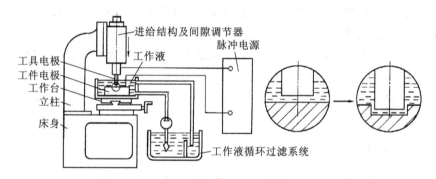

图 12.5　电火花加工原理

电火花加工时,由脉冲发生器提供脉冲电流,工件和工具分别作为正、负极,加工区域内充以绝缘液由于极性效应,工件电极的电蚀速度比工具电极的电蚀速度大得多,在电蚀过程中,不断地将工具电极向工件作进给运动,就能按工具的形状准确地完成对工件的加工。

根据加工工艺的不同要求,工具电极通常可以用纯铜、黄铜、石墨、钢、铸铁、银钨合金和铜钨合金等材料制成,绝缘液有煤油、机油、去离子水及水溶液等。

图 12.6　电火花加工的产品

电火花加工可以加工通孔,也可以加工各种型腔,为区别于电火花线切割加工,通常称之为电火花成形加工。图 12.6 所示为电火花加工的产品。

微细电火花加工属于超精密特种加工。加工过程中只要精密地控制单个脉冲放电能量,并配合精密微量进给,就可实现极微细的金属材料的去除,可加工微细轴、孔、窄缝、平面以及曲面等。高档电火花成形及线切割已能提供微米级的加工精度,可加工 3 μm 的微细轴和 5 μm 的孔。

2. 电火花线切割加工

电火花线切割加工(见图 12.7)是在电火花成形加工的基础上发展起来的一种工艺形式。二者从原理上讲是一致的,但线切割加工所用的工具不是成形电极,而是线状的电极丝。电极丝沿工件上预先画好的线作高速往复运动,切除金属。电火花线切割加工只能加工通孔,不能加工盲孔。

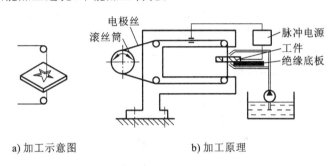

a) 加工示意图　　　　　　b) 加工原理

图 12.7　电火花线切割加工

线切割加工根据电极丝的走丝速度分成快速和慢速两种工艺。快走丝加工走丝速度一般为 8~10 m/s,慢速走加工走丝速度低于 0.2 m/s。快速走丝线切割机床结构简单、价格便宜、生产效率高,但由于运行速度快,工作时机床振动较大。钼丝和导轮的损耗快,加工精度和表面粗糙度就比慢速走丝线切割机床的差。

电火花线切割加工使用的电极丝材料有钼丝、钨丝、钨钼合金丝、黄铜丝、铜钨丝等。快速走丝线切割机床广泛采用的工作液是乳化液,慢速走丝线切割机床采用的工作液是去离子水和煤油。

3. 电解加工及电解磨削

1) 电解加工的工作原理

电解加工是利用金属在电解液中产生阳极溶解的原理将工件加工成形的。如图 12.8 所示,在工件(阳极)与工具(阴极)之间接上直流电源,使工具与工件间保持较小的加工间隙(0.1~0.8 mm),间隙中通过高速流动的电解液。

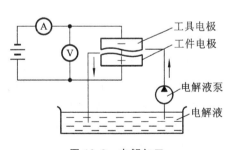

图 12.8　电解加工

随着工件表面金属材料的不断溶解,工具不断地向工件进给,溶解的电解产物不断地被电解液冲走,工件表面也就逐渐被加工成接近于工具电极的形状,如此下去直至将工具的形状复制到工件上。

如图 12.9 所示,为用电解加工方法得到的整体叶轮,叶轮上的叶片是采用套料

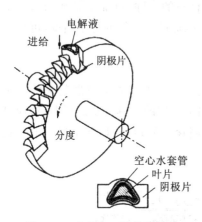

图 12.9 电解加工的整体叶轮

法逐个加工的。加工完一个叶片，退出阴极片（套），经分度后再加工下一个叶片。较之焊接工艺的叶轮，不仅强度大大提高，而且能确保足够的加工精度。

电解加工需采用直流电源，常用的为硅整流电源和晶闸管整流电源。电解加工所用的电解液可分为中性盐溶液、酸性盐溶液和碱性盐溶液三大类。其中中性盐溶液的腐蚀性较小，使用时较为安全，故应用最广。常用的电解液有 $NaCl$、$NaNO_3$、$NaClO_3$ 三种。

2）电解磨削

电解磨削加工原理如图 12.10 所示。加工过程中，磨轮（砂轮）不断旋转，磨轮上凸出的砂粒与工件接触，形成磨轮与工件间的电解间隙。电解液不断供给，磨轮在旋转中，将工件表面由电化学反应生成的钝化膜除去，继续进行电化学反应，如此不断反复，直到加工完毕。

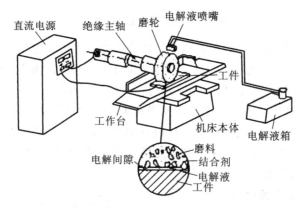

图 12.10 电解磨削加工

电解磨削广泛应用于平面磨削、成形磨削和内外圆磨削。图 12.11 为电解成形磨削加工示意图，其磨削原理是将导电磨轮的外圆圆周按需要的形状进行预先成形，然后进行电解磨削。

3）微细电解加工

微细电解加工是在导电的工作液中将水分解为 H^+ 和 OH^-，工件（阳极）表面的金属原子成为金属正离子融入电解液而被逐层地电解下来，随后与电解液中的 OH^- 发生反应形成金属氢氧化物沉淀，而

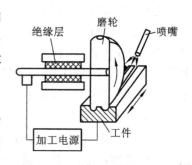

图 12.11 电解成形磨削加工

工具(阴极)并不损耗。加工过程中工具与工件间也不存在宏观的切削力,只要精细地控制电流密度和电解部位,就可实现纳米级精度的电解加工,而且表面不会产生加工应力。常用于镜面抛光精密减薄以及一些需要无应力加工的场合。电解加工应用较广,除叶片和整体叶轮外,已扩大到机匣、盘环零件和深小孔加工。用电解加工可加工出高精度金属反射镜面。目前,电解加工机床的最大电流容量已达到 50000 A,并已实现 CNC 控制和多参数自适应控制。

4. 激光加工

1) 激光加工的工作原理及应用

激光加工(见图 12.12)过程是:利用强度高、方向性好、单色性好的相干光,经聚焦后功率密度达到 $10^7 \sim 10^{11}$ W/cm^2,温度可达 10000 ℃以上,照射到材料上,使材料瞬时急剧熔化和汽化,并爆炸性地高速喷射出来,同时产生方向性很强的冲击。可见,激光加工是工件在光热效应下产生高温熔融和受冲击波抛出的综合过程。

激光加工设备功率大、自动化程度高,普遍采用 CNC 控制、多轴联动,并且装有激光功率监控、自动聚焦、工业电视显示灯辅助系统。

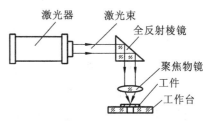

图 12.12　激光加工

目前,激光打孔的最小孔径已达到 0.002 mm,激光切割薄材的速度可达 15 m/min,切缝仅 0.1~1 mm 宽。激光表面强化、表面重熔、合金化、非晶化处理技术应用越来越广,激光微细加工在电子、生物、医疗工程等方面已成为不可替代的特种加工技术。

2) 光学光刻技术

光学光刻属于能量束纳米加工,它能通过光学系统以投影方法将掩模上的大规模集成电路器件的结构图形"刻"在涂有光刻胶的硅片上。限制光学光刻所能获得的最小特征尺寸与光学光刻系统所能获得的分辨率直接相关,而减小光源的波长是提高分辨率的最有效途径。因此,新型短波长光源光刻机的开发一直是国际上的热点。目前,商品化光刻机的光源波长已经从过去的汞灯光源紫外光波段进入深紫外波段(DUV),如用于 0.25 μm 技术的 KrF 准分子激光(波长为 248 nm)和用于 0.18 μm 技术的 ArF 准分子激光(波长为 193 nm)。除此之外,利用光的干涉特性,采用各种波前技术优化工艺参数也是提高光刻分辨率的重要手段。这些技术是运用电磁理论结合光刻实际对曝光成像进行深入分析所取得的突破,其中有移相掩模技术、离轴照明技术、邻近效应校正技术等。运用这些技术,可获得更高分辨率的光刻图形,如 FPA-1000ASI 型扫描步进机的光源为 193 nmArF,通过采用波前技术,可在 300 mm 硅片上实现 0.13 μm 光刻线宽。

光学光刻技术包括光刻机、掩模、光刻胶等一系列技术,涉及光、机、电、物理、化学、材料等多个研究领域。目前,研究人员正在探索更短波长的 F2 激光(波长为 157 nm)光刻技术。由于大量的光吸收,获得用于光刻系统的新型光学及掩模衬底材料是该波段技术的关键。

5. 超声波加工

超声波加工是利用振动频率超过 16000 Hz 的工具头,通过悬浮液磨料对工件进

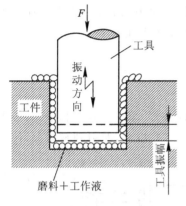

图 12.13　超声波加工原理

行成形加工的一种方法,其加工原理如图 12.13 所示。超声波发生器产生的超声频电振荡,通过换能器转变为超声频的机械振动。变幅杆将振幅放大到 0.01~0.15 mm,再传给工具,并驱动工具端面作超声振动。在加工过程中,工具与工件间不断注入磨料再冲击工件,迫使加工区域内的工件材料不断被粉碎成很细的微粒脱落下来。此外,当工具端面以很大的加速度离开工件表面时,加工间隙中的工作液内可能会由于负压和局部真空而形成许多微空腔。当工具端面再以很大的加速度接近工件表面时,空腔闭合,从而形成可以强化加工过程的

液压冲击波,这种现象称为超声空化。工具不断进给,加工持续进行,工具的形状便被复制在工件上,直到符合零件的尺寸要求。

超声波加工装置如图 12.14 所示。尽管不同功率大小、不同厂家生产的超声波加工设备在结构形式上各不相同,但一般都由高频发生器、超声振动系统(声学部件)、机床本体和磨料工作液循环系统等部分组成。

在实际生产中,超声波加工广泛应用于型孔、型腔的加工(见图 12.15)。

6. 电子束加工

1)电子束加工的工作原理

电子束加工是指利用高速电子的冲击动能来加工工件的方法,其原理如图12.16所示。在真空条件下,将具有很高速度和能量的电子束聚焦到被加工材料上,电子的动能绝大部分转变为热能,使材料局部瞬时熔融、汽化而去除。

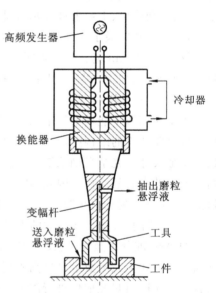

图 12.14　超声波加工装置

控制电子束能量密度的大小和能量注入时间,就可以达到不同的加工目的。例如:只使材料局部加热就可进行电子束热处理;使材料局部熔化就可以进行电子束焊接;提高电子束能量密度,使材料熔化和汽化,就可进行打孔、切割等加工,如图12.17所示;利用较低能量密度的电子束轰击高分子材料时产生化学变化的原理,即可进行电子束光刻加工。

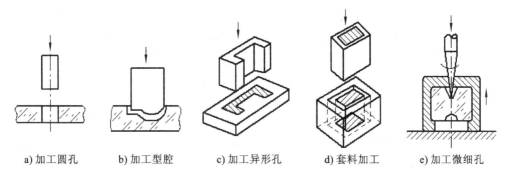

| a) 加工圆孔 | b) 加工型腔 | c) 加工异形孔 | d) 套料加工 | e) 加工微细孔 |

图 12.15　超声波加工的型孔、型腔

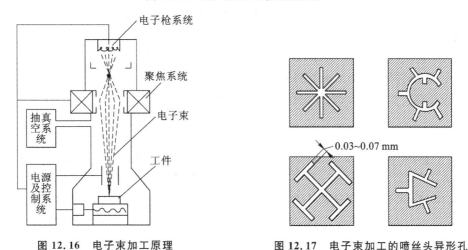

图 12.16　电子束加工原理　　　　　图 12.17　电子束加工的喷丝头异形孔

2）电子束光刻

电子束光刻（EBL）采用高能电子束对光刻胶进行曝光从而获得结构图形。高能电子束的德布罗意波长为 0.004 nm 左右，电子束光刻不受衍射极限的影响，可获得接近原子尺度的分辨率。

电子束光刻可以获得极高的分辨率并能直接产生图形，不但在超大规模集成电路（VLSI）制作中已成为不可缺少的掩模制备工具，也是加工用于特殊目的的器件和结构的主要方法。电子束曝光机的分辨率目前已达 0.1 nm 以下。电子束光刻的主要缺点是生产效率较低，为每小时 5～10 个圆片，远小于光学光刻的每小时 50～100 个圆片。美国开发的角度限制散射投影电子束光刻 SCALPEL 技术令人瞩目。该技术如同光学光刻那样对掩模图形进行缩小投影，并采用特殊滤波技术去除掩模吸收体产生的散射电子，从而在保证分辨率条件下提高产出效率。应该指出，无论未来光刻采用何种技术，电子束光刻都将是集成电路研究与生产不可缺少的基础技术。

7. 离子束加工

离子束加工也是一种新兴的特种加工方法，它的加工原理与电子束加工原理基本类似，也是在真空条件下，将离子源产生的离子束经过加速、聚焦后投射到工件表面的加工部位以实现加工的。所不同的是离子带正电荷,其质量比电子大数千倍乃至数万倍,故在电场中加速较慢,但一旦加至较高速度,就比电子束具有更大的撞击动能。离子束加工是靠微观机械撞击能量转化为热能进行的。

离子束加工的物理基础是离子束射到材料表面时所发生的撞击效应、溅射效应和注入效应。离子束加工可分为五类。

(1)离子刻蚀　离子刻蚀加工原理如图 12.18 所示。所带能量为 $100\sim5000$ eV、直径为十分之几纳米的氩离子轰击工件表面时,此高能离子所传递的能量超过工件表面原子(或分子)间的键合力时,材料表面的原子(或分子)被逐个溅射剥离出来,以达到加工目的,其实质是一种原子尺度的切削加工,又称离子铣削。离子刻蚀可用于加工空气轴承的沟槽、打孔、加工极薄材料及超高精度非球面透镜,还可刻蚀集成电路等的高精度图形。

(2)离子溅射沉积　离子溅射沉积加工原理如图 12.19 所示。采用能量为 $100\sim5000$ eV 的氩离子轰击某种材料制成的靶材,将靶材原子击出并令其沉积到工件表面上并形成一层薄膜。此法实际上为一种镀膜工艺。

图 12.18　离子刻蚀(离子铣削)加工原理　　　图 12.19　离子溅射沉积加工原理

(3)离子镀　离子镀(又称离子溅射辅助沉积)加工原理如图 12.20 所示。在把靶材射出的原子向工件表面沉积的同时,高速中性粒子打击工件表面以增强镀层与基材之间的结合力(可达 $10\sim20$ MPa)。此法适应性强、膜层均匀致密、韧性好、沉积速度快,目前已获得广泛应用。

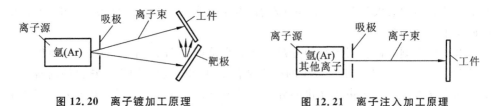

图 12.20　离子镀加工原理　　　　　图 12.21　离子注入加工原理

(4)离子注入　离子注入加工原理如图 12.21 所示。用 $(5\sim500)\times10^3$ eV 的离子束,直接轰击工件表面。离子能量相当大,可使离子钻进被加工工件材料表面层,改变其表面层的化学成分,从而改变工件表面层的物理、力学性能。此法不受温度及注入何种元素及粒量限制,可根据不同需求注入不同离子(如磷、氮、碳离子等)。注入表面元素的均匀性好,纯度高,其注入的粒量及深度可控,但设备费用大,成本高,生产效率较低。

(5)离子束光刻　离子束光刻(IBL)采用液态原子或固态原子电离后形成的离

子通过电磁场加速及电磁透镜的聚焦或准直后对光刻胶进行曝光,其原理与电子束光刻类似,但德布罗意波长更短(小于 0.0001 nm)且具有无邻近效应小、曝光场大等优点。离子束光刻主要包括聚焦离子束光刻(FIBL)、离子投影光刻(IPL)等。其中 FIBL 发展最早,最近实验研究中已获得 10 nm 的分辨率。该技术由于效率低,很难在生产中作为曝光工具得到应用,目前主要用作 VLSI 中的掩模修补工具和特殊器件的修整。

　　由于 FIBL 具有缺点,人们开发了具有较高曝光效率的 IPL 技术。在欧洲和美国的许多企业、高等学校和研究机构,开展了一个名为 MEDEA 的合作项目,旨在解决设备和掩模等方面的问题,目前已取得了不少成果。

　　8. 高压水射流加工

　　高压水射流加工又称为"水切割""水刀"。高压水射流切割的原理是将水增至超高压 $100\sim400$ MPa,经 $\phi(0.15\sim0.4)$ mm 节流小孔射出,使水的压力能转变为射流束的动能(流速高达 900 m/s),用这种高速密集的水射流按划线对材料进行切割(见图 12.22)。磨料水射流切割则是再往水射流中混入磨料粒子,经混合管形成磨料射流进行切割。由于磨料质量大、硬度高,磨料

图 12.22　高压水射流加工

水射流较之普通水射流其射流动能更大,切割效能更强。

12.2.3　特种加工工艺的特点与应用

　　各种常用特种加工工艺特点及应用如表 12.2 所示。

表 12.2　特种加工的工艺的特点及应用

工艺方法	加工工艺特点	应用举例
电火花加工	① 加工时,工具电极与工件之间不接触,所以对工具电极的硬度无要求,能加工任何导电材料,包括硬、脆、韧和高熔点材料; ② 加工时无切削力,有利于加工小孔、薄壁及各种复杂截面的型孔、型腔等零件; ③ 加工精度可达 0.04 mm,表面粗糙度 Ra 可达 0.8 μm,(若采用微细电火花加工,精度可达 $2\sim4$ μm,表面粗糙度 Ra 可达 0.1 μm); ④ 可以加工通孔(电火花穿孔),也可以加工盲孔(电火花成形)	① 加工各种截面形状的型孔、小孔; ② 加工各种模具的型腔和模腔及整体叶轮,叶片等各种曲面零件,表面强化和刻字; ③ 武器中来复线的加工

续表

工艺方法	加工工艺特点	应用举例
电火花线切割加工	① 采用很细的电极丝作工具,不需要先加工出与工件形状相同的电极; ② 只对工件进行轮廓加工,余料仍可利用; ③ 加工中,电极丝不断移动,不会因电极的损耗影响加工精度; ④ 只能加工通孔,并需在工件上加工出穿丝孔	① 加工各种型孔; ② 加工电火花加工的电极; ③ 各种形状复杂的零件,如平面凸轮、螺旋面、扭转锥台等; ④ 能加工小孔、形状复杂的窄缝等
电解加工及电解磨削	① 可加工高硬度、高强度、高韧度的导电材料,如硬质合金、不锈钢、钛合金、耐热钢、耐磨钢等; ② 加工时无切削力和切削热,适合加工易变形零件(如薄壁零件); ③ 生产效率高,为电火花加工的 5~10 倍,在某些条件下比切削加工还高,且生产效率不直接受加工精度和表面粗糙度的影响; ④ 表面质量好,不产生残余应力和变质层,没有飞边毛刺和刀痕,在正常情况下表面粗糙度 Ra 可达 0.2~1.25 μm; ⑤ 电解液对机床及附件有腐蚀作用,电解废料回收处理困难	① 复杂成形模具和零件,如汽车连杆、锻模、航空航天发动机的扭曲叶片,汽轮机定子、转子的扭曲叶片,炮膛内管中的螺旋"膛线",齿轮、液压件内孔的去毛刺、扩孔、抛光等; ② 电镀、电铸工艺可以复制复杂精细的表面
激光加工	① 几乎对所有的金属和非金属材料都可以进行加工; ② 激光能聚集成极小的光斑,可进行微细和精密加工,如微细窄缝和微型孔的加工; ③ 可用反射镜将激光束送到远离激光器的隔离室或其他地方进行加工; ④ 加工时不需用刀具,属于非接触加工,无机械加工变形,热变形小; ⑤ 不需加工工具和特殊环境,便于自动控制连续加工,加工效率高	① 激光打孔,如钟表或仪表的宝石轴承孔,钻石拉丝模具,化学纤维的喷丝头以及火箭或柴油发动机中的燃料喷嘴等; ② 激光切割,常用来加工玻璃、陶瓷、各种精密细小的零件; ③ 激光打标,广泛应用于电子元器件、汽摩配件、医疗器械、通信器材等产品的加工,用于烟酒食品防伪等; ④ 激光焊接,既可焊接同种材料,也可焊接异种材料,还可透过玻璃进行焊接

续表

工艺方法	加工工艺特点	应用举例
超声波加工	① 适合加工各种硬脆材料,特别是某些不导电的非金属材料,如玻璃、陶瓷、石英、硅、玛瑙、宝石、金刚石等,也可以加工淬火钢和硬质合金等材料,但效率相对较低; ② 加工时宏观切削力很小,不会引起变形、烧伤,表面粗糙度很小; ③ 加工机床结构和工具均较简单,操作和维修方便; ④ 生产效率较低	① 适合加工薄壁、窄缝、低刚度的零件; ② 易于制造形状复杂的型孔; ③ 广泛用于硬脆材料的切割、雕刻,以及孔、套和金刚石拉丝模的加工
电子束加工	① 电子束能够极其微细地聚焦(可达 $1 \sim 0.1$ μm),故可进行微细加工; ② 由于电子束能量密度高,可使任何材料瞬时熔化、汽化且机械力的作用极小,不易产生变形和应力,故能加工各种力学性能的导体、半导体和非导体材料; ③ 加工在真空中进行,污染少,加工表面不易被氧化; ④ 电子束加工需要整套的专用设备和真空系统,价格较高,故在生产中受到一定程度的限制	① 常用来加工精度要求很高的小孔、异形孔及特殊曲面; ② 电子束光刻、电子束焊接等均用于微细加工中
离子束加工	① 是目前特种加工中最精密、最微细的加工,离子刻蚀可达纳米级精度,离子镀膜可控制在亚微米级精度,离子注入的深度和浓度亦可精确地控制; ② 在高真空中进行,污染少,特别适合加工易氧化的金属和半导体材料; ③ 加工应力和变形极小,适合加工各种材料和刚度较小的零件	主要应用于刻蚀加工(如加工空气轴承的沟槽,加工极薄材料等)、镀膜加工(如在金属或非金属材料上镀制金属或非金属材料)、注入加工(如某些特殊的半导体器件)等
高压水切割加工	① 切割加工适应性广,可以加工各种硬脆材料、韧性材料和各种金属材料; ② 高压磨料水射流切割无尘、无味、无毒、无火花、振动小、噪声低; ③ 适合恶劣的工作环境和有防爆要求的危险环境; ④ 成本较低	切割各种金属、非金属材料,如模具钢、硬质合金、钛镍合金、陶瓷、玻璃等

思考题与习题

12.1　常用的光整加工有哪些工艺方法？分别简述其加工原理。

12.2　举例说明研磨、珩磨、超级光磨及抛光各适用的场合。

12.3　以超级光磨外圆表面为例说明超级光磨的加工过程。

12.4　试从工件表面质量的改善程度、工艺特点、应用范围等方面对几种光整加工方法加以比较。

12.5　举例说明微细加工的应用状况和前景。

12.6　纳米机械加工主要有哪些种类？

12.7　能量束加工采用的能源种类有哪些？

12.8　何谓特种加工？按所使用的能量不同，特种加工分为哪些种类？

12.9　简述电火花加工的原理及特点？

12.10　电火花加工中，对电极有何要求？

12.11　总结电火花成形加工与电火花线切割加工的异同。

12.12　电火花加工原理与电弧焊加工原理有何不同？

12.13　简述电解加工的成形原理。

12.14　电解加工与电火花加工所采用的电源有何不同？

12.15　简述超声波加工的原理，为什么超声波加工的工具材料可以比工件材料的硬度低？

12.16　激光加工有哪些应用？

12.17　举例说明电子束和离子束的工作原理及特点。

12.18　举例说明电子束和离子束加工的应用状况。

12.19　若需在某防火要求高的场地切割高合金工具钢、模具钢，应选用何种方法？为什么？

12.20　试归纳各种能量束加工技术的工作原理及特点。

第 13 章

表面工程技术

表面工程是现代制造技术的重要组成部分,同时又对制造技术的创新提供了重要的工艺支持。表面工程可促进机械产品结构的创新、产品材料的创新及产品性能的大幅提升。

表面工程又是再制造工程的关键技术之一。在当今人类经济发展进程中,充分发挥表面工程技术的功能,不仅是减摩防损、延长零件使用寿命、减少零件材料消耗的需要,而且是对废旧机电产品实施再制造的需要,是节能、节材、保护环境的必然选择,是构建节约型社会、发展低碳经济、落实人与自然和谐发展的重要举措。

13.1 概述

表面工程是经表面预处理后,通过表面涂覆、表面改性或表面复合处理,改变固体金属表面或非金属表面的化学成分、组织结构、形态和应力状态等,以获得所需要表面性能的系统工程。它是近代技术与经典表面工艺相结合而繁衍、发展起来的,有坚实的科学基础,具有明显的交叉、边缘学科的性质和极强的实用性。

1. 表面工程技术的分类

表面工程技术种类繁多,按照表面工程技术的特点,可将其分为五大类。

(1)表面扩渗改性技术 表面扩渗改性技术是指将原子或离子渗入基体材料的表面,改变基体表面的化学成分,从而改变其性能的一种技术,如化学热处理、化学转化膜、阳极氧化、表面合金化等。

(2)表面处理技术 表面处理技术是指通过加热或机械处理等方法,在不改变材料表层化学成分的情况下,使其结构发生变化,从而改变其性能的一种技术,如表面淬火、激光重熔、喷丸、滚压等。

(3)表面涂覆技术 表面涂覆技术是指利用外加涂层或镀层的性能使基材表面性能优化,基材基本上不参与涂、镀层的反应的一种技术,如涂料涂装、热浸镀、热喷镀、电镀、化学镀和气相沉积等。

(4)复合表面技术 复合表面技术是指综合运用多种表面工程技术,通过发挥各表面工程技术间的协同效应,从而改善其表面性能的一种技术。

(5)纳米表面工程技术 纳米表面工程技术是指以传统表面工程技术为基础,通过引入纳米材料、纳米技术进一步提升其表面性能的一种技术。

2. 表面工程技术的应用

表面工程技术的应用是多种多样的,最主要的应用是提高材料表面的耐蚀性、耐磨性及获得电、磁、光、声等功能性表面层。一般可分为如下几个方面:

① 在廉价而力学性能好的基体材料上进行表面处理,以提高材料抵御环境作用的能力。如在一般钢材上施加耐酸、碱等化学介质的防腐涂层,可延长化工设备的使用寿命;在铁基高温合金上施加 ZrO_2 等高温陶瓷涂层,可提高航空发动机涡轮叶片的工作温度。

② 材料经表面处理后可获得具有特殊功能的表面。使用磁控溅射技术在金属、陶瓷、塑料表面反应沉积一层金黄色的 TiN,可形成仿金装饰涂层,既美观又牢固,同时可节省大量黄金;应用反应磁控溅射技术在硬盘高速磁头表面形成 Al_2O_2 耐磨损膜,可大大延长磁头的寿命;复合渗硼可成倍提高材料的耐磨性、耐蚀性、热硬性及热疲劳性能。

③ 可以节约材料、节省能源、改善环境。高、中温炉内壁涂以远红外辐射涂层可节电约 30%;用表面沉积铬层的塑料部件替代汽车上某些金属部件如格板等,可减轻汽车重量,增加单位燃料平均行驶里程。

④ 在发展新兴技术和学术研究中的应用。沉积新技术在微电子领域中应用日益广泛;等离子化学气相沉积的 Si_3N_4 和 Al 可作为大规模集成电路的内联线路和中门电极;离子镀沉积 InN 可作为半导体或光电转换器。

⑤ 在产品修复中起着重要作用。现代机械制造工业的飞速发展,对机械零件的要求日益提高,一些重要的零件必须在高速、高温、高压和重载条件下工作,表面层的任何缺陷,不仅直接影响零件的工作性能,而且使零件加速磨损、腐蚀而失效。利用表面工程技术中的电镀、电刷镀或沉积等工艺修复机床导轨、立柱、阀芯、阀座、柱塞、缸体、齿轮、轴或轴套等零件,使磨损后的零件恢复原有尺寸和精度,从而使机电产品的寿命大大延长。

表面工程涉及面广、信息量大,是多种学科交叉、渗透与融合形成的一种通用性工程技术,已渗透到信息技术、生物技术、新材料技术、新能源技术、海洋开发技术、航空航天技术中,具有实用性、科学性、先进性、装饰性、修复性、经济性。粗略统计,其产生的经济效益是技术投资本身的 8～9 倍。

13.2　表面组织和性质

零件表面组织和性质对防止零件磨损、腐蚀有着重要作用,因此对零件表面质量和表面工程技术的研究日益得到重视。

13.2.1　表面完整性

零件材料表面的完整性通常指零件加工后的表面纹理和表面层冶金质量,又称表面层质量。表面纹理主要包括粗糙度、波纹度、刀纹方向、宏观裂纹、皱褶和撕裂等;表面层冶金质量主要包括显微结构变化、再结晶、晶间腐蚀、显微裂纹、塑性变形及加工硬化,残余应力、合金贫化等。受加工影响而在零件表面下一定深度处产生的受扰材料层称为表面层。表面层的深度通常为百分之几毫米,在特殊的加工条件下可达 0.3 mm 左右。

在零件的机械加工中,零件表面完整性状态变化,虽然只发生在很薄的表面层上,但它对零件使用性能和寿命产生了重要的影响。

1. 表面粗糙度对零件使用性能的影响

(1) 对摩擦和磨损的影响　零件实际表面越粗糙,摩擦系数就越大,两相对运动表面磨损就越快。

(2) 对配合性质的影响　表面粗糙度会影响到配合性质的稳定性。对间隙配合,会因表面微观不平度的峰尖在工作过程中很快磨损而使间隙增大。对过盈配合,粗糙表面轮廓的峰顶在装配时被挤平,实际有效过盈减小,降低了连接强度。

(3) 对疲劳强度的影响　表面越粗糙,表面微观不平的凹谷就越深,应力集中就会越严重,零件在交变应力作用下,零件疲劳损坏的可能性越大,疲劳强度就越低。

(4) 对耐蚀性的影响　粗糙的表面易于使腐蚀性物质附着于表面的微观凹谷,并渗入金属内层,造成表面锈蚀。

(5) 对接触刚度的影响　表面越粗糙,表面间的实际接触面积就越小,单位面积受力就越大,这就会使峰顶处的局部塑性变形加剧,接触刚度减小,影响机器的工作精度和减振性。

2. 表面层残余应力对零件使用性能的影响

在没有外力作用情况下,零件表面层及其基体材料交界处所产生的为保持平衡而存留的应力,称为表面层残余应力。表面层残余应力的产生原因是:①在切削过程中由塑性变形而产生的机械应力;②由切削加工中切削温度的变化而产生的热应力;③由相变引起体积变化而产生的应力。表面层残余应力对零件的使用性能有很大影响。一般说来,如果残余应力为压应力,并在表面层内足够大且分布合理,可部分抵消工作载荷所施加的拉应力,使零件的疲劳强度提高;而残余应力为拉应力,则会使裂纹加剧,降低零件的疲劳强度,也会造成应力腐蚀。

3. 加工硬化对零件使用性能的影响

表面加工硬化通常对常温下工作的零件较为有利,有时能提高其疲劳强度,但对高温下工作的零件则不利。由于零件表面层硬度在高温作用下发生改变,零件表面层会发生残余应力松弛,塑性变形层内的原子扩散迁移率就会增加,从而导致合金元素加速氧化和晶界层氧化。此时,加工硬化层越深、冷作硬化程度越大、温度越高、时间越长,塑性变形层内的上述变化过程就越剧烈,零件沿加工硬化层晶界形成表面起始裂纹的可能性就越大。起始裂纹进一步扩展就会成为疲劳裂纹,从而使零件疲劳强度降低。

4. 微观裂纹对零件使用性能的影响

机械加工中,材料的热态塑性变形和相变占主导地位时,由热影响而引起了残余拉应力、表面烧伤等极易引起裂纹,对零件使用性能有很大危害。例如:在磨削导热性能差的高强度合金钢时,表面易产生裂纹;在磨削硬质合金时,由于其脆性大、抗拉强度低、导热性差等,极易产生裂纹;磨削碳钢时,含碳量越高越容易产生裂纹。另外,热处理方法对磨削裂纹的产生也有一定影响。渗碳钢和渗氮钢受温度影响易在晶界面析出脆性碳化物和氮化物,故磨削时也易于出现网状裂纹。

零件表面微裂纹的存在不仅使零件的耐蚀能力和耐摩擦磨损能力降低,而且成为裂纹源,使在交变载荷作用下的机械零件极易发生疲劳破坏。

飞行器事故和故障的分析表明:疲劳破坏大多起源于工作应力高、形状复杂、工作条件恶劣的飞行器零件表面或接近表面的部位,而表面微裂纹的存在则成为这些零件的致命弱点。这个问题起先并未为人们所认识,设计和修理人员只是单纯地选择高强度的材料或增加零件的截面面积。这样既提高了成本又增加了零件重量,还不能根本防止事故的发生。重要受力零件多用高强度或高温材料(包括各种高温合金、钛合金、高强度合金钢等)制成,在高温、高速条件下承受反复载荷作用和腐蚀介质的侵蚀时,表面层的质量严重影响这类零件的可靠性和使用寿命。

常见的表面层质量问题有:飞机起落架零件在磨削加工时烧伤,镍基铸造合金发动机涡轮叶片榫头产生磨削裂纹,切削加工后表面层的残余拉应力造成零件畸变和疲劳强度降低,含氯离子的切削液对钛合金耐应力磨蚀的能力减弱,加工过程中由于对氢、氧等元素的化学吸收引起的脆性,在电火花加工或激光加工中由表面的再铸层引起疲劳强度降低等。

13.2.2　组织结构

1. 材料表面的宏观组织结构

在大多数情况下,人们对具有光亮和整洁表面的物体会感到赏心悦目。材料表面的粗糙度和清洁度是人们在材料表面宏观认识中总结出来的两个重要基础概念,粗糙度是衡量材料表面平整性的指标,清洁度是衡量材料表面残留吸附污物的指标。

任何实际的材料表面都有凹凸不平的表面轮廓,常用表面粗糙度来定量描述。

清洁度是零件材料宏观组织结构的另一度量。为保证工艺质量,几乎所有表面工程技术,包括电镀、化学镀、热喷涂、阳极氧化、物理气相沉积和化学气相沉积等,都要求工件具有清洁的表面。如果一块材料在高真空中断裂,断面没有任何外来污染物存在,可以视之为完全清洁的表面。但是一般工件存放在空气环境下,并经过多道机械加工,接触过许多污染物,如水分,酸、碱、盐腐蚀介质颗粒和灰尘等表面腐蚀产物,也会吸附机加工油脂等,是不清洁的,宏观上会发生氧化反应,形成不同于基体材料性能的氧化产物,所以必须经过清洗工艺。视污染物不同,清洗工艺可分为物理清洗和化学清洗。物理清洗是利用溶剂溶解污染物,或用超声波等能量脱除表面污染物。化学清洗使用化学品与污染物反应,反应产物溶于溶剂中后除去。

2. 材料表面的微观组织结构

有了清洁的表面,就可以深入地了解材料表面的微观结构,了解表面原子的排列规律、表面微观缺陷等。

（1）表面台阶结构　早在 20 世纪 20 年代,考塞尔（M. Kossel）和斯春斯基（I. N. Stranski）提出了材料表面微观结构的物理模型,这一模型沿用至今。该模型认为材料表面微观结构主要以台面（terrace）-台阶（ledge 或 step）-扭折（kink）为特征,所以简称 TLK 模型,如图 13.1 所示。台阶的转折处称为扭折。根据表面自由能最小的原则,台面和台阶面一般都为低指数面,如（111）、（110）、（100）等。台面上的原子配位数比体内少,台阶上原子的配位数比台面少,扭折处原子的配位数更少,这些特殊位置的原子的价键具有不同程度的不饱和性。所以,台阶和扭折处容易成为晶体的生长点、优先吸附位置、催化反应活性中心、腐蚀反应起点。一般说来,台面、台阶和扭折处常有吸附原子或分子,台面上还会有原子空位。

（2）表面弛豫　TLK 模型是假定表面原子层上位置是根据体相晶格严格外延的结果。事实上,表面原子层间距与体相原子层间距是不一样的,有少量的收缩或

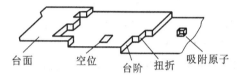

台面　　　空位　　　台阶　扭折　　吸附原子

图 13.1　材料表面微观组织模型示意图

膨胀。这是由于表层原子所受应力场与体相原子不一样,为了使体系能量最低,表面上的原子会做偏离正常晶格位置的向上或向下的位移。这种自然的位移叫做表面弛豫（surface relation）。对大部分金属来说,表层间距是收缩的。例如,镍（100）面的体相晶面间距是 0.222 nm,而面层和下层原子面间距是 0.241 nm,收缩 19.8%。铝（111）面的体相晶面间距为 0.233 nm,而面间距是 0.241 nm,膨胀约 3.4%。

（3）表面重构　由于表面原子配位数的不足,表面原子偏离体相外延的晶格位置,在表面二维晶格上找到最合适的位置。这种表面原子位置的改变叫做表面重构（surface reconstruction）。这种重构也会影响到表层下面的几个原子层。这种表面重构可以从低能电子衍射图样上反映出来。

（4）表面晶格缺陷　表面台阶结构中存在表面空位,表面缺陷主要是表面空位、表面间隙原子、位错露头和表面晶界等。这和体相晶格中的缺陷是类似的。

13.2.3　表面粗糙度

对大多数机械零件来说,表面粗糙度是影响使用性能和使用寿命的重要因素。因此在机械零件设计时,不仅规定了零件的尺寸精度和形状位置精度要求,一般也要规定了零件表面的粗糙度要求。减小零件表面粗糙度也成为提高机械产品质量的重要措施之一。

减小零件表面粗糙度的措施很多,常用的是研磨、抛光、滚压、电镀等。在机械加工中,已加工表面粗糙度按其在加工过程中的形成方向分为纵向和横向粗糙度,一般将沿切削速度方向的粗糙度称为纵向粗糙度,垂直于切削速度方向（沿进给运动方向）的粗糙度称为横向粗糙度。一般纵向粗糙度的大小主要取决于切削过程中产生

的积屑瘤、鳞刺、刀具的边界磨损及加工过程中的变形与振动；横向粗糙度的产生除上述原因外，重要的是受残留面积高度及副刀刃对已加工表面的挤压而产生的材料隆起等因素所支配，一般横向粗糙度比纵向粗糙度大得多。

为了减小表面粗糙度，通常选择较高的切削速度，较小的进给量，较大的前角、后角和副偏角，正确选用切削液，在精加工中防止积屑瘤产生，提高工艺系统刚度等。

13.3　摩擦学简介

摩擦学是研究相对运动的作用表面间的摩擦、润滑和磨损，以及三者间相互关系的理论与应用的一门边缘学科。

有资料表明，80%的机械故障是由摩擦磨损引起的。据估计，世界上使用的一次性能源有 $1/3\sim1/2$ 消耗于摩擦，据英、美、德等国的统计，每年与摩擦磨损相关的损失相当于 GDP 的 2% 以上。因此，控制摩擦、减少磨损、改善设备润滑，已成为节约原料、改善运行状态、改进设计、提高质量、减少污染、延长设备使用寿命、节约能源、降低成本的重要技术措施。解决这些问题的关键理论之一就是摩擦学。国外有人已将润滑称之为"润滑经济"。摩擦学也是发展最快的学科之一。

摩擦学研究的对象很广泛，包括：机械工程中的静、动摩擦问题，如滑动轴承与轴、齿轮副、螺杆与螺母、磁带与录音头等；零件表面受工作介质摩擦（或碰撞、冲击），如犁铧与泥土、水轮机转轮与水流的摩擦等；机械制造工艺的摩擦学问题，如金属成形加工、切削加工和超精加工等；弹性体摩擦，如汽车轮胎与路面的摩擦、弹性密封的动力渗漏等；特殊工况条件下的摩擦学问题，如宇宙探索中遇到的高真空、低温或高温和离子辐射，深海作业的高压、腐蚀、润滑剂稀释和防漏密封等。此外，在生物、地质以及日常生活中也存在大量的摩擦学问题。

摩擦学涉及许多学科。如完全流体润滑状态的滑动轴承的承载油膜，基本上可以运用流体力学的理论来解释。但齿轮传动和滚动轴承这类点、线接触的摩擦，还需要考虑接触变形和高压下润滑油黏度变化的影响；在计算摩擦阻力时则需要认真考虑油的流变性质，甚至要考虑瞬时变化过程的效应，而不能把它简化成牛顿流体。

随着科学技术的发展，摩擦学的理论和应用必将由宏观进入微观，由静态进入动态，由定性进入定量，成为系统综合研究的领域。

13.3.1　摩擦

两个相互接触的物体，在外力作用下发生相对运动或具有相对运动趋势时，在接触面上发生阻碍相对运动的现象称为摩擦。

1. 摩擦的分类

1）按摩擦副的运动形式分类

① 滑动摩擦，是指两接触物体作相对滑动时的摩擦。

② 滚动摩擦，是指两接触物体沿接触表面滚动时的摩擦。

③ 自旋摩擦,是指物体沿垂直于接触表面的轴线作自旋转运动时的摩擦。在分类时此类摩擦有时不作为单独的摩擦形式出现。

2) 按摩擦副的运动状态分类

① 静摩擦,是指当物体在外力作用下对另一物体产生微观预位移(如弹性和塑性变形等),但尚未发生相对运动时的摩擦。在即将开始相对运动的瞬间的静摩擦称为最大静摩擦或极限静摩擦。此时的摩擦系数称为静摩擦系数。

② 动摩擦,是指具有相对运动的两表面之间的摩擦。此时的摩擦系数称为动摩擦系数。

3) 按摩擦副表面的润滑状况分类

① 干摩擦,是指两物体表面间名义上无任何形式的润滑剂存在时的摩擦。严格地说干摩擦时在接触表面上无任何其他介质,如自然污染膜、润滑剂膜及湿气等。

② 边界摩擦,是指作相对运动的摩擦副表面之间的摩擦。其特性与润滑剂膜体积黏度关系不大,而主要是由表面性质与极薄层(约为 $0.1\ \mu m$)的边界润滑剂性质所决定的。

③ 流体摩擦,是指摩擦副表面被一层连续的润滑剂薄膜完全隔开时的摩擦。这时流体摩擦发生在界面的润滑剂膜内,摩擦阻力由流体黏性阻力或流变阻力决定。

④ 混合摩擦,是指在摩擦副表面之间同时存在着干摩擦、边界摩擦和流体摩擦的混合状况下的摩擦。混合摩擦一般以半干摩擦或半流体摩擦形式出现。半干摩擦是指在摩擦副表面上同时存在着边界摩擦和干摩擦的混合摩擦。半流体摩擦是指在摩擦副表面上同时存在着流体摩擦和边界摩擦或干摩擦的混合摩擦。

4) 按摩擦发生的位置分类

① 外摩擦,是指两个相互接触的物体界面之间发生的摩擦,即一般所指的摩擦。

② 内摩擦,是指同一物体内诸部分之间发生的摩擦。内摩擦一般发生在润滑剂之类的流体内,但也可能发生在固体内,如石墨、二硫化铝等固体润滑剂内。

2. 摩擦的机理

多用机械理论来描述摩擦的机理:外摩擦具有双重特性,即不仅要克服对偶表面分子间作用力,而且还要克服使表面层形状畸变而引起的机械阻力(变形阻力)。具体地说,作相对运动的对偶表面在法向载荷下接触时,由于表面粗糙,首先是表面上的微凸体的峰接触,相互啮合,较硬表面微凸体嵌入较软表面,接触点的压力增高,实际接触面积增大,当压力达到压缩屈服点以后,将产生塑性变形。在表面作切向运动时,这些微凸体将"犁削"表面,使表面层畸变。与此同时,在表面间存在的分子间力使表面黏附,生成结点,严重者生成微小的固相焊合点,在表面作切向运动时将这些黏附连接剪断,如图 13.2 所示。

3. 滚动摩擦

滚动接触通常可分为四个类型:①自由滚动;②同时承受切向牵引力的滚动;③在槽形滚道中的滚动;④沿曲线滚道滚动。实际上对某一具体滚动体的滚动来说,

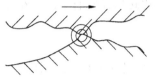  

a) 第一阶段，弹性变形、塑性　　　b) 第二阶段，黏附连接　　　c) 第三阶段，剪切结点，弹性恢复
变形、犁沟

图 13.2　单个微凸体的摩擦过程

常常是一种综合的滚动,如车辆的传动轮是①、②两类滚动的综合,径向球轴承是①、
②、③三类滚动的综合等。

13.3.2　磨损

磨损是零部件失效的一种基本类型。通常意义上来讲,磨损是指零部件几何尺寸(体积)变小。零部件失去原有设计所规定的功能称为失效。失效包括完全丧失原定功能;功能降低和有严重损伤或隐患,继续使用会失去可靠性和安全性。

1. 磨损的分类

① 磨料磨损,即物体表面与硬质颗粒或硬质凸出物(包括硬金属)相互摩擦引起的表面材料损失。

② 黏着磨损,即摩擦副相对运动时,由固相焊合作用造成的接触面金属损耗。

③ 表面疲劳磨损,即两接触表面在交变接触压应力的作用下,材料表面因疲劳而产生的物质损失。

④ 腐蚀磨损,即零件表面在摩擦的过程中,表面金属与周围介质发生化学或电化学反应而出现的物质损失。

⑤ 微动磨损。两接触表面间没有宏观相对运动,但在外界变动负荷影响下,有小振幅(小于 $100~\mu m$)的相对振动,此时接触表面间产生大量的微小氧化物磨损粉末,因此造成的磨损称为微动磨损。

前三类是磨损的基本类型,后两类只在某些特定条件下才会发生。

各类磨损失效特征如表 13.1 所示。

表 13.1　各类磨损失效特征

磨损形式	表面特征	磨削特征	典型零件
磨粒磨损	表面和划痕或犁沟	条状或切削状	挖掘机斗齿,矿机、桩机、研磨机、泥浆泵中的零件
黏着磨损	表面有细条痕、金属转移、咬死等	片状或层状	蜗轮、蜗杆、凸轮顶杆、缸套活塞环、刀具等
疲劳磨损	表面有麻坑麻点、剥落	块状	滚动轴承、齿轮、车轮、轧辊等
腐蚀磨损	表面有反应膜、较光亮	碎片或粉末状	化工机械零件
微动磨损	表面有反应氧化物、微坑	粉末状	摩擦片、轴颈、轴肩、紧固件等

2. 磨损的机理

1）裂纹从表面上产生

摩擦副两对偶表面在接触过程受到压应力和切应力的反复作用,表层材料必然产生塑性变形而导致表面硬化,最后在表面的应力集中源(如切削痕、碰伤、腐蚀或其他磨损的痕迹等)出现初始裂纹。若滚动体的运动方向与裂纹方向一致,在润滑油楔入裂纹中后接触到裂口时,裂口封住,裂纹中的润滑油则被堵塞在裂纹内,同时会产生很大压力使裂纹扩展,再经交变应力作用,裂纹发展到一定深度后成为悬臂梁形状,在油压作用下材料从根部断裂而在表面形成扇形的疲劳坑,造成表面疲劳磨损。这种磨损称为点蚀。点蚀主要发生在高质量钢材以滑动为主的摩擦副中,这种磨损的裂纹形成时间很长,但扩展速度十分迅速。

2）裂纹从表层下产生

两点(或线)接触的摩擦副对偶表面,最大压应力发生在表面,最大切应力发生在距表面 $0.786a$(a 是点或线接触区宽度的一半)处。在最大切应力处,塑性变形最剧烈,且在交变应力作用下反复变形,使该处材料局部弱化而出现裂纹。裂纹首先顺滚动方向平行于表面扩展,然后分叉延伸到表面,使表面材料呈片状剥落而形成浅凹坑,造成表面疲劳磨损。这种磨损称为鳞剥。若在表层下最大切应力处附近有非塑性夹杂物,造成应力集中,则极易早期产生裂纹而引起疲劳磨损。这种表面疲劳磨损主要发生在以滚动为主的一般质量的钢制摩擦副中,通常是滚动轴承的主要破坏形式。这种磨损的裂纹形成时间较短,但扩展速度较慢。这种从表层下产生裂纹的疲劳磨损通常是滚动轴承的主要破坏形式。

滚动接触疲劳磨损要经过一定的应力循环次数之后才发生明显的磨损,并很快形成较大的磨屑,使摩擦副对偶表面出现凹坑而丧失其工作能力;而在此之前磨损极微,可以忽略不计。这与黏着磨损和磨粒磨损从一开始就发生磨损并逐渐增大的情况完全不同。因此,对滚动接触疲劳磨损来说,磨损度或磨损率似乎不是一个很有用的参数,有意义的是表面出现凹坑前的应力循环次数。

3. 影响磨损的因素

1）材料性能

(1) 钢的磨损　钢中的非塑性夹杂物等对疲劳磨损有严重的影响。如钢中的氮化物、氧化物、硅酸盐等带棱角的质点,在受力过程中,其变形不能与基体协调而形成空隙,构成应力集中源,在交变应力作用下出现裂纹并扩展,最后导致疲劳磨损早期出现。因此,选择含有害夹杂物少的钢(如轴承均采用高级优质钢),对提高摩擦副抗疲劳磨损能力有着重要意义。

(2) 铸铁的磨损　在某些情况下,铸铁的抗疲劳磨损能力优于钢,这是因为钢中微裂纹受摩擦力的影响具有一定方向性,且也容易渗入油而扩展;而铸铁基体组织中含有石墨,裂纹沿石墨发展且没有一定方向性,润滑油不易渗入裂纹。

(3) 聚合物的磨损　聚合物的滑动磨损机理与金属相似,其主要差别在于金属的变形为弹性变形或塑性变形,而聚合物为黏弹性-塑性变形,而且弹性模量、硬度和熔化温度较低,导热性较差,因而对所加载荷、温度与滑动速度较敏感。聚合物还会因光、热、氧、高能射线、介质及各类应力的长期作用而老化、蠕变等,加速磨损过程。

(4)陶瓷的磨损　陶瓷的磨损机理在很多方面与金属相似,所不同的是陶瓷比较脆而易产生裂纹,导热性差而使截面产生极高的温度。陶瓷的优点是抗压强度和硬度较高,耐热、化学稳定性好。陶瓷的磨损有两种形式:黏附磨损与磨粒磨损。在大气或润滑的条件下,陶瓷的黏附磨损率是非常低的。当两个表面接触时,如果其中之一的硬度显著低于另一表面,将发生磨料磨损。

2)硬度

一般情况下,材料抗疲劳磨损能力随表面硬度的增大而增强,而表面硬度超过一定值后则情况相反。

钢的心部硬度对抗疲劳磨损有一定影响,在外载荷一定的条件下,心部硬度越高,产生疲劳裂纹的危险性就越小,因此应合理地、有限地提高渗碳钢心部硬度。心部韧度太小也容易产生裂纹。此外,钢的硬化层厚度也对抗疲劳磨损能力有影响,硬化层太薄时,疲劳裂纹将出现在硬化层与基体的连接处而易形成表面剥落,因此,选择硬化层厚度时,应使疲劳裂纹产生在硬化层内。

齿轮副的硬度选配,一般要求大齿轮硬度低于小齿轮,这样有利于跑合,使接触应力分布均匀和对大齿轮齿面产生冷作硬化作用,从而有效地延长齿轮副寿命。

3)摩擦力

接触表面的摩擦力对抗疲劳磨损有着重要的影响。通常,纯滚动的摩擦力只有法向载荷的1%~2%,而引入滑动以后,摩擦力可增加到法向载荷的10%甚至更大。摩擦力作用使最大切应力位置趋于表面,增加了裂纹产生的可能性,加速了接触疲劳的过程。此外,摩擦力所引起的拉应力会促使裂纹扩展加速。

4)表面粗糙度

在接触应力一定的条件下,表面粗糙度越小,抗疲劳磨损能力越高;当表面粗糙度小到一定值后,它对抗疲劳磨损能力的影响减小。如滚动轴承,当 Ra 为 $0.32\ \mu m$ 时,其轴承寿命比 Ra 为 $0.63\ \mu m$ 时高 2~3 倍;当 Ra 为 $0.16\ \mu m$ 时,其轴承寿命比 Ra 为 $0.32\ \mu m$ 时高 1 倍;当 Ra 为 $0.08\ \mu m$ 时,其轴承寿命比 Ra 为 $0.16\ \mu m$ 时高 0.4 倍,Ra 为 $0.08\ \mu m$ 以下时,其变化对疲劳磨损影响甚微。如果接触应力太大,则无论表面粗糙度多么小,其抗疲劳磨损能力都很小。此外,零件表面硬度越高,其表面粗糙度也就越小,抗疲劳磨损能力也就越大。

5)润滑

润滑油的黏度越高,抗疲劳磨损能力也越大;在润滑油中适当加入添加剂或固体润滑剂,也能提高抗疲劳磨损能力;润滑油的黏度随压力变化越大,其抗疲劳磨损能力也越大;润滑油中含水量过多,对抗疲劳磨损能力影响也较大。此外,接触应力的大小、循环速度、表面处理工艺、润滑油量等因素,对抗疲劳磨损能力也有较大影响。

4. 磨损试验与评定

由于磨损的复杂性,常常是多种磨损形式同时出现。在实际运转过程中,磨损类型还可能发生转化,因此试验条件尽可能接近零件的实际服役条件。除在实验室进行耐磨试验外,有必要时,还可进行中间台架和实际使用考核。

(1) 常用的磨损量评定方法

① 称重法,测量磨损试验前后试样重量变化。

② 测长法,测量磨损试验前后,试样表面法向尺寸的变化。

③ 化学分析法,测定润滑剂中磨损产物量或产物组成。

④ 同位素法,测量磨屑的放射性强度(试样经镶嵌、辐照、熔炼等方法使之具有放射性)再换算成磨损量。

⑤ 人工测量基准法,包括划痕法、压痕法、切槽法或磨槽法、台阶法等。

(2) 磨损量的表示方法

① 磨损率。磨损率是一个相关联的磨损参数,以磨损量与产生磨损的行程或时间之比来表示。对应于不同的磨损量计量方式,磨损率有线磨损率、面积磨损率和体积磨损率之分。磨损量与行程之比的磨损率为磨损强度,磨损量与时间之比的磨损率为磨损速度。

例如,线磨损强度 I_h 这一参数定义为

$$I_h = h_w/S_f$$

式中　　h_w——线磨损量,即磨损高度(或深度);

　　　　S_f——磨损行程。

② 磨损系数。试验件的磨损量与磨件的磨损量之比。

③ 相对磨损性。磨损系数的倒数。

13.3.3　润滑

1. 润滑的作用

润滑的目的是在机械设备摩擦副相对运动的表面间加入润滑剂以降低摩擦阻力和能源消耗,减少表面磨损,延长使用寿命,保证设备正常运转。润滑的作用有以下几个方面:

(1) 降低摩擦力　在摩擦副相对运动的表面间加入润滑剂后,形成润滑剂膜,将摩擦表面隔开,使金属表面间的摩擦转化成具有较低抗剪强度的油膜分子之间的内摩擦,从而降低摩擦阻力和能源消耗,使摩擦副运转平稳。但对于汽车自动变速装置和制动器等,润滑的作用则是控制摩擦。

(2) 减少磨损　在摩擦表面形成的润滑剂膜,可降低摩擦并支承载荷,因此可以减少表面磨损及划伤,保持零件的配合精度。

(3) 冷却作用　采用液体润滑剂循环润滑系统,可以将摩擦时产生的热量带走,降低机械工作温度。

（4）防止腐蚀　摩擦表面的润滑剂膜可以隔绝空气、水蒸气及腐蚀性气体等环境介质对摩擦表面的侵蚀，防止或减缓生锈。目前有不少润滑油脂中还添加有防腐蚀剂或防锈剂，可起减缓金属表面腐蚀的作用。

此外，某些润滑剂可以将冲击振动的机械能转变为液压能，起阻尼、减振或缓冲作用。润滑剂的流动，可将摩擦表面上的污染物、磨屑等冲洗带走。有的润滑剂还可起密封作用，防止冷凝水、灰尘及其他杂质的侵入。

润滑剂的种类、组成、理化性能特别是稠度等的不同，其润滑作用也不同。

2. 润滑的类型

机械摩擦副表面间的润滑类型或状态，可根据润滑膜的形成机理和特征分为五种：①流体动压润滑；②弹性流体动压润滑；③流体静压润滑；④边界润滑；⑤无润滑或干摩擦状态。前三种有时又称为流体润滑。

这五种润滑状态，通常可根据所形成的润滑膜的厚度与表面粗糙度综合值借助斯特里贝克（Stribeck）摩擦曲线进行对比，正确地判断其润滑状态。

图 13.3 所示为典型的斯特里贝克曲线和润滑类型。由图可以看到，根据两对偶表面粗糙度综合值 R 与油膜厚度 h 的比值关系，可将润滑的类型区分为流体润滑、混合润滑和边界润滑。表面粗糙度综合值为

$$\overline{R} = (\overline{R}_1^2 + \overline{R}_2^2)^{\frac{1}{2}}$$

式中　$\overline{R}_1$、$\overline{R}_2$——两对偶表面粗糙度 Ra 或 Rz。

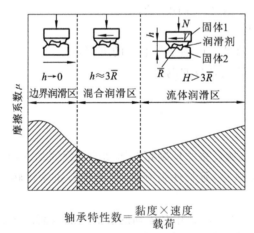

图 13.3　斯特里贝克曲线和润滑类型

（1）流体润滑　流体润滑包括流体动压润滑、流体静压润滑与弹性流体动压润滑。在流体润滑状态下，润滑剂膜厚度 h 与表面粗糙度综合值的比值 A 大于 3，典型膜厚 $h=1\sim100~\mu m$。对弹性流体动压润滑，典型膜厚 $h=0.1\sim1~\mu m$。摩擦表面完全为连续的润滑剂膜所分隔开，由低摩擦的润滑剂膜承受载荷，磨损轻微。

（2）混合润滑　几种润滑状态同时存在时，$A\approx3$，典型膜厚 $h<1~\mu m$，状态摩擦

表面的一部分为润滑剂膜分隔开,承受部分载荷,也会发生部分表面微凸体间的接触及由边界润滑剂膜承受部分载荷。

(3)边界润滑　在边界润滑区,$A \to 0$,典型膜厚 $h = 0.001 \sim 0.050\ \mu m$,此状态摩擦表面微凸体接触较多,润滑剂的流体润滑作用减弱,甚至完全不起作用,载荷几乎全部通过微凸体以及润滑剂和表面之间相互作用所生成的边界润滑剂膜来承受。

(4)无润滑或干摩擦　当摩擦表面之间、润滑剂之间流体润滑作用已完全不存在,载荷全部由表面上的氧化膜、固体润滑膜或金属基体承受时的状态称为无润滑或干摩擦状态。一般金属氧化膜的厚度在 $0.01\ \mu m$ 以下。

由图 13.3 可知,工况参数的改变,可能导致润滑状态的转化,润滑膜的结构特征发生变化,摩擦系数也随之改变,处理问题的方法也有所不同。例如在流体润滑状态下,润滑膜为流体效应膜,主要是计算润滑膜的承载能力及其他力学特征。在弹性流体润滑状态时,还要根据弹性力学和润滑剂的流变学性能,分析在高压力下接触变形和有序润滑剂薄膜的特性。而在干摩擦状态下,主要是应用弹塑性力学、传热学、材料学、化学和物理学等来考虑摩擦表面的摩擦与磨损过程。

13.3.4　润滑剂的分类和选择

润滑剂按照物理状态可分为液体润滑剂、半固体润滑剂、固体润滑剂和气体润滑剂四大类,如图 13.4 所示。每类润滑剂都各有其性能特点和适用范围。

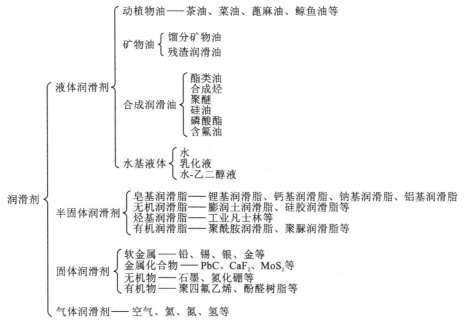

图 13.4　润滑剂分类

选择润滑剂类型时主要考虑的是速度和负荷,图 13.5 可作为选择润滑剂类型的一般指导原则,在高速下选较低黏度的润滑剂,在高负荷下选较高黏度的润滑剂。

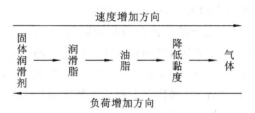

图 13.5　速度和负荷对润滑剂选择的影响

对于特殊用途的润滑剂,实际负荷和速度的极限取决于零件的类型和特定润滑剂的性质。例如,润滑脂在低速下的最大比负荷可从纯软脂的 2000 kN/m^2 到极压脂或二硫化钼的 6000 kN/m^2。

固体润滑剂应用的速度上限为 500 mm/s,因为导热性较差,在较高速度下容易产生过热,而如铅类的固体润滑剂具有较高的导热性,就可在较高速度下使用。气体润滑剂通常在高速和低负荷下使用。

高真空条件下应选用固体润滑剂,因为它不蒸发。在医药、食品和纺织等行业的机械中,一般应采用白色固体润滑或气体润滑,以避免污染产品。对于有防火防爆及其他特殊要求场所的机械润滑,应考虑相应润滑剂所具有的特性。

思考题与习题

13.1　为何要研究表面工程技术?表面工程技术包括哪几大类?

13.2　表面工程技术在实际中有哪些主要应用?

13.3　何谓材料表面完整性?它包括哪些内容?

13.4　零件材料的表面完整性对零件的使用性能和使用寿命将产生哪些影响?

13.5　为何要研究材料表面的清洁度问题?

13.6　实际材料的表面一般具有怎样的微观结构?

13.7　在机械加工中,工件表面粗糙度是如何形成的?应如何有效地减小零件表面的粗糙度?

13.8　为何要研究自然界的摩擦问题?自然界的摩擦可以分为哪几种形式?

13.9　零件的磨损分为哪几类?举例说明各种磨损常发生在哪些机械设备中。

13.10　试分析金属、聚合物和陶瓷的磨损机理。

13.11　磨损量的测定有哪几种方法?

13.12　润滑的目的和作用是什么?

13.13　工程中常用的润滑剂分为哪几大类?

13.14　应如何选用润滑剂?

机械制造过程自动化

14.1 机械过程自动化概述

14.1.1 自动化

自动化是指机器或装置在无人干预的情况下按规定的程序或指令自动进行操作或控制的过程,其目标是"稳、准、快"。自动化技术广泛用于工业、农业、军事、科学研究、交通运输、商业、医疗、服务和家庭等方面。采用自动化技术不仅可以把人从繁重的体力劳动、部分脑力劳动,以及恶劣、危险的工作环境中解放出来,而且能扩展人的器官功能,极大地提高生产效率,增强人类认识世界和改造世界的能力。因此,自动化是工业、农业、国防和科学技术现代化的重要条件和显著标志。

自动化是一门涉及学科较多、应用广泛的综合性科学技术。作为一个系统工程,它由五个单元组成:①程序单元,决定做什么和如何做;②作用单元,施加能量和定位;③传感单元,检测过程的性能和状态;④制定单元,对传感单元送来的信息进行比较,制定和发出指令信号;⑤控制单元,进行制定并调节作用单元的机构。

自动化的研究内容主要有自动控制和信息处理两个方面,包括理论、方法、硬件和软件等。从应用的观点来看,研究内容有过程自动化、机械制造自动化、管理自动化等。

(1)过程自动化　石油炼制和化工等工业中流体或粉体的化学处理自动化。一般采用由检测仪表、调节器和计算机等组成的过程控制系统,对加热炉、精馏塔等设备或整个工厂进行最优控制。采用的主要控制方式有反馈控制、前馈控制和最优控制等。

(2)机械制造自动化　机械制造自动化是机械化、电气化与自动控制相结合的结果,处理的对象是离散工件。早期的机械制造自动化采用的是机械或电气部件的单机自动化或简单的自动生产线。20世纪60年代以后,由于电子计算机的应用,出现了数控机床、加工中心、机器人、计算机辅助设计、计算机辅助制造、自动化仓库等,研制出适应多品种、小批量生产形式的柔性制造系统(FMS)。以柔性制造系统为基础的自动化车间,加上信息管理、生产管理自动化,出现了采用计算机集成制造系统(CIMS)的工厂自动化。

（3）管理自动化　企业或事业单位的人、财、物、生产、办公等业务管理自动化，是以信息处理为核心的综合性技术，涉及电子计算机、通信系统与控制等学科。一般采用由多台具有高速处理大量信息能力的计算机和各种终端组成的局部网络。现在已在管理信息系统的基础上研制出决策支持系统（DSS），为高层管理人员决策提供备选的方案。

自动化是新的技术革命的一个重要方面。自动化技术的研究、应用和推广，对人类的生产、生活等方式将产生深远影响。

14.1.2　数字控制

数字控制（简称数控）是一种借助数字、字符或者其他符号对某一工作过程进行编程控制的自动化方法。通常使用专门的计算机，操作指令以数字形式表示，机器设备按照预定的数字程序进行工作。

1. 数字控制的优点

① 通过软件调整控制参数，如增益和带宽，从而方便系统调试；

② 大量控制设计通过 DSP 来实现，而用模拟控制器是难以实现的；

③ 在实际电路中，使用数字控制可以减少元器件的数目，从而减少材料和装配的成本；

④ DSP 内部的数字处理不会受到电路噪声的影响，避免了模拟信号传递过程中的畸变、失真，从而控制可靠；

⑤ 如果将网络通信和电源软件调试技术相结合，可实现遥感、遥测、遥调。

2. 数字控制的主要缺点

控制算法的运算速度受限于微处理器芯片的工作频率和运算能力，造成控制点在时间轴上的离散化，引入了纯滞后环节，有可能不能满足频带要求较宽的系统控制要求；此外，对小功率电源模块而言，通用微处理器芯片的集成度还不能令人满意。但这些问题都会随着控制算法的改进、微处理器芯片技术的进步逐渐得到解决，数字化的开关电源专用芯片也将会逐渐取代模拟芯片。

3. 数字控制编程

数控程序编制是数控技术应用的关键步骤，是依赖于程序控制的各种数控设备得以运行的关键条件。现代机械加工的数控机床均采用数控程序控制。数控编程是指从零件图到获得数控加工程序的全部工作过程。数控程序编制的方法有手工编程、计算机自动编程。

对于几何形状不太复杂的零件，所需加工程序不长，计算比较简单，采用手工编程比较合适。手工编程耗费时间较长，容易出现错误，无法胜任复杂形状零件的控制过程。

自动编程是指在编程过程中，除了分析零件图和制订工艺方案由人工进行外，其余工作均由计算机辅助完成。采用计算机自动编程时，数字处理、编写程序、检验程序等工作均是由计算机自动完成的。由于计算机可自动绘制出刀具中心运动轨迹，编程人员能及时检查程序是否正确，需要时可及时修改，以获得正确的程序。又由于计算机自动编程代替程序编制人员完成了烦琐的数值计算，编程效率可提高几十倍乃至上百倍，因此解决了手工编程无法解决的许多复杂零件的编程难题。

根据输入方式的不同，可将自动编程分为图形数控自动编程、语言数控自动编程和语音数控自动编程等。图形数控自动编程就是将零件的图形信息直接输入计算机，通过自动编程软件的处理，得到数控加工程序，是使用最为广泛的自动编程方式。语言数控自动编程就是将加工零件的几何尺寸、工艺要求、切削参数及辅助信息等用数控语言编写成源程序后输入计算机，再由计算机进一步处理得到零件加工程序。语音数控自动编程就是采用语音识别器，将编程人员发出的加工指令声音转变为加工程序。

14.2　自适应控制与工件的传输

在日常生活中，所谓自适应是指生物能改变自己的习性以适应新的环境的一种特征。因此，直观地说，自适应控制器应当是一种能修正自己的特性以适应对象和扰动的动态特性变化的控制器。

自适应控制的研究对象是具有一定程度不确定性的系统。所谓"不确定性"，是指描述被控对象及其环境的数学模型不是完全确定的，其中包含一些未知因素和随机因素。

任何一个实际系统都具有不同程度的不确定性，只不过有时表现在系统的内部，有时表现在系统的外部。从系统内部来讲，描述被控对象的数学模型的结构和参数，设计者事先并不一定能准确知道。外部环境对系统的影响可以等效地用许多扰动来表示，这些扰动通常是不可预测的。此外，还有一些测量时随机产生的不确定因素进入系统。面对这些客观存在的各种各样的不确定性，如何设计适当的控制作用，使得某一指定的性能指标达到并保持最优或近似最优，就是自适应控制所要研究和解决的问题。

自适应控制与常规的反馈控制和最优控制一样，是一种基于数学模型的控制方法，所不同的只是自适应控制所依据的关于模型和扰动的先验知识比较少，需要在系统的运行过程中不断提取有关信息，使模型逐步完善。具体地说，可以依据对象的输入输出数据，不断地辨识模型参数，这个过程称为系统的在线辨识。随着生产过程的不断进行，通过在线辨识，模型会变得越来越准确，越来越接近于实际。由于模型在不断地改进，显然，基于这种模型综合出来的控制作用也将随之不断地改进。从这个意义来说，控制系统具有一定的适应能力。比如，当设计阶段，由于对象特性的初始信息比较缺乏，系统在刚开始投入运行时可能性能不理想，但是只要经过一段时间的运行，通过在线辨识和控制以后，控制系统逐渐适应，最终将自身调整到一个满意的工作状态。再如，某些控制对象的特性在运行过程中可能会发生较大的变化，但通过在线辨识和改变控制器参数,系统也能逐渐适应。

常规的反馈控制系统对系统内部特性的变化和外部扰动的影响都有一定的抑制能力,但是,由于控制器参数是固定的,所以当系统内部特性变化或者外部扰动的变化幅度很大时,系统的性能指标常常会大幅度下降,是不稳定的。对那些对象特性或扰动特性变化范围很大,同时又要求经常保持高性能指标的一类系统,采取自适应控制是合适的。但是也应当指出,自适应控制比常规反馈控制要复杂得多,成本也高得多,因此只是在用常规反馈控制达不到所期望的效果时,才会考虑采用。

14.3　工业机器人

1. 工业机器人的定义

工业机器人至今尚没有一个公认的确切定义。1984 年,国际标准化组织(ISO)采纳了美国机器人协会(RIA)给"机器人"下的定义:"机器人是一种可重复编程和多功能的,用来搬运材料、零件、工具的操作机。"1987 年 ISO 对工业机器人的定义是:"工业机器人是一种具有自动操作和移动功能、能完成各种作业的可编程操作机。"我国国家标准中将工业机器人定义为:"工业机器人是一种能自动定位控制的、可重复编程的、多功能的、多自由度的操作机,能搬运材料、零件或操持工具,用以完成各种作业。"综合上述有关定义,可以通俗地理解为:"机器人是技术系统的一种类别,它能以其动作代替人的动作和职能,它与传统的(自动机或自动系统)的区别在于有更大的机动性和多目的用途,可以反复调整以执行不同的功能。"这一概念反映了人类研究机器人的最终目标,即:创造一种能够综合人的所有动作和智能特征,延伸人的活动范围,使其具有通用性、柔性和灵活性的自动控制机械。

机器人技术是在控制工程、计算机科学、人工智能和机构学等多种学科基础上发展起来的一种综合性技术。1954 年美国的 Devol 最早提出了工业机器人的思想,并申请了专利。最早作为机器人产品出售的是 1962 年美国 UNINATION 公司的数控机械手,其主要特征是具有记忆存储功能,它属于示教再现式机器人,被称为第一代机器人。20 世纪 70 年代,出现了配备有感觉传感器的第二代工业机器人,它最主要的特征是带有传感系统,可以离线编程。这种传感系统使得机器人具有视觉、触觉等功能,可以完成最精密的元件检测、装配,物料的装卸等。具有智能功能的第三代机器人是 20 世纪 80 年代开始研制的,这一代的机器人不仅具有感知功能和简单的自适应功能,而且还具有灵活的思维功能和自治能力,可以自己按任务编制程序、执行作业。现在广泛应用的为第一代和第二代机器人,它们能根据工作环境的变化自动改变程序,且能完成生产中的物料搬运直至检测、装配等各项生产任务,已成为 FMS和 CIMS 中的重要设备。

2. 工业机器人的组成

一个机器人系统(见图 14.1)一般由执行机构、控制系统、驱动装置以及位置检测机构等部分组成。

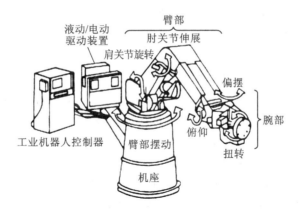

图 14.1　工业机器人系统的组成

1）执行机构

执行机构是机器人完成作业的实体，它具有和人手臂相似的动作功能，是可在空间抓放物体或进行其他操作的机械装置，通常由下列部分构成：

（1）手部　手部用来直接抓取工件或工具，并可设置夹持器、工具、传感器等，是工业机器人直接与工作对象接触以完成作业的机构。

（2）腕部　腕部是支承和调整手部姿态的部件，主要用来确定和改变手部的方位和扩大手臂的动作范围，一般具有 2 个或 3 个回转自由度以调整手部的姿态。有些专用机器人可以没有手腕而直接将末端执行器安装在手臂的端部。

（3）臂部　臂部由操作机的动力关节和连接杆件等构成，是用来支承和调整手腕和手部位置的部件。手臂有时不止一条，而且每条手臂也不一定只有一节（如关节型）。有的手臂还包括肘和肩的关节，因而手部姿态的变化范围和运动范围更大了。

（4）机座　机座有时称为立柱，是工业机器人机构中相对固定并承受相应的力的基础部件。它可分固定式和移动式两类，移动式机座下部安装了移动机构，可以扩大机器人的活动范围。

2）控制系统

控制系统是机器人的大脑，支配机器人按规定的程序运动，并记忆人们给的指令信息（如动作顺序、运动轨迹、运动速度等），对执行机构发出执行指令。控制系统包括检测（如传感器）和控制（如计算机）两部分，可用来控制驱动单元，检测其运动参数是否符合规定要求，并进行反馈控制。

3）驱动装置

驱动装置是按照控制系统发来的控制指令进行信息放大、为执行机构各部件提供动力和运动的装置。驱动装置一般由驱动器、减速器、检测元件等组成，通常具有液动、气动、电动和机械 4 种驱动形式。

4）位置检测

通过力、位置、触觉、视觉等传感器检测机器人的运动位置和工作状态，并随时反馈给控制系统,使它能控制机器人准确地完成预先设计的动作。

3. 机器人的性能特征

1) 运动自由度

机器人实现操作功能的执行机构,其运动是由各连接杆件的运动复合而成的。各连接杆件在三维空间运动,故属于空间机构。由于驱动和结构上的原因,在大多数情况下,其运动副实际上只用回转副(通常称为回转关节)、移动副(通常称为移动关节)、螺旋副及球面副四种。由若干个连接杆件和运动副(关节)组合而成的机器人机构是多自由度的空间开式运动链型机构。

机器人的运动自由度是指确定一个机器人操作机位置时所需的独立运动参数的数目,它是表示机器人动作灵活程度的参数。自由度越多,机器人可以完成的动作越复杂,通用性越强,应用范围也越广,但相应带来的技术难度也越大。一般情况下,通用机器人有 3～6 个自由度。自由度用来模仿人臂的各种功能动作,并非所有的机器人都需要具备全部 6 个自由度。以图 14.2 所示的球坐标机器人为例,6 个基本运动中,3 个是臂部和机座的,3 个是腕部的,其说明如下:

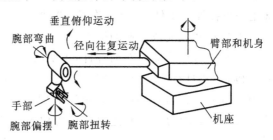

图 14.2　工业机器人典型的六个自由度

① 垂直俯仰运动,即整个臂部围绕一个水平轴的支点(肩支点)在竖直方向上作俯仰运动。

② 径向往复移动,即臂部的伸缩运动。关节机器人是用前臂绕肘关节回转来完成这一动作的。

③ 往复旋转运动,即围绕垂直轴的旋转运动(机器人臂部的左右旋转)。

2) 工作空间

工作空间是指机器人运用手爪进行工作的空间范围,它取决于机器人的结构形式和每个关节的运动范围,是选用机器人时应考虑的重要参数。

3) 提取重力

提取重力是反映机器人负载能力的一个参数,根据提取重力的范围,可将机器人大致分为:①微型机器人,提取重力在 10 N 以下;②小型机器人,提取重力为 10～50 N;③中型机器人,提取重力为 50～300 N;④大型机器人,提取重力为 300～500 N;⑤重型机器人,提取重力为 500 N 以上。在目前的实际应用中,绝大多数为中小型机器人。

4）运动速度

运动速度影响机器人的运动周期和工作效率，它与机器人所提取的重力和位置都有密切的关系。运动速度越高，机器人所承受的动载荷就越大，加减速时承受的惯性力也越大，从而对机器人工作平稳性和位置精度的影响也就越大。到目前为止，国内外通用机器人的最大直线运动速度大多在 1000 mm/s 以下，最大回转运动速度一般不超过 120 (°)/s。

5）位置精度

位置精度是衡量机器人工作质量的又一项重要指标，其高低取决于位置控制方式及机器人运动部件本身的精度和刚度，此外还与提取重力和运动速度等因素有关。典型的工业机器人的位置精度一般在 ±(0.02～5) mm 范围内。

4. 工业机器人的应用举例

（1）摩托车行业的应用　海南某摩托车厂用四台弧焊机器人工作站完成了摩托车的车架焊接，该生产线投产以来运行良好，性能稳定。南京某公司在其 125-7D 车架的生产线上使用了七台机器人进行焊接和切割，提高了产品的一致性。

（2）在电子、家电行业的应用　机器人的应用改变了某公司八音琴全靠手工装配的历史，提高了企业形象，积累了经验，培养了人才，为企业的下一步发展打下了基础。

（3）在石化行业的应用　哈尔滨某公司自主开发的"自动包装机器人码垛生产线"应用于年产十万吨的聚丙烯生产装置，全线实现了自动运行，动作平稳、可靠，运行速度快，称重精度高，缝口位置准确，码垛垛形整齐。

（4）在 FMS 中的应用　工业机器人是柔性制造单元（FMC）和柔性制造系统（FMS）的主要组成部分，用于物料、工件、工具、量具等的装卸和储运。它可将零件从一个输送装置送到另一个输送装置，或从一台机床上将加工完的零件取下再安装到另一台加工机床上去。

14.4　传感器技术

1. 传感器的概念

人的五官是用来感受外界刺激（信息）的感觉器官，它把感受到的刺激（信息）传递给大脑，大脑以接收到的信息为依据，立即做出相应的反应。在自动控制系统中，传感器相当于人体的感觉器官，它能把检测到的各种几何量、物理量、化学量、生物量和状态量等信息转换为电信号，并传送给控制器进行处理、存储和控制。

传感器检测到的各种信息中，大多数是非电量信号。非电量是指除了电量之外的其他一些参量，如压力、流量、尺寸、位移量、质量、力、速度、加速度、转速、温度、酸碱度等；而电量一般是指物理学中的电学量，如电压、电流、电阻、电容、电感等。在使用数控机床进行机械加工时，需要对工件、刀具的位置、位移等机械量进行测量，这些都属于非电量的检测。

非电量不能直接使用一般的电工仪表和电子仪器测量,因为一般的电工仪表和电子仪器只能检测电信号。例如在自动控制系统中,要求输入信号为电信号,这就需要将被测非电量转化为电量,就要靠传感器来实现。传感器本质上是一种以测量为目的,按照一定的精度把被测量转换为与之有确定关系的、便于处理的另一种物理量的测量器件。传感器的输出信号多为易于处理的电量,如电压、电流、频率等。

按照国家标准,传感器的定义是:能感受规定的被测量并按照一定的规律转换成可用输出信号的器件或装置,通常由敏感元件和转换元件组成。其中,敏感元件是指传感器中能直接感受或响应被测量的部分,转换元件是指传感器中能将敏感元件感受或响应的被测量转换成适合传输或测量的电信号的部分。

从广义的角度出发,传感器指的是在电子检测控制设备输入部分中起检测信号作用的组件。传感器实现非电量的检测具有以下优点:①可进行微量检测,精度高,反应速度快;②可实现远距离遥测及遥控;③可实现无损检测,测量的安全性、可靠性高;④能连续进行测量、记录及显示;⑤能采用计算机技术对测量数据进行运算、存储及信息处理。

2. 传感器的基本组成

传感器一般由敏感元件、传感元件、转换电路等部分组成,其工作过程如图 14.3 所示。控制系统中传感器的主要作用是将被测非电量转换成与其有一定关系的电量,为控制器提供信息,作为其实施控制的依据。

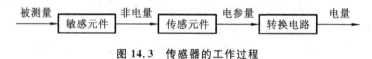

图 14.3　传感器的工作过程

转换电路又称为测量电路,主要用来将传感器输出的电信号进行处理和转换,如放大、运算、调制、数/模或模/数转换等,从而使这些输出信号便于显示和记录。从测量电路输出的信号通常输入自动控制系统,以便对测量结果进行信息处理。

有些传感器还带有显示电路,主要用来将测量电路输出的电信号显示成被测非电量的值。被测值可以采用模拟显示,也可以采用数字显示。所测量的结果也可以由记录装置进行记录或由打印机打印出来。

3. 传感器的特性参数

在科学实验和生产过程中,需要对各种各样的参数进行实时检测和控制。这就要求传感器能感受被测非电量并将其转换成与被测量有一定函数关系的电量。传感器所测量的非电量处在不断的变动之中,传感器能否将这些变化的非电量不失真地变换成相应的电量,取决于传感器的输入-输出特性。传感器的这一基本特性可以用它的静态特性和动态特性来描述。传感器动态特性的研究方法可在有关控制理论中学习到,有兴趣的读者可以自行学习。

传感器的静态特性是指传感器转换的被测量数值处在稳定状态时输出与输入的

关系。传感器静态特性的主要技术指标有灵敏度、线性度、迟滞特性、重复性等。

1) 灵敏度

传感器的灵敏度 K 是指传感器在稳定标准的条件下,输出变化量与输入变化量的比值,即

$$K = \frac{\mathrm{d}y}{\mathrm{d}x} \approx \frac{\Delta y}{\Delta x}$$

式中　x——输入量;

　　　y——输出量。

对线性传感器而言,灵敏度是一个常数;对非线性传感器而言,灵敏度随输入量的变化而变化。从输入-输出特性曲线看,曲线越陡,灵敏度越高,如图 14.4 所示。

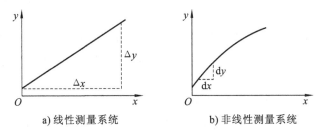

a) 线性测量系统　　　　　　　b) 非线性测量系统

图 14.4　灵敏度示意图

2) 线性度

传感器的线性度是指传感器实际输入-输出特性曲线与拟合直线之间的最大偏差和传感器满量程输出的满度值之比。理想的输入-输出特性曲线是线性的,但实际应用中,传感器的输入-输出特性曲线只能是近似线性的。实际曲线与理想曲线(拟合直线)之间的偏差 $\Delta L_{\max}$ 就是传感器的非线性误差,如图 14.5 所示。

3) 迟滞特性

对应于同样大小的输入量,传感器的迟滞特性是指传感器输入量增大行程期间和输入量减小行程期间,输入-输出特性曲线不重合的程度,如图 14.6 所示。

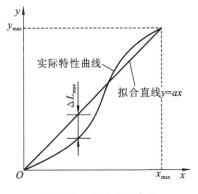

图 14.5　线性度示意图

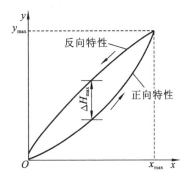

图 14.6　迟滞特性曲线

产生迟滞现象的主要原因是传感器的机械结构和制造工艺上的缺陷,如轴承摩擦、间隙、螺钉松动和元件腐蚀等。在实际应用中,迟滞现象会引起测量误差,因此,要尽量选择迟滞现象小的传感器。

4. 传感器在数控机床中的应用

在机械加工领域广泛使用的数控机床,可以根据预先编制好的加工程序自动完成机械零件的加工。在数控机床内部使用了各种传感器及自动检测装置来监视加工中的各个环节,从而实现加工过程的自动检测和控制。

(1)环境量的测量　在数控机床中,环境量的测量主要是指检测机床的轴温、压力油温、润滑油温、冷却空气的温度和电动机绕组温度等参数。多数测温点采用铅热电阻、热敏电阻,少数采用热电偶,对于一部分需要较高精度的温度测量,可以通过PN结测温集成电路来实现。

(2)位置量的测量　位置传感器通过测量机床工作台、刀架等运动部件的位置,实现数控机床伺服控制。位置传感器主要有电阻式、电感式、电涡流式、霍尔式、光电式、超声波式等。

(3)力和加速度的测量　在刀具加工工件的过程中,当工件加工状态超出了设定的允许条件时,例如油压小于设定值导致夹紧力不足时,工件可能会松动,这时数控系统将发出报警信号。因此,力和加速度的测量是数控机床的一个重要环节。

(4)机械位移、角位移的测量　在数控机床中还大量使用了数字式位移传感器,数字量的输出为数控系统提供了很大的方便。用于测量位移的传感器很多,因测量范围的不同而有所区别。常见的有感应同步器、光栅、磁栅、容栅、编码器等传感器,它们的特点是易实现数字化、精度高、抗干扰 能力强、安装方便、使用可靠。这些传感器既可以测量线位移,也可以测量角位移,还可以测量长度等。传感器在数控机床中的应用如表 14.1 所示。

表 14.1　传感器在数控机床中的应用

检 测 范 围	传感器类型
监视重要点的温度,如轴温度、压力油温度、润滑油温度、冷却空气温度、电动机绕组温度等	热电阻、热电偶、PN结测温集成电路等
测量位置,如刀具、工件的位置等	电阻式、电感式、电涡流式、霍尔式、光电式、超声波式等
测量力和加速度,如工件的夹紧力	电阻应变式、压电式等
测量机械位移、角位移,如转轴转角、工件和刀具的位移等	编码器、光栅、磁栅、感应同步器等

思考题与习题

14.1　何谓"自动化"?

14.2　自动化技术在国民经济中有何作用?

14.3　自动化技术在机械制造行业中有哪些应用?

14.4　数字控制与其他控制方式相比有何特点?

14.5　数控程序编制有哪些基本方法? 试分析各种方法的特点与应用?

14.6　自适应控制的研究对象是什么? 为何要采用自适应控制?

14.7　一个完整的工业机器人由哪几部分组成?

14.8　工业机器人的性能特征有哪些?

14.9　举例说明工业机器人的应用,并描述其在机械制造工业中的应用前景。

14.10　传感器的静态特性指标有哪些?

14.11　试举例说明传感器在工业生产中的应用及前景。

第 15 章

机械制造技术的发展

15.1 新型工程材料的应用及制造工艺

工程材料是工业生产的物质基础,是衡量一个国家经济实力与技术水平的重要标志。对工程材料的认识、加工和运用能力,对于一个现代化国家的科学技术和经济实力、综合国力以及社会文明的进步都将产生至关重要的影响。

15.1.1 新型工程材料的开发与应用

工程材料品种繁多,性能各异,尤其是近几十年以来,新材料、新产品更是层出不穷。航空航天、汽车、电子、高技术领域的发展对特殊性能的材料、功能材料提出了更多的需求,导致一系列新材料的出现。

高强材料的应用和加工速度的提高导致一系列陶瓷、氮化物、氧化物等新型切削刀具材料的出现,金刚石刀具、立方氮化硼刀具、陶瓷刀具等就是这类材料成功应用的例子。发动机温度的提高和高效率绝热发动机的设计,导致一系列新型高温合金和高温陶瓷及有序金属间化合物等高温材料的出现。汽车轻量化和节能的要求,导致高强度、高成形性的材料,如双相钢、无间隙原子钢、增磷钢、铝合金、钛合金、镁合金以及细晶粒高强度钢等新型钢板的发展(如将陶瓷-金属接头或 TiAl-金属接头用于汽车或坦克发动机增压器的制造,可降低转动惯量 30%,减少加速启动时间,大大提高了车辆的运行速度和灵活性)。提高飞行速度以及减轻飞行物重量所带来的巨额效益,导致高比强度的新材料,如铝锂合金、铝镁合金、工程塑料、复合材料等的发展(如将复合材料用于军用卫星的制造,卫星重量可减少 40%~75%,有效载荷在轨振动减轻 90%,由此提高了控制精度和照片的拍摄、传输精度,提高了卫星的整体性能)。高性能电机(尤其是汽车电机)的要求,导致高磁化能的钕铁硼材料和非晶态材料的出现。智能化高效率加工线和高精度的加工要求,导致耐磨材料和表面处理工艺的发展(如激光、离子注入等)。通信、计算机产业的发展,导致光导纤维等新型通信材料、敏感材料及大规模集成线路专用材料的发展。生物工程、生物医学、仿生设计的发展,导致一系列功能材料及纳米技术的发展。

这些新材料的发展不仅满足了国民经济有关产业的需要,而且新材料的开发生产本身又形成了巨大的产业,为国民经济创造重要价值,可见工程材料在国民经济中占有多么重要的地位。

15.1.2　新型工程材料制造工艺的发展

新型材料在具有优秀的使用性能的同时,一般都具有区别于传统工程材料的工艺性能,绝大多数属于传统意义上的"难加工"材料。新型工程材料的出现,使得新的成形技术和加工工艺应运而生。

1. 新材料的精确高效塑性变形技术

随着钛合金、复合材料、高温合金、粉末冶金和金属间化合物等新型结构材料的应用,先进的军用飞机、民用飞机和发动机等的结构一直在朝着薄壁高肋、空心变截面、整体轻量化方向发展,为的是适应不同的载荷形式。因此,针对新材料的精确、高效的塑性成形技术(例如等温近净形塑性成形技术)已成为近年来的重要发展趋势。

与普通模锻技术不同,等温模锻就是将模具和坯料加热到锻造温度,并使坯料在变形过程中保持温度不变,由此显著改善了坯料的塑性流动能力和降低了变形抗力。等温锻造可使钛合金的变形抗力降低 70%～80%。美国、俄罗斯等国将等温成形技术用于航空航天工业中一些新型难变形材料的成形。俄罗斯采用等温模锻方法成形的直升机发动机的 TC4 叶片,仅重 10 kg,而普通模锻方法生产的锻件重 24 kg。

新材料管材的塑性成形,包括数控弯曲精确成形和内高压胀形工艺,能高效、低耗、精密地制造重量小、韧度高的零件,在先进精确塑性成形技术的发展中担当起重要的角色,已经成为先进塑性成形技术的重要分支。管零件弯曲成形,尤其是大直径薄壁小弯曲半径管零件的成形,已成为航空航天管材零件制造工程的关键技术之一。新材料的数控弯管在美国"波音"、欧洲"空客"等航空企业的广泛应用,极大地缩短了飞机制造周期,推动了大型飞机的迅速发展。

我国在高性能铝合金薄壁件内高压成形技术和薄壁管数控弯曲精确成形技术方面取得了重要进展,可望在先进武器装备重要构件上应用,但新材料大直径薄壁管的数控弯曲精确成形一直是我国大型飞机研制过程中一个迫切需要解决的重大问题。我国在负荷材料轧制、夹层钢板和硼钢新材料冲压成形及焊接新技术方面正在开展研究。

2. 新材料的连接技术

新材料的研制和开发,促进了连接技术的发展,陶瓷和金属的扩散连接技术、瞬时液相连接技术、半固态连接技术和自蔓延高温合成连接技术、异种材料熔钎焊连接技术等,正在逐步形成和扩大应用范围。该领域的发展趋势是以连接界面为对象,主要研究材料的界面反应、反应产物的确定、反应相(层)的形成条件、成长规律、界面应力分布与控制、中间层合金设计、接头质量无损检测与评价等。

新近出现的新材料主要包括各类金属间化合物、新型陶瓷材料、金属基及树脂基复合材料、C/C 复合材料和具有各类功能的材料(隐形功能材料、记忆功能材料、隔热功能材料、防辐射功能材料等)。这类材料比强度高、比模量高、高温低蠕变性能好、破坏容限高及可设计性好,在军事和国民经济建设中有广阔的应用前景。但这些材料在实际应用时,几乎都要采用焊接的方法与其他材料进行连接。以推重比 15～20 的军用发动机为例,其大多数部件都需要焊接,但常规的熔焊方法无法实现这类材料的连接。在汽车发动机、导弹、卫星等的研制中也常遇到复合材料、陶瓷等新材料的连接问题。新材料的连接已成为国内外研究的热点课题之一。

为了实现陶瓷和金属的焊接,美国研制了冷等静压＋烧结＋热等静压(CHIP)的连接技术,用该技术制造的 TiCP/Ti-6Al-4V、TiBP/Ti-6Al-4V 发动机零件和导弹尾翼等,比 Ti-6Al-4V 零件的使用温度提高了 110 ℃。美国用 $SiCF/Si_3N_4$ 制造出发动机的喷管调节片,还研制出能承受 1200～1370 ℃高温、使用寿命达 2000 h 的发动机部件。

俄罗斯在新材料的连接成形方面也取得了很大进展,研制出了烧结和不烧结自增韧 Si_3N_4 和具有高塑性的 Ti_3SiC_2 陶瓷材料,应用对象是高性能发动机整体叶盘、涡轮导向叶片和火箭发动机喷口等。同时,俄罗斯还开发了一系列特殊焊接设备和焊接技术,如复合材料的连接技术及工艺、金属-陶瓷大面积连接技术、自蔓延高温合成/快速加压连接技术、真空热碾压扩散连接工艺和设备等。

我国在新材料连接方面起步较晚,连接设备和技术与国民经济的发展要求有一定差距。例如,国外对铁氧体-微晶玻璃采用低温活性连接方法制造,而我国目前采用普通连接工艺制造,结果产品使用寿命短,成品率低;又如,国外采用线性摩擦焊接技术制造发动机用钛合金涡轮,而我国只能采用机械加工方法制造,结果材料的利用率低,成本高。近年来,国内有关高等学校和科研院所开展了复合材料、陶瓷材料、金属间化合物、铝锂合金等新材料及其异种材料连接的研究,取得了一定的成果,开发了部分钎焊用中间层材料和工艺,但还没有真正掌握具有自主知识产权的连接技术。

3. 激光加工成形制造技术

激光加工成形制造技术是一门利用聚焦高能激光束进行高性能金属零部件特种加工、高性能材料制备及高性能零部件直接成形的新兴多学科交叉工程技术,是先进制造技术的重要组成部分,是该学科领域中贴近国际前沿的研究方向。目前处于前沿研究领域的先进激光加工成形制造技术主要有:

① 基于快速凝固激光材料制备和材料添加制造工艺的高性能金属结构件激光快速成形技术;

② 提高零件表面材料性能和赋予零件表面特殊功能的激光表面加工制造新技术;

③ 难加工高性能材料的激光制备、激光焊接和特种连接技术;

④ 激光加工成形制造新方法、新技术、新工艺。

采用传统方法制造性能好、复杂的钛合金大型整体结构件,不仅依赖于大型、超大型基础装备及锻造模具的加工制造,而且零件机械切削加工量很大,材料利用率很低,制造成本高,生产周期长。1995 年发展起来的高性能金属结构件激光快速成形制造技术,利用快速原型制造的基本原理,通过金属材料快速凝固激光熔敷逐层沉积,直接成形制造组织致密、成分均匀、性能优异的复杂金属零件。采用该技术可在不需要毛坯制造、模具加工、重型锻铸基础设施和大型加工设备的前提下,直接实现钛合金、高温合金、金属间化合物等高性能复杂零部件的无模"近终形"快速成形。

此外,采用该技术还可根据零件不同部位的工作条件与特殊性能要求实现梯度材料高性能金属零件的直接快速成形。美国采用激光直接成形制造技术制造了几百种军用飞机的钛合金结构件。

我国在 SiC/Al 复合材料、不锈钢、镍基高温合金及钛合金等高性能金属结构件激光快速成形工艺及数值模拟等方面取得了可喜成绩,但在激光成形关键制造技术与材料科学基础理论、激光成形关键工艺装备及应用关键技术方面与美国相比还有一定差距。

4. 难加工材料的切削加工

难加工材料是指切削加工性差的材料,常具有以下一种或几种性能特征:高硬度、高强度、高脆性、高韧性、高弹性等;在切削加工时,刀具容易磨损、崩刃、打刀、断屑、排屑困难;易产生积屑瘤,难以获得所要求的加工表面粗糙度和表面精度等。新型材料多为切削加工性差的难加工材料,除采用特种加工技术方法加工外,有很多场合需要通过直接去除材料的切削加工方法实现形状和精度要求。

1) 高强度钢和超高强度钢的切削加工

高强度钢和超高强度钢是具有一定合金含量的结构钢,经过调质处理后,其中的合金元素 Si、Mn、Ni 等使固溶体强化,从而使其具有很高的强度(最高可超过 1960 MPa)、较高硬度和高于正火 45 钢的冲击韧度。半精加工和精加工一般都在调质处理后进行,调质后的金相组织为索氏体或托氏体,加工难度大。

(1) 高强度钢和超高强度钢的切削加工特点

① 剪切强度高、变形困难,切削力大。

② 热导率小,而切削时消耗的变形功大,所以切削温度高。

③ 由于切削力大,切削温度高,并且钢中存在着一些硬质化合物,故刀具磨料磨损、扩散磨损和氧化磨损都较严重,耐用度低。另外,刀具与切屑的接触长度短,切削区应力与热量集中,易在前刀面形成月牙注磨损,导致崩刃。

④ 由于材料的强度高,其断裂应变也较高,断屑困难,车削中的切屑易缠绕工件和刀具上。

⑤ 高强度钢的切削加工的难度只相当于正火 45 钢的 20%~60%。

(2) 改善高强度钢切削加工性的措施

① 采用先进、适用的刀具材料。要求刀具的材料具有良好的热硬性、高的耐磨性和较高的冲击韧度,并不易产生黏结磨损、扩散磨损。可选用高钒、高钴、高铝等高速钢或粉末冶金高速钢、TiC 涂层高速钢来制作钻头、丝锥、板牙和拉刀等低速切削刀具和复杂刀具,也可选用硬质合金材料制作车削、铣削刀具,或选用陶瓷刀具或立

方氮化硼刀具。

② 选择合理的刀具几何参数。一般应适当选择刀具的前角和后角,在刃区磨出倒棱,刀尖圆弧半径适当加大。

③ 选择合理的切削用量。应减小切削速度,以保证必要的刀具耐用度,以加工正火 45 钢的切削速度为基准,在保证相同刀具耐用度的前提下,加工高强度钢的切削速度应降低 50%,加工超强度钢的切削速度应降低 70%。

④ 采用适当的断屑方法。断屑是高强度钢屑处理的关键。在刀片上开适当形式的断屑槽,或设置可调式断屑压板或弹性断屑板等,以达到断屑的目的。加大刀具主偏角、倒棱宽度与刀尖圆弧半径,减小前角,以利于断屑。改变切削用量、增大进给量、减低切削速度,都可使切屑容易折断。

2)高温合金的切削加工

(1)高温合金材料特性

① 高温合金含有许多高熔点合金元素和其他合金元素,构成了纯度高、组织致密的奥氏体固溶体合金。

② 高合金化的高温合金,沉淀硬化相呈弥散分布,且其原子间的结合十分稳定。

③ 高温合金热导率很低,散热慢,影响刀具寿命。

④ 高温合金中存在大量碳化物、氮化物、硼化物及金属间化合物。在相当高的温度区域内,其硬度随温度的升高反而有所上升。

(2)高温合金切削加工特性

① 加工硬化现象十分严重,已加工表面硬化程度可达基体硬度的 1.5~2.0 倍。切削速度和进给量均对加工硬化有影响。

② 切削力大,比一般钢材的切削力大 2~3 倍。切削力的波动特别大,极易引起振动。

③ 切削温度高。由于切削力大、消耗功率多、产生的热量多,切削区域温度高。

④ 刀具磨损剧烈,耐用度明显下降。

⑤ 高温合金中金属间化合物 γ' 相的含量多,加工困难。

(3)车削高温合金时刀具的一般选择

① 连续车削应采用硬质合金刀具,只有在车削断续表面和复杂形面时才使用高速钢刀具;

② 硬质合金刀片应选用金刚石砂轮刃磨;

③ 必要时采用整体硬质合金刀具,以增大刀具刚度,防止切削振动;

④ 应选用较小的工作正前角(0°~15°),当切削速度较高时,可采用负前角,对于薄壁零件,宜选用较大前角,后角应稍大(6°~15°);

⑤ 车削变形高温合金的刀尖圆弧半径,粗车时一般取 0.5~0.8 mm,精车时一般取 0.3~0.5 mm,车削铸造高温合金的刀尖圆弧半径取 1 mm 左右;

⑥ 在最后一次车削进给中,应限制后刀面的磨损带宽度,磨钝标准应小于 0.2

mm。

（4）车削高温合金时切削用量的一般选择

① 背吃刀量应足够大，以避免加工表面与刀刃"打滑"而产生亮带，一般应不小于 0.2 mm；

② 进给量也不宜过小，最小进给量一般不小于 0.1 mm/r。

车削高温合金时还应控制切屑，否则容易打刀，也不安全。

3）钛合金的切削加工

钛合金具有比强度高、热强性好、化学活性大、耐蚀性好、热导率低和弹性模量小等特点。切削加工钛合金常用刀具材料以高速钢和硬质合金为主：高速钢宜选用含钴、含钒的高速钢；硬质合金应选用钨钴类硬质合金，而不宜选用涂层刀片和钨钛钴类硬质合金。

（1）钛合金的切削加工特点

① 切削变形系数小于 1，切屑在前刀面上滑动摩擦的路程加长，加速了刀具磨损。

② 在相同条件下，TC4 钛合金比 45 钢的切削温度高一倍以上，这主要是由钛合金的热导率低、切削热聚集于切削刃附近的小面积内而不易散发所引起的。

③ 由于刀具与切屑的接触面积小，所以单位接触面积上的切削力大大增加。

④ 钛合金的化学活性大，易与各种气体杂质发生强烈化学反应，产生表面变质污染层，由此导致表层的硬度及脆性上升，同时也会造成表层组织不均匀，产生局部应力集中，降低零件的疲劳强度，切削过程中严重损伤刀具。

⑤ 钛的亲和力大，切削温度高，刀具与切屑单位接触面积上的压力大，易产生回弹等现象，切削时切屑及被切表层易与刀具材料咬合，产生严重的黏刀现象，引起剧烈的黏结磨损。

（2）切削参数的选择

车削钛合金时应考虑到其切削温度高的特点，慎重选择切削速度和进给量，力求使切削温度接近最佳值：高速钢为 480～540 ℃，硬质合金为 650～750 ℃。还应注意在钛合金车削过程中的变形和刀具磨损而引起的加工误差。

铣削钛合金时宜采用顺铣方式，因为顺铣刀齿切出的切屑很薄，不易黏附在切削刃上，但由于钛合金弹性模量小，顺铣时会产生让刀现象，因此要求机床和刀具有较大的刚度。铣削时，刀具与切屑接触长度小，不易卷屑，要求刀具有较好的刀齿强度及较大的容屑空间。

4）陶瓷材料的切削加工

大多数陶瓷材料都具有密度小（除化合物中金属密度极大的材料外）、硬度高、脆性大、热导率低（与金属材料相比）、热胀系数较小的性能特点。

（1）陶瓷的磨削　磨削陶瓷时应注意：

① 一般可选用砂轮速度为 15～25 m/s（M 结合剂），工件的进给速度为 1～15

m/min,背吃刀量为 $1\sim20~\mu m$。

② 对于精度高、粗糙度小的表面或镜面,要分粗、精、终精等几个阶段加工,金刚石粒径应逐渐减小。

③ 使用切削液,以防止被磨下的粉状切屑残留在工件表面上,使砂轮很快失去锋利性,一般用水溶性乳化液或黏度低的油类。

(2) 陶瓷的研磨　在研磨陶瓷材料中,材料的去除作用不单纯是磨粒切削刃的切削作用,还包含材料微小破坏的集聚而起的去除作用。

① 通常选用铸铁或钢制作研具,研磨化合物、半导体多用玻璃、烧结陶瓷研具。

② 可使用金刚石、B_4C、SiC、Al_2O_3 等磨料。研磨石英、氧化铝单晶等可使用粒径为 $7\sim20~\mu m$ 的各种磨料。

③ 为了不使被研磨表面污染,除使用金刚石磨料研磨外,用其他磨料时多用水做研磨液,为了不使磨料在研磨液中成团状,往往需要加分散剂。

5) 复合材料的切削加工

(1) 复合材料的分类　复合材料是由金属、高分子聚合物(树脂)和无机非金属(陶瓷)三类材料中任意两类以上经人工复合而成。按组成相可分为两类:基体相(连续相)和增强相(分散相),前者起黏结作用,后者起提高复合材料强度和刚度的作用。

(2) 复合材料切削加工特点

① 纤维增强树脂基复合材料热导率低,切削层中的纤维有的是在拉应力作用下切除的,有的是在剪切弯曲联合作用下切除的,由此产生较大的切削热,故其切削加工特点为:切削区的温度极高;刀具磨损严重,使用寿命低;产生沟状磨损;产生残余应力。

② 金属基复合材料的切削加工特点为:加工后的表面会残存孔沟;加工表面形态复杂;径向切削力比主切削力大;加工时常易生成楔形积屑瘤。

15.2　高速/高效切削加工工艺与装备

15.2.1　高速/高效切削加工工艺技术的定义

高速/高效切削加工以提高切削速度来提高生产效率,通过改进刀具材料和结构来优化切削截面,提高机床动态稳定性,采用高进给或切除大余量等高性能切削加工达到高效加工的目的。

从技术指标上如何定义高速切削,学术界至今还没有统一认识:根据国际标准 ISO 1940-1,主轴转速达 $500\sim8000$ r/min 为高速切削;国际生产工程科学院(CIRP)切削委员会提出,以线速度 $500\sim7000$ m/min 的切削速度加工为高速切削。高速切削加工技术中的高速是一个相对概念,不能简单地用某一具体的切削速度或主轴转速来定义。对于不同的加工方法、工件材料和刀具材料,高速切削加工时应用的切削速度并不相同。

根据切削机理可以将高速切削定义为：切削加工过程通过能量转换和高硬刀具（切削部分）对工件材料的作用，导致其表面层产生高应变速率的高速切削变形和刀具与工件之间的高速切削摩擦学行为，形成热-力耦合不均匀强应力场的制造工艺。

高速/高效切削加工技术涉及机床结构及材料、高速主轴系统、快速进给系统、高性能 CNC 控制系统、机床设计制造技术、高性能刀夹系统、高性能刀具材料及刀具设计制造技术、高速切削加工安全防护与监控技术等诸多相关的硬件与软件的多项技术，是在各项技术均得到充分发展的基础上综合而成的，是诸多单元技术集成的一项综合技术。

15.2.2　高速/高效切削加工工艺与装备研究的发展

高速/高效切削加工的理念在 20 世纪初提出，经历了理论与实验研究，以及大功率高速主轴单元、高性能伺服控制系统、超硬耐磨和耐热刀具材料等关键技术的进步，伴随着材料、信息、微电子、计算机等现代科学技术的迅速发展，现已经成为先进制造技术的一项共性基础技术，是切削加工的发展方向。

进入 20 世纪 80 年代后，各工业发达国家陆续投入到高速/高效切削加工技术，尤其是高速切削机床和刀具的研究与应用中来。直线电动机的出现，快速换刀和装卸工件的结构日益完善，新型电主轴高速切削加工中心、高速切削刀具材料、刀具结构和刀具与主轴联结刀柄的出现和使用，标志着高速/高效切削加工技术已从理论研究开始进入应用阶段。高速切削加工时锯齿状切屑的形成，机床结构动态特性及切削颤振的避免，刀具前刀面、后刀面和加工表面的温度及高速切削时切屑、刀具和工件切削热量的分配，进一步证实大部分切削热被切屑所带走。

我国高速/高效切削加工技术研究起步较晚，20 世纪 80 年代以来，对高速切削刀具寿命与切削力、高速切削机理、高速硬切削和切屑性能机理、钛合金高速铣削精度控制、铝合金高速铣削表面温度、高速主轴系统和快速进给系统、高温合金的高速切削等进行了初步研究，并取得了令人鼓舞的成就，并在模具行业和航空工业中有较多的应用。同时，在高速、高效、高精度切削机床基础理论和数控技术的研究水平有了大幅度提高：加工中心主轴转速普遍提高到 8000 r/min，最高可达到 1.2×10^4 r/min；数控车床主轴转速提高到 4000～6000 r/min，快速进给速度提高到 30 m/min 以上（最高达 40 r/min），换刀时间减少了 1.5～3 s。

高速/高效切削加工未来的发展趋势和技术目标为：

① 超高速切削。机床的主轴转速达到 1×10^6 r/min，铣削铝合金、铸铁、碳钢的切削速度分别达到 1×10^4 m/min、5000 m/min 和 2500 m/min。钻削铝合金、铸铁和普通钢的转速分别达到 3×10^4 r/min、2×10^4 r/min 和 1×10^4 r/min。

② 高性能切削。材料的去除率大大提高，进给量增大，进给速度达到 20～50 m/min，每齿进给量达到 1.0～1.5 mm/齿，要求机床主轴的功率达到 100 kW。

③ 复合加工。需要对机床的结构、运动控制和刀具结构进行创新设计。

④ 对毛坯提出更高要求,要求加工余量尽可能小且均匀。

15.2.3　高速/超高速磨削加工技术与装备研究的发展趋势

1. 高速/超高速磨削加工技术的发展

普通磨削砂轮速度为 $30\sim35$ m/s,砂轮速度超过 45 m/s 即为高速磨削,砂轮速度在 $150\sim180$ m/s 或更高称为超高速磨削。

高速磨削发展有较长的历史,随着研究的深入、CBN 材料的应用和磨床制造水平的提高,20 世纪 90 年代以来高速/超高速磨削技术再次受到广泛关注,德、美、日、瑞士等工业发达国家已经实现了 $150\sim250$ m/s 的工业使用化磨削速度;实验室内磨削速度达到 500 m/s,从而进入超高速磨削技术的新阶段。超高速磨削是优质与高效的完美结合,国外将其誉为"现代磨削技术的最高峰"。日本把超高速加工列为五大现代制造技术之一,在国际生产工程学会年会上,超高速磨削技术被正式确定为面向 21 世纪的中心研究方向之一,是当今磨削领域中最为引人注目的技术。

高速/超高速磨削实现的相关支撑技术有:

① 超高速超硬磨料砂轮技术。超高砂轮采用高强基体,磨料层多为树脂结合剂(砂轮速度可达 150 m/s 以下)、陶瓷结合剂(砂轮速度可达 200 m/s)和单层电镀(砂轮速度可达 250 m/s 以上)的 CBN 砂轮。

② 大功率、超高速的高动态精度、高阻尼、高减振性和热稳定性的磨床主轴及其轴承技术(可采用陶瓷滚动轴承、磁悬浮轴承或液体动静压轴承等)。

③ 磨削液及其供给技术。超高速条件下,冷却和冲屑必须有足够大的磨削液喷注动量,并必须采用高过滤精度和效率的磨削液过滤系统。

④ 砂轮、工件安装定位及安全防护技术。

⑤ 砂轮磨损及破损、工件尺寸和形状位置精度、表面质量等磨削状态检测及数控技术。

2. 高速/超高速磨削技术的具体应用

(1) 高效深切磨削(XEDG)　高效深切磨削是集超高砂轮转速、快进给和大切深于一体的高速、高效率磨削技术,20 世纪 80 年代由联邦德国最先开发,后来进一步在 CBN 砂轮基础上开发出超高速($200\sim300$ m/s)深磨磨床。高效深磨的切深为 $0.1\sim30$ mm,工件速度为 $0.5\sim10$ m/min,砂轮速度为 $80\sim200$ m/s,能获得高的金属去除率和高的表面质量,工件的表面粗糙度与普通磨削相当,而去除率比普通磨削高 $100\sim1000$ 倍。

(2) 超高速外圆磨削　数控超高速外圆磨削使用 CBN 砂轮以 $150\sim200$ m/s 的砂轮速度对阶梯轴、曲轴回转表面进行超高速精密磨削加工,已成功应用于汽车制造企业。

(3) 快速点磨削　德国于 1994 年开发的快速点磨削是超高速磨削的又一新的应用形式。它集数控柔性加工、CBN 超硬磨料、超高速磨削三大先进技术于一体,主要用于轴类、盘类零件加工。其砂轮轴线在水平和竖直方向与工件轴线形成一定倾角,使砂轮与工件形成小面积的点接触,综合利用连续轨迹数控技术,既有数控车削的高柔性,又有更高的效率和精度,砂轮寿命长。该技术已经应用于汽车工业、工具行业中,应用前景广阔。我国汽车制造企业大量引进了这种技术及相关设备,用于凸轮轴、齿轮轴等的加工,取得明显的效益。

(4) 脆性材料及难加工材料超高速磨削　普通磨削条件下磨粒浸入工件较深,磨屑主要以脆性断裂形式完成,超高速磨削时单个磨粒的切削厚度极薄,容易实现硬脆材料延性磨削。

15.3　精密/超精密加工工艺与装备

15.3.1　精密/超精密加工工艺的定义

提高产品精度是制造技术永恒的追求目标之一。精密/超精密加工技术是指加工精度达到某一量级的所有制造技术的总称。它随着科学技术的进步,不断地用当代科技最新的成果来定义自己。

在当今科学技术条件下,精密/超精密加工技术是指加工精度为 $0.1\sim 1\ \mu m$、表面粗糙度 $Ra \leqslant 10\ nm$ 的所有加工技术的总称。这一定义并非十分严密,例如,直径为几米的大型光学零件的加工精度为几微米要求,在一般条件下是难以达到的,只有具备特殊的加工设备和环境条件,同时还具备高精度的在线(或在位)检测及补偿控制等先进技术,才可能达到。

为了不断地提高加工精度,精密/超精密加工技术利用越来越多的科技最新成果,所涉及学科领域也越来越多,成为一个复杂的系统,它已不是一个专门的工艺技术,而是包含当代最新科技成果的一个复杂系统工程。

15.3.2　精密/超精密加工工艺的重要性

精密/超精密加工技术是因宇航和军事技术发展的需要,于 20 世纪 60 年代初在美国形成和发展起来的。由于它在军事技术和高科技领域的重要作用,美国将它列为国家关键技术予以重点资助。日本在 20 世纪 80 年代也很重视超精密加工技术基础研究,并把它应用于高科技产业中,在微电子等高技术产业竞争中取得了世界领先的优势。超精密加工技术成为衡量一个国家制造水平的标志。

1. 现代高技术战争的重要支撑技术

现代高技术武器装备如精确打击武器(各类导弹、制导炸弹等)、信息战设备(卫星、雷达、扫描于探测设备、超小型计算机等)的关键部件,都需要精密/超精密加工技术才能制造出来。武器的进一步轻型化、精密化、微型化、集成化、自动化,对精密/超精密加工技术的需求与依赖将越来越大。国外在很多超精密技术和装备方面至今仍对中国进行严密封锁。

2. 现代高科技产业和科学技术发展的基础

现代高科技产业,如微电子和光电子产业等,都是建立在超精密加工技术的基础上的。我国因为超精密加工技术的落后,在有些高新技术产品的制造装备和关键技术方面依赖于进口,局面十分被动。因此,我国把精密/超精密加工技术列为制造科学与技术规划研究的重要内容之一。

现代科学技术的发展建立在理论和实验的基础上,现代科学技术研究所用实验仪器和设备,无一不是需要精密/超精密加工技术来支撑的,有的情况下,一台实验仪器的研究对科技发展起到举足轻重的作用。例如,扫描隧道显微镜的发明,大大推动了纳米科学与技术的发展,因此,两位发明者宾宁(G. Binnig)和罗雷尔(H. Rohrer)获得诺贝尔物理学奖。由此可见,把精密/超精密加工技术看成技术和经济的命脉是有一定道理的。

3. 制造科学发展的前沿

现代制造科学与技术的发展有两个主要方向:一是不断提高生产效率和降低成本,二是不断提高精度和产品质量。美国曾于 20 世纪末调查了几百位世界知名科学家和企业家,对 2020 年制造业作了预测与展望。他们认为总的趋势是:

① 利用信息技术把人与资源的优势集成起来,进行并行和可重组的全球网络制造的研究;

② 由宏观制造进入微观制造和创新工艺研究,新产业革命的主导技术将是纳米技术,超精密技术已进入到纳米尺寸范围内的加工和制造的研究,而纳米技术也是超精密技术最前沿的研究课题。

15.3.3　精密/超精密加工技术的发展趋势

1. 精密/超精密加工装备技术

(1) 高效、高精度加工　首先,通过提高机床转速和刀具进给速度来缩短加工时间。超精密机床主轴转速过去为 3000 r/min,现已达 15000 r/min。采用直线电动机可大大提高进给回程速度。其次,通过提高运动部件的刚度来提高加工精度和效率,如高刚度空气轴承(多孔质取代小孔节流)、液体静压轴系(液压油和纯水轴承)等已经面世,采用补偿软件进一步提高加工精度等。

(2) 加工、检测一体化　美国研制的 LODTM 设备为达到几十纳米形状精度,除环境控制十分严格(如温度控制在 ±0.0005 ℃)外,加工设备同时也是在线监测设备,采用高精度激光干涉系统对刀具及工件位置进行准确测量,加工系统承力结构与检测系统结构是分开的,以保证检测精度。所用激光干涉系统分辨率达到 0.6 nm,且光路基本上是在真空管路中传输、加工的大型光学零件面形精度为 0.025 μm,表面粗糙度 $Ra \leqslant 5$ nm。

(3) 大型零件和微小结构的超精密加工　大型零件(特别是大型光学零件)的精密/超精密加工较一般零件的加工更困难,不仅是因为这类零件对面形精度的要求很高,而且还要求表面及表层无损伤。激光核聚变、激光武器和空间相机等均需大量大型光学零件,同时相应出现了多种高效、高精度加工方法及装备。

微小零件是指尺寸在几十微米至几毫米的零件。由于尺寸小、刚度小,超精密加工这类零件有很大困难。为减少资源的消耗和对环境的污染,产品微型化、集成化是必然趋势,微电子、光电子产品、宇航器等军用产品中的微小零件愈来愈多,例如,光纤通信中所用光学透镜(尺寸在 $200~\mu m$ 以内)、微驱动器中的轴系等。这些零件是三维立体结构,要求很高的精度和表面粗糙度(镜面级)。特别是这些微小零件壁厚为微米量级,加工后表面力学、物理性能的改变,常使整个零件或系统出现故障,造成严重事故,因此更是需要超精密加工技术。

2. 超精密切削加工技术

超精密切削加工技术是基于金刚刀具的车、铣、镗加工技术,过去仅适用于有色金属材料的加工,经过不断发展,现已用于钢铁、玻璃、锗、硅以及各种功能材料的加工。有些光学单晶材料如磷酸二氢钾(KDP)晶体,只能用金刚石切削加工才能保证晶体材料原来的光学特性。另外,航空航天上应用的各种金属基复合材料虽具备很好的性能,但作为复杂零件(如陀螺仪表的复杂壳体、卫星天线等),目前尚未完全解决其超精密加工的问题,这将成为今后超精密加工的重要研究方向。此外,多刃金刚石铣刀,成形金刚石刀具及其刃磨技术、检测技术等都还在发展之中。

3. 超精密磨削加工技术

超精密磨削不仅要提供镜面级的表面粗糙度,还要保证获得精确的几何形状和尺寸。目前超精密磨削的加工对象主要是玻璃、陶瓷、钢铁等硬脆材料。纳米磨削加工可不需抛光而作为最终加工工序,目标是形成 $3\sim 5~nm$ 的平滑表面。为此,要求研究新的加工机理,要求机床精度高、刚度大,以消除各种动态误差的影响,并采取高精度检测手段和补偿手段等。

4. 超精密确定量研抛加工技术

由于高精度非球光学零件(包括大型非球面镜、高凸度非球面镜、离轴非球面镜和拼接子镜、自由曲面镜等)的加工基本上代表超精密加工技术的最高水平,超精密确定量研抛加工成为超精密加工技术发展的重点之一,国际上在这一领域的研究一直很活跃。

超精密确定量研抛加工的基本原理是:通过控制研抛头的形状(形式)、压力、运动形式等参数,使得研抛头在单位时间内对工件表面材料的去除量及分布可知,再通过控制研抛头在工件表面的运动/停留时间去除残余误差,从而达到减小工件的面形误差、提高工件表面质量的目的。

这一领域的研究热点是发展可控性良好的研抛新原理和新方法。可控柔体光学加工技术如应力盘抛光技术、磁流变抛光技术、离子束抛光技术、光囊式进动研抛技术等,都是典型的例子。

5. 超光滑表面加工技术

超光滑表面加工技术通常指表面粗糙度 Ra 小于 1 nm、并且无亚表面损伤的加工技术。该技术在各个工业领域都有应用,目前主要是集中在两个方面:一是以强激光、短波光学为代表的工程光学领域。在这类系统中,为了减小光线散射损失,提高抗破坏阈值,所用的光学组件都应精密和光滑。二是以磁记录头、大规模集成电路基片等器件为主的电子工业领域。在这类系统中,表面粗糙度要求最高的是磁头与磁盘表面粗糙度,$Ra < 1$ nm,已接近单个原子大小。

15.4　生物制造与仿生机械

生物制造的概念是 20 世纪末提出的,它是制造科学和技术与生命科学和技术相结合的交叉学科,包括的方向有:

① 模仿生物结构与行为的制造科学,研究生物体和系统的行为、结构、机构和功能与其几何、物理、化学和材料等特征的关系;

② 利用生物过程的制造科学和技术,研究生物过程(即生命体中的物理过程、化学过程和信息过程以及它们的复合过程)以及用于制造的原理及应用;

③ 生命体的制造科学,即通过生物制造的科学与技术,完成人体组织和器官的制造。

15.4.1　生物制造技术的任务

1. 功能表面仿生

功能表面仿生主要研究生物体的行为、结构、功能等与生物体表层的几何、物理、化学、材料等特征的关系,获得解决机械部件表面与界面问题的仿生学方法,建立机械仿生和功能表面仿生领域的基础理论、仿生技术和仿生应用等系统的体系结构,在宏观和微观尺度范围内探索生物系统的结构、性状、原理、行为以及相互作用,从而为机械科学、表面科学等工程科学提供新的设计思想、工作原理。

2. 仿生生长成形

生物的自组织、自生长、自生成、遗传等许多特性,对制造技术的发展有启迪作用,这些仿生原理在制造技术上的应用促进了制造技术的变革,其中组织微观生长与其宏观结构的几何映射关系、生物生长的自组织规律、组织生长的人工控制方法等问题,将形成新的成形制造——生长成形。它耦合了极多的成形信息,是人类努力设法加以控制并且加以仿效的。借鉴生命体的生长规律,研究探索新型制造方法(包括特种生物材料的成形)、细胞分裂与定向繁殖生长的可控性、细胞和细菌吞噬材料成形及定向性等。

3. 隐身功能仿生

航空、航天、航海类航行器不断向高速、高隐身、长航程方向发展,对航行器表面多功能复合隐身和减阻结构一体化提出了越来越高的要求。先进航行器要对付来自雷达、红外、声和光等探测系统和攻击系统的不同威胁,探测系统的探测区域大小和频段都在拓宽,使得航行器的隐身必须向多功能和全方位发展,因而需要开发更为有效的隐身技术来确保武器装备的防突袭能力。按实现手段隐身技术分为外形隐身和表面功能材料隐身,后者是依靠材料内部各种性状吸收剂的吸波性能,在所有方向上达到同时减小 RCS(雷达散射截面)的隐身效果,已成为隐身技术的主攻方向。

4. 仿生航行器

自然界能飞的动物种类接近全部动物的 3/4,其中占主要地位的有 600 多种鸟和 35 万多种昆虫,它们的某些特殊飞行技能,如蚊蝇和蜜蜂等昆虫灵活机动地突然起飞、翻转翅翼的高频振动、光面悬垂和空中定位等,鲸、海豚和各种鱼具有很快的游泳速度和高机动性,都是研制仿生航行器所需要借鉴的原理。

5. 仿生过程直接加工

直接利用生命体(如细菌或微生物)的生物过程及其所造成的结果,可以对材料进行操作:加工(去除、添加和复型)和装配。这种生物参与的成形、制造在现代成形学中的体现即是生长成形。例如,生物去除法即是利用微生物代谢过程中一些复杂的生物化学反应达到去除多余材料,加工出其他微细加工方法不能加工的微小零件。

6. 面向生物制造的生物建模技术

由于供移植的器官来源有限,许多需要进行器官移植手术的病人往往在等待供体的过程中死亡,因此采用生物制造方法获取人工器官,就成为取代同种和异种器官移植以及机电式人工器官植入的极具发展潜力的方法。

生物制造中,设计和制造人体器官的前提是构建数学模型,因而要求对 CT/MRI 测量的三维人体组织与器官各种数据进行三维重构,构建其数学模型。人体器官的三维重构是生物制造的重要方向,复杂的结构和多材料属性以及结构梯度。对三维建模提出了很高的要求。

7. 组织与器官的类组织前体生物制造

将细胞按照一定的数字模型,通过生物制造技术根据特定的扫描路径规划,组装成类组织前体,它们是非平衡的开放系统,进行的是不可逆的热力学过程。其三维排布的分级结构(微环境)可保证结构稳定,适于细胞培养与发育。细胞在类组织前体中的培养与发育过程是在合适的三维环境下的一个自组装及不同细胞相互识别和传递信号的过程,是一个有序的、动态的基因表达及调控过程。

8. 组织和器官管系统的构件及系统协调

专家预测,在 21 世纪中后期,除大脑以外人的所有器官都可以用人工器官代替。例如,模拟血管的功能,可以制造、传递养料及废物,并能与氧气及二氧化碳自动结合并分离的液态碳氢化合物人工血。

血管系统是组织和器官中主要的管系统,组织和器官各类管系统的协调在原理上涉及信号识别与传递,是生物学的重要研究课题,在器官组织人工制造中也应予以关注。

9. 假体及组织工程支架的设计与制造

假体的设计与制造既要考虑恢复器官的力学功能,又要考虑其他生物、生理等功能。基于离散/堆积原理的快速成形与快速制造(RP/RM)方法是假体制造的首选工艺。微滴喷射成形是将数字模型的层面数据转换为物理结构的通道(数字通道),经常用于假体制造。

组织工程支架(scaffold)要有利于细胞黏附、细胞外基质的分泌,保证良好的扩散率以利于形成物质交换,有利于细胞的增殖和分化。优良支架的制备是组织工程成功的关键之一。理想的支架应具备生物相容性良好、有与植入细胞组织再生速率相匹配的降解速率、孔隙率高达 85%～90% 甚至更高、有一定强度和韧度等特殊要求的三维结构。

15.4.2　仿生机械与仿生制造的发展现状

近年来,国内外在仿生机械和生物制造方面得到了快速发展。它与先进制造技术的发展结合,解决了许多新的具有挑战性的问题。在该领域,我国与先进国家的差距并不大,许多差距正在缩小,并且在组织与器官的类组织前体生物制造等方面具有鲜明的特色。

1. 仿生机械

我国有些高等学校率先开展了仿生机械的研究,先后研制了半步行轮、仿生步行轮、步行轮车辆和气垫步行机械,并研发了底面仿生机械及关键部件。例如:根据骆驼在沙漠行走的原理,研究了驼蹄轮胎越沙、驼蹄沙地行走、驼蹄固沙限流技术并取得了重要进展;在仿生机器人方面,在拟人机器人、仿昆虫微机械测试方面,在仿壁虎爬墙机械方面,都取得重要进展;研制了微小型仿蛇机器人,分析了蛇机器人的运动原理、结构和基本运动模式,研制成功微小型、仿生变体驱动机器人。

在微生物材料资源利用方面,利用微生物加工出微小齿轮,解释了生物去除加工机理,提出了"生物去除加工"的离子循环理论和菌体细胞金属化工工艺及理论;利用趋磁细菌制造纳米级磁小体,用于智能药丸导航体制造和生物芯片磁性探针制造。

在动物体资源利用方面,利用鲨鱼皮进行了航行器表面减阻结构生物成形制造研究;利用贝壳进行了增强材料的研究,对轻质装甲武器制造具有重要意义;研究了生物高分子材料制造雷达波吸收剂;利用生物酶制造了燃料电池电极。

在植物资源利用方面,已经利用天然植物生物制造出玉米蛋白质纤维、大豆蛋白质纤维、竹纤维、构树纤维等生态纤维;已制造出微纳米规则结构与分子马达器件。

目前,美、德等国家在仿生机械及其相关领域的研究和发展处于较先进的地位。我国在该领域的优势有:

① 在非光滑表面的理论和技术,如仿生减阻、仿生脱附、仿生耐磨等居国际领先地位;

② 通过地面机械脱附减阻特别是驼蹄的系列仿生研究,取得了重要研究成果;

③ 在航行器表面的复合隐身功能与表面减阻结构的一体化方面取得了大量的研究成果；

④ 直接利用生物在航行器表面获得高效、多功能隐身的耦合结构技术上实现新的突破，达到国际先进水平。

2. 组织与器官的类组织前体生物制造

我国研制了可对单个细胞沉积排布的激光导引直写系统和细胞团簇三维堆积的细胞三维受控组装仪，后者达到国际先进水平；在种子细胞扩增、干细胞定向诱导分化、肝脏血管网、组织体外培养和玻璃化低温保存方面拥有一批达国内领先、国际先进水平的研究成果；微流体(含微喷射)的研究实现了数字化精密喷射，响应快，喷射效率高。

目前，我国在细胞三维直接组装的研究比国外报道的有一定优势，主要表现在：

① 可以实现高密度细胞的三维受控组装，密度范围为 $10^6 \sim 10^9 \ \mathrm{cm}^3$；

② 挤出后细胞的存活率超过 90%；

③ 构造的分级结构为细胞提供了适合生存和生长真正的三维环境；

④ 得到的具有生命的结构体具有长期稳定性和活性，鼠肝细胞不断增殖，彼此建立连接，表达了一定的肝功能，出现了细胞有序排列结构。

3. 假体及组织工程支架的设计与制造

我国利用低温沉积制造工艺获得的人工大段骨支架形貌具有优良的降解性、骨细胞诱导性和传导性、可控分级结构、可控孔隙率(85%～90%)；开发了用于制造生物活性骨的专用成形设备——AJS 系统，建立了金属假体→半金属假体→生物骨的从基础研究到临床应用的研究体系。

利用快速成形(RP)技术制作组织工程支架的相关工艺非常多，最适合的是熔融沉积(FDM)快速成形工艺，它符合不同的材料、成形温度(－40～250 ℃)、孔隙率、孔形结构和强度等要求。随着精密材料喷射技术的发展，更为精密的 FDM 支架成形工艺将会大量出现。

目前，我国在假体及组织工程支架的设计与制造方面的优势有：

① 支架材料。在钙磷盐的组织工程支架、骨和软骨组织工程的高分子材料的合成和改性方法以及它们的组成结构和性能间关系、纳米晶羟基磷灰石与胶原的自组装材料合成方面，取得了具有国际水平的研究成果。

② 多孔支架的成形工艺。研究的低温成形工艺能够成形含有大孔的支架分级结构。

③ 生长因子与支架复合。成功完成骨形态发生蛋白质与支架复合、可使细胞分化为新骨的研究，并批量生产。

④ 骨微结构仿生建模研究。开展了自然骨生长机理与骨微结构仿生建模研究，以及骨细胞对人工骨中材料降解及骨转化的作用机理，以及微制造方法在肝组织工程支架制造中的应用研究。

⑤ 股骨头坏死计算机辅助诊断。研究了对股骨头坏死患者重构股骨头的三维模型,准确快捷地计算出股骨头坏死病灶的体积及占整个股骨头的百分比,并能预测其塌陷。

15.4.3　仿生机械与仿生制造的发展趋势

1. 仿生机械

仿生技术正朝智能化与认知方向发展。仿生机械代表机械科学发展的一个重要发展方向。各国将在军事领域、表面工程和宏微观尺度范围内展开空前的竞争。总的发展趋势是:

① 强化仿生机械的基础技术,包括机械总成、机械部件和机械表面仿生基础技术的研究;

② 仿生机械由单一仿生结构或仿生功能研究向复杂仿生结构或仿生功能研究发展,强化仿生形态、仿生结构与仿生功能的集成以及跨越宏观、微观乃至纳观尺度的多层次结构和功能的机械仿生技术;

③ 由传统意义的机械仿生向融合信息化、智能化或网络化为一体的现代仿生机械发展;

④ 仿生机械的设计理念和技术更多地体现生物学研究成果,发展新型仿生机械;

⑤ 面向大型机械的节能增效仿生技术,面向微型机械的精密化仿生技术,降噪、隐身和自适应的仿生研究,外星球登陆行走机械;

⑥ 仿生机械由概念设计、模型设计向实用化方向发展,面向环境友好的绿色仿生机械。

2. 假体及组织工程支架的设计与制造

在假体及组织工程支架的设计与制造方面,重点包括微滴组装、三维重构与生物建模、材料成形的研究等。总的发展趋势是:

① 有利于物质的渗透和促进细胞外基质分泌的具有良好生物相容性和可降解性的生物材料研究,制作假体的材料研究更多集中在植入体表面的改性;

② 微制造技术和微流体喷挤技术在组织工程微支架成形方面的研究;

③ 组织与器官的血管化是组织工程面临的重要问题,受控组装与自组装相结合的分级结构是解决血管诱导的新方向;

④ 降低假体个性化批量定制成本的研究;

⑤ 医学 CT/MRI 以及层析数据通过网络的数据传输和高效、高精度处理。

15.5　机械系统和制造过程中的测量技术

机械系统和制造过程中的传感、测量及仪器主要是研究几何量的获取与处理。它是机械制造不可或缺的重要组成部分。

15.5.1　现代测量在机械制造中的重要地位

传统意义上,测量技术在某种程度上只是产品的检测手段,处于从属地位,对制造过程和加工精度并无直接影响。随着制造技术的进步,测量仪器设备发挥的作用逐步扩大,测量仪器设备已作为生产制造设备的一部分,集成于机械系统,参与到制造过程中。例如:先进的机器人焊接设备必须同时安装视觉被测量跟踪系统,才能实现高质量的自动化作业;自动化精密装配都是在测量设备提供测量信息支持下完成的;大量的测量仪器被用于微电子制造生产线上,检测产品缺陷,辅助装配,控制质量。此外,测量还为产品设计提供依据,为科学研究提供手段。如在纳米和微机电系统中,许多物理参数都与常规世界不一样,在高空、高温、高压、宇宙空间,以及有些特殊情况下也是如此。只有通过测量才能获得设计所需参数,才能评定设计是否正确和优秀。

总之,测量对整个生产发展具有明显带动作用。制造业中,用于测试计量的费用往往占生产设备和产品成本的很大比例。在高性能装备中,测量系统的成本已达到装备总成本的 $30\% \sim 50\%$。在我国,制造业发展迅速,测试计量仪器设备在生产设备中所占的比例也越来越大,重要性已经显现。

15.5.2　现代测量技术发展的新特点

测量技术是面向应用的学科,应用需求推动学科发展。当今机械科学发展和制造技术快速进步引发了许多新型测量问题,推动着传感、测量和仪器研究的进步和发展,促使新测量原理、测量技术、测量系统不断出现。和传统的测量技术比较,现代测量呈现出一些新特点。

1. 测量精度提高,测量范围扩大

一般机械加工精度由 0.1 mm 提高到 0.001 mm,相应的几何量测量精度从 1 μm 提高到 0.001 μm,提高了三个数量级,这种趋势一直在持续。随着微机电系统、微纳米技术的兴起与发展,以及人们对微观世界探索的不断深入,测量对象尺度越来越小,现已达到纳米量级。同时,大型、超大型机械系统、机电工程(电站机组、航空航天制造)的制造、安装水平提高,以及人们对于空间研究范围的扩大,测量对象尺度目前已达到 $10^{-15} \sim 10^{25}$ m 的范围,相差 40 个数量级之巨。与此类似,在力值测量上相差 14 个量级,在温度测量中相差约 12 个量级。

2. 从静态到动态测量,从非现场测量到现场在线测量

静态测量使科学研究从定性科学走向定量科学,实现了人类认识的一次飞跃。自此,各种运动状态下、制造过程中、物理化学反应进程中等的动态物理量测量越来越普及,这促使测量方式由静态向动态的转变。现代制造业已呈现出和传统制造不同的设计理念和制造技术,测量已不仅仅是产品质量的最终评定手段,更重要的是,它能为产品设计、制造服务,为制造过程提供完备的过程参数和环境参数,使产品设计、制造过程和检测手段充分集成,形成一体的、能自主感知一定内外环境的参数(或状态),并做出相应调整的"智能制造系统"。现代制造业的发展,要求测量技术从传统的非现场测量、"事后"测量,进入制造现场,参与制造过程中,实现现场在线测量。

3. 从简单信息获取到多信息融合

传统问题涉及的测量信息种类比较单一,现代测量信息则复杂得多,往往包括多种类型的被测量,且信息量大。例如,大批量工业制造的在线 100% 测量,一天的测量数据高达几十万个;又如,产品数字化设计与制造过程中,包含了巨量数据信息。巨量信息的可靠、快速传输和高效管理,以及如何消除各种被测量之间的相互干扰,从中挖掘多个测量信息融合后的目标信息,将形成一个新兴的研究领域,即多信息融合。

4. 几何量和非几何量集成

传统机械系统和制造过程主要面对几何量测量。当前,复杂机电系统功能扩大,精度提高,系统性能涉及的参数增多,测量已不仅限于几何量。日益发展的微纳米尺度下的系统和结构,其机械作用机理和通常尺度下的系统与传统机械系统也有显著区别。为此,在测量领域,应当将几何量以外的机械工程研究中常用的物理量,如力学性能参数、功能参数等也包括在内。

5. 测量对象复杂化、测量条件极端化

当前部分测量问题出现测量对象复杂化、测量条件极端化的趋势。有时需要测量的是整个机器系统或装置,参数多样且定义复杂,有时需要在高温、高压、高速、高危场合下进行测量,测量条件趋于极端化。

15.5.3 现代传感、测量及仪器技术的发展趋势

当前的传感、测量与仪器在机械系统和制造过程中的作用和重要性较之过去有明显提高,已作为必需的组成部分参与到系统的功能中。这种地位的变化,加之机械制造技术的快速发展,导致对传感、测量及仪器的研究不断深入,内容不断拓展,当前乃至将来一段时间内,该领域内的研究问题主要集中在传感原理、数字化测量、超精密测量、测量理论及基标准等方面,它们也是测量技术研究领域内最具活力、最有代表性的研究方向。涉及的共性问题有:新型传感原理及技术,先进制造的现场、非接触、数字化测量,超大尺寸精密测量,微纳米级超精密测量,基标准及相关测量理论研究等。

思考题与习题

15.1 为什么新型材料的应用导致了新的切削刀具材料的出现?

15.2 新型材料的出现为何会导致新的机械制造工艺的发展?

15.3 试分析各种新型工程材料具有何种切削加工特点?在切削加工时各应采取哪些工艺措施?

15.4　试分析高速切削加工涉及哪些工程技术?

15.5　高速/高效切削加工未来的发展趋势和技术目标有哪些?

15.6　高速/超高速磨削实现的相关支撑技术有哪些?

15.7　高速/超高速磨削技术有哪些具体应用?

15.8　应如何定义精密加工技术?

15.9　开发精密、超精密加工工艺有何重要意义?

15.10　精密/超精密加工装备技术总的发展趋势是什么?

15.11　生物制造及仿生制造包括哪些发展方向?

15.12　仿生制造技术的任务是什么?

15.13　我国在仿生制造技术领域有何先进性?

15.14　目前,我国在仿生机械及其相关领域有哪些优势?

15.15　仿生机械与仿生制造的发展趋势是什么?

15.16　仿生技术的发展给机械制造技术带来哪些发展机遇?

15.17　现代测量技术在机械制造中具有怎样的地位?

15.18　在工程应用中,现代测量技术体现出哪些新特点?

15.19　传感、测量与仪器技术具有怎样的发展趋势?

参考文献

[1] 齐乐华.工程材料与机械制造基础[M].北京:高等教育出版社,2006.

[2] 李森林.机械制造基础[M].北京:化学工业出版社,2004.

[3] 刘慎玖.机械制造工艺案例教程[M].北京:化学工业出版社,2007.

[4] 乔世民.机械制造基础[M].北京:高等教育出版社,2003.

[5] 宋昭祥.机械制造基础[M].北京:机械工业出版社,1998.

[6] 程耀东.机械制造学(上下册)[M].北京:中央广播电视大学出版社,1994.

[7] 郑焕文.机械制造工艺学[M].北京:高等教育出版社,1994.

[8] 王隆太.现代制造技术[M].北京:机械工业出版社,2000.

[9] 张学政.机械制造工艺基础习题集[M].北京:清华大学出版社,2008.

[10] 王先逵.机械装配工艺[M].北京:机械工业出版社,2008.

[11] 刘登平.机械制造工艺与机床夹具设计[M].北京:北京理工大学出版社,
2008.

[12] 吴拓.机械制造工艺与机床夹具[M].北京:机械工业出版社,2006.

[13] 陈立德.机械制造技术基础[M].北京:高等教育出版社,2009.

[14] 卢秉恒.机械制造技术基础[M].3版.北京:机械工业出版社,2011.

[15] 郭艳玲,李彦蓉.机械制造工艺学[M].北京:北京大学出版社,2008.

[16] 何建民.铣工技术与工艺改进[M].北京:机械工业出版社,2007.

[17] 周旭光.特种加工技术[M].西安:西安电子科技大学出版社,2004.

[18] 刘晋春,赵家齐.特种加工[M].北京:机械工业出版社,1998.

[19] 杨松祥.柔性制造系统(FMS)的发展与展望[J].硫磷设计与粉体工程,
2001,(6):27-29.

[20] 盛晓敏.先进制造技术[M].北京:机械工业出版社,2000.

[21] 王建华.精密与特种加工技术[M].北京:机械工业出版社,2003.

[22] 宴初宏.机械设备修理工艺学[M].北京:机械工业出版社,2005.

[23] 丁加军.设备故障诊断与维修[M].北京:机械工业出版社,2006.

[24] 冯俊主.工程训练基础教程[M].北京:北京理工大学出版社,2005.

[25] 韩秋实.机械制造技术基础[M].北京:机械工业出版社,2005.

[26] 周继烈,姚建华.机械制造工程实训[M].北京:科学出版社,2005.

［27］冯之敬.机械制造工程原理［M］.北京:清华大学出版社,2008.

［28］王杰,李方信.机械制造工程学［M］.北京:北京邮电大学出版社,2006.

［29］熊良猛.机械制造技术［M］.北京:机械工业出版社,2008.

［30］隋秀凛.现代制造技术［M］.北京:高等教育出版社,2003.

［31］蒋志强,施进发,王金凤,等.先进制造系统导论［M］.北京:科学出版社,
2006.

［32］罗阳,刘胜青.现代制造系统概论［M］.北京:北京邮电大学出版社,2004.

［33］蔡崧.传感器与 PLC 编程技术基础［M］.北京:电子工业出版社,2008.

［34］国家自然科学基金委员会工程与材料科学部.机械与制造科学［M］.北京:
科学出版社,2006.

［35］杨江河,程继学.精密加工实用技术［M］.北京:机械工业出版社,2007.

［36］王先逵.精密加工和纳米加工高速切削难加工材料的切削加工［M］.北京:
机械工业出版社,2008.

［37］王先逵.表面工程技术［M］.北京:机械工业出版社,2008.

［38］张辽远.现代加工技术［M］.北京:机械工业出版社,2005.

［39］张九渊.表面工程与失效分析［M］.杭州:浙江大学出版社,2005.

［40］王毓民,王恒.润滑材料与润滑技术［M］.北京:化学工业出版社,2005.

［41］郦振声,杨明安.现代表面工程技术［M］.北京:机械工业出版社,2007.

［42］甄瑞麟.模具制造工艺学［M］.北京:清华大学出版社,2005.

［43］陈宏钧,方向明,马素敏,等.典型零件机械加工生产实例［M］.北京:机械
工业出版社,2008.

［44］陈仪清,梅顺齐.机械制造基础［M］.北京:中国水利水电出版社,2005.

［45］黄健求.机械制造技术基础［M］.2 版.北京:机械工业出版社,2011.

［46］邓根清,陈义庄.机械制造基础［M］.北京:中国林业出版社,2006.

［47］李伟,谭豫之.机械制造工程学［M］.北京:机械工业出版社,2013.